I0891194

Mukhtaṣar Kitāb al-Buldān
by Ibn al-Faqīh al-Hamadhānī

Bibliotheca Geographorum Arabicorum

VOLUME I-5

The titles published in this series are listed at brill.com/bga

Mukhtaṣar Kitāb al-Buldān by Ibn al-Faqīh al-Hamadhānī

Muktasar kitab al-buldan / talif Abi Bakr Ahmad Ibn Muhammad al-Hamadani al-maruf bi-Ibn al-Faqih

M.J. de Goeje's Classic Edition (1885) with Index and Glossary

BRILL

LEIDEN · BOSTON
2014

This volume was originally published in 1885. For historical purposes, the original prelims have been retained.

Cover illustration: 'Mappemonde arabe', Manuscrits orientaux, Arabe 2214, Bibliothèque nationale de France.

ISSN 2214-5737
ISBN 978-90-04-25872-3 (paperback)

This work is published by Koninklijke Brill NV. Koninklijke Brill NV incorporates the imprints Brill, Brill Nijhoff, Global Oriental, Hotei Publishing and IDC Publishers.

Koninklijke Brill NV reserves the right to protect the publication against unauthorized use and to authorize dissemination by means of offprints, legitimate photocopies, microform editions, reprints, translations, and secondary information sources, such as abstracting and indexing services including databases. Requests for commercial re-use, use of parts of the publication, and/or translations must be addressed to Koninklijke Brill NV.

This book is printed on acid-free paper.

BIBLIOTHECA GEOGRAPHORUM ARABICORUM

EDIDIT

M. J. DE GOEJE.

PARS QUINTA.

COMPENDIUM LIBRI

KITÂB AL-BOLDÂN

AUCTORE

Ibn al-Fakîh al-Hamadhânî.

LUGDUNI-BATAVORUM.
APUD E. J. BRILL.
1885.

COMPENDIUM LIBRI
KITÂB AL-BOLDÂN

AUCTORE

Ibn al-Fakîh al-Hamadhânî

QUOD EDIDIT, INDICIBUS ET GLOSSARIO INSTRUXIT

M. J. DE GOEJE.

LUGDUNI-BATAVORUM.
APUD E. J. BRILL.
1885.

PIAE MEMORIAE

AMICI CARISSIMI, VIRI DOCTISSIMI

OTTO LOTH

IN UNIVERSITATE LIPSIENSI OLIM PROFESSORIS

PRAEFATIO.

Inter auctores librorum geographicorum quos saepissime laudat Jâcût est Abu Bakr Ahmed ibn Mohammed ibn Ishâk, vulgo *Ibn al-Fakîh* (theologi filius) appellatus, al-Hamadhânî i. e. ex urbe Hamadhân oriundus. Fere nulla de eo notitia ad nos pervenit. In opere *Fihrist* legimus p. ١٥٤: « Ibn al-Fakîh al-Hamadânî, nomine Ahmed. Nihil de eo notum est nisi eum hominem litteratum fuisse. Edidit librum regionum, mille circa foliorum, quem e diversis libris compilavit, imprimis ex opere Djaihânîi, cujus magnam partem verbis mutatis in suum transtulit. Item librum de optimis poëtarum recentiorum ».

Mokaddasî in introductione de decessoribus in geographicis disserens scribit p. ٤ et ٥ ann. *a*: « Ibn al-Fakîh al-Hamadhânî composuit librum quinque voluminibus, secundum methodum ab ea quam secutus est Abu Zaid Balkhî prorsus diversam; describit tantum urbes magnas, nec accurate definit divisionem terrarum in provincias et regiones; multa libro inseruit quae a proposito aliena sunt, modo praedicat abstinentiam, modo laudibus extollit delicias mundanas, nunc lacrymas movere studet lectori, nunc eum joco lusuque oblectare. Hanc narratiuncularum et aliarum rerum ad ipsum propositum non facientium introductionem conatur defendere, dicens se hoc consulto fecisse in gratiam lectoris ne fatigetur taediove afficiatur; sed librum evolvens saepe in media descriptione terrae incidis in historiolas aut disquisitiones quarum nullus prorsus est connexus cum themate. Mea sententia sic oritur farrago quam probare equidem nequeo ».

Nihil dicit Mokaddasî de necessitudine inter opus Ibn al-Fakîhi et librum Djaihânîi. Sed p. ٢٤١, ubi sibi vindicat libertatem ab aliis auctoribus, accusat vero alios furti, scribit: « Si librum Djaihânîi inspicere velis, videbis eum totum opus Ibn Khordâdbehi suo infulsisse, atque si Ibn al-Fakîhi compositionem perlustras, erit tibi quasi librum Djâhithi legis et tabulas astronomicas maximas quae dicuntur». Hisce tabulis vult probabiliter opus Abu Maschari (+ 272), de quo vid. H. Khal. III, 558, *Fihrist* ٢٧٧.

Ipsum Ibn al-Fakîhi opus deperditum esse videtur. Sed tria ad nos pervenerunt exemplaria compendii libri regionum, quod hujus operis epitomem esse jam suspicatus est Sprenger *Post- und Reiserouten*, XVII sq., propter congruentiam argumenti et compositionis ejus cum descriptione quam Mokaddasî dat operis Ibn al-Fakîhi. Epitomatoris nomen Scharzy esse addidit. Loth in *Catal. of the Arabic manuscripts in the library of the India Office*, p. 208, jam probavit primum veram lectionem esse non Scharzî, sed Schaizarî «ex urbe Schaizar oriundus», deinde nos revera de compendii auctore nihil certi scire, nam colophonem codicis Sprengeri, nunc Berolinensis, nihil affirmare nisi quod librarius qui anno 413 exaravit codicem e quo hic descriptus fuit appellabatur Alî ibn Djafar ibn Ahmed Schaizarî (vid. hic colophon in mea editione p. ٣٣. ann. *k*). Quum vero titulus codicis Officii Indici sit كتاب البلدان تاليف ابى الحسن على بن جعفر الشَّنْزَرى (l. الشَّيْزَرى), mihi non sine veritatis specie esse videtur, revera compendii auctorem fuisse Schaizarîum et archetypum codicis Sprengeri anno 413 exaratum ejus fuisse autographum. Quod Loth l. l. non improbabile censuit ipsum Ibn al-Fakîh ex opere majore hoc compendium fecisse, admitti fere nequit. Nam plus semel auctor compendii textum pessumdedit, adeo ut cohaerentia omnino desideretur, multa utilia praetermisit, nugas conservavit, quod ipsum libri auctorem facere potuisse non facile mihi quis persuadebit.

Argumento Sprengeri quod indoles compendii accurate respondet descriptioni operis majoris apud Mokaddasî, alterum firmius addidit Loth, nempe quod locorum ex opere majore laudatorum a Jâcût permagna pars verbotenus in compendio leguntur. In annotatione ad editionem meam diligenter laudavi locos Jâcûti textui compendii respondentes. Adeo multi sunt, ut omne dubium excludi videatur, dummodo observemus Jâcûtum ex opere majore excerpta sua fecisse itaque saepe habere textum pleniorem quam compendium. Mokaddasî plura ex Ibn al-Fakîhi opere mutuavit quam post severum de auctore judicium exspectaremus. Verum, aeque ac Jâcût, saepe fontem nominare neglexit. Ter modo Ibn al-Fakîh nomine laudat: p. ١۴, 14 sqq. qui locus in compendio p. ٧, 12 sqq. exstat;

p. ٢١٠, 8 qui locus in compendio mutilus est, nempe mentio ibi fit p. ٦٩, 6 de الرمل المحبوس, sed excidit observatio pyramidas ejus causa esse constructas. Sic quoque loci de quo agit Mokaddasî p. ٢١٢, 12 sq. partem tantum in compendio p. ٧٦, 13 sqq. reperimus. Idem valet de solo loco laudato ab Abulfeda p. ٧٨ sq., cujus in compendio unus tantum versus superest p. ٣٦, 10 = Abulf. ٧٩, 1.

Locorum a Jâcût laudatorum qui in compendio desiderantur nos notavi: اذنة I, ١٧٩, 16. Hic locus proprie est unus e multis locis Belâdhorîi (p. ١١٨) ab Ibn al-Fakîh laudatis. اسوان I, ٢٩٢, 20—٢٩٣, 2. اشتر I, ٢٧٦, 10—14 et IV, ٨٢٧, 21 sqq. (cf. quoque III, ٥, 4). ذو الاصاد I, ٢٩١, 8 ut omnino mentio regionis العلاة in Jemâma. Locus de Berberis I, ٥٤٢, 18 sqq. in compendio p. ٨٤ valde abbreviatus est. برذعة I, ٥٥٨, 11 sqq. برهوت I, ٥٩٨, 10 sqq. بيرة insula I, ٧٨٧, 11 sqq. عقرقوف I, ٨٦٨, 1—6 et III, ٦٩٧, 18 sq. In compendio p. ١٩٩, 3 sq. cum I, ٨٦٨, 1 convenit et p. ٢١١ ult. solum est quod hujus loci superest. Totus locus quem I, ٨٦٩ sq. sub تل محرى habet. تيم I, ٩٠٨, 22 sq. (ubi pro كسف videtur legendum وكس). جبل الجليل II, ١١٠, 7—8. Quae de origine nominum جنديسابور, نيسابور, سابورخواست narrantur II, ١٣٠, 10—14, III, ٤, 20—٥, 6, IV, ٨٥٧, 12—18. جيحون II, ١٧١, 12 sq. الحارث والحويرث II, ١٨٤, 1—5. حضرموت II, ٢٨٥, 16 sqq. خاخ II, ٣٨٥, 17 sq. الخبار II, ٣٩٦, 19 sq. جو = الخضرمة II, ٤٥٠, 17 sqq. خفية II, ٤٥٧, 7 (*Moschtarik* ١٥٨). الخوز II, ٤٩٥, 12 sqq. الزندورد II, ٩٦٥, 21 sq. Locus memorabilis de regno Byzantino II, ٨٦٣, 9—٨٦٥, 19, ad quam attinet quoque Macedoniae descriptio IV, ٦٠٢, 22 sqq. Descriptionis Romae, quam Jâcût, ut II, ٨٧٢, 14 dicit, e libro Ibn al-Fakîhi sumsit, in compendio ١٤٩ sqq. ne tertia quidem pars remansit. Locus de puteo زمزم II, ٩٤٢, 14 sqq. desideratur. زينة II, ٩٦٨, 22. E descriptione Sedjestani III, ٤٣ (cf. compend. p. ٢٠٨) deëst quod legitur l. 17 sq. سفار III, ٩٦, 2. السقيا III, ١٠٣ ult. سلوق III, ١٢٦, 3. Locus de السيرجان (الشيرجان) III, ٢١٣, 11 sq. in compendio p. ٢٠٦, 3 partim exstat. شعر III, ٢٩٩, 2. شوطى III, ٣٣٦, 5. صدآء III, ٣٧٣, 22—٣٧٤, 12, quae proprie ad caput في ذم البصرة pertinent. Descriptio Çan'ae III, ٤٢١, 22 sqq. in compendio p. ٣٤ multo brevior est. عاذنة III, ٥٩٥, 12 sqq. عبلآء III, ٦٠١, 5. العرائس III, ٦٣٢, 11. عسكر المهدى s. الرصافة, locus ab Ibn al-Fakîh e Belâdhorî p. ٢٩٥ mutuatus. العشيرة III, ٦٨٢, 19. عنيزة III, ٧٣٨, 18. Quae Jâcût habet III, ٧٩١, 5 sq. paullo diversa sunt ab iis quae in compendio p. ١١٣, 18 sq. leguntur. Mirum est quod haec verbotenus fere consentiunt cum Belâdhorî p. ١٧١, 4 sq. Sed quod Jâc. I, ١٧٩, 17 sq. sub اذنة quoque ex Ibn al-Fakîh habet confirmat in opere majore hanc mentionem de Abu Solaim exstitisse. عيلم III, ٧٩٩, 16. ذو الغراء III, ٧٧٩, 7. غمرة III, ٨١٤, 22. الفرع III, ٨٧٨, 8. فرغانة III, ٨٧٩, 20 sq. كابل IV, ٢٢٠, 21—٢٢١, 3. Ex opere *Moschtarik* p. ١٠٩ addi potest الجنينة (cf. Jâc. II, ١٣٥, 8).

Sine dubio haec enumeratio est imperfecta. Ut enim jam observavimus, Jâcût multo plura e libro Ibn al-Fakîhi compilavit quam ipse indicavit. Quae si in compendio non inveniuntur, certo indicari nequeunt. Quae autem dedi satis superque probant nos opere majore deperdito jacturam magnam fecisse et compendium non sufficere ad justum de Ibn al-Fakîh judicium ferendum.

Ibn al-Fakîhum circa annum 290 scripsisse recte statuit Sprenger. Bis narrat res a Motadhido gestas annis 287 et 288 (p. ٥٣ et ٣١٢ sq.) et quidem p. ٥٣, 6 eum nuncupat « khalifam nostrum », unde sequi videtur eum hunc locum litteris mandavisse vivo adhuc Motadhido († 289). Bis autem (p. ٢٤٣, 3, ٢٧٠, 1) appellat Moktafîum qui anno 289 khalifa factus est, et, quamquam p. ٢٧٠ factum narratur e tempore antequam khalifatum obtinuit, tamen ex utroque loco concludendum videtur auctorem post Motadhidi mortem scripsisse. Idem sequitur e p. ٥٣, 17 ubi legimus Amrum filium Laithi a Motadhido occisum fuisse. Novimus e Tabarîo III ٢٢٠٨ khalifam morientem jussisse ut ad supplicium daretur, non tamen factum fuisse nisi post obitum ejus. Annis igitur 289 et probabiliter 290 opus composuit. Nullum anno 290 posterius factum inveni. Semel in codice B (p. ١٠٩ ann. *d*) laudatur opus *Modjmal* auctore Ibn Fâris († 395), sed dubium fere esse nequit quin hoc a recentiore sit interpolatum. Lector qui in titulo codicis B notavit se judice librum post annum 250 esse conscriptum nimis cautus fuit. Quod Jâcût scribit I, ٧٨٧, 15 eum obiisse [1]) circa annum 340 probabiliter error est. Confudisse videtur h. l. Ibn al-Fakîh al-Hamadhânî cum Abu Mohammed Hasan ibn Ahmed ibn Jakûb al-Hamdânî, cognomine Ibn al-Hâik, auctore descriptionis Arabiae quam nuper edidit D. H. Müller et operis *Iklîl*, qui obiit anno 343.

Auctorem Hamadhâno oriundum fuisse non tantum e cognomine Hamadhânî derivatur, sed etiam hinc quod de hac urbe ejusque vicinia plurima narranda habet et quod in media descriptione Ha-

1) Nempe post وكان e textu excidisse videtur موت.

madhâni p. ٢٣٧ inserit caput de amore patriae (حب الاوطان). Ubi scripserit, non liquet. P. ٢٥٢, 3 loquitur de «hac terra». Loth in schedula quam suo apographo adjecit posuit quaestionem an forte Kurdistan intelligenda esset. Non opinor, nam fodina smaragdi nos de regione fodinarum ab oriente Aegypti cogitare cogit (cf. Jakûbî p. ١٢٠ sqq., Quatremère, *Mém. sur l'Egypte* II, 135 sqq.). Incertum autem est utrum revera auctor voluerit hanc terram ubi nunc sum, an forte culpa epitomatoris nomen regionis exciderit, ad quod pronomen referendum sit.

Auctor *Fihristi* jure dicit Ibn al-Fakîhum multa ex aliorum scriptis compilavisse. Quod autem addit eum magnam partem operis Djaihânîi in suum transtulisse parum probabile videtur. Etenim, ut tradit Mokaddasî, Djaihânî usus est auctoritate officii veziri quo fungebatur apud principem Khorâsâni ut undique materiem ad opus componendum congereret. Quum autem testibus Mokaddasîo p. ٣٣٧, 10 et Ibn al-Athîr, VIII, ٥٩, 3 sq. anno 301 illud munus capessiverit, regnante Naçr ibn Ahmed as-Sâmânî, opus ejus necessariò libro Ibn al-Fakîhi posterius esse debet. Liber Djaihânîi in nulla quantum scio bibliotheca Europae exstat; non igitur duo haec opera inter se comparare possumus. Sed neque nomen Djaihânîi ab Ibn al-Fakîh memoratur, neque Sâmânidam novit Ismâîlo ibn Ahmed posteriorem. Qui factum est ut in *Fihristum* error irrepserit, non ita difficile explicatu videtur. Mokaddasî docet, et loci hic illic e libro Djaihânîi laudati confirmant, ejus opus revera fuisse editionem auctam libri Ibn Khordâdbehi, atque Ibn al-Fakîh ex eodem hoc libro permulta suo inseruit. Djaihânîi igitur et Ibn al-Fakîhi operibus inter se comparatis, facile quis concludere poterat alterutrum esse plagiatorem, dum accuratius ambo ita appellandi essent. Accedit quod liber Djaihânîi et opus Ibn Khordâdbehi eundem titulum habent. Ubi itaque laudat Ibn al-Fakîh auctorem libri *al-Masâlik wal-Mamâlik* (ut p. ١٠٧, 12), facile quis suspicari poterat librum Djaihânîi intelligi, praesertim si locus laudatus revera ibi inveniretur. Falsa ergo est opinio Reinaudii (Introduct. ad Abulf. p. 64) «que l'abrégé d'Ibn al-Fakîh fit négliger l'ouvrage original de Djaihânî».

Quod Mokaddasî dicit, Ibn al-Fakîhum multa ex opere Djâhithi mutuatum esse, probabile mihi videtur. Ter enim eum laudat (p. ١١٩, ١٩٥, ٢٥٣). Cum autem hujus opus inspiciendi mihi copia non fuerit, efficere nequeo quatenus verum est quod asserit Mokaddasî.

Locus p. ٢٩٩ de piscibus migrantibus secundum Kazwînî I, ١١٩, 5 a f. sqq. e libro Djâhithi desumtus est. Utrum revera ex Abu Maschari tabulis multa sumserit, dijudicare nequeo. In compendio vestigia nulla deprehendi; fieri autem potest epitomatorem haec omnia omisisse.

Dictum jam est auctorem nostrum diligenter e libro Ibn Khordâdbehi hausisse. Semel autem tantummodo titulum operis et nomen auctoris laudat (p. ٢٠٣, 9), semel nudum titulum (p. ١٠٧, 12). Hic locus desideratur in libro Ibn Khordâdbehi, cujus e codice Oxoniensi editionem dedit Barbier de Meynard, et confirmat meam opinionem, quam alibi aliis argumentis adstruere conabor, hunc quoque esse compendium. Porro quamplurima cepit e *Libro expugnationum* Belâdhorîi, quem bis nomine laudat (p. ٣٠٣ et ٣٢١). In notis ad meam hujus libri editionem saepe laudavi nostrum compendium secundum codicem Musei Brittannici.

Memorabilis est locus de Armenia p. ٢٩٠ sqq. quem auctor se debere ait Ahmedo ibn Wâdhih al-Ispahânî. Vix dubio obnoxium esse potest quod intelligitur nomine al-Jakûbîi notus geographus et historicus, de quo ipse egi in introductione ad Descriptionem al-Magribi et in tractatu « Ueber die Geschichte der Abbâsiden von al-Jakûbî », qui prodiit in « Travaux de la IIIme session du Congrès international des Orientalistes » Petropoli, p. 153—166, et cujus geographiam edidit Juynboll, historiam Houtsma, qui in praefatione de auctore et opere breviter exposuit. Utrum Ibn al-Fakîh locum e geographia Jakûbîi descripserit, an ex alio libro nescimus. Pars nempe hujus libri quae Armeniae descriptionem continere debuit, deperdita est.

Secundum *Fihrist*, primum folium duorum codicum et subscriptionem codicis Musei Brittannici (v. p. ٣٣٠. ann. *i*), titulus operis Ibn al-Fakîhi est كتاب البلدان « liber regionum ». Utrum hic revera fuerit titulus quo auctor opus ornavit, pro certo efficere nequeo, quoniam praefatio ab epitomatore amputata est. In fine residuo nobiscum communicat auctor se multa e memoria litteris mandavisse, quapropter indulgentiam lectoris petit pro erroribus a se commissis. Praefatio ad partem alteram operis integrior ad nos pervenit (p. ١٩٢ sqq.). Agnoscit ibi quidem compositionem suam non omnibus numeris perfectam esse, sed patet e sequentibus hoc nihil esse nisi captationem benevolentiae, quum revera opinetur suum opus omni laude dignum esse. Verum, quamquam cohaerentiae defectus quem in compendio saepe deprehendimus, sine dubio magnam partem sit tribuendus epitomatori, non possumus quin suffragemur Mokaddasîi sententiae, auctorem plus quam satis esset sacrificavisse studio delectandi. Difficilius dictu est utrum negligentia stili et linguae auctori an tantum epitomatori sit tribuenda. Mea sententia uni et alteri, nam interdum recurrit in locis ex opere majore laudatis a Jâcût. Saepe apud hunc pro forma vulgari compendii, invenimus formam puram classicam quam dicimus, sed constat Jâcûtum non semper accurate laudasse et probabile est eum saepe simpliciter correxisse quod offensioni erat. Saepe haesitavi utrum formam vulgarem aut vocales a praescriptis diversas reciperem an rejicerem. Quum codices testibus subscriptionibus ex archetypis antiquis descripti sint, opinatus sum, consensum codicum mihi quantum poterat esse observandum. Fateor me in hac re non semper mihi constitisse, cujus negligentiae indulgentiam et veniam lectoris etiam atque etiam rogo. Inter causas fuit quod saepius aliis negotiis abreptus studium libri intermittere debui, ut interdum per sex menses jacuerit, nec felicior fui quum recognoscerem textum et quum plagulas typis datas corrigerem. Lectorem itaque rogatum velim ut Addenda et Emendanda consulere non negligat. Reperiet ibi multas quoque emendationes propositas a viris clarissimis amicissimis Fleischer, Nöldeke et Kremer, qui plagulas recenter typis expressas legendas a me acceperunt. Iis eorum emendationibus quas aut ipse etiam feceram aut quas libenter meas feci et adoptavi, nomen eorum in parenthesi addidi (vitiis typographicis aut lapsibus calami exceptis). Ceteras quae eorum nomine dedi non accepi ut certas, quamquam negare nolim eas bonas esse posse. Quae falsa aut supervacanea mihi videbantur non dedi, paucis exceptis, de quibus aut in Add. et Em. aut in glossario egi.

Editio hujus operis proprie est actio pietatis. Anno 1872 carus amicus Loth absolverat apographum codicis Musei Brittannici, quod anno sequenti cum codice Officii Indici et Berolinensi contulit. Editionem ejus praeparare sibi proposuerat quam in Bibliothecam meam geographorum Arabicorum recipere ei promiseram. Sed variae causae impediverunt propositum exsequi. Post obitum ejus fidem amico datam fallere nolui etiamsi mihi nunc grave necomnino gratum incumberet officium textum prelo praeparandi. Hunc ad finem viri qui curant res Societatis Orientalis Germanici benevole mihi utendum concesserunt apographum, quod Loth testamento bibliothecae Societatis legaverat. Hoc apographum, cujus bonitatem cognovi comparatione excerptorum quae olim ipse e codice Musei Brittannici feceram, unicum meae editionis fuit fundamentum. Forte non inutile fuisset ad unum alterumve locum de novo interrogare codices, sed tempus defuit.

Quum primum totum librum festinanter perlegeram alacritas ad ejus editionem suscipiendam non magna erat et fere cum Chwolson (Zeitschr. D. M. G. XXII, 335) censebam, editionem totius libri non esse necessariam, excerpta posse sufficere. Deinde vero accuratior operis cognitio me aliter sentire fecit. Utilia longe superant ea quae possent desiderari, nec plerumque illa ab his dirimi possunt. Ad historiam cultus humani civilisque in posteriore parte saeculi tertii conscribendam magni momenti hoc opus praebet materiem. Geographica et historica multa continet quae aut ignorabamus aut imperfecte noveramus. Denique non tantum propter aetatem, sed quoque quod Mokaddasî multa ex eo suo libro inseruit, Jâcût inter fontes primarios habuit, editionem omnino merere videtur.

GLOSSARIUM.

آسمانْجُونِىّ s. أَسْمانْجُونِىّ, *caeruleus*, ٣٩٧, 6, Mowasscha f. 123 r., 125 v. الياقوت الآسمانجونىّ. Vid. Dozy.

آهَنْدَال, verbotenus *ferri arbor* (دال = دار), est nomen ligni durissimi, ٧٦, 8.

آئِين, *lex*, *mos*, ١٤, 15. Vid. Bibl. Geogr. IV (Gloss. geogr.), 175.

ابنوده, nomen Dei Coptice (*pnûti*), ٧٨, 12; cf. ann. *i*.

ازال v. sub سوسن.

اسْتُور, genus piscium advenarum, ٢٩١, 10. Dorn (*Mélanges asiat.* in Bulletin de l'Acad. imp. des sciences de St. Pétersbourg VI, p. 649) opinabatur *sturionem* (Stör, Esp. esturion) intelligi. Apud Kazwînî I, ١١٩, 7 a f. et 4 a f. nomen الاسيور s. الاسبور, apud Mokaddasî ١٣٠. p الاسبول scribitur. Sed de الأُشْبُور s. الشَّبُّور (*sparus*), de quo cf. Dozy et Lane, cogitari vix potest.

اسفيذمشك, nomen speciei uvarum, ١٣٩, 2.

أَشَق pro وشق q. v., ٢٩٧, 8.

اشْقَنْقُور scribitur ٦٦, 12, 14, ٢٥٥, 11 pro اسقنقور. Haec forma occurrit ٢٥٣, 8.

الأَطْمَر, nomen belluae marinae, ٩, 14, quod apud Kazwînî I, ١٠٩ ult. الاطم, apud Dimaschkî ١٥٨, 8 اللطم, in *Adjâib al-Hind*, p. 40 لظلوم scribitur. Vid. Gloss. ad hoc opus.

اله. الله, *per Deum?* exclamatio interrogantis, ١۴٢ ult., proprie scribendum آلله ut in *Kitâb al-haida*, cod. Kremeri, فقال لى المنصور آلله لسمعته من الحسين قلت الله لسمعته من الحسين.

انس III, c ب p., pro أنّس occurrit ۴٩, 8, ٧٢, 5, ١٣٨, 6. Cf. TA apud Lane sub أنّس.

بارْنْك, epitheton speciei nobilis melonis, quae in Merw et, secundum Thaâlibî, *Latâif*, ed. de Jong ١٢٩, 4, quoque in Khowarezmia crescit, ٣٢٠, 13. Thaâlibî scribit بارنج. Sine dubio est Persicum با رنگ. Ibn Baithâr hanc speciem appellat المامونى (v. in voce بطيخ).

بازْجَنْك, nomen speciei uvarum, ١٣٩, 3.

بحير, nomen Dei Aethiopice (*abhêr*), ٧٨, 11. Apud Jakûbî, *Hist.* I, ٢١٨, 8 (conf. ann. *h*) forma اكزبحير (*egziabhêr*) occurrit.

البُخَارِيّة. Anno 54 Obaidallah ibn Ziyâd e Bokhârâ adduxit 2000 sagittarios (Tabarî II, ١٦٩, 15, ١٧٠, 5 sq., Jâc. I, ٥٢٠, 13 sq.), servitio praefecti Iraci destinatos, quibus in urbe Basra domicilium datum est a Ziyâd. Vicus ibi de iis nomen habuit, vid. ١٩١, 2 sq., ubi de 4000 sermo est. Saepe in historia memorantur, v. Tab. II, ۴۴٣, 9, ۴٩۴, 12, 16, III, ٩٧, 7, ٨٠١, 4, ٨٠٢, 5, ١٢٧٢, 6. Nomen in النجاريّة corruptum est *Fragm. hist. ar.* ٩٩, 6 a f., Ibn Badrûn ٢١٧, 3, Ibn Khallicân n. 826. Deleatur igitur apud Dozy s. v. نجر.

برد. الضمادات المبرّدة, *emplastra refrigerantia*, ١٢٧, 15, ubi sic conjectura lego. Codd. ut rec. et quidem B المنذّة, I المندّة. Cf. e. g. Ibn Djazla ضماد ضعف المعدة يبرّد المعدة ويُقويها et المبرّدات apud Dozy.

برز IV c. ب p., ١۴٠, 4, secundum analogiam phrasis vulgaris أدْخَلَ باللصّ السجن (Harîrî, *Dorra* ١٩, 6 ed. Thorbecke) et Koranici يكاد سنا برقه يُذْهِبُ بالابصار (24 vs. 43 ubi sic a quibusdam legitur pro يَذهب), Ibn abî Osaibia I, ۴٥, 4 a f فأدْخَلَ بهم اليه, a Müller in Gloss. notatus locus.

بَرْسَنُوج, genus piscium advenarum, ١٠, 2, ٢٩٦, 10 sq., ٢٩٧, 2, Kazwînî I, ١١٩ sq. Nomen corruptum apud Mokaddasî ١٣٠. p legendum esse برشتوج = برشتوك (*Kâmûs*) jam conjeceram in Gloss. Bibl. Geogr. IV p. 187. Amicissimus Nöldeke ad me scripsit sibi videri nomen esse Persicum پرستوك *hirundo*, observans Graecum quoque χελιδών nomen piscis esse. Accipere nequeo quod Dorn l. l. p. 649 proponit «*Börs*, *Bersich*, Franz. *perche*, Βερζήτικον?; s. Vivien de Saint-Martin, Nouv. ann. des voy. T. XXXI. 1852, III, S. 40 (1).»

بزغ. مَبْزَغ, *locus ortus lunae*, ١٧٣, 14, Gloss. Fragm.

بُسْتَان. Dicit auctor ٢٢١, 3 praestantiam بستان prae جنة esse quod ille diligenter irrigatur.

بُسَّذ, *corallium rubrum*, vulgo مَرْجان appellatur, ٨٤, 3, ١٤٨, 3.

بسط I. Legimus ٢٤٢, 17 أَنْ بيمينه باسطٌ *manu extensa significans*.

بطق. بِطَاقَةٌ explicatur per رقعة, ٩٥, 15.

بغل. بَغْلِيَّة وافية دراهم ٣٠٧, 16. Vid. Gloss. Belâdh.

بقر. الجَزْعُ البَقَرانيّ, optima onychis species (sardonyx), quae secundum Jâc. I, ٦٩٩, 14 nomen habet a regione Bakarân, ipsa vero quoque البَقَرانُ appellatur, ٣٦, 9, Hamdânî ed. Müller ٢٠٢, 17 sqq., Jâcût I, ٧٤٨, 15, Dimaschkî ed. Mehren ٩٩ paen., Sprenger, *Alte Geographie* p. 61 sq. et imprimis Müller *Burgen und Schlösser* I, 77, l. 5, 83, l. 8.

بقل. البواقيل praesertim in usu sunt in Aegypto, ٩٣ ult., Jâc. IV, ٨٩٧ ult. sq. In editione Cahirensi Khafâdjîi p. ٥٨ male براقيل.

بلص. الرماح البَلُوصيّة inter optimas lanceas habentur ٥٠, 9.

بَلْعَق, optimum genus dactylorum in Oman, ٣٠, 2, Lane sub فَرْض.

بلغ IV c. الى p. *taedio afficere aliquem*, ٢٥٠, 4, TA apud Lane.

بنانجس, *phoenix*, ٢٠٧, 13.

بُنْك, cortex aromaticus Jemanensis, ٣٦, 16, *Mohît* in v.

بَهْت, lapis pretiosus, de quo vid. Dozy, ٧١, 10 sq., ٨٤, 17, ٨٨, 19. Jâcût, IV, ٤٥٥, 13 البَهْتَة.

بهر. بُهْرَةٌ describitur ٣٣٣, 2.

بيت. بَيْتٌ appellantur singulae partes capsae (رَبْعَة) ١٤٢, 10. Cf. Gloss. geogr. et Dozy *case*.

البِيرُوزِىّ (pro الفيروزىّ), species uvarum, ١٢٥ ult.

بيض. Triticum optimum Jemâmae appellatur بيضاء اليمامة ٣٩, 10.

تاخْتَج, pannus pretiosus de quo vid. Gloss. geogr. p. 196, ٢٥٤, 17.

تاجر. مُتَّجَرٌ, *mercatus*, pro مَتْجَر, ٢٧٠, 7 (voc. in B et S). Alterum ex. apud Dozy.

ترك. مترّك الوجه, ٦, 15, est idem quod تُرْكِىّ الوجه (vid. Lane), ut dicitur مزنّج الخلقة eodem sensu quo زنجىّ الخلقة *Agh.* VII, ٢٠, 10 a f. sq. Cf. Dozy *Corrections sur les textes du Bayáno'l-Mogrib* etc. p. 126. Forte idem legendum est *Agh.* XIX, ١٣٧, 3 pro مشرك الوجه. Quod Kremer, *Beiträge*, I, 84 (262) reponendum proposuit مشرّم probare nequeo.

تنأ. تَنَّاءٌ, *praedii dominus*, ٢٣٩, 1 (B التّـنَـائـين, I sine voc., S التُّنَّائِين) = تانئ de quo vid. Bibl. Geogr. IV, 198.

تياذريطوس medicamentum, Graece θεοδώρητος (Dozy, Suppl. Add.), ١٢٧, 19.

تبع I, *mollia excrevit* alvus, opp. خرئ, ١٩٠, 20 (ubi l. وتتبيع تخرًا).

ثرا. ثَرْوَةٌ c. ب p., *gaudium de aliquo*, ١٢٢, 12. Cf. apud Lane ثَرِيتُ بك n. a. ثَرًا.

ثمن. مثمّن, *pretiosus*, ٨٦, 17, ١٠٨, 22 (*teschdîd* in codd.). Lexicographi hoc sensu habent ثَمِين, مُثْمِن, مُثْمَن (v. Khafâdjîi comm. ad Harîrîi *Dorra*, p. ٨٧ sqq.) et مَثْمُون, quod teste Motarrizîo saepe occurrit in opere juridico *al-Montakâ*, sed improbatur. Unde Freytag suum مثمّن petierit, non liquet.

جابَادَق *pastor*, Pers. گا(و)پاده, ٢٤٥ ult.

جاوَلَال nomen floris in Media crescentis, ٢٣٥, 19. Nomen e voc. Pers. گاو et لال = لاله compositum videtur. Forte cohaeret cum جاوله s. چاوله apud Vullers.

جبى I de cibis qui *congeruntur* in ventrem ١٩٨, 5.

جبل. جَبَلٌ. Dubitavi ego et dubitaverunt Nöldeke et Kremer de loco ٢٢٨, 14 فى جبل انفسهم, ubi lectio codd. variat. Kremer proposuit فى حيّز انفسهم, cui vero conjecturae codd. lectio se opponit. Edidi sec. Jâcût IV, ٩٨٥, 3. Vertendum est « in ipsorum monte ». Kremer jure observat « Hamadân liegt nicht *auf* oder *in* dem Berge, sondern am Fusse desselben », sed nihil obstat versioni « in terra eorum montosa ».

جحش III, c. على r., *dimicavit de aliqua re*, TA sub جحس et جحش. Hinc de re ab omnibus expetita dicitur عليها الجحاش, ١٧٣, 14.

جحم. جَحْمَةٌ, *oculus*, Jeman. ٣٠, 13.

جدر. مُجَدَّرٌ, *maculatus* de lapide, ٧٩, 5. Cf. apud Dozy المجدّرة البيضاء.

جدم. الجُذَاميّة species dactylorum, quae contra haemorrhoïdes utilis est, ٢٩, 14, ٣٠, 3. Vid. *Kâmûs*.

جرب. جُرُوبٌ, vox Jeman. *lapis caesus* (voc. in Neschwân, et noster cod. B semel جُـروب). Secundum TA lapis niger est, sed e nostro patet, ٣٥, 2—4, hoc falsum esse. Occurrit in poëmate Tabarî I, ٩٣٩, 2 (cf. Nöldeke *Sasan.* p. 193), Ibn Hischâm ٢٧, 1 et apud Müller, *Burgen und Schlösser* I, 47, 53, 55 (in خروب corruptum). In monumento Sabaeo nuper repertum est, vid. Mordtmann et Müller, *Sabäische Denkmäler*, p. 92. Reiske ad Gol. annotavit « genus lapidum pretiosorum ». Kremer, *Beitr.* I, 32 male جورب.

جرز. P. ٥٠, 9 edidi sec. codd. الاجرزة, sed fortasse legendum est الأَجْرِزَةُ pl. a جُرْز *clava ferrea*, quae forma pluralis in usu fuit, ut انرسة (e. g. Tabarî II, ١٢٤٥, 3), licet ut haec a lexicographis improbatur (v. TA in v. et Djauharî in Gloss. Belâdh. p. 57 paen. sq. Cf. infra sub كيس). Cogitari posset de plurali irregulari a sing. جَرْزَن, sed hoc pro كُرْزَن nunquam usurpatum vidi. Fleischer tamen me ad Hebr. גַּרְזֶן attentum facit.

جرش. جُوَارِشْنٌ, pl. جوارشنات, forma antiquior vocis جوارش, occurrit ١٣٨, 12, Tabarî III, ٣٨٨, 1, 2, 4, 8, Nowairî ms. Leid. 273, p. 590, 811, Ibn Djazla in v. et Mançourî apud Dozy. Ejusdem formae sunt دارشين quod, ut recte monet Nöldeke, servare debueram ٢٥١ ult., ٢٥٢, 1 sqq., et داشي quod idem mihi suppeditavit. — جَرْشِي, nomen avis, ١٣, 12 sqq., ٩٢, 13 sqq. — جُرَشِيّ appellatur species uvarum optima, quae describitur TA IV, ٣٩. «color albus ad viridem vergens, bacca parva (pro رقيق l. دقيق), grana parva in fructu dispersa, prae omnibus uvis praecox; racemi sunt longi, interdum ulnae longitudinem habentes». Quae descriptio partim convenit cum iis quae noster habet ١٢٥, 5, 20. Vid. porro Müller, *Burgen und Schlösser*, I, 60 ult., Hamdânî ١٩٩, 21.

جرف. جراف, genus piscium advenarum in Basra, ٢٩٩, 10, ubi legi sec. Kazwînî I, ١١٩. Apud Mokaddasî ١٣٠ *p* in حراق corruptum est. Utrum nomen cohaereat cum جَرَفَة «alose» (Dozy), affirmare non ausim.

جرى VI. Dicitur جاراه الكلام *sermones cum eo nexuit*, *collocutus est*, vid. Gloss. Fragm. Hinc de duobus aut pluribus تجاروا الكلام *disputaverunt*, Tabarî III, ١٧٢٩, 16 et exemplum apud Dozy, et تجارينا ذكر الشيء *collocuti sumus de re*, ٢١٥, 13. Cf. apud Lane تجاروا في الحديث.

جشم V بلادًا بعيدة, *longas peregrinationes suscepit*, ٥٤, 6.

جعب. جعاب, species dactylorum, ٢٩, 15.

جلب I et V. Lectio codd. ٧٠, 8 bona est, coll. Kor. 17 vs. 66 واجلبْ عليهم بخيلك ورجلك. Forte quoque ١٥١, 10 servari debuerat يتجلّب, vid. Bibl. Geogr. IV, 218.

جمر. سقوط الجمرة, *casus pruinae*, est initium veris, vid. Lane ex TA, Mas'ûdî, III, 410, *Le calendrier de Cordoue* ed. Dozy p. 28 sqq. Legimus apud nostrum ٢٣٠, 4: سقطت جمرة جامدة, i. e. non tepida ut solet, sed gelida. Cl. Fleischer ad Jâcût proposuit خامدة et sic habet B, sed lectio recepta plus auctoritatis habet.

جمع. مَجْمَع, pl. مَجَامِع, *capsula ferrea*, *pyxis*, ut vid., ٢٠٥, 1. Cf. Dozy.

جنى. جانٍ p. ٢١٧, 9 videtur esse *destructor*. Cf. Lane sub بانٍ ubi laudatur proverbium (Freytag I, 294 n. 57) et *Mohît*: الذين جنوا هذه الدار. — مُجْتَنَى pro n. a. قريب المجتنى, *facilis decerptu*, ١٢٣, 10 (cf. Gloss. Edrîsî sub قريب).

جَوَانْكَرْك, nomen avis (e. جوان et كرك compositum), ١٣, 13 sqq., ٩٢, 12 sqq.

جور III. Dicitur احسن جوارَ (المجاورة) نِعَمِ الله, *beneficiis divinis usus est ut decet*, ٤٩, 16, 17, Tabarî III, ٩٩٢, 14 sq., ١٠٩٨, 3, Jakûbî *Hist.*, II, ١٠٩, 2.

جاء I. N. a. جَيْئَةٌ (v. Lane) ١٠٥, 15 in duobus codd. scribitur جَيَّةٌ.

جيش II, c. acc. p., *exercitum ejus imperio mandavit*, ٣٠٩, 2, si lectio codd. bona est. Sed est quam maxime suspecta, nam Belâdhorî cujus verba transscribit habet وحصّنه, quod quoque explicatu difficile est.

حبس II, *incarceravit*, ٣٧, 11. Vid. Bibl. Geogr. IV, 212.

حبش. الجزع الحَبَشِىّ, species onycis, ٣٦, 10, Müller *Burgen und Schlösser*, I, 84. Niger aut viridis est et inservit manubriis cultrorum faciendis. Utrum idem sit ac المسنّى (Hamdânî ٢٠٢, 23) ut Müller l. l. ann. 1 et Sprenger *Alte Geogr.* p. 62 opinantur, nescio. Cf. الحجر الحبشى apud Dozy sub حجر.

حجر. حَجْر, *latus* (= حَجْرَة Lane), ٣٢٤, 18 ومدينتها على حجر طريق الصغانيان.

حرّ. حَرِيرٌ idem est quod حريرة (cibus notus), ١٨, 14 et in versu Jâcût IV, ٦٢٢, 2.

حصف X, *prudens existimatus est*, ١٩٣, 18 (ubi activum reponendum). Locus apud Mas'ûdî I, 20 est من وضع كتابا فقد استهدف فان اجاد فقد استشرف وان اساء فقد استنزف. Pro استنزف quod sensum non dat, cod. L habet استقرف, L_2 استقذف quod restituendum. Monuit Cl. Fleischer male Freytagium et hinc auctorem *Mohîti* passivum pro activo recepisse, itaque pro «petiit conviciis» scribendum esse «se conviciis exposuit». Quod Mas'ûdî pro استحصف habet استشرف «nobilis existimatus est» hoc sensu lexico addendum est.

حصل. حواصل, *pellis pelecani* pretiosa (v. Dozy), ٢٣٥, 4.

حصن V, *latitare, latibulum sibi quaerere* de serpentibus, scorpionibus, araneis cet., ١٢٣, 17, 18.

حضر I. Dicitur ما حَضَرَهُ سماعى, *quod auribus meis audivi*, ٣, 2. — حَضْرَةٌ. بِحَضْرَةِ *juxta, a latere*, ٣٠٩, 14, Tabarî III, ١٧١٨, 15, ١٩٤٨, 17, ١٩٦٨, 9, Mobarrad ١٢٤, 11. Cf. Lane. — حَضَرِىّ, species dactylorum, ٣٩, 14.

حطم V, *morbo* حَطْم *dicto in pedibus affectus fuit* camelus, ٢٢٨, 11.

حكّ II, *polivit* versus, ١٩٣, 21, Ibn Kotaiba, *Kitâb as-Schi'r wa's-Schoarâ*, p. ١٩ ed. Rittershausen: وكان الاصمعىّ يقول زُهَير والحُطَيئة وامثالهما من الشعراء عبيد الشعر لانهم نقّحوه ولم يذهبوا فيه مذهب المطبوعين وكان الحطيئة يقول خير الشعر الحولىّ المنقّح المحكّك; — الفاظ الحوليّات وكان زهير يسمّى كُبْر قصائده الحوليّات محكّكة ١٩٤, 16.

حلو. حَلَاوِى (plur.), species uvarum, ١٢٥ ult. Voc. in codd. ita ut non de legendo الحلاوىّ (cf. Dozy) cogitari possit.

حلى. حِلْى pro حَلْى habent codd. B et I ١٥٥, 15, I ٢٢٥, 2. P. ١٩٤, 7 et 8 codd. habent حُلِىّ, ut non de forma vulgari حَلِىّ pro حَلْى (Djawâlîkî in *Morgenl. Forsch.* p. 144) cogitari possit.

حمّ. حَمَّةٌ generaliter *fons* est, nam quoque de fonte frigida adhibetur ut ٢٢٠, 6. Eadem ٢٢٣, 1 laudatur inter fontes (حمّات) Hamadhâni. Contra ٢١٤, 5 fons calida est. Cf. Jâcût II, ٨٩٢, 10 حمّة يعنى عينا تخرج حارّة. Quae intelligatur ١١٧, 9 nescio. In codd. plus semel pro حمّة scribitur جُمّة, quae corruptela quoque irrepsit in textum Jâcût I, ٢٩١, 14 sqq.

حمر. الأَحْمَرُ, species uvarum, ١٢٥, 19, Müller, *Burgen und Schlösser*, I, 60.

حمس II, *recepit inter* الحُمْس, ١٨, 7 sqq., Azrakî ١٢٣, 10 sq., Jâcût IV, ٩٣١, 1 sq.

حمق. حُمْقَة, *stultitia* (= حُمْق s. حَمَاقَة), ١١۴, 16, ubi sic perspicue codd.; Jâcût ejus loco habet خِفّة optime conveniens, quod tamen recipere non ausus sum.

حمل I نهرا, *duxit fluvium*, c. على, ١٢٩, 13 et exemplum apud Dozy.

حوش. الابل الحُوشيّة ٣٧ ult. sq.

حول VIII حيلةً, *excogitavit technam*, ١٣٨, 18, Tabarî II, ١٣٢۴, 5 فاحتَلْ له حيلةً, Gloss. Belâdhorî. Cum acc. construitur quoque sensu *conari* Tab. II, ١٢۴٧, 17 غرّتكم وبيّاتكم, *technis et astutia* aliquid *assequi* ut apud Ibn Maschkowaih sub anno 312 (Cod. Schefer): انه لا يقدر على احتيال مائة الف درهم, et sensu *seducere conatus est* e. g. Shahrastânî ٧, 1 دون من يحتالهم عنها «sine Satana qui eos a natura innata seducere conaretur».

اللجم الحانبدية s. fort. اللجم الحابندية ٥٠, 13.

خبت. خَبُوت, species dactylorum in Oman, ٣٠, 2.

ختم. مُخَتَّم, species uvarum in Jemen et Ray, ١٢۴, ult., ١٣٩, 2.

خُتُوّ, cornu pretiosum de quo vid. Bibl. Geogr. IV, 222, ٢٥٥, 5, ٣٢٩, 9.

خرج I, c. acc., de rebus et personis *prodiit*, *apparuit* certa qualitate, *factus est*, ١٣٩, 8—10, Ibn Badrûn ٥٧, 1, Abu Ishâk Schirâzî ed. Juynboll, ١٩٧ ult., ١٩٨, 2, 9, ٢١١, 7, Nawawî, *Minhâdj* ed. v. d. Berg, III, 483 l. ult., Tabarî III, ٥٠٧, 2, ubi Ibn Khallicân n. 840, p. ٨٧, 5 a f. syn. نشأ, Jakûbî *Hist.* I, ٢۴ فخرج اسحاق اشبه شیء بابراهیم. Quoque seq. Imperf. ut Tab. II, ٧٠٣, 11 فخرج يبيضّ.

خَرْجَج, species uvarum in Kazwîn, ١٣٩, 3.

خردل. دُهْن الخَرْدَل, *oleum sinapi*, inter producta Aegypti enumeratur ٩٩, 19. Cf. TA apud Lane.

خرطم. خراطيم, nomen belluae marinae, ٩, 13; cf. Kazwînî I, ١١٧, 18 sqq.

خرف. خرائف بنى مسعود, species dactylorum in Jemâma, ٢٩ ult.

خرق. خُرْقٌ, *dementia*, ١٣٨, 12 (B ut rec., S خُرق, I sine voc.). Cf. Vocab. apud Dozy: خُرُق *folie.*

خصر. خَصِرٌ, de manibus et pedibus, *lividus* prae frigore, ٢٢٨, 7, ubi non tantum auctoritas codd. nostri, Jâcûti et Kazwînîi, sed quoque quod Mokaddasî habet مُخَصَّرة vetat nos quominus legamus خصرة *torpentes*, ut suadere videri posset locus ٢٣٠, 14 لِلْخَصَرِ اطرافهم.

خطر. دُهْنُ الخَطَّارَة, oleum in urbe Racca praeparatum, ١٣۴, 17. De explicatione nominis incertus sum. خَطَّار significat دهن يتَّخذ من الزيت بافاويه الطيب, (Çaghânî in TA) et *aromatarium* (عطّار). Forte خَطَّارة est *femina aromata vendens.*

خطف VIII, *navigare* (= I, cf. Bibl. geogr. IV, 227 et Gloss. ad *Adjâib al-Hind*), ١١, 14, ١٢, 3, 12 (ubi *Relations des Voyages* ed. Reinaud p. ١٦ sq. habet I, quae forma apud nostrum occurrit ١٢, 10, 15).

خلّ. خَلُّ الدَقَل, *acetum e dactylis paratum*, ١٢۴, 17.

خلع VIII, de patre uxoris, *repetivit* eam a (من) marito, ٢۴٨, 13, 16.

خلف VIII, *se in diversam directionem moverunt* dentes, quasi medium sit verbi خالَف (cf. Lane et Bibl. geogr. IV, 228), ٩١, 6.

خمر. خَمْرِيّ, species uvarum Katrabboli, ١٢٥, 19, ١٢٩, 9. Cf. TA apud Lane.

خمس. خُمَيْسِيَّة, *uter* qui probabiliter nomen a viro خُمَيس dicto habet, ٢٢١, 9.

خنا (خنى) I in versu ٢١٣, 3 eodem sensu quo أَخْنَى, اناخ et احى (Mobarrad ١٠٨, 4) usurpatur. Diu haesitavi utrum جثا emendarem, tum quia خنى aliunde mihi hoc sensu incognitum est, tum quia in priore hemist. اخنى exstat. Sed codd. perspicue habent ut edidi et satius existimavi locum non tentare.

خور. خَوْر explic. ١٨٩, 17.

خيل. خَيْل, species dactylorum in Jemâma, ٣٠, 1.

دُخَان, versio Arabica Graeci *καπνικον*, est igitur كلّ بيت يوقد فيه; vid. ١۴٧, 9 sq. et ann. *l*.

دُخَس, *delphinus* (= تُخَس), ٩ ult., ٦٢, 18. Vid. TA et Dozy.

دارْش, forma antiquior vocis دارش (vid. supra sub جرش), ٢٥٢ ult., ٢٥٣, 1 sqq., ubi sic recipi debuerat.

دُرْنُوك, pl. دَرَانِك, genus tapetum, ٢٥٣, 9, Djawâlîkî ٦٨.

دعا. دَعْوَة. Legimus ٣١٥, 1 de Chorasanensibus eos esse اهل دعوة وانصار الدولة. Jâcût ibi habet الدعوة i. e. الدعوة العبّاسيّة et haec lectio commendari videtur eo quod quoque الدولة scribitur. Sed lectionem codd. non temere rejiciendam esse putavi, quum forsan explicari possit per « homines religiosi » (cf. Gloss. geogr.).

دقس est alia forma vocis Aegyptiacae quae vulgo Arabice دِيس scribitur (vid. Dozy, de Sacy, Abdallatif p. 136, 152, Ibn Batûta II, 193), ٦٦, 3. Quod Kazwînî II, ١٧٧, 4 habet دلس videtur esse vitium pro ديس.

دكن. دُكّانة, *propylaeum*, ١٠٠, 19, ubi Mokaddasî صُفّة. Cf. Baedeker (Socin), *Palästina und Syrien* (ed. altera) p. 48 « vor jedem Eingang war eine offene, doch überwölbte Halle ».

دلا. الدَّوَالِيّ, uvarum species nota (v. Lane sub دول et دلا), ١٢٥, 9, Hamdânî ١٩١, 20.

دمكم I, c. على, *ursit*, *impulit* custos elephantem, ٢١٩, 11.

دهن II, *illevit* pigmento (= I), ٢١٥, 15, Lane. — دُهْن. دهن الخردل v. sub خردل, دهن الخطارة sub خطر, cet.

دور. دارة, pl. دارات et دُور, ٣٢, 12 sqq.

دُورَنْك, propr. *bicolor*, tapetis genus, ٢٥٣, 9.

دين I بفلان pro ذلك بطاعة ١٩٧, 15, ubi duo codd. habent بملوكنا (B legit كانت بدين ملوكنا). Forte autem legendum est لملوكنا.

دينارزاد et دينارِبَنْدَه, *mancipium*, ١٩١, 12 sq.

ذِئْب, *lupus*, habet quoque pl. ذِئَبَة, ٢٧٧, 3. P. ٢١۴, 3, 4 secundum I et S idem recepi, quamquam ذِيَبَة quod semel B habet magis placeret. Hoc ibi nunc restitutum velim.

ذبّ. ذُبَابٌ habet quoque plur. ذِبَبَةٌ ٢١۴, 3, 4, si ibi lectio B restituenda est. In nominibus animalium formam pluralis فِعَلَةٌ frequentem esse (دِبَبَةٌ, قِطَطَةٌ, هِرَرَةٌ) recte observavit Nöldeke. Plur. ذِبّان occurrit ٢٣٣, 16.

ذرّ. قَصَبُ الذَّرِيرَةِ ١١٧, 16 sqq., ٢٥٩, 13.

ذرق I. Nomen vicis ذَرْقَةٌ ٦٢, 14 « angit eam (djarschîum) et molestat, donec (djarschî) eam (djowânkarkum) a se arcet excremento ». Pronomen in seq. تلقّاه referendum est ad antecedens subintellectum quasi praecederet (s. فاذا ذرق الجرشى ذرقا (ما ذرق).

ذعر II, *terruit* (= I), ٢٥٧, 8, ubi sic legendum esse metrum commonstrat. Recte observat Fleischer « die Existenz von ذعّر wird indirect durch das von Lane angeführte متذعّر bestätigt ». Lexicographi quoque memorant partic. مذعّر.

ذهب I بنفسه, *sui admirator fuit*, ut Hollandice dicitur *met zich zelf wegloopen*, *Aghânî* XIV, ٥٢, 18 وكان تياها معجبا شديد الذهاب بنفسه et in compar. ib. II, ٦٨, 5 a f. وكان من اتيه خلق الله واشدّه ذهابا بنفسه, aut اذهبهم بنفسه ut apud nostrum ٣٢٠, 1. *Asâs* habet phrasin ذهبت به الخُيَلاء *superbia*, *arrogantia eum rapit*, *tenet*, in qua verbum ذهب simili modo adhibetur atque in verbis اينَ يُذْهَبُ بك Harîrî ٥٧۴ (ed. alt.).

ذُو redundat in الطود ذى الباذخ ١٧٧, 5. Cf. Lane.

راخْتَج, pannus pretiosus de quo v. Gloss. geogr. p. 196, ٢٥۴, 17.

راهْذانيّة, *mercatores Judaei*, ٢٧٠, 15. Vid. Gloss. geogr. p. 251.

راى. رَأْىَ العين, adverbialiter *manifesto*, ١٥٧, 7 « quod manifesto inter homines terrorem excitat ». Cogitavi quidem de legendo ذائع, ut Nöldeke proponit, quoniam lectio Jâcûti شائع idem significat, sed codd. habet perspicue رائع. Si legimus ذائع, verba رأى العين debent significare « quo oculus cadit » (cf. Lane sub راى I) fere ut مدّ (مدى) البصر (cf. Gloss. geogr. sub مدّ).

فى راى العين est *primo obtutu* e. g. Jâcût, I, ۴۳۹, 20, Ibn Batûta II, 336.

رَثَى I, pro رَثَى, sq. ل p. *condoluit*, ۲۷۲, 1 ubi sic perspicue codd.

رَخْبِين, casei species (v. Gloss. geogr.), ۲٥٥, 2.

رازقى, nota uvarum species (v. Lane), ۱۳۹, 11.

رضى I. Notabilis est phrasis ۳۲۰, 3 ان رضى اهل نسا «si Nasâenses in eo acquiescunt, si per eos licet, quoniam hi intelligentia illos aequiparant».

رَعَقَى, nomen bestiae in Abessinia, ۷۷, 14.

رقص. Pro سائس قرد, *simiae magister*, ۴۱ *f* scribitur راقص قرد, *qui saltat cum simia.*

رنق. رَنْقٌ *turbidus*, tanquam صفة بالمصدر terminationem feminini non accipit, itaque dicitur عَيْشَةٌ رَنْقٌ, *vita turbida*, ۲۱٥, 20.

روح. رائحة, pl. رَوائح, *odoramentum*, ۲۰۴, 16.

روى. رِيّان, vulgaris forma pro رَيّان, ۹۲ *p*, Dozy.

ريث. مُسْتَراثٌ, *lentus*, *tardus* de pisce qui manu prehendi potest (يقبض باليد ut dicit Jâcût I, ٥١۳, 7), ۳۹٥ ult.

زب. زُبٌّ, vox Jeman. *barba*, ۴۰, 15, ۴۱, 2. — زُبٌّ رِبَاح, species dactylorum in Jemâma, quae memoratur in proverb. الذُّ من زُبْدٍ بزُبِّ, ۲۹ ult., ۳۰, 1.

زبد. زَبَدٌ, *spuma* metaph. de hominibus, ۱, 3.

زجّ II, *vitrum inseruit* fenestrae, c. acc., ۱۰۱, 2. Cf. Baedeker (Socin), p. 51 «Die bunten Glasscheiben, sowohl im Octogon als in der Trommel, ... sind nicht etwa gemalt, sondern sie sind aus lauter einfarbigen Glasstückchen zusammengesetzt . . .» Legimus ibi ea e saeculo 16⁰ esse; noster docet ea jam pridem ita fuisse.

زراوى, species uvarum in Kûfa provincia, ۱۲٥ ult. Nomen a Persico زَراب derivatum esse videtur.

زرب. زارِبٌ, *fluvius* (Gloss. geogr.), ۲۲۷, 8.

زَرْجُونَ, species uvarum in Kazwîn, ١٣٩, 2.

زَرْدَلَال, nomen floris, e Pers. زرد et لال compositum, ٢٣٥, 19.

زرف. زَرَافَة, forma vulgaris pro زُرَافَة aut زُرَّافَة (*camelopardalis*), ٧٧, 4 sqq., ubi sic codd. Formam revera in usu fuisse testatur plur. زراريف apud Edrîsî, *Description de l'Afrique et de l'Espagne*, ٧٨, ١٩ *u*, juxta زرائف, et Dozy. Observandum porro secundum lexicographos (etiam Damîrî) nomen hujus animalis esse derivatum a زرافة *agmen*, hoc vero in versu Labîdi scribi بفتح اوله وتشديد ثانيه Jâcût I, ٩٢٢, 11 (est autem ibi nomen loci).

زرق. زُرْقَاء, species dactylorum in Jemâma, ٣٠, 3.

زغر. زُغَرِيَّة, species dactylorum in Jemâma, ٢٩ ult., ubi recepi والزُّغْرِيّ secundum *Kâmûs* (تمر الوادى زُغْرِيّ), sed versus apud Jâcût IV, ٩٠٣, 5 hanc pronuntiationem improbat. Nomen habere videntur ab urbe Zoghar, vid. Hamdânî ١٣١, 4 زُغَر وهو بلد النخل ومنها التمر الزُّغَرِيّ.

زف IV. Notanda est forma contracta يُزِفْنَهَا pro يُزْفِفْنَهَا ٩٣, 9 ut apud Mobarrad ٦٠٦, 10 يَقِرْنَ pro يَقْرِرْنَ; cf. porro Wright I, p. 77, Lane sub حسّ, رمّ, مسّ cet.

زفن II, *saltare fecit* puerum mater ut رقّص et ارقص, ١١٩, 17.

زلف. مَزْلَفَة, *periculum* (proprie *ad interitum ducens*), explicatum per مَهْلَكَة, ٥٥, 17.

زمهر. زَمْهَرِير, *frigus*, habet pl. زَمَاهِر (sec. anal. عناكب cet.), ٢٤٢, 3.

سبل. المصاحف المسبّلة, *Korani exemplaria usui publico destinata*, ١٠٠, 8.

ستر. اسْتَار, pl اساتير, pondus quatuor drachmarum, ١٢٥, 1.

سحب. سَحَابَة, *nubes* (غيم), non semper est nom. unit. a سَحَاب, sed quoque singularis, cujus pl. est سحاب, uti habet Djauharî, ut ٢٣٩, 15, ٢٤٢, 3. Utroque loco Fleischer jubet legere سحابه i. e. سحاب اروند, qua emendatione recepta, priore loco quoque سوداء مظلمة legendum foret contra codd. qui perspicue utroque loco habent ut recepi. In locutione proverbiali سحابة يومه (Harîrî ١٩٧, *Aghânî*, XV, ٩٧, 8) eodem sensu adhibetur, ut quoque in dictu غيم مطبّق = سحابة مطبّقة. Conferatur usus verbi جراحة in phrasi اصابه جراحة كثيرة et quae Lane annotavit sub جُرْح.

سحل. سُحالة, floris genus in Media, ٢٣٥, 19.

السّذق ليلةُ (cf. Gloss. geogr.) ٢٣٣, 3.

سرّ I. Saepissime dicitur ما يسُرّنى (سرّنى) ان, *nequaquam vellem*, ٤٩, 6, Tabarî II, ٩٧٩, 6, ١٢٧٢, 16, III, ٢٣٣, 7, Belâdhorî *Ansâb* ed. Ahlwardt, ١٨٨, 3, ٢٠٥, 7; ib. ١٧٩, 4 sq. ما سرّنى بمقالتك له حُمْرُ النَّعَم eodem sensu quo *Aghânî*, II, ٥٥, 9 a f. dicitur ما يسرّنى انه لحقنى من هذا الشعر ما لحقه وان لى حمر النعم ut quoque Mobarrad ١٤٤, 11; *Agh.* IX, ١٥٩, 8 (= XV, ١٢٨, 6 a f.)

ما سرّنى انّ امّى من بنى اسد وانّ ربّى ينجينى (نجّانى) من النار

او انهم زوّجونى من بناتهم وان لى كلّ يوم الف دينار

Seq. negatione Tab. I, ٤٧٥, 3 ما يسرّنا انّا لم نُمْطَر *nequaquam vellemus nos imbre non petitos fuisse;* contra negatio otiosa est Tab. III, ٩١٨, 16 ما يسرّنى ان يجيبى ما نقصه حرفا مما كان جرى بينهما ولا قصّر فى شىء من مخاطبته اياه « non vellem eum de suis verbis quidquam detraxisse ». Similiter *Agh.* II, ١٩. paen. ما يسرّنى ان احدا من العرب ممن ولدنى لم يلدنى الّا عروة بن الورد ubi sensus esse debet « nullus majorum mihi adeo carus est ut Orwa ibn al-Ward ». — In interrogatione ايسرُّك ان *vellesne?* *Agh.* XV, ١٢٣, 4 sq. Sine negatione مَنْ سرّه ان *cui gratum est, qui cupit*, Mobarrad ١١٩, 8 sqq.

سرج II زيتا, قنديلا = IV, ٩٩ *c*, ١٠٠ *g*.

سَرَطَان. Pharus Alexandriae fulciebatur columnis aeneis, quae innitebantur scorpioni aeneae et cancro vitreo, ٧٠, 15, ٧١, 1—3, 10, Ibn Khordâdbeh p. 121, Mas'ûdî II, 430, 433, Macrîzî I,

١٥٥ paen., ١٥٦. Haec ad illustranda quae habet epitomator Ibn Haucalis ٩٩ *i* (vid. Gloss. geogr.).

سعد. الثِّيَاب السَّعِيدِيَّة (v. Gloss. geogr.) ٣٦, 13, ٥٠, 16, ٢٥٣, 11, ٢٥٤, 4.

سفح. سَفَّاحٌ, *copiose fluens* fons, ٥٨, 15.

سقط I, *periit*, *excidit* memoria, mentio, sec. analogiam verbi ذهب (vid. de Jong, Gloss. Thaâlibî, Lane et Dozy) construitur cum على p., ٢٤٥, 7. — III, *fecit ut concideret neque fermentaretur* panis, ٧٦, 11. — مُسَقَّطٌ, *incrustatus marmore*, de columna, ١٠٧, 20. Cf. Dozy et Cuche sub سقّط et مسقّط. Baedeker p. 384 « Das Querschiff besteht aus vier massiven Pfeilern, die mit buntem Marmor belegt sind ».

سقف. سَقْفٌ, *contignatio* domus, ٣٥, 5. Gloss. geogr., Dimaschkî ٣٢, 6 a f. وله سقوف طباق.

سكب. سَكْبٌ in noto versu ١٧٧, 4, Tabarî I, ٨٥٣, 7 explicatur a Bekrîo per *calcem*, *gypsum* (ما يسكب عليه من الصاروج).

سكر. سُكَّرٌ, uvarum species dulcissima, ١٢٥, 6. Lane.

سمر. سَمِيرٌ, pl. سُمَّرَاءُ, qui interdiu jejunat, noctu precatur, ١٤١, 3 sq.

سمق. السُّمَّاقِيّ, species uvarum in al-Ahwâz, ١٣٦, 1.

سنّ. سِنٌّ. Pl. أَسْنَانٌ *aetates* i. e. homines certae aetatis, نافع لجميع الاسنان, ١٢٦, 8, ١٢٧, 2. Cf. Kremer, *Beiträge* اسنان الابل « die Altersklassen der Kameele ».

سنط. رَمَادُ السَّنْطِ. Acacia Aegyptiaca si conflagratur paucissimum cineris relinquit, ٦٦, 9 sq. Cf. Lane.

سوأ. ذَهَبٌ سَوْءٌ, aurum inferioris qualitatis, pro ذَهَبٌ سَوْءٍ habent codd. ٧, 10. Doctores Arabici admittunt الرَّجُلُ السَّوْءُ (vid. Lane), nec video cur, ubi quoque رَجُلٌ صَدْقٌ dicitur, non liceret dicere رَجُلٌ سَوْءٌ.

سود. De significatione verborum سَوَاد وعَلاءة, ١٤١, 5 (voc. in codd.), non certus sum. Probabiliter سَوَاد est accipiendum solito sensu *nigra vestis*, et intelligitur *velum nigrum*.

سُوسَن آزاد, *lilium album* (vid. Vullers), ٢٣٥, 20. Vid. Dozy sub ازاد s. آزاذ.

السُّونَايَا, uvarum species excellentissima Katrabboli, ١٢٥, 19, ubi sic corrigatur. Nomen habet a pago Bagdadensi Sûnâjâ, vid. Jâcût III, ١٩٧, 7, ٣٤١, 10, ٦١٣, 16 sq.

سوى II, *fecit*, *fabricavit*, ٢٥٠, 16 (ubi l. الأُسَوِّى), 17. Vid. Dozy, Cuche cet.

السياوشك, species uvarum Kazwînî, ١٢٦, 2.

سير. سَيَّارَةٌ, de viro, forma intens., ٥١, 11 (ubi l. وسَيَّارَةٌ هارونُ).

شاهَواران, *regius*, epith. urbis Balkh, ٣١٦, 3 secundum emendationem ingeniosam quam proposuit Nöldeke.

شبّ. شَبٌّ male, ut videtur, scribitur ٧٦, 5 pro شَبَه i. e. Arab. سَبَج.

شبع. شَبْعانٌ vulg. pro شبعانُ ٦٢ *p*. Femin. شَبْعانَةٌ a lexicographis memoratur.

شرد. شوارد الكتاب, *aurea dicta*, *verba alata* libri ١٩٤, 9.

شرف. شارِفَةٌ, *res eximia*, ٩. ult. « nullam rem deinde (من بعدها) in regno suo (in terra Jâc.) infactam reliquit (restituatur يُبْقِ) ». Fleischer proposuit لَم يَبْقَ مَنْ بَعْدَهُ فى الملك شارَفَة; magis placeret لم يُبْقِ مَن بعدها فى الملك شارفة « hoc aedificio condito nullum in regno sibi aequiparantem reliquit ». Sed codicum lectio quoque a Jâc. confirmatur. — مُشْرَف *statio tabellaria* quae solet appellari سِكّة aut رباط (Sprenger, *Post- und Reiserouten*, p. 2), ٢٢, 5. Pl. مشارف in palatio Faraonis Memphis ٥٨, 10, ubi Jâc. habet مسارب quae vera videtur lectio.

شرك IV, *consors fuit*, c. dupl. acc. ١٤٣, 19 si lectio bona est (B et I لأشْرِكَكُم مُلْكَهُ). Verbum أَشْرَكَ pro شَرِكَ usurpari, annotavit Lane ex TA. Occurrit quoque ٢٩٧, 7. Constructionis vero cum acc. r. alterum exemplum non novi. Suffixum in ملكه ad نبيّكم referendum est. Magis placeret مِلّته (in religione ejus). — شارِكٌ = شريك *socius*, ٢, 20, (cf. Add. et Em.).

شرى. شِرًى et شِراءٌ, *pretium*, ٢٢, 10, ubi Kazwînî II, ٩٥ habet ut noster شرى, contra TA et *Mohît* sub وهط scribunt شراء, (Jâcût IV, ٩٤٣ paen. شرى pro verbo habuit). Alia exempla Tabarî III, ٩٠٢, 12 (شرى), ١٣٩٣, 10 (شرى, ubi *Fragm.* ٥١٢, 6 شراء). Cf. porro Dozy et Gloss. *Adjâib al-Hind.* — Pl. أَشْرِيَةٌ, *contractus scriptus*, ٢٨٢, 14, Gloss. Belâdh.

شُستانك, *mantile*, *sudarium*, ut vid., ٢٥٤, 13. Cf. ann. *h.* Forte conferendum est شبستانى.

شظى. شَظِيَّةٌ, *schidium*, metaph. de thermis quae ex aliis thermis oriuntur, ٢١٤, 6.

شعر. شَعْرَةٌ pro شَعْرٌ, *capilli*, non tantum usurpatur in phrasi راى فلان الشعرة i. e. *caniticm*, sed quoque generaliter ut ١٠٨, 1, Ibn abî Osaibia ed. Müller I, ١٨٥, 24 انسان له شعرة قد جللته, Hamdânî ٢٣٨, 8 يقال هو جعد الشعرة يريد الشعر.

شفر. شُفْرَةٌ, *acies* gladii pro شَفْرَة, ٥٥, 15, ubi sic perspicue codd.

شقّ. شِقٌّ, *dimidium*, ut شقّ درهم ١٩٠, 19; — *latus*, *tractus*, من شقّ البصرة, *a parte Basrae*, ٩٢, 11 sq., ١١٨, 15. Gloss. geogr. *Regio* est apud Hamdânî ١١٧, 25, ١٩٩, 6.

شكن. الاشْكُن inter producta Khorâsâni s. Transoxaniae memoratur ٢٥٥, 5. Vox corrupta videtur.

شَليثا, medicamentum, apud Vullers شليشا appellatum, ١٢٧, 19.

شمّ. Arabes solent olfectare personas amatas, Tabarî II, ١٠٥٩, 9, III, ١٧٠, 5, ٩١٨ ult., *Fragm. Hist.* ٧٨, 8, *Aghânî* XII, ١٥٠, 14 sq.,

XIX, ١٣٢, 10, Freytag, *Prov.* III, 172 n. 1043, nom. vicis شَمَّة *Agh.* XIX l.l., Wright, *Opusc.* ١٠٠, 2. Fleischer ad Dozy I, 784 interpretatur «ein Atom (engl. a smack)», vereor an recte. Occurrit autem haec significatio tropica *Ali's* 100 *Sprüche* p. 74 n. ١٣٦ شمة من المعرفة خير من كثير العمل «ein Körnchen Kenntniss ist besser als vieles Thun» (i. e. als viele gute Werke). Ex hoc usu explicandus est verborum lusus apud nostrum ٤٤, 7.

شمس. شَمْسَة probabiliter est *umbella*, signum dignitatis regiae (Zeitschr. D. M. G. XII, 99), ٢٠ ult., Azrakî ١٥٦, ١٥٧, 6 وبعث امير المومنين المتوكّل بشَمْسة عملها من ذهب مكلّلة بالدُّرّ الفاخر والياقوت الرفيع والزبرجد بسلسلة من ذهب تعلّق في وجه الكعبة في كلّ موسم. Certe hanc significationem habet Tabarî III, ١٥٥٣, 14, ٢٢٧٤, 2 ومعه الشَّمْسَة والخزانة وكانت الشمسة جعل فيها واسر مازج الخادم صاحب المعتضد جوهرا نفيسا, Arîb f. 132 v. فلما كان يوم واخذت القرامطة الشمسة et الشمسة, f. 187 v. الجمعة — ركب المقتدر — وعلى راسه شمسة تظلّه. Eodem sensu, spec. in Aegypto, dicebatur شمسيّة. Exempla dedit Quatremère *Sult. Maml.*, II, 1, 280 sq., quibus alia addere non necesse est. Apud Tabarî III, ١١٨٣, 18 sensu collectivo الشمس occurrit.

شنتر. شناتر, *digiti*, vox Jem. ٤٠, 14, ٤١, 1; Freytag, *Prov.* II, 435 n. 93.

شُورْماهى, ٢٩٩, 7, ٢٩٧, 4, vid. Gloss. geogr. sub سرماهى.

شير. التفّاح الشيرىّ, species mali in Hamadhân, ٢٣٩, 1.

صحف. صَحِيفَة pro صفيحة, *tabula*, ١٠٠, 10, ١١٠, 4, Gloss. geogr.

صدق II eodem sensu adhibetur quo تصدّق *eleëmosynam dare*, v. Lane. Memorabilis est constructio hujus verbi c. accus. r. ٢٩٠, 13.

صر. صُرَّة pro سُرَّة, *umbilicus*, ٣٠, 17, Vocabul. apud Dozy. Contra ٩٤, 4 سرّة scribitur.

صرف. الصَّرَقان, nota dactylorum species in Jemâma, ٢٩ ult., Hamdânî ١٦١, 17; صَرَقان جلاجل est alia species ejusdem regionis, ٣٠, 1.

صفح. صَفْحَة habent codd. ٢١, 1 pro صَحْفَة *patina.* Forte retinere debueram, nam صحيفة et صفيحة quoque inter se permutantur. — صُفَيْحَة, *lamellula*, ٩٩, 1, ubi voc. in B et probabiliter in S.

صفر. الصفر, species dactylorum in Jemâma, ٢٩ paen. Utrum eadem sit quae الصُّفْرِيّ appellatur (Lane, Hamdânî ١٩١, 14 سيّد التمور, ١٦٥, 8), an forte sic legendum sit, efficere nequeo. — الصفراء, alia ejusdem regionis species, ٢٩, 15.

الصفْرقان, species dactylorum in Jemâma, ٢٩, 15.

صفو. الصَّفَايا, species dactylorum in Jemâma, ٢٩ paen.

صقلب. الصَّقْلَبِيّ, species uvarum Samarrae, ١٢٥, 19.

صمت. مُصَمَّت = مُصْمَت, *solidus*, ٢٥٠, 9. Cf. صَمَّت apud Dozy et أَلْفٌ مُصَمَّتٌ apud Lane.

صندل. صَنْدَلِين, ١٠, 14, non differre videtur a صَنْدَل. Aliunde quo illustrem non habeo.

صنر. صِنَّارَة, *auris*, vox Jeman., ٤٠, 14, ٤١, 1.

صنع. الصَّنْعانيّة, species dactylorum in Jemâma, ٢٩ ult.

صوب V, *confluxit* ad aliquem populus, ٤٤, 15.

صول I habet quoque n. a. صَيَلان (*Mohît*) et hinc nom. vicis صَيَلانَة ١٢٣, 14. Tropice ibi adhibetur de percussu sonorum. Fleischer quem de hoc loco consultaveram, mihi comparandum laudavit Makkarî II, ٥٥٨, 9 لصَوْلَة الدفّ والمزامر « eine auf die Zuhörer gleichsam einstürmende Tonmasse ». Hinc derivandae sunt significationes, quas Dozy e Vocab. notavit صول I *crier*, *rugir*, II *sonare*, *vocare*, صَوِيل *son.* Nomen vicis videtur significare, Fleischeri opinione, omnes ad unum impetum conjunctas voces.

صيدل. صَيْدَلَة, *aromata*, *merces aromatarii*, ١٩, 9, Dozy.

صين الكمثرى الصينىّ, piri species Hamadhâni, ٢٣٥ ult.

ضرب I. Locus ٣١٧ ult. ita legendum videtur لَيَضْرِبُنَّكم على الدِّين عـودًا كما ضربتموه بدءًا (sic Mokadd. ٢٩٤, 15 cod. C) quo casu verbum ضرب sumendum erit eodem modo quo in ضرب الكلب على الصيد (Lane). Mokaddasî autem verba aliter intellexit. Cf. Gloss. geogr.

ضرح. Simulacra Palmyrae ٢٤٢, 12 comparantur venustate cum بنتا ضارح. Frustra in libris qui praesto erant quaesivi quae sint. Quare et in indicem historicum recepi et hic noto.

ضرع الضُّرُوع, nota uvarum species, ١٢٥, 8. Vid. praeter Lane: Müller, *Burgen und Schlösser* I, 60, Hamdânî ١٩٩, 22.

ضمن. ضامِنٌ c. على p. de officio dicitur sensu *incumbens* ut ١٥٦, 2 sq. «retributio ejus expensi Deo incumbit» et in versu Labîdi (Diwân ٥٨; cf. Lane ex TA) نُعْطِي حقوقا على الاحساب ضامنةً. De persona est ذو ضمان ut in verbis traditionis (*Fâik* II, 67, Lane) من مات فى سبيل الله فهو ضامن على الله.

طاووس. Memorabilis est versus ٣٢٠, 10 qui probat in Oriente quoque in magnis conviviis, spec. in nuptiis pavonem non desiderari.

طبر الطَّبَرِىُّ substantive ٣٠٤, 16, Gloss. geogr., Müller Gloss. ad Ibn abî Osaibia.

طبق. باب مطبَّق, *porta tecta*, ١٠٠, 18. Cf. Baedeker p. 48 «die Thore . . . sind viereckig und haben je einen Gewölbbogen über sich». — الحجارة المُطَابِقَة, *lapides caesi quadrati* (genau aufeinander gepasste Quadern), ut vid., ٢٤, 19, ١٠٩, 5 sq., Samhûdî locis ٢٤ *f* laudatis.

طبل. درهم طَبْلِىٌّ in Hispania usitatus ٨٨, 3. Ibn al-Koutîya f. 17 v. eodem sensu درهمُ طَبْلٍ. Cf. Lane sub طبل.

طرف. اطرافُ العَذَارَى, nota uvarum species, ١٢٥, 7.

طرق. مَطَارِقُ citantur ٢٣٥, 5 inter tentoria, subgrundas, velaria cet. et similem significationem habere videntur, quam tamen aliunde illustrare nequeo. Forte derivatum est a Pers. تاره (طارق).

طرم. مَطَارِم quae eodem loco ٢٣٥, 5 appellantur, non videntur differre a domibus ligneis طارمة dictis.

طفأ I, *extinxit* ignem, ٢۴٩, 10, ubi codd. ut edidi طَفئت, Jakûbî *Hist.* II, ٣٧٩, 4 a f. فطفأها; Dozy ex Bc. Lexico quoque addenda est forma طَفَّأ = اطفأ quam habent Zamakhscharî in *Asâs*, Cuche et Humbert apud Dozy. Forte apud nostrum et Jakûbîum haec forma legenda est. Sensu tropico occurrit Ibn abî Osaibia I, ١۴٢, 3 a f. ubi التطفئة est *refrigeratio*.

طفا I, *mori*, de arbore ٣٦٩, 17.

طلب I, c. ب r., *obtinere studuit*, *sibi petiit*, ١٩٨, 11 الطلب بالملك, sec. anal. phrasis طلب بحقّه. — IV, c. acc. p., *in quaerendo adjuvit* (Lane ex TA), ٥٩, 19, «vereor ne me adjuvare velint in vitiis meis indagandis».

طلع VIII, c. الى r., de animo *desideravit* (= V), ٢٣٨, 14 (voc. in B et S).

طهر. الثياب الطاهريّة citantur ٥٠, 17.

طير II intrans. = I *avolavit* c. ب r., ٢٧۴, 22, *Kâmûs* et Dozy (sensu tropico).

ظلم. ظَلَامٌ, *obscuritas*, fem. gen. ۴١, 12.

عتد. عَتِيد forte *fortis*, *durus* = عَلَنْدَى, ٣١٩, 3 coll. عَتُدَ *it* (a thing) *was*, or *became*, *great*, *big*, or *bulky* (Lane), et فَرَسٌ عَتِيدٌ = عَتَدٌ *robustus* apud Jâcût III, ٩١٣, 3.

عدّ I. كم تَعُدُّ, *quot annos natus es?* ١٦٠, 17.

عدر. عُدَار, ٣٧, 12 sqq., v. Gloss. geogr. Locis ibi laudatis adde Hamdânî ١٢٨, 9, ١٥۴, 14, ٢٥٩, 10.

عَدَمَ I intransitive (= اعدم) *pauper fuit*, ۴٩, 12, Lane ex TA; — *defuit* (= عُدِمَ), ٢٥٢, 16 (ubi sic perspicue codd.), Cuche.

عرّ. شَرٌّ وعَرٌّ v. Lane. Exempla ١٢۴, 18, Jâcût II, ٦٦٩, 2.

عرف X, *cognovit*, *animadvertit*, ٩٠, 9, Lane sub عرف I laudat Harîrî ۴٨٩. — عَرَّافة vulg. pro عِرَافَة (Gloss. Belâdh., Dozy), ١١۴, 5, ubi sic omnes codd.

عرق. عَرَقَةٌ من الطير, *agmen avium*, ١٩, 8, coll. *e*, *Asâs*, Lane ex TA. — المعرق, forte pronunt. المعَرَّق, *qui venas habet*, species onycis, ٣٦, 10, 12. Forte corrigendum est Hamdânî ٢٠٢ ult. pro العرف.

ع. ا الجزع العروانى, species onycis, ٣٦, 9 et l.l. in annot. *h*. Eadem videtur significari nomine السعوانى, Hamdânî ٢٠٢, 19 sqq., Sprenger, *Alte Geogr.* p. 62.

عسجد. الابل العَسْجَدِيَّة, genus camelorum quod nomen habet a loco عَسْجَد (Jâcût III, ٦٧١, 20), ٣٨, 2.

عسل الجزع المعسل, ٣٦, 10, aut الجزع العسلى, Dimaschkî ٦٩ ult., *onyx striatus*, ut vid., nempe ذو اعسال, quod de panno hoc sensu occurrit in versu apud Jâcût II, ١٧٧, 20 جيشانيّة ذات اعسال اى خطوط ووشى. Eadem, ut videtur, species apud Hamdânî ٢٠٢, 25 المسيّر appellatur.

عضل IV بى اهل الكوفة, phrasis Omari explicatur in gloss. ad ١٨٤, 17 per اشكل على حال اهل الكوفة. Vid. Lane et Gloss. Belâdh. p. 80 sub فجر.

عطن. ضَيِّقُ العَطَنِ, *angustus*, *angusti animi*, ut recte explicat Fleischer ad Dozy II, 140, ٤٩, 21.

عظم. عَظِيمَة, *pars praecipua* corporis i. e. *caput*, ٥٥, 19.

عقد. عاقِد, *is qui acquirit* = مُعْتَقِد, ٣١٧, 6 ولا اعتقد بيوتَ الاموال فى خزائن الخلفاء مثل عاقدهم؟ — عُقْدَة, pl. عقد, *nodus magicus*, *delineatio magica*, ١٤٥, 1 juxta رُقًى. Cf. Chwolson, *Ssabier*, II, 21, 138 sq., Tabarî III, ٧٩١, 4, noster ١٩٤, 6. Fleischer a مَن قوى novam sententiam incipere vult et vertit «Wer irgendwo durch etwas Besonderes vermochte, hatte sich vertraut gemacht mit gewissen Zauberworten». Mihi etiam nunc كان — قد الّف legendum videtur «Quisquis enim in terra aliquid potuerat, composuerat carmina magica in sculpturis, qualia ipsi vidimus».

عكظ. العُكَاظِىّ, corium de foro Okâth appellatum (Jâc. III, ٧٠٤ ult.), ١٩٤, 13.

علا. عَلَى, subintellecto مُحيط, est *comprehendens*, *occupans*, ٣٢٦, 3 «suburbia et canalis irrigationis 6000 *djarîb* occupant» et l. 5 «urbs ipsa 5000 *djarîb* occupat».

عمر. عُمْرٌ, palmae genus cujus fructus appellantur السُّكَّر (Gloss. geogr. p. 262), habet n. unit. عُمْرَةٌ, ٢٩, 12 sq. Palma Mariae hujus generis fuisse dicunt.

عمل I, c. على r, *exspectavit*, *esperavit fore* (Gloss. Fragm.), ٤٢, 2, ubi duo codd. syn. رجا.

عمن. العُمَانِىّ, species dactylorum in Jemâma, ٢٩ paen.

عنبر. قَسْبُ العَنْبَرِ, species dactylorum passorum optima in provincia Kûfae, ١٧٥ ult., ٢٥٢, 17.

عنق. مُعَنَّق, de aedificio *quod duplex tectum habet* (سقف دون سقف), ٢٤, 21. Probabiliter derivatum est ab عُنْق, *praecedens*, *superior pars* rei.

عود. عُود, pl. عِيدَانٌ, *ramus*, ١٣٣, 14, ١٣٤, 13, Ibn Batûta IV, 242; Lane notavit ex Harîrî ٤٩٩.

عوم II, *natare*, ٢١٩, 10, Vocab. in Gloss. Moslim.

عين. عيون البقر, nota species uvarum, ١٢٥, 6, ١٢٩, 1. — عِيَانٌ. Dicitur كذب ظاهر للعيان, *mendacium notabile*, *evidens*, ٣١٧, 2, ubi tamen forte cum Jâcût legendum est العيان.

غربل. الغَرَابِيلُ p. ٢٣٣, 5 sunt *tympana*. «Quemadmodum, ubi (die festo) in ornatu pone tympana incedunt, prae anxietate lamentantur». Hanc significationem jam antiquitus habuit. Traditio al-Hasani exstat *Fâik* II, 223 أَعْلِنُوا النكاحَ واضْرِبُوا عليه بالغِرْبال. Commentator addit اى بالدُّفّ.

Chron. Mekk. II:7

غرج. لحزم الغَرْجِيَّة e regione غرج الشار s. غرجستان (Mokaddasî ٣٢٤, 12), ٢٥٥, 3 sq.

غرا I, *illivit* (= II), ١٨٠, 3. Hinc الغرِىّ (فعيل = مفعول) ١٨١, 1 sq.

غسل. غَسَّالَةٌ solita significatione, *aqua vestibus lavandis*, ١١٨, 9 (voc. in B) «aqua lacus inservit linteis lavandis». Edidi للغسالات quia يُشْرَعُ اليها arguit quoque وينْتَفَعُ بها esse legendum.

غضا. غَضًا tantum in Nedjd crescit, contra arbores *talh*, *samor* et *asal* in Hidjâz, vid. ٢٧, 4 sq.

غُوشَنَةٌ, genus fungi quod recens comeditur, quo siccato alcali instar in lavando utuntur (Vullers), ٢٥٥, 2. Dozy pron. غَوْشنة. Locus e *Mohît* ab eo datus الغَوْشفة عشبة قلوية تستعمل اشنانا corrigatur الغوشنة عشبة قلوية تستعمل اشنانا «herba campestris qua pro *oschnân* utuntur» et apud Dozy قلوى (II, 401 *b*) *que l'on frit* delendum est.

غيب. فان الغائب لجانى, locutio proverb. ut Gallic. «les absents ont toujours tort», ٢٧٢, 8. — غَيَابَةٌ. P. ٢٢٣, 17 lectio codd. bona est, nam quidquid rem abdit, ut videri nequeat appellatur غيابة (*Asâs*) et hinc *nubes pulveris* apud Zohair XIII vs. 6 (Ahlwardt ٨٩, 5), ubi certe cod. Goth. habet غيابات ut ad me scribit Nöldeke, cui hunc locum debeo, *caligo* apud Labîd in versu

فتدلّيت عليه قافلا وعلى الارض غَيَابَاتُ الطَّفَلْ

et apud nostrum sensu tropico.

فأل VI, *bene ominari*, ٣١٥, 16 construitur c. الى (*dum me converto ad*, *dum intueor*).

فتك I, c. ل p., ١٤٠, 4. Cf Lane حيّة فاتكة للسبع.

فرس. الفارسىّ, species uvarum in Kazwîn, ١٣٦, 2. — الجزع الفارسىّ «species onycis, ٣٦, 9, Dimaschkî ٦٩ paen.

فرض. فَرْض, nota species dactylorum in Omân, ٣٠, 2.

فرق فارقين, *fossa quae cingit murum urbis* (Gloss. Belâdh. et Gloss. geogr.), ٢٦٩, 7. — مفرّق, *simplex*, *non compositus* opp. مركّب, = مُفْرَد (nisi hoc forte legendum sit), de potu, ١٢٧, 1.

فصح. فَصِيحٌ, *clarus*, *purus*, de figuris niveis, ٢٥٩, 11, 12.

فصى V, *separari*, *solvi*, construitur c. عن r. quae detegitur, excutitur, ١٨٨, 3 « oryza coquendo dissolvitur ut excutiatur granum », secundum analogiam verborum انشقّ, انفتح s. تفتّح (Gloss. geogr.), انفرك, تفقّأ, افترّ (١٢١, 14), انفلق (Jâc. I, ٩٥٠, 5) cet.

فضخ I, c. acc. p., *fregit caput* alicujus, ٣٠٨, 3. Sic in Gloss. Belâdh. explicavi. Quia vero quoque dicitur فضخ عينه et فضخ يده (TA), forte h. l. generaliorem sensum habet *vulnerare*, *mutilare*.

فضل. فَضْلًا على = فضلا عن, *nedum*, *quanto minus* (Gloss. Moslim), ٣١٧, 11.

فند. فَنْد, *agger*, *moles*, ٢٨٩, 2, 3, 7, 19, probabiliter est idem quod Persicum بَنْد, quod quoque immutatum in usu est (v. Lane sub بند). Est haec observatio acuta Kremeri. Hinc formatum est verbum فنّد, *agger fecit*, quod ٢٨٩, 1 servare debueram.

فوق. الدنانير الفُوقيّة, a Phoca imperatore appellati denarii, ١٤٠, 7.

قبل II, c. acc. fundi, من p., *locavit*, ٢٣٩, 1, 3. Vid. locum Motarrizî in Gloss. Belâdh. — V, c. ب fundi, من p. *conduxit*, *redemit*, ٢٨١, 16. Vid. Dozy. — اقْبال, *adspectus*, bis اقبال هذان, ٢٢٧, 13, ٢٣٩, 16, inter pulcherrima quae videre quis possit.

قدر. قُدَيْرة, *olla parva*, ٩٠ ult. Lane ex *Miçbâh*.

قدم. موضع قَدَم, *locus illustris*, ١٣٢, 5 (voc. in B et S). In Gloss. Belâdh. male legi موضع قِدْم, ut jam observavit Dozy.

قرّ. تَقْرِير, *tributum fixum quotannis ferendum*, ٣٩٧, 15. Cf. Gloss. geogr. sub قرّ II. — قَوارِير, propr. pl. a قارورة, *vitrum*, ٢٣٠, 7, Tabarî I, ٥٧٥, 7, ٥٨٣, 4 ubi ut collectivum jungitur cum اخضر, 5, 13, Baidhâwî II, ٧٠, 7 (= زجاج), Chron. Mekk. III, ١٠٠, 14, Dozy, Gloss. Ibn Badrûn.

قرث. القَرِيثاء, nota species dactylorum in Basrae provincia, ٣٠, 5, ١٩١, 20.

قرش. قِرْش, *pistris*, ٢٩٠, Gloss. geogr.

قرع. مِقْرَعَة, *sceptrum regale*, ٢٤٨, 7, ٢٤٩, 12, 16.

قِرْقِس, *funis e fibris junci confectus*, ٦٩, 4, Kazwînî II, ١٧٧, 4 (ubi القوقس), Gloss. Edrîsî, p. 303.

قرن. ذو القَرْن, nomen bestiae in Nilo degentis, ٦٣, 13.

قضم I, simpl. *comedit*, ١٤٩, 2.

قطر VII, *stillavit*, ٢٤٧, 15, Gloss. geogr.

قطع. قواطع السمك, *pisces advenae*, *adventicii*, qui avium more migrant (cf. Kazwînî I, ١١٧), ٢٩٩, 9.

قعد. مَقْعَد. Dicitur هذا المسجد مقعد عشرين الف رجل « viginti mille homines in hoc templo considere possunt » ١٠٧, 14.

قعس V = VI *restitit*, ١٨٥, 18, Mobarrad ٢٥, 10, Lane ex TA.

قعقع. القَعْقاعىّ, species dactylorum in Jemâma, ٢٩, 15.

قلب IV, *invertit sursum deorsum* = I et II, ٩١, 12, ubi Jâc. IV, ٨٩٧, 1 قلبها.

قمّ. الكراسىّ القُمّيّة, sellae in urbe Komm fabricatae, ٥٠, 14.

قنّ ماء قَنّانيّ, *aqua lagenarum*, meton. pro *vino*, ٢٢٠, 14 = ٢٣٦, 20.

قنزع. قُنْزُع, pl. قَنازِع, *crista* avis, ١٠, 17, Dozy et TA.

قنى. القَنى, *arundo Indica*, ٢٥١, 17.

قوم I, c. ل, *stetit*, *constitit*, *restitit*, cf. Dozy et *Asâs* ما قام له ولا يقوم له اذا لم يُطِقْه. Vid. e. g. Jâc. I, ٨١٨, 3, Tabarî III, ٣١١, 4, I, ١٩٣٧, 11. Hinc *suffecit*, ٣٢١, 10 (ubi sic codd., non بافواهها ut prop. Fleischer), *Aghânî* XVIII, ٢١٠, 9 وكان اذا جاع لم تقم له قائمة, Tabarî II, ١٣٠٧, 15 ما هذه الصكاك لِخَراجِ ولسنتِ آمَن, ١٣٢٩, 6 فهذا لا يقوم له شىء et l. 17 لا يقوم لها ان يأتيك ما لا تقوم له. — IV. نُقِيم لك واحدا بأَنَس « unum de numero condonabimus tibi pro Anas », ١٧١, 15. — قامت قيامته proprio sensu ٤٥, 9.

قيس III, c. acc., *similis fuit*, ٩٢, 18.

كبس. كِبْس, *terra congestione fossarum cet. parta* (Gloss. geogr.), ١٥٢, 21.

كُتَع, *lupus*, voc. Jem., ٤٠, 14, ٤١, 2.

كحل VIII طَرفُه بالسهاد, *insomnis fuit*, ٥٥, 13 (ubi l. مُكْتَحِل), *Mohît:* اكتحال السهاد كناية عن الارق وذهاب النوم, et active dicitur كَحَّلَ السهادُ عينَه, *Mohît*, *Agh.* VIII, ١٧٥, 8 فقد كُحلت جفونُ العين بالسهد. Simili metaphora dicitur ما اكتحلت عينى بك, *non vidi te*, *Asâs* et *Agh.* VIII, ١٢٧, 11 عينه ما اكتحلت بالمرأة, et de oculis transfertur ad faciem et dicitur اكتحل وجهُك بالهمّ, *moeror in facie tua conspicuus est*, *Asâs*.

كرب. مَكْرَب, pl. مَكارِب, *plantatio palmarum*, ١٢١, 11, ubi sic conjectura edidi, quia مبارك mihi sensum non dare videbatur. Verbum كَرَبَ significat *aravit* terram, *praeparavit sationi aut plantationi* (e. g. ١٨٥, 19), كَرّاب est *agricola* ,كرابة *arva* (Dozy), كَرِيب *arvum primum cultum* (Lane et Jâc. IV, ٢٧٠, 11), itaque non improbabile est vocem مَكْرَب, sec. anal. مَحْرَث formatum, exstitisse.

كَرْكَبِيس, flos idem quem Vullers memorat sub nomine كَرَكميسه ٢٣٥, 19. Dozy recepit sub forma كركباش.

كرى. المُكْرِى, species dactylorum in Bahraïn, ٣٠, 4.

كُسْتَنَج, flos in Media crescens, Persice كُسْتَه = سُرخ مَرد (Vullers), ٢٣٥, 19.

كسر. الرصاص المكسّر videtur esse *plumbum cincinnatum*, *inflexum*, ٢١, 9. Jâcût IV, ٥٨٨, 17 om. المكسر et Azrakî ٢٧٩, 6 ejus loco habet ملبس بها.

كَشتَج, genus scripturae antiquae, ٢٤٣, 12, de quo vid. Flügel ad *Fihrist* p. ١٣ et ٢٣٩.

كفر IV in verbis واغلظهم اكفارا, ٣١٩, 9, videtur esse *conviciari*, sed forte est *blasphemare*, quam significationem Reiske ad Gol. annotavit.

كفى. بالكفاية de summa solvenda videtur esse *in toto* (*compte rond*, *somme totale* Dozy), ٢٠٤, 7, ٢٣٩, 2.

كلف. الكَلَافِىّ, nota species uvarum, ١٢٥, 9.

الكمانكيّة, *ars violina canendi*, a Pers. كمانچه (Arab. كمنجة v. Dozy s. كمنجا Khafâdjî ١٩٠), ٥٩, 8, ubi sic conjectura edidi. Kremer mihi proponit legere الدمامزنيّة e Pers. دمامه *tympanum* (= دَرْبُوقة) et زدن *plectere*. Licet ad ejus sententiam accedere non possim, tamen cum lectore communicatam velim.

كنب. Conjectura edidi ٢٩٧, 1 الكَنَب quia vocis seq. المُكَا *callum* synonymum est, nec multum discrepat a lectione codd. Improbat Kremer qui ad me haec scribit: « Ich will versuchen die richtige Lesart herzustellen. Ich lese الحُفّ, welches Wort Spindel, Wirtel, Spule, Walze bedeutet (bei Lane ad vocem حُفّة: a roller). Hier ist es gebraucht um das Instrument zu bezeichnen, das wir: Log nennen und das zur Messung der Fahrgeschwindigkeit der Schiffe dient. Hingegen ist المكا verschrieben für البنكان oder البنك, perzisch بنگان oder پنك d. i. die Sand- oder Wasseruhr. — Es ist S. 296 Z. 13 gesagt, dass die Seeleute in Bassora behaupten die Fahrt von Bassora nach Oman sei länger als die von Bassora nach Ostafrika. Diese ganz paradoxe Behauptung wird nun erläutert wie folgt: Z. 16: « Da aber das Meer tief, der Wind heftig, der Wellengang stark ist (*Glosse*: und die Erzeugnisse im Lande der Zing sind wenig) und da die Segel nicht eingezogen werden (während der Fahrt mit dem Monsoonwind) und da sie in gerader Linie fahren, nicht im Bogen, und da sie *das Log* und *die Sanduhr* nicht kennen (also die Fahrgeschwindigkeit nicht messen können), so sind (für sie) die Tage der Fahrt nach Ostafrika näher (d. i. die Zeit scheint ihnen kürzer)». Vom Standpunkte einer conservativen Textkritik werden Sie الحُف nicht beanstanden; dass es die Spule bezeichnet, von der die Logleine sich abwickelt ist zweifellos; dann ergiebt sich die Correctur von المكا von selbst, denn Log und Uhr sind unzertrennlich zur Messung, das eine erfordert das andere».

In extenso dedi dissertationem viri amplissimi, quamquam conjecturam ingeniosam admittere nequeo. Nam haec instrumenta nautica ignota fuisse nautis in mari Indico tempore Ibn al-Fakîhi, sine causa ponitur. Narrationes navigatorum in operibus Ibn Khordâdbehi, *Adjâib al-Hind* et aliis probant eos distantias maritimimas probe mesurare potuisse, quod sine hisce instrumentis fieri nequit (cf. Sprenger, *Alte Geographie Arabiens*, p. 99, *Post- und Reiserouten* p. 83). Quin ipsum nomen « Log » ab Arabibus mutuatum fuisse non improbabile est. Vid. annot. Reinaud Introd. ad ed. Abulfedae p. 444. Certum est etymologiam Arabicam cum natura instrumenti bene convenire, Anglicam male, nam est et esse debet tabula (لوح). Denique observandum est Kremerum ipsum instrumentum *log* appellatum confudisse cum fuso qui *log-reel* dicitur. Quale autem olim fuerit instrumentum celeritati navis metiendae non constat. Antiquissima forma quam Jal in Glossario nautico memorat est Italicum *catena a poppo*, circa annum 1520 in itinerario descripta. Quod de antiquiore forma e *Djihan-Numa* dedit Reinaud mihi non satis perspicuum videtur. Quod autem interpretationem loci attinet, initium textus restituendum videtur ut in ann. *l* proposui. Verba والخيرات ببلاد الزنج قليلة ut glossa sumenda esse, non opinor. Quod terra Zingorum parum boni offert, est una e causis cur navigatio nunquam interrumpitur. Quia igitur recta via cum vento uno tenore navigant, nautae non multum agendum habent, *manus callo non obducuntur*, ideoque breviore tempore iter inde a Basra ad Zanguebar quam ab Omano ad Sinam faciunt, licet distantia revera non sit minor.

كيس. كَيِّس habet quoque plur. أَكْيِسَة (ut أَتْرِسَة vid. supra sub جرز), ١٣١, 17.

كَيْمَكَان, planta aromatica quae condimento et medicinae inservit, ٢٥٥, 2, Jâcût, III, ۴۴٧, 4, ubi sic forte scribendum pro كلكان, Vullers. Cf. Dozy.

كيمخار pannus pretiosus Sinicus, de quo vid. de Jong in Gloss. Thaâlibî sub كمجار, Dozy Gloss. Esp. Ar. p. 246 et Karabacek laudatus a Dozy in Suppl. sub كمخا. Locus nostri ١٣٧, 8 probat ultimam vocabuli litteram quoque ر esse, non tantum ن ut opinabatur Dozy. Saepe quoque ب est, et etiamnunc pannus ille in India *kincob* appellatur. Pronuntiationi Hispanicae *camocan* proxime accedit كَمْخَان apud Tabarî III, ١١٦٩, 13. Defrémery, *Mém.* I, 159 laudat locum itineratoris Haines, in quo *kimkhab* reddit per « velours ». Minus recte ut videtur.

لبس II, *obduxit*, *contexit*, ١.١, 6, 7. Vid. Dozy.

لبن IV. P. ٤٩, 7 edidissem أَسْمَنْتُ وأَلْبَنْتُ nisi codd. perspicue أُسْمِنْتُ (البنت sine voc.). Defendi enim posse mihi videbatur haec lectio. Nam اسمن non est tantum ملك شيئا سمينا, sed quoque اعطاه غيره (Djauharî) = سمّن (vid. Lane), et non absurdum est verbum البن juxta significationem neutralem, quoque activam habere, licet hanc exemplis commonstrare nequeam. Quod lexica non habent, parum probat; desideratur in iis quoque لبّن sensu *lac bibendum dedit*, quod habet Zamakhscharî *Fâik* II, 428 l. ult. لبّن القومَ اذا سقاهم اللّبَنَ حكى الزيادىّ عن العرب لبّنّاهم فلبّنوا اى سَقَيْناهم اللبنَ فاصابهم منه شبْهُ شُكْرٍ. — مَلْبَن, genus dulciarii = مُلَبّن, ٢٥٥, 2, Gloss. geogr.

لث I. Phrasis لا تلثّوا بدار معجزة, ٤٧, 12, explicatur a Lane.

لحك III, c. بين r., *concinnavit*, *fecit ut partes ejus bene cohaererent*, ٥٨, 10, Jâcût IV, ١١٠, 8, *Asâs* لُوحِك البنيانُ, *Fâik* II, 498 الملاحكة والملاحمة اختان يقال لوحك فقار الناقة فهو ملاحك اى لوحم بينه وأُدخل بعضُه على بعض وكذلك البنيان ونحوه.

لزم III, *in custodiam dedit*, *incarceravit* propter debita, ١٤, 12, *Relations des Voyages* ٥٥ اذا حبسوا رجلا او لازموه, Dozy. — VI, de pluribus, *unus alterum* propter debita *in custodiam dedit*, ١٤, 12, *Relations* l. l.

لصف. لَصَف, species dactylorum in Jemâma, ٣٩ paen., Hamdânî ١٦١, 15, *Kâmûs*.

لغثيط, *logotheta*, ١٤٧, 12, Gloss. geogr. E loco nostri efficeremus duos viros hunc titulum Constantinopoli habuisse, unum cui cura aerarii tradita erat, alterum qui dignitate fungebatur de litteris publicis cognoscendi.

لكع. لَكَاعٌ, *vilis*, *abjectus*, ١, 3, TA in v. Motarrizî واما حديث سعد ارايت ان دخل رجل بيته فراى لَكَاعًا قد تفخذ امرأته فقال الازهرىّ جعل لكاعا صفة للرجل على فعال.

لطا. الدرق اللَّطْيَّة quomodo praeparantur describitur ٨١, 6—8.

لكلوجلو, nomen Dei in lingua Zingorum, ٧٨, 12.

لُور, casei recentis genus, de quo vid. Dozy et Vullers, ٢٥٣, 19. Locus apud Dozy laudatus ex Abû Ishâk Schirâzî est ٢٤٣, 10 (non 8).

لوم III. ملاوم, *conveniens*, *idoneus*, ١٣٩, 7, vulg. pro ملائم (*Mohît*). Construitur ibi c. ب pro accus.

ما. لمّا, *quoniam*, ١٤٤, 2, Gloss. geogr.

الماسَبَذى, species uvarum in Media, ١٣٩, 4.

ماميران, *chelidonia magna* (vid. Dozy), ٢٧٠, 14.

متع. مُمْتِع, *florens*, de terra, ٧٩, 2 وهى خصبة ممتعة. Probabiliter a متّع المطرُ الكلأ والشجر (*Asâs*).

مثل. أَمْثَلُ, *melior*, ١٥٤, 5, ١٩٠, 1. Dicit aegrotus انا اليومَ امثلُ «hodie melius valeo» (*Asâs*). Tabarî I, ١٩٤٤, 2 seq. ولبعض التجاوز امثل.

مثن. Memorabilis est phrasis قطعوا الرحم ووصلوا المثانة «quod nobilius est negligunt, quod sequius est sectantur», ١٧٣, 7. Cf. ١٦٨, 2 البصرة من العراق بمنزلة المثانة من الجسد.

مذيكش, nomen Dei in lingua Berberorum, ٧٨, 12.

مرّ. مَرّ, *pala ferrea*, ut bene Freytag, apud Lane non est, ٢٤٩, 6 sq., ٢٥٩ ult., habet pl. مرور, ٩٨, 21, ٣٠٩, 15, ٣١٩, 1. Vid. Gloss. Fragm. et Dozy. — المُرِّى, species dactylorum in Jemâma, ٢٩ paen.

مرس. الريح المَرِيسيّة in Aegypto, ٧٤ ult.

مرو. الثياب المَرْوِيّة (Gloss. geogr.), ٢٥٢, 20, ٢٥٤, 3.

مزّ II, *fecit ut haberet saporem aciditate et dulcedine mixtum*, hinc cibus المزّزة, de quo v. Dozy, et تمزيز apud nostrum ٢١٥, 20 tropice de mixtura grati et ingrati (نُعْمى وبُوسى l. ult.) in vita.

مسك VI, *sui potens*, *prudens fuit*, ١٩٣, 16 متماسك opp. متهافت. *Asâs* انه لذو مُسْكة وتماسُك ذو عَقْل, *Hamâsa* ٣٧, 7 a f. معتوه لا يتماسك eodem sensu quo ٣٨, 3 a f. احمق لا مسكة به.

مشج. أَمْشَاجٌ, *humores* corporis humani, ١٢٧, 5, Dozy; apud Ibn abî Osaibia I, ١١٠, 15 تعديل امشاج الانسان est synonymum verbi مزاج البدن.

مشن. المُشَان s. رُطَبُ المُشَان, optima dactylorum recentium species, ١٩٩, 17, ١٧٥, 15, ٢٥٣, 17. Vid. Jâcût IV, ٥٣٦, 15 sqq. Pronuntiatio المَشَان ut vulgaris condemnatur a Djawâlikîo (*Morgenl. Forsch.* p. 150).

مصر. مِصْرٌ, sensu *limes* (حدّ), ٥٧, 3—6.

معز المَعْزاء subst. *terra glarea tecta*, ١٩٨, 5, Mobarrad ٣٢, 16, *Fikh al-Logha* ١٥٣ فاذا كانت كثيرة الحصى فهى الامعز والمعزاء.

مغاناطيس pro مغناطيس ٩٧ *h* et *k*, ١٣٤ *h*, ٣٠٠ *m*.

مكى. مَكًّا, ٢٩٧, 1, vid. sub كنب.

ملأ I ملأ عينَه من الشىء, *oculos pavit conspectu ejus*, ١٠٥, 12, et de re ملأ عينَ فلان *placuit ei*, ١٥٥, 7, Lane ex TA et Dozy. *Asâs*: نظرتُ اليه فملأتُ منه عينى وهو يَمْلأُ العينَ حُسْنًا وقال النَّمِرُ

الم تَرَها تُرِيك غَداةَ قامَتْ بمِلْء العين من كَرَمٍ وحُسْنِ

Freytag, *Proverb.* II, 704, n. 389 مِلأُ عَيْنَيْك شىءُ غَيْرِك, placeat tibi res aliena, quam tibi optas quidem, sed non obtinebis, i. e. *contentus esto.* Apud Ibn abî Osaibia I, ١٧١, 5 legimus املأ اللهُ عينَ الآخر *Deus contentum reddat alium* i. e. tu nunquam contentus es. Glossema in tribus codd. خذ ما رُزِقتَ probat hanc esse sententiam. Forte autem legendum est الأَخِرِ ut vertendum sit: *Deus contentum reddat hominem sordidum et cupidum*, voce sumta sensu quam habet in ابعد اللهُ الأَخِرَ (Lane), لا سلَّم اللهُ على الأَخِرِ Tabarî III, ٥٨٣, 9 et لا مرحبا بالاخر Khafâdjî, *Schifâ*, ٢٤. Lexico addendum est املأ اللهُ عينَه.

ملح. المُلَاحِىّ, notum genus uvarum, ١٢٥, 19, Hamdânî ١٩٩, 20, Kazwinî II, ٢٥١, 20.

ملك. مُلُوكِيَّة, *habitus*, *status regalis*, ٣٣٤, 3.

منى. المانِى, species uvarum in Media, ١٣٩, 3. — مَنَانِىّ, *Manichaeus*, ٧٧, 18, Tabarî I, ٨٩٤, 4. Quoque in usu sunt مانىّ et منوىّ.

مومقس sec. ٩٩, 7 (Kazwînî habet موقيقوس) est nomen arboris in Aegypto, qui noctu radiat. Forte allusio est ad סנה Exod. 3 vs. 2, sed exstant plantae qui talem possident proprietatem e. g. Dictamnus Fraxinella.

موه. ماء. Exemplum pluralis امياء (Gloss. geogr.) ٢٣٥, 15, ubi cod. B habet امياه (vid. ib. et Dimaschkî ٢٠٠, 6 a f.).

مَيْذَر, vocab. Jeman., *dens*, ٤٠, 14, 20. In *Mostatraf* scribitur ميدر. D. H. Müller quem de hac voce consultavi suspicatur يذ esse corruptum ex ضـ ut sit revera legendum مَضْر; nempe in Jemen مضر pro مضغ dicebatur, teste Hamdânî ٧٥, 7, ١٥٩, 9, ١٩٣, 17.

المَيْسانىّ, pannus qui ab urbe Meisân nomen habet, ٢٥٣, 8.

الناشقبينىّ, genus uvarum in Kazwîn, ١٣٩, 3.

الناوكىّ v. sub نوك.

نبأ. الأَنْبَاء, *nuncii scripti*, ٣٩٧, 5.

نحر. فى نَحْرِ العدوّ, *in ipso confinio*, ٣٠٥, 9, Gloss. geogr.

نديبر, flos in Media crescens, ٢٣٥, 20, sed lectio est incerta.

ندا. نَدْوَة, *humiditas*, ١٤, 2. Vid. Dozy.

النرْسِيَان, notum genus dactylorum, ١٧٥, 16, ٢٥٢, 17, Djawâlîkî ١٤٨.

نَسْتَر, rosae albae odoratae genus (vid. Vullers), ٢٣٥, 19. Memoratur in TA ut quoque sub forma نسترن.

نسج. ثوب نَسِيج, *brocatum* (Dozy), ١٢٣, 8.

نَسْناس. Mentio eorum ٣٨, 15 sqq., ٢٥٢, 13.

نصّ. Memorabilis est usus vocis نَصّ p. ٢٧٣, 10 من ابنِ فاجرةٍ نَصّ. Probabiliter significat *evidens*, *quod dubium non admittit*, nam نصّ appellatur id quod per se perspicuum est, de cujus significatione inter omnes constat (TA اللفظ الدالّ على معنى لا يحتمل غيره). Auctor *Mohîti* dicit نصّ est id quod unam tantum significationem habet nec admittit interpretationem ut e. g. خمسة (quinque); hoc enim est نصّ in significatione nec aliam admittit. Fieri tamen potest ut sit sumenda sensu منتهى كلّ شىء (Djauharî) s. اقصى الشيء وغايته (Azharî in TA). Kremer proposuit legere لصّ, sed lectio codd. confirmatur versu superiore من ابن زانية مَحْضِ.

نصف. In fine enumerationis tributi Khorâsâni additur ٣٢٩, 2 (locus est Ibn Khord. p. 39 l. ult.) نِصْفَيْن, quod de pensione semestri accipiendum esse probabile fecit Barbier de Meynard in annot. ad. vers. Ibn Khord. p. 147 « payable en deux termes ».

نضح VIII, de oculo *profudit lacrymas* = نضح VIII, nisi quod illud fortius est, ١٥٧, 2 coll. ann. *d.*

نطر. ناطُور, *turris*, *specula*, ١٠٨, 5. Cf. Dozy sub ناطور et ناظور.

نعق. ناعِق, *qui ad seditionem appellat*, *seditionis auctor*, ١٩٤, 5 = ١٩١, 17. Vid. Gloss. Fragm., Gloss. geogr. et Dozy.

نفذ IV, *infixit* lapidem alteri (الى) clavis, ٢٩١, 9.

نفض VIII, *tremuit* de aedificio, ١٤١, 11, 21. Eodem sensu نُفِضَ ١٤١ ult., ١٤٢, 3.

نفط. نَفّاطة, *locus unde naphta extrahitur*, ٢١٤, 2. Freytagii نفّاط hac significatione delendum est. Hoc volui in Gloss. Belâdh., sed non satis perspicuis verbis usus sum, nam Dozy non intellexit et male laudavit sub نفّاط.

نقح II, *polivit* carmen, ١٩٣, 21. Cf. supra sub حكّ. Vid. Dozy, *Asâs*, TA.

نقس II الناقوس = I, ١٤٩, 15.

النهاوندى الكمثرى, pirus optimae qualitatis, ٢٣٥ ult., Abu'l-Kâsim, cod. Mus. Brit. Add. 19,913, f. 40 v.

نوس. نَاسٌ saepe est collectivum singulare masculinum, vid. annot. Fleischeri ad Makkarî I, ۴٦ (apud Dozy), *Fâik*, I, 140 اكرم الناس احسابا واثقبه انسابا cum comm. والضمير يرجع الى الناس وهو اسم موحّد مذكّر كالبشر والانام والورى, Tabarî II, ١٣٢٨, 14, Ibn abî Oseibia II, ٩١, 25; male apud nostrum plus semel lectionem codd. mutavi ut ٣٣, 13 coll. ann. *l*, ١٣٥, 6 coll. ann. *e*, ١٩٧, 5 sqq. coll. ann. *e*.

نوك. القسيّ الناوكيّة sunt arcus Persici magna vi sagittas (ناوك) mittentes, ut patet e Belâdhorî ٣٦٠, Tabarî III, ١٩٣٦, 14, ubi الناوكيّة substantive, ١٩٨٢, 18, ٢٠٠٣, 16, ٢٠٠۴, 4 cet. Sagittae quae his arcubus mittuntur appellantur السهام الناوكيّة ut apud nostrum ٥٠, 11, aut substantive الناوكيّة, sing. الناوكيّ, Tabarî III, ١٥٧٩, 16, aut denique الناوكات (Dozy).

نيقَلاوِيّ, assecla sectae Christianae hereticae Nicolaïtarum, ٧٧, 17.

هَبْطَارَعَان, medicamentum, ١٢٧, 20. Lectio vocis incerta est, vid. ann. *g*.

هتن. هَتَّانٌ, *continuo fluens*, ٢٧٣, 6, Makkarî I, ۴٢٨, 4 a f.

هجن. هُجْنَة, species dactylorum in Jemâma, ٣٩, 14.

هذّ I. De Christianis Jacobitis dicitur ٧٧ ult. يهذّون الانجيل «Evangelium celeriter recitant» ac si poëma esset (cf. TA).

هرّ. هَرِيرٌ, *stridor* venti, ٢۴٢, 2. Kremer ibi legere jubet الهزيز et equidem de hac lectione recipienda cogitaveram, sed codd. habent ut rec. et usurpatur هرير sensu stridoris ut in traditione انى سمعت هريرا كهرير الرحى, de vento dicitur هرهرت et تهرهرت ut de arcu هرّت هريرا i. e. صوّتت (TA) et sonus tympani pulsati appellatur هرير (Dozy). Est igitur in his synon. vocis هزيز quod (ut ازيز) etiam de mola dicitur, ut in traditione (*Fâik*, I, 567 sq.) انّا سمعنا هَزِيزًا كهزيز الرَّحَيَيْن. Quod attinet هزيز الريح sec. alios (e. g. Zamakhscharî, *Asâs*) est *celeritas venti*, secundum alios *stridor*, *sonus* (TA). Hanc significationem habet in verbis هَزِيزُ اشاءة فيها حريق (*Fâik* l.l. 568).

هزّ IV, *fugavit*, ٣١٣, 6, Gloss. Moslim.

هش. هَشَّاش, *mollis* de terra madida, palustri, ١٦٦, 3. In aliis hujus traditionis formis (١٨٩, 9, Belâdhorî ٣٥٦, *Fâik* I, 221) non occurrit.

هفت VI. مُتَهَافِت, *imprudens*, *inconsultus*, opp. متماسك, ١٩٣, 17.

هلك VI, *impense cupivit*, *multam operam impendit rei obtinendae*, c. فى r., ١٢٠, 10 « cujus minimam partem palma impense cuperet »; vid. Dozy et cf. *Asâs* انا متهالك فى مودّتك ومُسْتَهْلِك, et تهالَكْتُ فى هذا الامر واسْتَهْلَكْتُ فيه اذا كنتَ مُجِدًّا فيه مُسْتَعْجِلًا. Verbum استهلك hoc sensu neque apud Freytag, neque apud Dozy exstat.

هندز. مُهَنْدَز, *secundum rationes geometricas factum* = مُهَنْدَس, ٦٨, 9.

هنو. هَنَة, *aliquid temporis*, *aliquamdiu*, ٦٥, 4. Dimin. هُنَيَّة s. هُنَيْهَة sensu *paullisper* notum est, vid. praeter Dozy, Harîrî ٤٢٠, Motarrizî et *Miçbâh*. Apud nostrum in parallelismo est cum حينا طويلا ut هُنَيهة apud Ibn Bassâm (Dozy = Abbad. II, 123) cum بُرَيهة.

هيب I, c. ل objecti, ٢١٢, 15. Cf. Spitta, *Grammatik*, p. 367 ann. 1.

هيج I الجِمَاع improprie dictum ٦٦, 13 pro شهوة الجماع. Eodem modo Abdallatîf ed. White, p. 41 قال التمساح كبده تهيج الجماع et Damîrî I, ٢٨, 10 a f. يهيج الباه (12 a f. هيّج الشهوة, Makrîzî I, ٦٦, 6 a f. ويهيج الشبق).

هَيْرُون, notum genus dactylorum, ١٧٥, 17, ٢٥٢, 16.

واح. حجارة الواحات, lapides in Oasibus Aegypti reperti, quorum proprietas describitur ٦٦, 10 sq.

وحش IV اهله, *contristavit suos eos deserendo* (Cuche), ٤٩, 11.

ورق. المُوَرَّقى, species uvarum ad Balîkhum crescens, ١٣٦, 1.

وزن. مَوْزُون jam occurrit in Korano 15 vs. 19 sensu *pulcher*, *venustus*, *omnibus partibus absolutus et perfectus*, *bene formatus* et, ut recte observat Khafâdjî, *Schifâ*, ٢٤٣, saepe in poësi Persica usurpatur; vid. Vullers in v. Eandem probabiliter significationem habet in العيدان العرعر الموزونة Mowasschâ f. 92 r.

« lyrae e ligno 'ar'ari confectae pulchrae ». كلام موزون est *poësis* (يوزن وزنًا), *Mohît* sub النظم, Baidhâwî I, ٣٩٩, 19, Jâcût III, ٣٣٨, 20. Secundum *Kâmûs* mulier appellatur موزونة si est قصيرة عاقلة, *domi manens*, *modesta*. Sed sensum specialem technicum habere debet apud nostrum ٢٥٣, 9 القصب الموزون. Forte idem pannus linteus intelligitur quem Abu'l-Kâsim f. 32 r. appellat قصب سمون. Aliunde illustrare nondum possum.

وسع I. Dicitur aeque bene وسع الرجلَ المكانُ ac وسع الرجلُ المكانَ (*Asâs*, Gloss. Fragm. et Dozy). Illa constructio apud nostrum occurrit ١٠١, 1, dum Mokaddasî ١٧١, 7 hanc constructionem habet, eodem sensu.

وَشَق, pellis lupi cervarii, vid. Vullers et Dozy, ٢٣٥, 4, ٢٩٧, 8 ubi أشق vocatur.

وضع I est synon. verbi حطّ, ut igitur dicitur حطّ المركب عليهم sensu *appulit*, eodem modo قطّ سفينة عليها يُوضَع لم, ٨, 3 sq., ubi Jâc. I, ٥٠٠, 6 لم يقرب منها. E comparatione loci nostri patet simul pronuntiandum esse حَطَّ المَرْكَبَ s. حُطَّ المركبُ; — sq. عن p. *condonavit*, *remisit*, ut in وضع عن غريمه, ١٥٣ ult., ubi sic verto: « rex nos obsecravit indicare vitia aedificii. Nisi culpam contrahere metueremus si (silentio) efficeremus ut sacramento stare nequeat, sane ei remittendum foret quod jussit; nunc vero bonum judicamus ut eloquamur quid ei gratum ingratumve sit ». Fleischer legere vult نستحيي et vertit « Der König hat uns um das Bewusste beschworen; machte man sich nun nicht ein Gewissen daraus, dem, warum er (uns) beschworen hat, sich zu widersetzen, so könnte der von ihm gegebene Befehl wohl zurückgenommen werden (— wörtlich: ihm *abgenommen* werden, — insofern der in Form einer *Beschwörung* gegebene Befehl dem König selbst die *Verpflichtung* auferlegt, daran festzuhalten; welche Verpflichtung indessen durch eine كفّارة aufgehoben werden kann). *Deswegen* scheuen wir uns etwas zu sagen, was dem Befehle entspricht oder auch widerspricht ». Sed ut transitum ad seqq. faciat, cogitatione supplendum censet: « Da nun aber der König zu einer solchen Zurücknahme keine Neigung zeigt, fährt der Sprecher fort ».

الوَفْرِبَاى, species uvarum in Media, ١٣٩, 3.

وقف I sq. ان, omissa praep. على, *scivit*, ٢٤٧, 7 sed forte inserenda est praepositio. Similis elisio ante ان est in بلغ به الامر ان pro الى ان. Müller *Text u. Sprachgebrauch v. Useibi'a's Aerztegeschichte*. *Fâik* I, 33 حذف حروف الجرّ مع أنْ شائع كثير. Exemplum est elisio praepositionis على post يُغَلِّبْ. Ibid. p. 21 حُذف الباء وحذفها مع أنْ وأنّ كثير. Exemplum est احرى ان pro بان.

وقى II, c. acc. r., *cavit* = V, ٢٣٧, 11.

وكب. وِكَابٌ, *subnigricans ob maturitatem uva*, ١٢٤, 15. Cf. TA الوكب سواد التمر اذا نضج واكثر ما يستعمل فى العنب et ex *Tahdhîb*: الوكب سواد اللون من عنب وغير ذلك اذا نضج et porro ووكّب العنب توكيبا اخذ تلوين السواد فيه وهو موكِّب.

وهط. مُوَهَّط, *conculcatus*, ٢٢, 12, sed cf. ann. *g*.

يادْكارْ Persic. *memoria*, *commemoratio*, ٢٠١, 9 شربت لك يادكارًا « in commemorationem tui potavi »; Ibn abî Oseibia II, ٣٢, 5 كتاب يادكار فى الطبّ.

يَخٌ Persic. *glacies*, ٢٢٢ *f*, ٣٢٠, 13 ماء اليخّ *aqua glacialis*.

ADDENDA ET EMENDANDA.

١, 6 l. ساموا *pastum eunt* Fl. Recte fortasse, sed I ut rec.

٢, 20 l. cum B شارِكٌ (lectio I forte est شائك), sed ut recte observat N. adjectivum excidisse videtur.

٣, 18 Fl. vult وياجوج, sed hic ut saepe alibi lectionem codd. licet suspectam sine commentario recepi, incertus utrum librariorum an epitomatoris culpa esset. H. l. ياجوج وماجوج ἀσυνδέτως cum ماشك ومنشك coordinatur, sed forte l. 17 post منشك وماشك excidit ياجوج وماجوج وللاخرى.

٨, 7 بحر l. بحرى Fl. Hic ut saepissime alibi lectionem codd. consulto servavi. Cf. ١٣١, 4 ذنب فرسين. Hoc est secundum analogiam ختم الله — على سمعهم, vid. Mobarrad ١٦١, 1—3.

١١, 1 Si cum S legatur احيانا, melius foret بجمل Fl.

9 l. بنى.

١٦, 9 l. غلّته.

٢٠, 7 l. احدا.

20 l. اثنتان ut recte monet Fl. Sexcenties talia vitia correxi, nonnulla oculum fefellerunt.

٢١, 7 l. القادمان ut recte codd.

٢٣, 3 prius والله legatur اللهُ ut recte codd.

٢٩ ult. l. والزُّغرىّ.

٣١, 13 l. ثمان.

٣٣, 8 l. ارقّ Fl. Cogitatione suppleri potest هم.

11 sqq. Cf. Mobarrad ٩٦, 6 sqq.

13 servare debueram واكثره; vid. Glossar. sub نوس.

15 l. آذى aut cum I آذاك (Fl.). Utroque casu te noxa afficit.

٣٥, 6 l. وجَعَلَ ut l. 5 وسقّفه Fl., sed I et S ut rec.

۳٥, 14 l. لِبِلْقِيس Fl. Formam receptam ut vulgarem memorat TA (العامة تفتحها).

۳۷, 2 et 3 l. اربـع et واربـع.

17 secundum usum Korani scribendum foret وثمودَ Fl.

۳۸, 18 منها (codd.) l. منه (Fl.).

۳۹, 5 الملك (codd.) l. لملك Fl.

۴۴, 9 آمنين ex usu vulg. pro آمنات, cf. ۴۹ *l* (Fl.).

14 l. cum codd. postulante quoque metro وهَوَائِى (Fl.).

15 l. التَخَلْق Fl.

۴۹, 13 l. فاستحييت.

۴۷, 9 ما l. مما Fl.

20 l. كوفةٌ et بصرةٌ metri causa (Fl. N.).

۴۸, 5 l. يُجِيبان Fl.

12 l. الآذنون (Fl.).

19 l. زُوِّجَها Fl. Codd. ut rec. et مهر pro dono patris interdum adhibetur.

۴۹, 7 l. أسمَنْتُ والْبَنْتُ Fl. Vid. Gloss.

9 l. أنْسَنْتُ Fl. Codd. ut rec.; vid. Gloss.

12 عَدِمْتُ (B et I) l. potius أعْدَمْتَ (S) quod usitatius est et melius respondet seq. اثريت Fl. Vid. Gloss.

٥۰, 2 صالح Fl. proponit legere صَلَاح, sed صالح الاخوان est fere idem quod الاخوان الصالحون ut صالح الاخلاق (Mobarrad ۱۳۲, 15) *boni mores* et صالح القُرّاء (Tabarî II, ۱۳۳۹, 14) *pii lectores.*

٥۱, 11 l. وسَيَّارةُ هارونُ (Fl. N.).

٥۳, 9 l. يكن ut recte S (Fl. N.).

15 l. ستّةٌ.

٥٥, 6 l. مِنْ اسْمٍ propter metrum (Fl. N.) et l. نَجَاء (Fl.).

13 l. هِمَّةٌ et مُكْتَحِلُ (Fl. N.).

٥٥, 15 l. بشَفْرتِهِ Fl. Vid. Gloss.

٥٦, 19 l. فأحْذَرُ أنْ لا يَطْلُبُونَ coll. *Beiträge z. arab. Sprachkunde* 8tes *Stück* (1880) ad de Sacy II, 21 ann. 2 (*Kleinere Schriften* I, 527, 529, 231) Fl. Mihi est لا redundans post verbum metuendi (Wright II, 327 sq. § 162), quo casu conjunctivus necessarius est, et lectio quam recepi mihi alteri a Fl. propositae elegantior et subtilior esse videtur. Cf. Gloss. sub طلب.

21 sine dubio بمصرايم aut بمصراييم N.

٥٧, 16 correctius الفًا (Fl.).

٥٨, 1 et ann. *a*. Hoc addidi ne quis putet intelligendum esse Abu'l-Khattâb ibn Dihja auctor libri النبراس (Makrîzî I, ٢٣, 11 a f., ٣٢٩, 3 a f. coll. Abu'l-Mahâsin II, ١٤٧, ann. 1).

19 l. الصادق (Fl.).

٦٠, 16 elegantius يبرى ut B, coll. *Beitr. z. ar. Spr.* 10tes *Stück* (1883) ad de Sacy II, 329 (*Kl. Schriften* I, 692 sq.) Fl.

٦١, 3 cf. quoque Jâcût III, ٤٢٣, 13 sqq.

20 probabiliter يشبّه. Omnes codd. habent بالطيطوى.

٦٢, 17 Fl. mavult نبّه ut S habet. Praetuli lectionem minus usitatam quae duobus codd. nititur.

14 potius l. بذْرقه cum S propter seq. تلقّاه, coll. ١٣, 14 Fl. Cf. Gloss.

٦٦, 2 نيل codd.; forte l. النيل s. نيل مصر Fl.

٦٧, 1 وماؤهُ Fl. Non: est ماءُ مصر.

٦٩, 3 l. عليها et نقّبتها Fl. Tentare nolui عليه quia etiam alibi in hoc capite eadem confusio generis est, cf. ٦٨, 6, نقب autem intelligendum est de زلاقة in pyramida, de qua narrat Makrîzî I, ١١٣, 3 a f. sq. ١١٤, 20, ١١٦, 14 sqq., ١١٨, 7 a f., ١٢٠, 11 a f. sqq. ubi de ea dicitur انما هو منقوب نقبا صادف اتفاقا.

4 l. الحُصُر.

6 بها codd., sed l. به (Fl.).

٧٠, 8 restitue جلب (Fl. Kr.).

13 فَرَقًا servari potuerat (Fl.).

٧٢, 5 l. فَأَنْسَتْ Fl. Vid. ad ٤٩, 9.

16 et 19 l. رُومِيَّة (Fl.). Edidi sec. codd.

٧٣, 4 فيها codd. l. فيه (Fl.).

٧٦ ann. *b*. Cf. quoque Abu'l-Mahâsin I, ٤٣.

٧٧, 5 البحر l. الشجر ut optime jubet Fl. Vid. e. g. Damîrî ed. Bul. II, ٦, 20.

20 l. يهدُّون.

٧٨, 2 l. سبعة.

٨٢, 15 l. بِرّ.

٨٣, 18 الابر *Avari* Ἄβαροι (N.).

٨٤, 15 السوس i. e. السوس الادنى.

٨٥, 2, ٨٦, 12 forte l. البرهمانيين « Brahmani » Kr.

9 فيها l. فيه i. e. فى ذلك (Fl.).

11 correcte تُؤذنا (Fl.).

٨٦, 17 Fl. vult مُثْمِنَة. Vid. Gloss.

٨٧, 2 lectionem ياسر retinere potueram, ut monet Fl.; cf. Caussin, *Essai*, I, 77.

٨٨ ult. In *Alf Laila* ed. Macn. III, ٨٣ sqq. طالب بن سهل appellatur.

٩٠, 12 l. ليعلِم (N.).

16 l. باحْكام (Fl. N.).

18 Fl. mavult تظهر (الكنوزُ) يومًا غيرَ محدود, quod sane optimum foret, nisi et codd. et Jâc. haberent يظهر. Explicavi غيرُ محدود من الكنوز.

19 restitue لم يُبْقِ. Cf. de hoc loco Gloss. sub شرف.

١٠٠, 8 l. اربعة.

10 l. مكان.

11 l. خَلْقَة.

13 et ann. *d*. Sine dubio est Hamza, vid. Bèrûnî ٢٩٨, 5 et cf. cum h. l. Mokaddasî ١٨٩ *l*.

١٠١, 9 l. باب حِطَّةٌ coll. Koran. 2 vs. 55, 7 vs. 161 (N.). Item Mokaddasî ١٥١, 15 et ١٧٠, 15.

١٠٥, 13 melius يُمْسِى Fl.

17 l. بِلْقِيسا Fl. Vid. ad ٣٥, 14.

١٠٦, 2 l. نَوَّرَتْ et وقَدَّسَتْ «Die Niederungen haben Baumblüthen getrieben und die Höhen haben Gotte Lobpreis gegeben (Beidh. ad Kor. 21 vs. 79)» Fl. Minime. Lectio confirmatur varia lectione in Diw. بورکت quam quoque codd. Leidenses habent. Verto «valles illae illuminatae, colles illi fortunati sunt ejus propinquitate».

١٠٧, 1 l. طَاعنا.

١٠٨, 1 l. والشعر Fl. Vid. Gloss.

7 l. عشر.

10 l. بدلها ut codd.

18 l. روميّة (Fl.).

22 l. المُثْمَنَة Fl. Vid. Gloss.

١٠٩, 6 فى البحر. Fl. vult فى البرّ, sed codd. ut rec.

20 l. يُغْرِق Fl. Duo codd. ut rec.

١١٠, 14 l. المُقام Fl. N. Edidi المَقام quia var. l. apud Belâdh. est القيام. Cf. quoque infra ٢٤٢, 13.

١١١, 2 l. العُلَماء (N.).

١١٢, 9 l وبدمشق.

١١٣ ann. *d* deleatur. Sine jure auctorem accusavi ut recte observavit Fl.

١١٤, 19 l. ماهبروبان (N.).

١١٥, 20 l. روميّة (Fl.).

١١٨, 16 l. ماء (Fl.).

١٢١, 13 الراسخات الخ sunt verba e traditione, *Fâik*, I, 210.

١٢٢, 1 يُغَلِّق l. يُغْلِق Fl., sed codd. ut rec. Forte l. نُحَجِّبُهُ (S دحجبه).

12 l. عمان (N.).

13 l. النُّبُوّة.

١٢٤, 3 l. نَدًّا (Fl.).

10 l. ترتيبه Fl.

١٢٥, 19 l. كالسُّونايا vid. Gloss.

١٢٦, 7 sq. l. ملائم بجميع Fl. Vid. Gloss. sub نوم.

13 l. الخَلْق Fl. Codd. ut rec.

١٢٧, 5 l. الرئيسة (Fl.).

9 l. وتُنْذِى (Fl.).

15 المنددة l. المبرّدة.

١٢٨, 6. In *Fâik* I, 173 الى منقطع السماوة.

١٣٠, 2 l. وان دجلة.

19 l. هذا (Fl.).

١٣١, 4 l. ذنبى s. اذناب Fl. Cf. ad ٨, 7.

١٣٣, 14. Cf. Jâc. I, ٢٠٦, 19.

١٣٥ *i.* Cf. Nöldeke, *Beitr. z. alturab. Litteratur und Gesch.* in *Orient u. Occident* I, 692 sq. (*Agh.* XX, ٢٤).

١٣٦, 15 Fl. vult بولية i. e. Apulia, hic et ١٤٥, 11, sed cf. ٨, 3.

18 الامة l. امة Fl.; recte secundum praescripta grammaticorum sed lectio codd. servanda videtur ut quoque ٢٠٥, 1 servare debuissem.

١٣٧, 5 l. والمسرور Fl., sed codd. والسُّرور. Pro الهاذى Fl. propon. الهازى (= الهازئ), sed codd. consentiunt in lectione.

١٣٨, 1 forte l. فعَشى Fl. Codd. ut rec., sin minus placeret.

5 Fl. prop. لا أُغبِّه, N. الاعبه. Utrumque ideo rejeci, illud quia لا اغبّه pro ازوره كلّ يوم in oratione soluta vix admittendum videtur (cf. Dozy sub غبّ), hoc quia non ad hoc familiaritatis cum rege pervenerat. Quod recepi « alternis diebus eum visitabam » melius convenit contextui.

6 et 14 l. وأَنِس et أَنِسْتُ Fl. Vid. supra ad ٣٩, 8.

18 l. نَحْتال Fl. Vid. Gloss.

19 منهم codd. l. منها (Fl.).

١٣٩, 4 pro altero منها l. منه (Fl.).

۱۴۰, 4 l. بموزق et برز Fl. Vid. Gloss. sub فتك et برز.
10 غلاما forte l. عاملا Fl.

۱۴۲ ult. الله l. والله Fl. Vid. Gloss. sub اله.

۱۴۳, 19 Fl. propon. لَأَشَرَّكُمْ مَلَكَةً « und dass ich ein Knecht desjenigen von euch wäre der seine Knechte am schlechtesten behandelt ». Lectione لاشرّكم recepta, potius legendum foret مِلْكَه « ut essem servus vilissimi vestrum, in dominio ejus », sed hoc ideo rejeceram quia nimis humiliter dictum videbatur. Cf. Gloss. sub شرك.

۱۴۴, 6 l. يتمّ (Fl.).
ult. restitue كانت. Fl.

۱۴۵, 1 Fl. restituere jubet أَلِفَ. Vid. Gloss. sub عقد.
12 وهو codd. = وذلك. Forte l. وثَمَّ (Fl.) ut l. 13.

۱۴۷, 2 l. نَفَخْةً (Fl.) i. e. نفخة الصور.

۱۵۰ ann. g. Revera falsum est; vid. Guidi *Il testo siriaco della descrizione di Roma* 1885, p. 224 l. 4.

۱۵۳, 1 l. المشرق.

۱۵۴, 1 l. شرقيّة.
5 grammatice نقيّة (Fl.).
ult. Fl. vult. نستحيى quod admittere nequeo. Vid. Gloss. sub وضع.

۱۵۵, 1 l. أنّه ut nova sententia incipiat a من عيوبه (Fl.).
5 l. يُغْمَرُ (Fl.).
14 l. خارِجُها et داخِلُها (Fl.) ut B et I habent, sed hoc casu pro يَضْحَكُ (B et I) legendum est يُضْحِكُ (Fl.).
15 l. حَلْيا Fl.; B et I ut rec. Vid. Gloss.

۱۵۷, 7 N. propon. الشَّرْب (B et S ut rec.) et ذائع, cf. Gloss. sub راى.
8 l. طاهِرَ (Fl. N.).

١٥٧, 17 l. البلَى (Fl.).

١٥٨, 9 l. عَجِبْتُ.

17 potius l. وطَلّى لحم Fl.

١٥٩, 12 l. ابرويز (Fl.).

١٦٠, 19 Fl. propon. فُيوشك, N. فُتوشك, sed hic ut saepe nolui mutare formam vulgarem quam habent codd. Cf. Harîrî, *Dorrat* ed. Thorb. ٩٠, 7.

١٦٣, 11 Fl. prop. لَيَنْتَصِرنّ.

14 l. cum codd. اليها.

١٦٤, 7 et 8 Fl. et N. volunt حَلْى, sed codd. ut rec. Cf. Gloss.

١٦٥, 6 l. وبانقْيا (N.).

١٦٦ ann *k*. Intelligendus est khalifa Othmân, cf. ٣١٥, 7 (N.).

١٦٧, 5 sqq. Servare debueram واحمله cet.

17 Kr. propon. يُجَهّل, sed voc. in codd. ut rec. Sin minus praeferrem تُجَهِّل aut يُجَهِّل.

١٧٤, 7 l. اربعة.

١٧٩, 11 l. والثلث.

١٨٠, 7 l. انشدْنى.

١٨٩, 8 l. جراحته.

١٨٧, 16 l. اذا (Fl.).

١٩٠, 20 l. تخرأ وتنبيع (Fl.). Vid. Gloss. sub تبع.

١٩٣, 11 l. يدعه (Fl.).

15 l. جَزْمهم ut codd. habent (Fl.).

18 l. استخصف et استقْذف (Fl.).

١٩٤, 5 سخافته. Jure observavit Fl. contrarium desiderari nempe حصافته.

١٩٥, 18 l. يَعْرِضه (Fl.). .

١٩٧, 15 l. لملوكنا Fl. Cf. Gloss. sub دين.

١٩٨, 4 l. تجلب (N.).

١٩٨ 17. Cf. Jâcût I, ١٤٩, 20 sqq.

٢٠٠ ult. l. ظَمَأً.
٢٠١, 8 l. الظِّراف (Fl.).

٢٠٤, 8 l. احدًا.
15 وفيه. Legere وفيها ut vult Fl. non necesse est, cf. Mokaddasî ٧, 15 sqq.
٢٠٥, 1 Ad lectionem I et S الامّة cf. ١٣٦, 18. l. والمجامع.
3 l. حشوش الدنيا ut ١٠٤, 18 (N.).

٢٠٧, 3 l. يُمْطَر (Fl.).
٢١٠, 2 ٢١١, 7 N. dubitat me recte البندنيجين = البندنيجان emendasse sed opinatur exstitisse locum *Bandîgân* appellatum. Cf. autem forma وندنيكان Jâc. I, ٧٤٥, 6.
٢١١, 13. Cf. Jâc. IV, ٦٩, 20 sqq.
٢١٢, 13 واخرى l. وآخَر (Fl.).

٢١٣, 8 l. دُجُنَّة.

11 l. ذُرَى.

20 Fl. et Kr. propon. السحْر pro الشجر. Intelliguntur ligna in flumine fluitantia.

٢١٤, 1 Fl. proponit فنَضَبَتْ et l. 2 نَضَبَتْ putans in voce منارة latere vocabulum « stagnum » vel talequid significans, et coll. ٢٩٥, 6. Sed ex hoc loco patet saepe telesmata supra columnis s. turribus collocata fuisse. L. 2 de recipiendo نَضَبَتْ cogitaveram, sed h. l. codd. perspicue habent نُصِبَتْ (sc. المنارة) et النفاطة نصبت an recte pro نضب ماء النفاطة dici possit nescio. Pro للمنارة Kr. prop. للمارّة. Unum ex argumentis Fl. est, praepositionem ل post *telesma* significare *contra*; revera plerisque locis ita vertenda est sed non semper, vid. e. g. Mas'ûdî IV, 21 جُعل طلسما للمدينة وسورها.
2 i. e. لأفسد ماؤهم.
3 et 4 l. والذَّبِيَة et ذَبِيَة (N. Kr.). Cf. Gloss. sub ذئب et ذَبّ.
5 l. تُخَيِّل Fl.

٣١٦, 2 l. تصاويرُ (N.).

٣١٦, 5 طفْلة codd. l. طَفْلة (Fl. N.).

6 l. عبْرة ut ٣٤٣, 18 (Fl.).

٣١٧, 15 Kr. ingeniose opinatur legendum esse نَدمة « compotrix » = محبوبة « amata », cf. Jâc. IV, ٩٨١, 9.

٣١٨, 11 l. فانى.

٣١٩, 14 potius l. فاسكنها (Fl.).

٣٢٠, 8 شقّ codd. l. شَقّ (Fl.).

٣٢١, 7 l. ظَمـأ.

٣٢٢, 4. Vid. quoque *Agh.* II, ٣٦, 2.

٣٢٣, 17 غيابات codd. bonum est. Vid. Gloss.

٣٢٤, 2 l. أَكْمَلَتْ عِدَّتَها Fl.

7 عاجمةً codd. l. عاجمةٌ (Fl.).

9 تسفدها N. propon. تُسْعدها « in canendo adjuvit ».

٣٢٥, 2 l. مكنونةً (Fl. et N.). De حلْيا pro حَلْيا v. Gloss.

19 l. وخلعتَه البيضاء Fl.

٣٢٦, 1 Fl. praefert دقائق « weil رقّ mit seinen Derivaten in tropischer Bedeutung nicht wie دقّ von intellectueller und aesthetischer, sondern von moralischer und gemüthlicher Feinheit und Zartheit gebraucht wird ». Dicitur autem aeque bene رقيق الكلام ac دقيق الكلام (*Asâs*), رقائق الشعر, *poëmata elegantia* cet.

17 l. تَعْقد (Fl.) aut تُعْقد (codd.).

19 لهم codd. Fl. ingeniose propon. لِمَم « capillas ».

٣٢٧, 3 l. متى.

٣٢٨, 9 l. التَحصان (Fl.).

ult. اخلاق codd. Fl. prop اخلاف.

٣٣٣, 6 عَذَب est sine dubio falsum; in apographo quoque legi potest عنبِ. Vera lectio est forte عَنَت.

ann. *d* Si خلف الغرابيل pro praedicato sumitur, أوّاها bonum esse potest ut accus. conditionis. Fl. — Kr. proponit خُلْق الغرابيل أَوّاهًا « cribra lacerata ». Neutrum mihi bonum videtur. Vid. Gloss. sub غربل.

٢٣٤, 14 l. سُمُوم. Fl. propon. حالّ pro priore حالا.

15 N. jure observat تَأَبّى quoque metro convenire. Codd. voc. non addunt.

21 N. prop. والجَزَارات pro والجوادات.

٢٣٦, 2 l. جِلّة (N.).

٢٣٧, 5 l. والقَطِران (Fl.).

7 بهم Fl. propon. به i. e. بالزمهرير.

9 N. jubet legere رهان sine art. ut J et S habent.

13 العذارِ probabiliter l. العَذابِ (Fl. N. Kr.). Sed lectio codd. *frenum*, *retinaculum* non omnino caret sensu.

15 l. cum codd. مباركةً (Fl.).

٢٣٨, 6 annotare neglexi versus notos esse Maisûni, uxoris Moâwiae.

٢٣٩, 9 صَدْخانية sic codd. Quia vero altera pars est alia forma Persici خانى, potius legendum videtur صدخانية ut propon. N.

٢٤٠, 2 l. ماينهرج cf. ٢٨٦ *f.*

17 l. المطْل Fl. Lectio codd. bona quoque est, vid. Gloss. Moslim.

٢٤١, 15 l. اللامح (codd.).

٢٤٢, 2 Kr. propon. الهزيز. Vid. Gloss.

9 l. برويز (N.).

15 l. وطُفّحتْ (Fl. N.).

٢٤٣, 14 Fl. propon. وبتغاوران.

ult. et ٢٤٤, 1 l. بولّد (Fl.).

٢٤٤, 12 l. الحذْر (Fl.).

17 l. هَوّيْت (Fl.).

٢٤٦ ann. *n* Jâc. III, ٣٥٦, 4 اذرخش.

٣٤٧, 4 l. ظهرت (Fl.).

٢٥٠, 9 رَكَّبَ et سَمَّرَ praeferenda sunt. Fl.

16 لأَسْوى codd. l. لأُسَوِّى (Fl. N. Kr.).

٢٥١, 9 l. ومنعه.

٢٥٦, 20 l. حوراء.

٢٥٧, 4 l. ملكٌ Fl.

8 l. فذُعِّرَ (Fl.).

ann. *h*. hic et deinde l. *al-Malakût* (N.).

٢٥٩ ann. *e* et cf. Jâc. III, ٦٩٢, 14 sq. ubi عقبة الركاب appellatur.

٣٦٢, 16. Cf. Jakûbî *Hist.* II, ١٧٣ (ubi restitue خباز).

٣٦٥, 4 forte delendum est ابارا quod per dittographiam ex بازاء ortum esse potest (Fl.).

13 ثمّ l. لمّ.

٣٦٨, 1 l. انّ (Fl.).

6 l. قِدْحُ (Fl.).

٣٦٩ ann. *a*. Cf. Jâc. IV, ۴٣١, 4 sqq.

٢٧٢ ult. l. أَرْبَعٌ (Fl.).

٢٧٣, 1 l. ويَسْرته (Fl.).

4 l. بذاهِك (Fl. N.).

5 Fl. vult يلهو.

6 l. دارٌ (Fl.).

7 l. حَيِّ.

10 نصّ Kr. prop. لص. Vid. Gloss.

14 l. تأبى (codd.).

٢٧۴, 9 Fl. propon. يُنْظَرُ (codd. sine voc.).

14 l. شَرْبَةً (codd.).

٢٧٥, 10 l. يحتسب sine و Fl.

٢٧٨, 2 تُدْفع l. مَدْفَعَ.

٢٨٠, 18 l. بناء.

۲۸۹, 1 l. وفنّد (Fl.).

۲۹۴, 15 يكن Fl. jubet legere تكن, sed nolui ita corrigere quia et codd. et Belâdh. habent يكن. Suppleri potest ذلك ut saepe.

۲۹۹, 4 l. والكَرّ.

۲۹۷, 1 l. يُحَطُّ.

ann. *h* l. وشق.

۲۹۸, 19 grammatice صنفا (Fl.).

۲۹۹ ann. *b* Tabarî I, ۹۸, 11 تافيل pro تاويل.

۳۰۲ ann. *h*. Sed Jâc. IV, ۹۴۲, 7 ut rec.

۳۰۹, 14 l. مبرّحا.

۳۱۱, 11 sqq. Cf. Jâc. IV, ۲۹۹, 8 sqq. Pro غياث habet عتاب ut B.

18 Jâc. حَنِقًا ثائرا.

19 Jâc. منصبا ut S.

20 Jâc. مقتحما et فالتجلّد.

22 Jâc. الى الجزائر من اربان فانشهد (codd. potius ونحوها) وبحرها.

۳۱۲, 2 وبقْصد codd. l. وبَقَصد (Fl.).

3 et ann. *b* Jâc. حَرشْاء سادنه, ubi Fl. recte jussit emendare ساكنُهُ.

4 Jâc. شهريار.

۳۱۳ ult. l. وكَنَوْا. In ann. *f* legatur « Tabaristân pro Chorâsân » (Fl.).

۳۱۶, 3 optime emendat N. الشاهَوَارَان *Balkh regia.*

17 Boraida ibn al-Hoçaib al-Aslamî sepultus est ibi in vico سرماجان, in coemeterio تَنُورَكرَان sec. gloss. marg. ad *Fâik* I, 75.

۳۱۷, 4 l. شأوُهم.

14 N propon. يَسْبُون ولا يُسْبَوْن et ego sic legere voluissem, sed codd. habent perspicue ut edidi.

۳۱۸, 7 restitue يدفعونها Fl.

۳۱۹, 4 et *a*. Forte de شاد cogitavit auctor quo casu مَرَحٍ legendum erit. N.

٣١٩, 6 النَّبْط hic et deinde codd. l. النَّبَط Fl.
٣٢٠, 8 l. مرو (N.).

ann. *g*. Fl. observat طبيخ esse formam dialecticam vocis بطيخ.
14 cf. Jâc. II, ٧٧٧, 8 sq.
٣٢١, 5 l. يرطلها.

7 l. رمّتنا.
8 l. بها. Pro زمينا Fl. prop. رصينا.

٣٢٣, 3 amicissimus Rosen proponit legere الأُشْنُب *stupa*.
٣٢٤,10 اردنا forte l. اوردنا (Fl. N.).

٣٢٥,17 l. ببِرْدُن (N.). Lectio Jâc. videtur corrupta ex بَرَنْدَه (Fl.).

٣٢٨ ann. l. 1 فوق l. غوق.

7 et ann. *g* forte l. السيّارة Fl.
Gloss. p. XVI الله. In loco e *Kitâb al-haida* altera vice excidit medda. Scribe آلله قلت. Addendum est exemplum e traditione *Fâik* I, 41 عمر رضه آلله لَيَضْرِبَنّ احدُكم اخاه بمثل آكلة اللحم ثم يُرى انى لا اقيدُه منه والله لأُقيدنّه منه. Zamakhscharî in comm. dicit آلله اصله أَبالله فأَعْمر الباء ولا تُضْمَر فى الغالب الّا مع الاستفهام.
Ibid. p. XXXV ضرب. Verba sunt e traditione, quae Alî a propheta audivisse dixit, *Fâik* I, 266 لقد سمعته يقول لَيَضْرِبُنّكم على الدين عَوْدا كما ضربتموهم عليه بَدْءا.

www.ingramcontent.com/pod-product-compliance
Lightning Source LLC
LaVergne TN
LVHW102225300926
849160LV00005B/30
9789004258723

مختصر

كتاب البلدان

تاليف

ابى بكر احمد بن محمد الهمذانى

المعروف

بابن الفقيه

طبع

فى مدينة ليدن المحروسة

بمطبع بريل

سنة ١٣٠٢

بسم الله الرحمن الرحيم

ربّ يسّرْ

قال قال الفضل بن يحيى الناس اربع طبقات ملوك قدّمهم الاستحقاق ووزراء فضّلهم الفطنة والرأى وعِلْيةٌ انهضهم اليسار واوساط الحقهم بهم التأدّب والناسُ بعدهم زَبَدٌ *a* جُفاء وسَيْلٌ غُثاء لُكَعٌ ولَكاع *b* وربيطةُ اتّضاع همُّ احدهم طعمه *c* ونومه، وقال معوية للاحنف صف لى الناس فقال رؤوس رفعهم الحظُّ واكتاف عظّمهم التدبير واعجاز شهرهم المال وادباء الحقهم بهم التأدّب ثم الناس بعدهم اشباه البهائم ان جاعوا ساموا *d* وان شبعوا ناموا، وقال بُزُرْجِمِهْر *e* لرجل ان اردت ان تبلغ احظى دَرَجةِ الآداب واهلها فاصحبْ ملكا او وزيرا فانهما برغبتهما فى معرفة ايّام الملوك واخبارهم والآداب واهلها وقسمة الفَلَك ونجومه يبعثانك على طلب ذلك قال فما وسيلتى اليهما قال انتحال ذلك رسمُ الادراك والطلب مادّة الوجود *f* والآداب عند الهمّة، وقال أُسامة بن مَعْقل كان السّفّاح راغبا فى *g* الخُطَب والرسائل يصطنع اهلها ويثيبهم عليها فحفظت الف رسالة والف خطبة طلبا للحظوة عنده فنلتها وكان

B = Brit. Mus. Add. 7496 Rich. I = India Office 617 Hastings. S = Berol. Sprenger.

a) Gloss. B باطل. *b*) B vocales habet, sed male لَكَعْ ولُكَاع. Ad لكاع habet gloss. در معناسنه ورذيل دنى. *c*) I طمعه. *d*) B سَلَبُوا. *e*) I ابن جهم. *f*) I الوحده. *g*) I يحبّ.

المنصور بعده معنيّا a بالاسمار والاخبار وايّام العرب يُدنى اهلها ويجيزهم عليها فلم يبق شىء من الاسمار والاخبار الّا حفظته طلبا للقربة منه فظفرت بها وكان موسى مغرما بالشعر يستخلص اهله فما تركت بيتا نادرا ولا شعرا فاخرا ولا نسيبا سائرا الّا حفظته واعاننى على ذلك طلب الهمّة b فى علوّ الحال ولم ار شيئا ادعى الى تعلّم الآداب من رغبة *الملوك فى اهلها c وصلاتهم عليها ثم زهد هٰرون الرشيد فى *هذه الاربعة وأُنسيتها حتى كأنّى d لم احفظ منها شيئا.* *دخل الشَّعْبىُّ على الحجّاج فقال يا شعبىُّ ادب وافر وعقل نافر قال صدقت ايُّها الامير العقل e سجيّة والادب تكلّف ولولا انتم معاشر الملوك ما تأدّبنا قال فالمنّة فى ذلك لنا دونكم قال صدقت قال الشاعر *فى عبيد الله بن زياد f

عَلَّمَنى جُودُك ما لم أَكُنْ   أُحْسِنُهُ من جَيِّدِ الشِعْرِ
فصِرْتُ فى الناس أَخا ثَرْوَةٍ   وصِرْتُ ذا جاهٍ وذا قَدْرِ

وانشد لغيره

وكُنْتُ مُفْحَمًا دَهْرًا طَوِيلًا   فصَيَّرَنى عَطاؤُك ذا بَيانِ
فَمَا شُكْرِى لِخَلْقٍ مِثْلُ شُكْرِى   لِمَنْ كَفَّاهُ أَطْلَقَتَا لِسانِى

قال فكتابى هذا g يشتمل على ضروب من اخبار البلدان وعجائب الكور والبنيان h فمن نظر فيه من اهل الادب والمعرفة فليتأمّله بعين الانصاف وليُعرِّنا i فيه حسن مَحْضَره وجميل رأيه فان الاجدى فى المذهب شاؤك k وقرابة دانية ورحم ماسّة ووصلة واشجة ويهب زللى لاعترافى

---

a) Conject. suppl. Deinde I بالسّمى ut quoque deinde. *b*) I العُلىّ. *c*) I العليا واهلها. *d*) I اهل هذا المعنا فرعدت حتى كأن. *e*) I pro his ودخل الفضل على الرشيد فقال الرشيد حدثنا ما عليه الخلق فقل احدثك ايها الامير العقل. Textus in utroque codice mancus videtur. *f*) In B tantum semi-erasum عبيد الله. *g*) I فهذا كتابى. *h*) B om. *i*) B وليعرف. *k*) Non plane certus sum de lectione.

واغفالى لاقرارى فانّى انما لحقت فى هذا الكتاب ما ادركه حفظى وحضره[a] سماعى من الاخبار والاشعار والشواهد والامثال ۞

القول فى خلق الارض

قال الله عزّ وجلّ[b] انّ فِى خَلْقِ ٱلسَّمٰوَاتِ وَٱلْأَرْضِ وَٱخْتِلَافِ ٱللَّيْلِ وَٱلنَّهَارِ لَآيَاتٍ لِأُولِى ٱلْأَلْبَابِ قال وسُئل النبىّ صلّعم عن الارض سبع هى قال نعم والسموات سبع وقرأ[c] ٱللّٰهُ ٱلَّذِى خَلَقَ[d] سَبْعَ سَمٰوَاتٍ وَمِنَ ٱلْأَرْضِ مِثْلَهُنَّ فقال رجل فنحن على وجه الارض الاولى قال نعم وفى الثانية خلق يطيعون ولا يعصون وفى الثالثة خلق وفى الرابعة صخرة ملساء والخامسة ضحضاح من الماء والسادسة سجّيل وعليها عرش ابليس والسابعة ثور والارضون على قرن الثور والثور على سمكة[e] والسمكة على الماء والماء على الهواء والهواء على الثرى والثرى منقطع فيه علمُ العلماء، وقال عبد الله بن عمرو *بن العاص بن وائل السهمىّ[f] صورة الدنيا على خمسة اجزاء كرأس الطير والجناحين والصدر[g] والذنب فرأس الدنيا الصين وخلف الصين امّة يقال لها واق واق ووراء[h] واق واق من الامم ما لا يحصى[i] الّا الله والجناح الايمن الهند وخلف الهند البحر وليس خلفه خلق والجناح الايسر الخزر وخلف الخزر امّتان يقال لاحدٰيهما[k] مَنْشَك وماشَك وخلف ماشك ومنشك[l] ياجوج وماجوج من الامم ما لا يعلمها[m] الّا الله وصدر الدنيا مكّة والحجاز والشام والعراق ومصر والذنب من ذات

---

a) I وحصره. *b*) Kor. 3 vs. 187. I hic et deinde السماوات. *c*) I فقرا. Kor. 65 vs. 12. *d*) Hic incipit S. *e*) B et I cum art. *f*) S om. *g*) B om. *h*) B وخلف. *i*) S يحصيه; I add. عددها. *k*) B et I لاحدهما. Nomen ماشك sine dubio est Hebr. מֶשֶׁךְ Μοσχοι (Μεσχοι), منشك (ميشك?) altera nominis ejusdem forma esse videtur. *l*) B منشك وماشك. *m*) S يعلمهم.

الحُمَام[a] الى المغرب وشرٌّ ما فى الطير الذنب، وقال ابن عبّاس[b] الارض كلُّها اربعة آلاف فرسخ فى مثل ذلك[c] *تكون ستّة عشر الف الف فرسخ[d]، *وقال امير المؤمنين رضه[e] الارض طولها مسيرة خمس مائة سنة اربع مائة خراب ومائة عمران قال وفى يد المسلمين سنة، وقال ابو خَلَف الارض اربعة وعشرون الف فرسخ فللسودان[f] اثنا عشر الف فرسخ وللروم ثمنية آلاف فرسخ وللعرب الف فرسخ ولفارس[g] ثلثة آلاف فرسخ، وذكر محمّد بن موسى الخوارزمىّ ان دور الارض على الفضاء[h] تسعة آلاف فرسخ العمران من ذلك نصف سدسها والباقى ليس فيه حيوان ولا نبات والبحار هى *محسوبة من[i] العمران والمفاوز التى بين العمران من العمران، وذكر بعض الفلاسفة ان الارض مدوّرة كتدوير الكرة موضوعة فى جوف الفلك كالمحّة فى جوف البيضة والنسيم حول الارض وهو جاذب لها من جميع جوانبها[k] الى الفلك وبنية[l] الخلق على الارض ان النسيم جاذب لما فى ايديهم[m] من الخفّة والارض جاذبة لما فى ايديهم من الثقل لان الارض بمنزلة الحجر الذى يجذب الحديد، والارض مقسومة نصفين بينهما خطّ الاستواء وهو من المشرق الى المغرب وهذا طول الارض وهو[n] اكبر خطّ فى كرة

---

a) B الحَمام. Cf. mea *Descript. al-Magribi* p. 28. *b*) B ابن عيّاش. *c*) S مثلها. Deinde B يكون. *d*) S om. *e*) S عم. B pro his وقال رضه على قول هذا (l. سنة) وفى يد المسلمين سنة, omissis infra قل وفى يد — سنة. Mokaddasî ٦٢, 1 sq. eadem tribuit عبد الله بن عمرو. *f*) Codd. فالسودان, B et S quoque والروم, B والعرب. Jâcût, I, ١٦, 17 sqq. fere eadem dat nomine عمر بن جيلان, ١٩, 9 seqq. nomine Katádae. Mokaddasî p. ٦٢, 2 ابو الجلد, vide ibi ann. *a*. *g*) B والفارس, B et S وللفارس. *h*) Jâcût I, ١٦, 11 القصد. *i*) Addidi e Jâc. *k*) I نواحيها. *l*) S وبنيّة. *m*) Ut Mokadd. ٥٨, 13. Ibn Khord. et Jâc. ابدانهم hic et infra. *n*) B فهو. Pro اكبر خط codd. اكثر خطّا hic et infra.

الارض كما ان منطقة البروج اكبر خطّ فى الفلك وعرض الارض من القطب الجنوبىّ الذى يدور حوله سُهَيْل الى القطب الشمالىّ الذى يدور حوله بنات نَعْش واستدارة الارض فى موضع خطّ الاستواء ثلثمائة وستّون درجة والدرجة خمسة وعشرون فرسخا والفرسخ اثنا عشر الف ذراع والذراع اربعة وعشرون اصبعا *a* والاصبع ستّ حبّات شعير *b* مصفوفة بطن *c* بعضها الى بعض فيكون ذلك تسعة آلاف فرسخ، وزعم دُورتُيُوس *d* ان الاقاليم السبعة على بروج السماء كبار عظام مدينتان فى اقليم زُحَل ومدينتان فى اقليم المُشْتَرِى ومدينتان فى اقليم المِرّيخ ومدينة فى اقليم الشمس ومدينتان فى اقليم الزُّهَرَة ومدينتان فى اقليم عُطَارِد ومدينة فى اقليم القمر، وقالوا ايضا *e* ان الاقاليم سبعة اقليم فى ايدى العرب واقليم فى ايدى الروم واقليم فى ايدى الحَبَشَة واقليم فى ايدى الهند واقليم فى ايدى الترك واقليم فى ايدى الصين واقليم فى ايدى ياجوج وماجوج لا يدخل هؤلاء ارض هؤلاء ولا هؤلاء الى *f* هؤلاء فالاقليم الاول مبتدأه من ارض المُحْرَقَة *g* التى تدعى باليونانيّة ريامبياروس *h* ومنتهاه ارض سَرَنْدِيب وسكّانه سود قباح الوجوه عراة كالسباع واعمارهم طويلة ودوابّهم وطيورهم اعظم من عامّة البهائم والطير وهناك رُقًى وعقاقير واحجار فيها شفاء ومنافع طبيعيّة وفيها تنانين وهوامّ ذات سموم وطوله خمسة آلاف

a) B اصبعة, I اصبع. *b*) B شعيرة. *c*) Ibn Khord. p. 27, Mokadd. ٦٦, 1, Jâc. I, ٣٨, 19 بطون. *d*) B دوربنوس, I روربنوس, S روريبوس. Vid. Jâc. I, ١٧, 2, *Fihrist*, ٢٦٨ et ann. II, p. 123. Probabiliter est Dorotheus Sidonius. *e*) Cf. Hamdânî, *Djazîra*, ٦, 6 seqq. *f*) S om. *g*) B المحْرَقة, S المحرفه, I الصحرفه. Cf. Jâc. I, ١٨, 8 المحترق. *h*) B رَيامبياروس; I cum voc. kesra. Corruptum videtur e رماتباروس 'Αρωματοφορος.

وخمس مائة فرسخ وعرضه مائتان وخمسة وثمانون *a* فرسخا والاقليم الثانى مبتدأه من العرض ارض سرنديب ومنتهاه ارض الحَبَشة وهناك معدن الزبرجد والببغاء ومنتهاه من قِبَل شرقيّه ارض السند قريب من كابُل وزابُلستان *b* وهناك سباع ضارية وحشرات وطير ممتنعة واهلها فى القبح دون الاقليم الاوّل وفيها ايضا رُقًى وعقاقير واهلها اقصر اعمارا من الاوّل وطوله طول الاوّل والاقليم الثالث مبتدأه عرض ارض الصُّغْد *c* وجُرْجان حتى ينتهى الى ارض الترك وحدّ الصين الى اقصى المشرق ومن غربيّه نحو مصر ومن شرقيّه السند وعَدَن ومنتهى عرضه ارض الشام وفارس واصبهان وهناك ناس حكماء *وعرضه وطوله *d* مثل الاوّل والاقليم الرابع بابِل متوسّط الاقاليم وهو افضلها مزاجا ومبتدأه من افريقية الى بَلْخ الى مشرق الارض *وعرضه وطوله *d* كالاوّل والاقليم الخامس قُسْطَنْطينيّة والروم والخَزَر وعرضه وطوله كالاوّل والاقليم السادس فِرَنْجَة *e* وامم اخرى وفيه نساء من عادتهن قطع ثديهن وكيّه فى صغرهنّ لئلّا يعظم *وعرضه وطوله *d* كالاوّل والاقليم السابع الترك *ورجالهم ونساؤهم *d* متترّكو الوجوه لغلبة البرد عليهم وسباعهم صغيرة الاجساد ولا يوجد هناك حشرات ولا هوامّ ويسكنون الظلال يتّخذونها من الالواح ينقلونها على عَجَل تجرّها الثيران وانعامهم فى الغيافى وفى اولادهم قلّة، فبلغ الاقاليم السبعة على مساحة الاقليم الاوّل ثمنية وثلثون *f* الف فرسخ وخمس مائة فرسخ وعرضها الف وتسع مائة وخمسة وتسعون *g* فرسخا، وقُسمت الارض المعمورة اربعة اقسام أُروفى *h* وفيه الاندلس والصّقالبة والروم وفِرَنْجة *i* وطَنْجة الى حدّ

---

a) Codd. وثلثون. Sed patet sic legendum esse quia latitudo septies ut infra habemus est 1995 Par. *b*) S وذابلستان. *c*) I الصعيد. *d*) S inverso ordine. *e*) S افرنكة. *f*) Codd. وثلثين. *g*) Codd. وتسعين. *h*) Codd. اروفى ut quoque in cod. Ibn Khord. p. 117. *i*) B وافرنجة. Pars secunda est Tandja etc., ab aliis Aethiopia dicta. Cf. e. g. Hamdânî p. ٣٢.

مصر ولُوبِيَة a وفيها مصر وقُلْزُم والحَبَشة وبَرْبَر وما والاها والبحر الجنوبىّ وليس فى هذه البلاد خنزير برّىّ b ولا أَيّل c ولا عَيْر d ولا تيس وفيها تهامة واليمن والسند والهند واسْقُوتِيَا e وفيها أَرْمِينِيَة f وخراسان والترك والخزر، وزعم هرمس ان طول كلّ اقليم سبع مائة فرسخ فى مثله g ✿

القول فى البحار واحاطتها بالارض

قال البحار اربعة البحر الكبير الذى ليس فى العالم بحر h اكبر منه وهو آخذ من المغرب الى القلزم حتى يبلغ واق واق الصين وواق واق الصين هو بخلاف واق واق اليمن لان واق واق اليمن يخرج منه ذهب سوء وهذا البحر يمدّ من القلزم على وادى القرى حتى يبلغ بَرْبَر وعمان ويمرّ الى الدَّيْبُل والمُولتان حتى يبلغ جبل الصنْف i الى الصين ثم البحر المغربى الدبورىّ الرومىّ وهو من انطاكية الى جزائر السعادة وخليج منه آخذ من الاندلس حتى يبلغ السوس الاقصى وعلى ساحل هذا البحر طَرَسُوس والمَصّيصَة k والاسكندريّة وأَطْرابُلُس وطول هذا البحر الفان وخمس مائة فرسخ من انطاكية الى جزائر السعادة وعرضه خمس مائة فرسخ والبحر الثالث الخراسانىّ الخَزَرىّ لقرب الخزر منه الى مُوقان الى طبرستان وخوارزم وباب الابواب ومن بحر جرجان الى خليج الخزر عشرة ايّام فاذا طابت لهم الريح فثمنية

---

a) Codd. ut quoque cod. Ibn Khord. ولونبية et sic deinde nomina saepius corrupta sunt. Notabo tantum, ubi dubium esse potest, aut nomen minus frequens occurrit. *b*) I يرى, S s. p. *c*) B ابل. *d*) I عنز. Haec non sunt apud Ibn Khord. *e*) Scythia. Hamdânî l.l. 9 سقوتيا. B واسفوضا, I et S واسقوضا; cod. Ibn Khord. اسقونيا. *f*) B c. taschdîd, I ارمنية. *g*) Cf. Jâc. I, ٢٧, 19. *h*) B om., S بحرا. *i*) B الصنْف. *k*) B والمَصيصية.

ايّام فى البحر ويومان *a* فى البرّ ويسمّى هذا البحر الدّوّارة الخراسانيّة *b* وقطرها مائة فرسخ والذى يطيف بها الف وخمس مائة فرسخ *c* والرابع ما بين رُومِيَة وخوارزم جزيرة تسمّى تُولِيَة *d* ولم يُوضَعْ عليها سفينة قطُّ ، ومَلِكُ العرب فى يديه الف مدينة فى زماننا هذا وفى يدى ملك النوبة الف مدينة وفى يدى ملك الصين اربع مائة مدينة وستّمائة مدينة من الصين فى ايدى ملوك صغار، قال واعلم ان بحر فارس والهند هما بحر واحد لاتّصال احدهما بالآخر * الّا انهما *e* متضادّان. قال فاوّل ما تبتدئ *f* صعوبة بحر فارس عند دخول الشمس السنبلة وقربها *g* من الاستواء الخريفىّ فلا *h* يزال يكثر امواجه ويتقاذف مياهه *i* ويصعب ظهره الى ان تصير الشمس الى الحوت واشدّ ما تكون *k* صعوبته فى آخر زمان الخريف عند كون الشمس فى القوس واذا كانت *l* قربَ الاستواء الربيعىّ يبتدئ فى قلّة الامواج ولين الظهر الى ان تعود الشمس فى السنبلة والين ما يكون فى آخر زمان الربيع وهو عند كون الشمس فى الجوزاء فاما بحر الهند فانه خلافه لانه عند كون الشمس فى الحوت وقربها *m* من الاستواء الربيعىّ يبتدئ فى الظلمة والغِلَظ وتكثر *n* امواجه حتى لا يركبه احد لظلمته وصعوبته عند كون الشمس فى الجوزاء فاذا صارت فى السنبلة اضاء ظلمته ويسهل مَرْكبه الى ان تصير الشمس فى الحوت الّا ان بحر فارس قد يُرْكَب فى كلّ اوقات السنة فاما بحر الهند فلا يركبه الناس عند هيجانه لظلمته وصعوبته قال فمن اراد الصين او عدن *o* او

---

a) Codd. ويومين. *b*) Jâc. I, ٥٠٠, 9. *c*) Ibid. ٥٠١, 18. *d*) Codd. بوليّة. *e*) B et I لانهما. Cf. Kazwînî, I, ١١١, 2 sqq. et ١١٤, 7 a f. sqq. *f*) B يبتدى, Kazw. يبدا. *g*) Codd. وقربه ut quoque Kazw. semel. *h*) B ولا. *i*) I وتتقاذف امياهه. *k*) B يكون, S s. p. *l*) Codd. كان. *m*) Codd. وقربه ut quoque Kazw. semel. *n*) B ويكثر, S s. p. *o*) Sic. Aut من عدن legendum est, aut pro عدن scribendum الصنف vel talequid.

شَلَاهِطَ اخذ من ناحية المغرب على اليمامة[a] وعمان ومن اراد السند اخذ من ناحية فارس على سيراف ۞

القول فى البحار وعجائب ما فيها

قال الله عزّ وجلّ[b] مَرَجَ البَحْرَيْنِ يَلْتَقِيَانِ[c] يُرْوَى عن الحسن قال بحر فارس والروم، وقال سليمان بن ابى كَرِيمَة[d] اذا طلعت الثُّرَيَّا ارتجّ البحر واختلفت الرياح وسلّط الله الجنّ على المياه وتبرّأ الله ممن يركب البحر اربعين يوما، وقال النبىّ عم من ركب البحر بعد طلوع الثريّا فقد برئت منه الذمّة، وسُئل ابن عبّاس عن المدّ والجزر فقال ان مَلَكا موكّل بقاموس[e] البحر اذا وضع رجله فيها فاضت واذا رفعها غاضت، قال كَعْب ولقى الخَضِرُ ملكا من الملائكة فسأله عن المدّ والجزر فقال الملك ان الحوت يتنفّس فيشرب الماء ويرفعه الى منخريه فذلك الجزر ثم يتنفّس فيخرجه من منخريه فذلك المدّ، قال وفى البحر سمكة يقال لها الخَرَاطيم[f] مثل الحيّة لها منقار كمنقار الكركىّ وفى منقارها من الشقّين كالمنشار، وفيه سمكة يقال لها الأَطْمَرُ[g] لها فرج كفرج المرأة[h] ووجهها كوجه الخنزير وهو طبق من شحم وطبق من لحم، وفى البحر سمك على خِلْقة القرود من[i] جلوده تكون الدرق التى تنبو عنها السيوف ويقال انها تحيض[k] وتُرضع وكذلك السلاحف، وفيه سمك يسمّى الدُّخَس[l] يُنَاجِى الغريق، وفيه سمك

---

a) Hoc quoque falsum est. Forte التهامة voluit. b) Kor. 55 vs. 19. c) B add. بينهما. d) Ex urbe Beirût (Jâc. II, ٦٠٦, 3). e) I add. وسط; cf. Mokadd. ١٢٤, 18 et ١٣, 3 sqq. f) Cf. Kazw. I, ١١٧, 18 sqq. g) Voc. in B. Kazw. I, ١٠٩ ult. الاطم, Dimaschkî ١٥٨, 8 اللطم; cf. Gloss. ad *Adjâib el-Hind* sub لطم. h) In B alia manus addidit وذيل كذيل الغنم. i) I ومن e corr. k) B add. وتطهر. l) B الدَحْس et infra in sect. de Aegypto الدَخس; ceteri sine voc. Deinde I et S تناجى.

اذا هاج البحر خرج من قعر البحر فيعلم البحريّون ان البحر قد هاج يسمّى البَرَسْتُوج[a] وهو الذى يكون بالبصرة، ويلى هذا البحر بحر يسمّى هَرْكَنْد[b] يقال انه قاموس البحار كلّها وفى هذا البحر جزيرة سَرَنْدِيبَ وفى هذه الجزيرة الجبل الذى اهبط عليه آدَمُ وعليه اثر قدم آدم وهو عظيم طويل وعليه انواع الافاويه والطيب وفأر المسك وفى بحره مغاص اللؤلؤ وفى هذه الجزيرة ثلثة ملوك فالملك الاكبر منهم اذا مات قُطع باربع قطع وأُحرق بالنار ورجاله يتهافتون خلفه فى النار حتى يحرقوا انفسهم، وبعدها[c] جزيرة الرامِنى وهى ثمان مائة فرسخ وفيها عجائب كثيرة وهى تشرع الى[d] بحر شَلَاهِط والهركند وفيها ملوك كثيرة وبها الكَرْكَدَنُ والكافور وفيها معادن الذهب وطعامهم النارجيل ورجالهم اقوياء يصيدون الفِيَلة وفيها بَقَّم كثير يغرس غرسا وحَمْلُه شبه الخَرْنُوب وطعمه مثل العَلْقَم[e] لا يؤكل ويقال ان عروقه شفاء من سمّ ساعة وفيها الخيزران الكثير وجواميس عظيمة وملوك لهم الافاويه الطيّبة كالصَّنْدَلِين والبَسْباسة وليس هذا لاحد غيرهم، وبالزابج[f] ببغات بيض وحمر وصفر تتكلّم على ما لُقّنت بكلام فصيح عربيّة وفارسيّة وروميّة وهنديّة ومن الطواويس خضر ورقط وبُزاة بيض لها قنازع حمر وان بها قردة بيضا عظاما[g] كامثال الجواميس وبها خلق على صورة الانسان يتكلّم بكلام لا يُفْهَم يأكل ويشرب وبها من السنانير الوان[h] ولها اجنحة كاجنحة الخُفّاش من اصل الاذن الى

---

a) B البَرْسِتُوخ, I البرستوح, S البرستوخ. Cf. Gloss. Geogr. p. 187 et Kazw. I, ١١٩ sq. *b*) B h. l. هُرْكند. *c*) Codd. وبعده. *d*) *Relations des voyages* ed. Reinaud, p. ٩ على. *e*) Kazw. I, ١٠٨ et II, ١٩ haec habet nomine Râzîi. Quae l. 4 sqq. nomine Ibno 'l-Fakîh narrat, apud nostrum non exstant. *f*) Kazw. I, ١٠٧, II, ٢٠. *g*) Codd. بيض عظام. *h*) Huc pertinere videtur بيض وسود وخضر apud Kazw. I, ١٠٧, 17 ubi textus lacunam habet.

الذهب وان فأر المسك تُحمل *a* احياءً من السند الى الزابج وان الزباد اطيب رائحة من المسك والانثى تجلب *b* مسكا واذا مشى فى بيت نفحت منه رائحة المسك واذا لمسته بيدك عَبِقت بيدك، وذكر سليمان التاجر *c* ان اكثر السفن الصينيّة تُحْمَل *d* من البصرة وعمان وتُعْبَأ *e* بسيرَاف وذلك لكثرة الامواج فى هذا البحر وقلّة الماء فى مواضع منه فاذا عُبّى المتاع استعذبوا الماء الى موضع منها *f* يقال له مَسْقط وهو آخر عمان وبين سيرَاف وهذا الموضع نحو *g* مائتى فرسخ وفى شرقىّ هذا البحر فيما بين سيرَاف ومَسْقَط من البلاد سيف بنى *h* الصفّاق وجزيرة ابن كاوان وفى غربىّ هذا البحر جبال عمان وفيها الموضع الذى يسمّى دُرْدُورَ *i* وهو مضيق بين جبلين *k* تسلكه السفن الصغار ولا تسلك *l* فيه الصينيّة وفيه جبلا كُسَير وعُوَير فاذا جاوزتَ الجبال صرت الى موضع يقال له صُحَار *m* عمان فيُسْتعذب الماء من مَسْقط من بئر بها وهناك جبل فيه *n* رعاء غنم من بلاد عمان فتختطف السفينة منها الى بلاد الهند وتقصد الى كُولُو مَلِى *o* وفيها مسلحة لبلاد الهند وبها ماء عذب فاذا استعذبوا من هناك الماء اخذوا من المركب الصينىّ الف درهم ومن غيرها عشرة دنانير الى

---

a) I يحمل, S s. p. Deinde S احيانا. *b*) B يجلب. *c*) *Relations*, p. ١٥. *d*) B يحمل, S s. p. *e*) S وتعبّا; *Relat.* فيعبّى (المتاع). *f*) Ponendum foret ante الى موضع, nom est من سيراف, vid. *Relat.* *g*) Codd. om. et S habet مائتنا. *h*) Codd. بين. Deinde servavi الصفاق (B المصفاق) ut in *Relat.* Idem pro الصفار legitur semper in codd. Istakhrîi A et B et interdum in F. *i*) *Relat.* الدردور. Jâc. quoque ut N. P. sine art. *k*) B et S cum art. Deinde B يسلكه. *l*) Codd. يسلك; *Relat.* تسلكه. *m*) Codd. مجاز. *n*) Codd. فيها; vid. *Relat.* p. ١٦, 5 a f. ubi textus mancus est. *o*) Codd. semper كُوكُو مَلِى. Vulgo كُولَمْ مَلِى. Abulfeda praescribit كَوْلَم.

العشرين الدينار ومَلِي من بلاد الهند وبين مَسْقَط وبين كُولُو مَلِي مسيرة شهر وبين كولو ملى وبين a الهَرْكَنْد نحو من شهر b ثمّ يختطف من كُولُو مَلِي الى بحر الهركند فاذا جاوزوه c صاروا الى موضع يقال له كَلَه بار d بينه وبين هركند جزائر قوم يقال لهم لَنْجِ e لا يعرفون لغة ولا يلبسون الثياب كواسج لم يُرَ منهم امرأة يبيعون العنبر بقطع الحديد ويخرجون الى التجّار من الجزيرة فى زواريق ومعهم النارجيل وشراب النارجيل يكون ابيض فاذا شُرب منه فهو حلو كالعسل فاذا تُرك يوما صار مُسْكِرا فان بقى ايّاما حمض فيبيعونه بالحديد ويتبايعون بالاشارة يدا بيد وهم f حُذّاق بالسباحة فربّما استلبوا الحديد من التجّار ولا يعطونهم شيئا ثمّ تختطف السفينة الى موضع يقال له كَلَه بار وهى من مملكة الزابج متيامنة عن بلاد الهند يجمعهم مَلِكٌ ولباسهم الفوط ثمّ يختطف الى موضع يقال له تُيُومَة g بها ماء عذب والمسافة اليها عشرة ايّام ثمّ الى موضع يقال له كَدْرَنْج h مسيرة عشرة ايّام بها ماء عذب وكذلك فى سائر جزائر الهند ان احتُفر فيها الآبار وُجد فيها الماء العذب وبها جبل مشرف ثمّ يختطف i الى موضع يقال له الصَّنْف k ثمّ الى موضع يقال له صَنْدَرْفُولات وهى جزيرة فى البحر

---

a) B et I وبحر, S وبين بحر. Deinde S الهند. *b*) Sic quoque *Relat.* ١٧, sed ib. ١٩ melius وهى قريبة من هركند. *c*) Codd. جاوزه. *d*) Codd. نار; S et B infra كَلَه. *e*) I لنج, S لنّج. Vulgo لنج بالوس (لنك). Pars posterior videtur significare *insula*. Nicobar intelligitur. *f*) B et I فهم. *g*) I ينتومه, *Relat.* ١٩ بتومة, cod. Ibn Khord. تيومه, Edrîsî تنومة. Sprenger p. 69 et Yule, *Proceed. R. G. Soc.*, 1882, p. 656 Tiyûman (Timon apud Linschoten). *h*) B et S كارنج, I كازبج. *Relat.* ut rec.; Masʿûdî كردنج. *i*) I يختتطف, S بحطف. *k*) B الصنف ut *Relat.* ٢٠, 1. Distantia in *Relat.* est 10 dierum.

والمسيرة اليها عشرة ايّام ثمّ الى موضع يقال له صَنْجِ *a* الى ابواب الصين وهى جبال فى البحر بين كلّ جبلين فرجة تمرّ *b* فيها السفن ثمّ الى الصين ومن صَنْدَرْفُولات الى الصين مسافة شهر الّا ان الجبال التى تمرّ *b* بها السفن مسيرة سبعة ايّام فاذا جاوزتَ الابواب صرت الى ماء عذب يقال له خانْفُو *c* يكون فيه مدّ وجزر فى اليوم والليلة مرّتين ۞ وبقرب الصين فى *d* موضع يقال له صَنْجى وهو اخبث البحار ...... *e* شبيها بصبيان الزنج طول احدهم اربعة اشبار يخرجون بالليل من الماء فيبيتون فى السفينة ويدورون *f* فيها ولا يُؤْذون احدا ثمّ يعودون الى البحر فاذا راوا ذلك كان علامة الريح التى تسمّى الخَبّ وهى اخبث الرياح فيستعدّون لتلك الريح ويخفّفون المتاع وقالوا اذا راوا أَعْلى *g* دقل السفينة بهذا الموضع طائرا *h* كانه شعلة نار فذلك عندهم من دلالة التخلّص، وان فى البحر طيرا يقال له جَرْشى *i* يكون قريبا من الساحل اعظم من الحمام يتبعه طير يقال له جُوانْكَرك يشبه *k* الحمام فاذا ذرق الجرشى تلقّاه الجوانكرك بمنقاره فابتلعه، وان *l* بقرب الزابج جبلا يسمّى جبل النار لا يقدر على الدنوّ منه يظهر بالنهار منه دخان وبالليل لهب النار يخرج من اسفله عين باردة عذبة وعين حارّة عذبة ۞

الفرق ما بين بلاد الصين وبلاد الهند

قالوا ليس بالصين متاع اسرى ولا احسن مما يحمله التجّار الى العراق فاما ما يبقى هناك فردىّ لا حسنَ له ولباس *m* اهل الصين

a) *Relat.* melius الى بحر يقال له صنجى. *b*) B يمر. *c*) Codd. خانقو(ا). *d*) S om. *e*) Lacuna suppleri potest, sed verba non congruunt, e Mas. I, 344, Kazw. I, ١٠٩, 8. *f*) S فيدورون. *g*) B et S على. Cf. Mas. ubi فى اعلى. *h*) B et S طاير. *i*) I الجرشى. In descript. Aegypti, ubi de iisdem avibus sermo est, B جرسى. *k*) B شبه. *l*) Cf. *Relat.* ٢٣. *m*) Cf. *Relat.* ٢٣ seq.

كلّهم لحرير فى الشتاء والصيف يلبس الرجل منهم خمس سراويلات حرير لنَدْوة اسفلهم[a] فاما هواؤهم[b] فحارّ ولا يعرفون العمائم وطعامهم الأرزّ وملوكهم يأكلون خبز لحنطة واللحم وليس فيهم كثير نخل ويُعمل نبيذهم[c] من الارزّ ولا يستنجون بالماء ويأكلون المَيْتة ونساؤهم يكشفن رؤوسهن[d] ويجعلن فيها الامشاط فربّما كان فى رأس واحدة منهن عشرون مُشْطا من[e] عاج والرجال يغطّون رؤوسهم بشبه القلانس واهل[f] الصين يلوطون بغلمان قد اقيموا لذلك بمنزلة الزوانى للهند وحيطان اهل الصين لخشب واكثرهم لا لُحى لهم حتى كانهم لم تُخْلق[g] لهم لُحًى واهل الصين يعبدون الاوثان[h] ولهم كتب لاديانهم، والهند لا يأكلون لحنطة انما يأكلون الارزّ فقط وتطول[i] لحاهم حتى ربّما رايتَ لاحدهم لحية[k] ثلثة اذرع واذا مات احدهم حُلق رأسه ولحيته وهم يتلازمون بالحقوق ويَمْتَنعون فى الملازَمة الطعام والشراب سبعة ايّام واهل الهند يقتلون ما ارادوا اكله ولا يذبحونه يضربون هامته حتى يموت ثم يأكلونه ولا يغتسلون من جنابة ولا يأتون النساء فى مَحيض واهل الصين يأتون لان آئينهم آئين[l] المجوس واهل الهند لا يأكلون[m] حتى يستاكوا ويغتسلوا ولا يفعل ذلك اهل الصين وبلاد الهند اوسع من بلاد الصين اضعافا وبلاد الصين اعمر وليس لهم عنب[n] وليس بالبلدين جميعا نخل وللهند السِحْر[o] وهم جميعا يقولون بالتناسخ ويختلفون فى فروع دينهم واهل الهند اطبّاء حكماء منجّمون ولهم خيل[p] قليلة

---

a) I. e. ليدفعوا اسفلهم لكثرة الندى coll. *Relat.* ٣٤, 1. *b*) Codd. هواهم ut saepius هوى pro هواء. *c*) B النبيذ. *d*) B روسهم. *e*) Addidi من. B om. عشرون. *f*) Cf. *Relat.* ٥٤. *g*) B يخلق, S s. p. *h*) B et *Relat.* الاصنام. *i*) B ويطول, S s. p. *k*) I add. طول. *l*) B et S آينهم آين. *m*) S add. شيئا. *n*) Codd. علم. Vid. *Relat.* ٥٧, 2, sed cf. l. 4. *o*) I الشجر quae fortasse vera est lectio, cf. *Relat.* ٥٧, 1. *p*) B جبل, S حيل.

وملوكهم لا يرزقون جندهم انما يدعوهم الملوك a الى الجهاد فيَخْرجون بنفقات انفسهم والهند لا مدائن لهم ويلبسون القُرطَيْن b ويتحلّون بأسورة الذهب الرجال والنساء والهند تبيح الزنا ما خلا ملك قِمار c فانه يحرّم الزنا والشراب وبلاد الصين انزه واحسن ومدنهم عظيمة مشرفة d محصّنة مسوّرة وبلادهم اصحّ واقلّ امراضا واطيب e لا تكاد ترى بها f اعور ولا اعمى ولا ذا g عاهة ولهم عطاء كديوان العرب ويقال ان بين الهند والصين ثلثين ملكا اصغر ملك بها يملك ما يملكه ملك العرب وملوك الهند كلُّهم يلبسون الحلى، وفى بلاد الهند مملكة يقال لها رَهْمى h على ساحل البحر وملكتهم امرأة وبلادها وبيّة ومَن دخل اليها من سائر الهند مات فالتجّار يدخلونها لكثرة ارباحها ثم i تصير الى بلاد الزابج فالملك الكبير يقال له المِهْراج k تفسيره ملك الملوك وليس بعده احد لانه فى آخر الجزائر وهو ملك كثير الخير وفيها غيضة فيها وَرْدٌ اذا أُخرج من الغيضة احترق l، وقال عبد الله بن عمرو بن العاص فيما بين السند والهند m ارض يقال لها كنام n فيها بطّة من نحاس على عمود من نحاس فاذا كان يوم عاشوراء نشرت البطّة جناحها o ومدّت منقارها p فيفيض من الماء ما يكفى زروعهم ومواشيهم وضياعهم الى العام المقبل، وقِمار من بلاد الهند واهل الهند

a) *Relat.* ٥٨ الملك. b) S s. p., *Relat.* ٥٩ فوطتين. Fort. leg. القرطق, cf. Gloss. Geogr., sed lectio codd. defendi potest coll. *Relat.* ١٢٥,. 1. c) B قَصّارا, I قِصَارا, S قصارا. Vid. Kazw. II, ٦٩, Ibn Khord, p. 65 et *Relat.* ٩٤. d) I et S مشرقه. e) In *Relat.* ٥٨ additur هواء. f) I et S فيها. g) B et I ذو. h) Voc. in B ut Mas‘ûdî I, 384. *Relat.* ٢١ رُهْمى; cod. Ibn Khord. sine voc. i) S ومن. Deinde codd. يصير. k) Voc. in B. l) Kazw. I, ١٠٧, II, ١٩. m) B الهند والسند. Kazw. II, ٣٨ paen. habet الصين pro السند. n) Codd. كنام (S كُنّام). o) Kazw. جناحيها. p) Kazw. رقبتها.

يزعم ان اصل كتب الهند من قِمار وملكه مسيرة اربعة اشهر وعبادتهم الاصنام كلّهم وملك قِمار يفترش اربعة آلاف جارية، والعنبر يؤتى به من جزيرة شلاهِط والفلفل من مَلِى وسَنْدان *a* والبَقّم من ناحية الجنوب من شلاهط والقرنفل والصندل والكافور وجوزبُوا من الزابج وهو من ناحية القبلة بقرب الصين من بلد يقال له قَنْصُور *b* وماء الكافور والنيل من ناحية السند والخيزران من بلد يقال له لَنْكبالُوس *c* وكلّه من ناحية خراسان *d* والقنى من عمان والياقوت والالماس من سرنديب وكذلك الكركدن والطاوس والببغاء والدجاج السندىّ وجميع انواع العطر والصَّيْدَلَة *e* ✿

قالوا ومبدأ بحر الصين من جبل قاف الى ان يجىء الى عَبّادان والبصرة واوّل البحار التى تسلك الى بلاد الصين بحر صَنْجى واوّل جبل فيه يدعى صَنْدَرْفُولات وفيه حيّات ربّما *f* ابتلعت البقر والرجل فهو اشدّ البحار كلّها وهو قليل المسافة وعلى الجبل من الصيّادين خلق لهم شبّاك يكون فى قعر البحر فاهل المركب *g* اذا رأوا بلاد الصين سألوا الصيّادين عن الريح فيخبرونهم بهيجان البحر وسكونه لانه بحر اذا هاج فيه الريح فقليل من يسلم *h* وانما يقطع فى عشرة *i* او ثمان الى بلاد الصين الى الابواب خاصّة ابواب الصين وذلك *k* البحر بحر كبير وفيه ملك يدعى المِهْراج عظيم الملك فى جزائره عجائب وانواع العطر وينبت فى بلاده الذهب نباتا ويقال غلّته فى كلّ يوم مائتنا منا *l* ذهبٍ ✿

القول فى مكّة

قال *عبد الله بن *m* عمرو بن العاص سمّيت بَكّة لانها كانت تبكّ

---

a) Ut Ibn Khord. p. 68. *b*) B فيصور, I et S قيصور. Deinde S واما, cf. Kazw. I, ٢٦٣, 2. *c*) Codd. انكبالوس (vocales in B). *d*) Ridicule, sed quid legendum sit nescio. *e*) Codd. والصندلة. *f*) B et I وربما. *g*) S المراكب. *h*) B سلم. *i*) Codd. عشرة. *k*) Codd. inserunt ان. Intelligitur بحر الصين. *l*) S من e corr.; I منًا ذهب. *m*) Addidi ex Azrakî, *Chr. Mekk.* I, ٥٠.

اعناق الجبابرة اذا ألحدوا فيها بظُلْم اى تدقّ وقال ابراهيم *a* بكّة موضع البيت ومكّة موضع القرية *وسمّيت بذلك لاجتذابها الناس من الآفاق *b* وقالوا سمّيت بكّة لان الاقدام تبكّ بعضها بعضا اى تزدحم وسُمّى البيت العتيق لانه أُعتق من الجبابرة وهى امّ القرى وامّ الرُّحْم لان الرَّحْمة تنزل بها ومن اسمائها صَلاح والنّاسّة *c* لقلّة الماء بها وبنيّة *d* الامين ☆ قال *e* النبىّ عمّ ما من نبىّ هرب من قومه الّا هرب الى الكعبة يعبد الله فيها حتى يموت، وقال عمّ ان قبر هُود وشُعَيب وصالح فيما بين زمزم والمقام وان فى الكعبة قبر ثلثمائة نبىّ وما بين الركن اليمانى الى الركن الاسود قبر سبعين نبيّا، وقال صلعم من مات فى حجّ او عمرة لم يُعْرَض ولم يحاسَب وقيل له ادخل الجنّة بغير حساب، وقال صلعم من صلّى فى الحرم صلوة واحدة كتب الله له الف *f* صلوة وخمس مائة صلوة، وقال صلعم المقام بمكّة سعادة والخروج منها شقاوة *g*، وقال صلعم الحاجّ والعُمّار وفد الله ان سألوا أُعطوا وان دعوا أُجيبوا وان انفقوا أُخْلف عليهم لكلّ درهم الف درهم، وقال صلعم مَن صبر على حرّ مكّة تباعد منه جهنّم مسيرة مائة عام وتقرّبت منه الجنّة مسيرة مائتى عام، وقال الكلبىّ لمّا قال ابراهيم *h* رَبِّ ٱجْعَلْ هٰذَا ٱلْبَلَدَ آمِنًا وَٱرْزُقْهُمْ مِنَ ٱلثَّمَرَاتِ الآية استجاب الله له فأمّن فيه الخائف ورُزق اهله *i* من الثمرات يُجْلَب اليهم من الآفاق وقيل قرية من قرى الشام فيقال انها *k* الطائف، وقال مُقاتل من نزل بمكّة والمدينة من غير اهلهما *l* محتسبا حتى يموت دخل فى شفاعة محمّد صلعم قال *m* الله جلّ ذكره وَإِذْ جَعَلْنَا ٱلْبَيْتَ مَثَابَةً لِلنَّاسِ وَأَمْنًا ولم يقل مثابة للعرب

---

a) ابراهيم بن ابى المهاجر *Chr. M.* I, ١٩٩. *b*) B, qui haec post تزدحم habet, لاحتذائها, S لافتدادها; cf. Jâcût, IV, ٦١٧, 5 sq. *c*) S cum art. *d*) S om.; codd. addunt وهى. *e*) B وقال. *f*) B et I add. الف. *g*) I شقوة. *h*) Kor. 14 vs. 38 et 40, coll. 2 vs. 120. *i*) B واهله. *k*) B add. من. *l*) Codd. اهلها. *m*) B وقال. Kor. 2 vs. 119.

دون العجم اذ كان اسم الناس شاملا للفريقين فقد جعله الله مثابة للجميع والدليل على ذلك قول الله عزّ وجلّ *a* وَطَهِّرْ بَيْتِىَ لِلطَّائِفِينَ وَالْعَاكِفِينَ الآية ، فمن شرف مكّة امنه *b* ومُقام ابراهيم فيه وحجّ الانبياء اليه وان اهلها فى الجاهليّة كانت لَقَاحا لم يؤدّوا اتاوة قطّ ولا ملكهم مَلِكٌ وكانوا يتزوّجون فى اىّ القبائل شاؤوا ولا يشترط *c* عليهم فى ذلك ولا يزوّجون احدا الّا بعد ان يشترطوا عليهم ان يكونوا حُمْسًا على دينهم ويُدان لهم وينتقل اليهم فحمّسوا خزاعة ودانت لهم وحمّسوا عامر بن صَعْصَعَة ودانت لهم وحمّسوا ثقيفا ودانت لهم سوى من حمّسوا من عدد الرجال ثم فرضوا على العرب قاطبةً ان يطرحوا ازواد *d* الحلّ اذا دخلوا الحرم وان يخلعوا *e* ثياب الحلّ ويستبدلوا ثياب الحرم امّا شرًى *f* او عاريّةً او هبة فان اتى بذلك والّا طاف بالبيت عريانا وفرضوا على نساء العرب مثل ذلك وكلّفوا العرب ان تفيض من المُزْدَلِفَة وهم بعدُ اعزّ العرب يتأمّرون على العرب قاطبةً وهم اصحاب الهريس *g* والحرير والثريد والضيافة والاندية والفالوذج واوّل من ثرد الثريد منهم عمرو وهو هاشم بن عبد مناف وفيه يقول الشاعر *h*

عَمْرُو العُلَى *i* هَشَمَ الثَرِيدَ لِقَوْمِهِ   ورِجالُ مَكَّةَ مُسْنِتُونَ عِجافُ

ولهذا سمّى هاشما ✿

ذكر البيت الحرام *k* وما جاء فيه

قال الله تعالى *l* جَعَلَ ٱللّٰهُ ٱلْكَعْبَةَ ٱلْبَيْتَ ٱلْحَرَامَ قِيَامًا لِلنَّاسِ ، عن *k*

---

a) B تعالى. Vid. Kor. ib., coll. 22 vs. 27. *b*) Quasi praecederet بلد. *c*) S s. p.; B et I يشرط; Jâc. IV, ٦٢٠, 21 شرط. *d*) Codd. ارفاد; cf. Jâc. ٦٢١, 8 et *Chr. Mekk.* I, ١٢١, 3. *e*) B et I يخلفوا, Jâc. يخلوا; cf. *Chr. Mekk.* ١٢١, 3 a. f. نزع. *f*) I شرًا sic. *g*) I الجريس. *h*) ابن الزبعرى (Tabarî I, ١٠٨٨ ult., *Chr. Mekk.*, I, ٦٨). *i*) I عُمَر الذى et supra quoque عُمَر. *k*) B om. *l*) Kor. 5 vs. 98.

وهب بن منبّه انه *a* قال ان الله جلّ وعزّ لمّا اهبط آدم عم من الجنّة الى الارض حزن واشتدّ بكاؤه على الجنّة فحباه *b* الله بخيمة من خيام الجنّة فوضعها له بمكّة فى موضع الكعبة قبل ان تكون الكعبة وكانت من ياقوتة حمراء فيها قناديل من ذهب وانزل معها الركن وهو يومئذ ياقوتة بيضاء وكان كرسيّا لآدم عم وطول الحديث ✿ قال فمن فضائل البيت الحرام انه لم يره احد ممن لم يكن رآه الّا ضحك او بكى ومن فضائله انه لا يسقط على ظهر الكعبة من الحمام الّا العليل *c* منها فاذا وقع عليه *d* برئ وتقبل العَرَقَة *e* من الطير والحمام وغير ذلك حتى اذا تحاذت الكعبة افترقت فرقتين ومالت عن ظهرها *f* ولم يطر على ظهرها طير قطّ ، ومن عجائب البيت والمسجد كثرة الحمام بها ولم يروا على طول الدهر *g* ذرقة حمام ولا طير فى المسجد ولا الكعبة ، ومن عجائبه امنُ الطير والوحوش والسباع بها ودفعُ الله عنها شرّ الحبشة والفيلة وحجّه النعمان بن المنذر وزاره وهو ملك نصرانىّ فجلس فى سفح أَجْياد *h* فبال عليه خالد بن ثَوّالة *i* الكنانىّ فما كان عنده نكير لاهل مكّة ✿ وماء زَمْزَم دواء لكلّ مبتلى وقال صلعم *k* التضلّع من ماء زمزم براءة من النفاق ، وقال مُجاهد فى قول الله عزّ وجلّ *l* وَٱجْعَلْ أَفْئِدَةً مِنَ ٱلنَّاسِ تَهْوِى إِلَيْهِمْ قال لو قال واجعل *m* افئدة الناس تهوى اليهم لازدحمت عليه فارس والروم ، قال *n* قَتادة بُنيت الكعبة من خمسة اجبل طور سِينا وطور زَيْتا وأُحُد ولُبْنان *o* وحِراء

---

a) I om.; cf. Jâc. IV, ٢٨٠, 11 sqq. *b*) S فحبّاه, I فحياه, Azrakî, *Chr. Mekk.* I, ٨, 3 فعزّاه. *c*) B العين. *d*) S عليها. *e*) Codd. الفرقة, vid. e. g. Kazw. II, ٧٧, 12. *f*) Codd. ظهره. *g*) B دهر. *h*) Codd. اجبال. *i*) I et S ذوالة. Unde haec habeat auctor nescio. *k*) Cf. Jâc. II, ٩٤٢, 11 sq. *l*) Kor. 14 vs. 40, ubi vero فاجعل. Cf. Jâc. IV, ٢٨٤, 21 sq. *m*) B et S om. *n*) B وقال. *o*) S e corr.; B et I ولبنى. Deinde codd. وحرى (I وحَرّى). Jâc. IV, ٢٨١, 11 om. et numerum 6 facit.

وثَبِير، وقال مجاهد *a* اسّس ابراهيم زوايا البيت باربعة احجار حجر من حراء وحجر من ثبير وحجر من الطور وحجر من الجُودىّ، قال قتادة فبنى ابراهيم البيت وجعل طوله فى السماء سبعة *b* اذرع وعرضه اثنين وثلثين ذراعا بين الركن الاسود الى الركن الشامىّ الذى عنده الحِجْر من وجهه وجعل عرض ما بين الركن الشامىّ الى الركن الغربىّ الذى فيه الحِجْر اثنين وعشرين ذراعا وجعل طول ظهرها من الركن الغربىّ الى الركن اليمانى * احد وثلثين ذراعا وجعل عرض شقّها اليمانى من الركن الاسود الى الركن اليمانى *c* عشرين ذراعا وجعل بابها فى الارض غير مبوّب حتى كان زمن تُبّع الحميرىّ فهو الذى بوّبها وكساها الوصائل *d* ثياب حبرة ونحر عندها ثم كساها النبىّ عمّ الثياب اليمانية ثم كساها عثمان القباطىّ ثم كساها الحجّاج الديباج قال ومعاوية اوّل من طيّب الكعبة بالخَلُوق والمجمر وأَجْرى الزيت لقناديل المسجد من بيت مال المسلمين، وبناه ابن الزُّبير بعد ما بويع له بالخلافة فلمّا قُتل نقض الحجّاج بناءه وبناه على الاساس الاوّل ثم وسّع المنصور مسجد الكعبة سنة ولى الخلافة ثم زاد فيه المهدىّ، قال فطول البيت اليوم سبعة وعشرون ذراعا وعرضه فى الحِجْر احد وعشرون ذراعا * وذرع جوفها ما بين الركن الاسود الى الركن اليمانى بطن الكعبة خمسة عشر ذراعا وشبر وما بين ركنَى الحِجْر ثمانية عشر ذراعا *e* وما بين الباب الى الشاذروان خمسة اذرع وعرض بابها اربعة اذرع وفيها ثلث سوارٍ اثنان منها صنوبر والوسطى ساج، وبعث عمر بن الخطّاب الى البيت بهلالين كبيرين فعُلّقا فى الكعبة وبعث عبد الملك ابن مروان بالشَّمْسَتَيْن وبعث الوليد ابنه بقدحين وبعث ابو العبّاس

---

a) Jâc. l. l. 6. *b*) Sic quoque Jâc. l. l. 12; Azrakí, *Chr. Mekk.* I, ٣١ et ٢٠٢ تسعة. *c*) Codd. haec om. *d*) B et I الوصابع, S الوضايع; cf. *Chr. Mekk.* I, ١٧٤. *e*) Haec sunt vitiosa, cf. Azrakí ٢٠٤.

بالصَّحْفة*a* الخضراء وبعث ابو جعفر بالقارورة الفِرْعَوْنيّة وبعث المأمون بالصنم الذى وجّهه اليه ملك التُّبّت وكان اسلم وله خبر طويل، وذرع المقام ذراع وهو مربّع سعة اعلاه اربعة عشر اصبعا فى مثله ومن اسفله مثل ذلك وفى طرفيه طوق من ذهب وما بين الطرفين من الحجر *من المقام*b* بارز لا ذهب عليه وطوله من نواحيه كلّها تسع اصابع وعرضه عشرة*c* اصابع وعرض الحَجَر حجر المقام من نواحيه احدى وعشرون اصبعا وسطه مربّع القادمان داخلتان فى الحجر سبع اصابع دخولهما*d* منحرف ووسطه قد استدقّ من التمسُّح به والمقام فى حوض مربّع حوله رصاص وعلى الحوض صفائح من رصاص مكسّر وعلى المقام صندوق ساج فى طرفيه*e* سلسلتان تدخلان فى اسفل الصندوق وعليهما*f* قفلان، قال وذرع المسجد اليوم مائة الف ذراع وعشرون الف ذراع مكسّر وعرضه من باب النّدْوة الى الجدار*g* الذى يلى الوادى عند باب الصَّفَا ثلثمائة ذراع واربعة اذرع وعرض المسجد من المنارة *التى عند المسعى*h* الى المنارة التى عند باب بنى شيبة الكبير مائتا ذراع وثمانية وسبعون ذراعا وفيه من الاساطين اربع مائة *وخمس وستّون*i* اسطوانة طول كلّ اسطوانة عشرة اذرع وتدويرها ثلثة اذرع وعدد ابواب المسجد فى الشقّ الشرقىّ خمسة ابواب وفى الغربىّ ستّة ابواب وفى اليمانى سبعة ابواب *وفى الشقّ الشامىّ ستّة ابواب*k* وذرع الطواف مائة ذراع وخمسة اذرع ۞

وحدود الحرم من طريق المدينة على ثلث اميال ومن طريق

---

a) Codd. بالصفحة, vid. Azrakî ١٥٧, 1. *b*) Codd. والمقام, vid. Azrakî ٢٧٨ paen. *c*) Codd. عشرة et mox احد. *d*) Codd. دخولها. Cf. Azrakî ٢٧٩, 4; Jâc. IV, ٥٨٨, 15 وحولهما مجوّف. *e*) Codd. طرفه. *f*) Codd. وعليها. *g*) Codd. الجُدُر, B et S التى et S تلى; cf. Azrakî ٣١٩ et ٣٢٩. *h*) Codd. الى باب المَشْعَر. *i*) Azrakî ٣٢٠, 2 واربع وثمانون. *k*) Haec addidi coll. Azrakî ٣٢٨.

جدّة *a* على عشرة اميال ومن طريق اليمن على سبعة اميال ومن طريق الطائف على احد عشر ميلا ومن طريق العراق على تسعة اميال، ومن بغداذ الى مكّة مائتان وخمسة وسبعون فرسخا وثلثا فرسخ تكون ثمانية وخمسين بريدا *b* ومن البريد * الى البريد *c* عشرون ميلا وبين كلّ بريدين مُشْرَف وكلّ ثلثة اميال فرسخ، ومن مكّة الى عَرَفات اثنا عشر ميلا ✿

مدينة الطائف

اسمها وَجّ وسمّيت الطائف بذلك الطوف الذى احاطه عليها قَسِىٌّ *d* وهو ثَقِيفٌ وكانت الطائف مَهْربا وملجأً لكلّ هارب وبالطائف وَهْط عمرو بن العاص وهو كرم كان يُعْرَش على الف الف خشبة شرى كلّ خشبة الف درهم *e* والوهط عند العرب دَقّ *f* التراب يقال تراب مُوهَطٌ *g* اى مدقوق وحجّ سليمان بن عبد الملك فمرّ بالوهط وقال احبّ ان انظر اليه فلمّا رآه قال هذا اكرم مال واحسنه وما رايت لاحد مثله لولا هذه الحَرّة فى وسطه فقيل له ما هذه بحرّة ولكنها زبيبه *h* وقد كان جُمع فى وسط الضيعة فلمّا رآها من بعيد ظنّ انها حرّة سوداء فقال لله درّ قَسِىٍّ بأىّ عُشّ وضع افرخه ✿

---

a) Mokadd. ٧٧, 13 طريق الجادة. *b*) Jâc. I, ٣٧, 18 add. واربعة اميال. Deinde codd. من sine و. *c*) Haec in textu Jâc. male desunt. Distantia autem inter 20 M. et 12 M. (ut vulgo dicitur) variat. *d*) Codd. قُسَىّ hic et infra. *e*) Ridicule. Jâc. IV, ٩٤٣ paen. et ult. بدرهم, Kazw. II, ٦٥ درهم. *f*) I et S دِقّ. *g*) S مُوهِط. Probabiliter leg. موهوط. *h*) I et S جرين الزبيب. Contra B post سوداء inserit فقالوا ليست بحرار ولكنها بيادر الزبيب, cf. quoque Jâc. III, ٤٩٩, 15 et *'Ikd* III, ٣٦٠.

القول فى المدينة

يروى عن النبىّ عم انه قال للمدينة عشرة اسماء هى طَيْبَةُ والباقية *a* والمُوَقّية والمِسْكينة والمبارَكة والمحفوفة والمحرّمة *b* والعذراء والمُسْلمة *c* والمقدّسة والشافية والمرزوقة، فمن فضلها على غيرها ان وهب بن مُنَبّه قال انى لأجد فى بعض الكتب ان مهاجِر النبىّ الامّىّ العربىّ الى بلد يقال لها طَيّابًا *d* وتفسير ذلك انها طُوبيت بالبركة وقدّس *e* هواءها وطيّب ترابها فيها مهاجره وموضع قبره ومن مشى بالمدينة شمّ بها عَرْفا طيّبا، وقال ابو البَخْتَرِىّ *f* هى ارفع الارض كلّها ولا يدخلها طاعون *g* ولا دجّال وبظاهر بيدائها يخسف بالدجّال وبها نزل القرآن وفُرضت الفرائض وسُنّت *h* السنن وبها اصول الدين والسنن والاحكام والفرائض والحلال والحرام وبها روضة من رياض الجنّة ودعا رسول الله صلعم ان يبارك لهم فى صاعهم ومُدّهم وسوقهم وقليلهم وكثيرهم وبها آثار رسول الله صلعم ومساجده وقبره وقبور اصحابه واعمامه وازواجه وكلّ *i* بلد فى دار الاسلام فانما *k* فُتح بالسيف الّا المدينة فانها افتتحت بالايمان، وقال صلعم غبار المدينة دواء من الجذام، وقال حبُّ اهل المدينة محنة فان منافقا لا يحبّهم ومؤمنا لا يبغضهم *l*، وقال عم اهل المدينة الشعار والناس الدثار، وقال المدينة معلّقة بالجنّة ✡ قال ولمّا حجّ معاوية

a) Non apud Jâc. IV, ٤٦. neque apud Samhûdî p. ٥ sqq. (Wüstenfeld, *Medina*, p. 9 sqq). Deinde codd. والمُوقية. *b*) B والمخرّفة, I et S والمحرّسة; cf. Samhûdî p. ٨. *c*) Codd. والمُسْلَمة. *d*) S طبايا; Samhûdî v طبابا s. طَبابا secundum Jâcût, ubi editum est طبابا. *e*) B وقدّس et طيّب, sed deinde ترابُها. *f*) B البُحْتُرِىّ, S id. sine voc. *g*) B c. art.; Samhûdî ٢٠ الطاعون ولا الدجال. *h*) I وسننت. *i*) I فكل. *k*) B قائما. *l*) In margine I aliae sententiae in laudem Medinae leguntur e Soyûtii الجامع الصغير.

حرّك المنبر يريد ان يخرج به الى الشام فانكسفت الشمس فقال جابر ابن عبد الله بئس ما صنع معاوية ببلد رسول الله صلّعم ومهاجره الذى اختاره والله له والله ليصيبنّ معاوية شىء فى وجهه فاصابته اللّقْوة نسأل[a] الله العافية ✿ فلمّا قدم النبىّ المدينة اقطع الناس الدور فخطّ لبنى زُهرة فى ناحية مؤخّر المسجد وجعل للزّبير بن العوّام بقيعا واسعا وجعل لطلحة موضع داره ولآل ابى بكر موضع داره عند المسجد الذى صار لآل معمر[b] ولخالد وعمّار موضع داريهما[c] وخطّ لعثمان موضع داره اليوم ويقال ان الخوخة التى فى دار عثمان اليوم تجاه باب النبىّ صلّعم كان يخرج منها اذا دخل بيت عثمان بن عفّان ✿

ذكر مسجد المدينة

قال صلّعم من جاء الى مسجدى لا يريد الّا الصلوة فى مسجدى والتسليم علىّ شهدتُ وشفعت له ومن سلّم علىّ ميّتا فكانما سلّم علىّ حيّا، وكان بناء المساجد على عهد النبىّ[d] صلّعم باللبن وسقفه جريد وعمده خشب النخل فزاد فيه عمر ثم غيّره عثمان وبناه بالحجارة المنقوشة والقصّة وجعل عمده من حجارة منقوشة وسقفه ساجا وبناه رسول الله صلّعم وله بابان شارعان باب عائشة والذى يقال له باب عاتكة وباب فى مؤخّر المسجد الى دار مُلَيكة واوّل من حصّب المسجد عمر، قال والاساس[e] اليوم معمول بالحجارة والجدران بالحجارة المطابقة[f] وعمد المسجد من حجارة حَشْوُها عمد الحديد والرصاص وكان طوله مائتى ذراع وعرضه مائتى ذراع وهو معنّق ومعنّق[g] سقف دون سقف والمحراب والمقصورة من ساج[h] ✿

---

a) B فسال. b) Hoc apud Jâcût l. l. ٤١٥, 14 et apud Samhûdî non invenio. c) I دارهما. d) I رسول الله. e) B et I c. ف. f) Codd. الطابقة; vid. Jâc. ٤٦٦, 17, Samhûdî ١٣٩ et ٢٠٣, 10. g) B مُعَنَّق ومُعَنَّق, I معنق ومقنق, S معنق ومعنق. Apud Jâc. et Samh. desideratur. h) B c. art.

وتراب المدينة وهواؤها اطيب ريحا من رائحة الافاويه بسائر البلدان ويكتفى بالمدينة الرجل الاكول بقرصتين *a* ولا يكتفى فى غيرها بخمسة ارغفة *b* وليس ذلك لغلظ فيه او فساد فى حبّه وطحنه ولو كان كذلك لظهر فى اللحم ولهم الفقه والصحبة ولهم حبّ البان ومنها يُحمل الى جميع البلدان وهى حشيشة تنبت فى باديتها *c* وجبلها أُحُدٌ قال رسول الله *d* رَضْوَى رضى الله عنه وقُدْس قدّسه الله وأُحُد جبل يحبّنا ونحبّه جاءنا سائرا الينا متعبّدا له تسبيح *e* يرقّ رقّا، ومن عجائبها جبل العَرْج الذى بين المدينة ومكّة يمضى الى الشام حتى يتّصل بلُبْنان من حِمْص *f* ويمرّ حتى يتّصل بجبال انطاكيَة والمَصّيصة *g* ويسمّى هناك اللُّكام ثم يتّصل بجبال مَلَطية وشِمْشاط *h* وقاليقَلا الى بحر الخزر وفيه *باب الابواب *i* يسمّى هناك القَبْق وعليه سبعون *k* لسانا لا تَعْرِف اللغةُ اللغةَ واللسانُ اللسانَ الّا بترجمان، والعقيق خارج المدينة ولمّا رآها رسول الله صلعم قال لو علمنا بهذه اوّلا لكانت المنزلَ وقصر عروة بن الزبير بالعقيق وسُئل بعضهم لِمَ سمّى العقيق عقيقا قال لان سيله عَقّ *l* فى الحَرَّة، وبها الجَمّاوات الثلث *m* جمّاء تُضارُع التى تسيل الى قصر عاصم *n* وبئر عُرْوة ومَكْمَن *o* الجمّاء وجمّاء امّ خالد وجمّاء العاقل *p* وبها بئر رُومَة ويقال *q* أُرُومَة وبئر أَرِيس وبئر بُضاعة

a) B قرصتان, I et S قرصتين. *b*) B ارغف. *c*) Codd. نادينها. *d*) Jâc. II, ٧٩٠, 10 unde restitui عنه et قدّسه pro codicum عنها et قدسها. *e*) B يسبح, S تسبح. Deinde B et S نزف. *f*) Jâc. IV, ٣١, 15 add. وسنير من دمشق ut infra in capite de Armenia. *g*) Jâc. سميساط. *h*) B et I وشميشاط, S وسمساط. *i*) Codd. القبق. *k*) Jâc. فيه اثنان وسبعون. *l*) I عُقّ; cf. Samhûdî ٢٤٩, 4 sq. *m*) Codd. الحماوات الثلثة. Cf. Jâc. I, ٨٥٣, 1, II, ١١١, 7, Samh. ٢٥١, 9 sqq. Pro جماء codd. fere ubique حمى. *n*) Codd. عامر. Jâc. II, ١١١ ام عاصم, sed I, ٨٥٣ ut rec. *o*) Vulgo مُكَيْمِن; locus noster probat formam مَكْمَن non esse tantum poëticam. *p*) Codd. القافل. Vulgo العاقر, sed Samh. addit بالراء وقيل باللام. *q*) S om. رومة ويقال.

ويقال ان ماء بئر رومة اعذب ماء بالعقيق وفى العقيق وقصوره واوديته وحراره اخبار كثيرة وللزبير بن بكّار فيه كتاب مُفْرَد، وفى عالية المدينة قُبَا ومما يلى الشام خَيْبَر ووادى القرى وتَيْماء ودُوْمَة الجَنْدَل *a* وفَدَك وهو اقربها الى المدينة ومن عمل المدينة مُرّان *b* وقُبَا والدَّثِينَة *c* ويقال الدَّفِينَة وفَلْجَة وضَرِيَّة *d* وطِخْفَة وامَّرَة واُضَاخ *e* ومعدن الحَسَن *f* وبئر غَرْس بقُبا وبئر بُضَاعة *g* بالمدينة وكانوا يستشفون *h* بمائها ✿

الفرق بين تهامة والحجاز

قال الاصمعىّ اذا خلفتَ *i* *عَجْلَزًا مُصْعِدا *k* فقد انجدتَ فلا تزال منجدا حتى تنحدر فى ثنايا ذات عِرْق فاذا فعلت ذلك فقد اتهمتَ وانما سمّى الحِجَاز حجازا لانه يحجز بين تهامة ونجد، وقال ابن الاعرابىّ الجَزِيرَة ما كان فوق بَقَّة *l* وانما سمّيت الجزيرة لانها تقطع الفرات ودجلة وبعدُ *m* تقطع البرّ وانما سمّيت المَوْصِل لانها وصلت

---

et mox pro بئر رومة habet بىر اروىة. I add. ان. In B verba inde a ويقال ad sq. رومة in marg. leguntur cum صح. I infra om. ويقال, I et S ان. Alibi formam اروىة non inveni. Samh. ٢٣٢ memorat formam رؤمة.

a) Cf. Jâc. II, ٦٢٥, 15 sq. *b*) Vulgo مَرّان, sed cf. Samh. ٣٩٧. *c*) B والزبيبة, I et S والزىدىىة. Vid. Jâc. II, ٥٥٠, 19. Bekrî ٣٤١ habet الدثنيّة et الدَّفنيّة, ut codd. Apud Mokadd. ١٠٩, 5 reponatur الدثينة pro الرقيعية. Ibidem pro ملحة legendum esse فلجة nunc opinor. *d*) B وضَرْبة, I et S وصَرْىة. Deinde codd. وطحفة; cf. Jâc. III, ٥١٩, 18. *e*) Cf. Jâc. I, ٣٠٣, 6. *f*) Codd. انْجِسر, sed vid. Jâc. IV, ٥٧٢, 10. Vulgo معدن الاحسن. *g*) I قضاعة. *h*) B يستسقون. Deinde codd. بمائه. *i*) B et S حلفت, I حلقت. *k*) Codd. عجاره صعدا; vid. Jâc. III, ٦١٧, 15 et IV, ٧٤٥ ult., ٧٤٦, 21 sq. (I, ٩٠٢, 2 male عمان). *l*) In confinio Iracano, Bekrî ١٠٧ et ١٧٦. Apud Jâc. II, ٧٨, 5 sic restituatur pro تنبه. *m*) Ex conj. coll. Jâc. ثم; codd. وبقّه. Infra in cap. de Mesopotamia codd. وقد.

بين الجزيرة والشام *a*، وقال ابن الكلبى الحجاز ما يحجز بين تهامة *b* والعَروض وما بين اليمن ونجد، وقال جعفر *c* اودية نجد تسيل *d* مشرّقة واودية تهامة تسيل مغرّبة، وقد قيل فرق ما بين الحجاز ونجد انه ليس بالحجاز غضًا فما انبت الغضا فهو نجد وما انبت الطَّلْح والسَّمُر والأَسَل وواحده *e* أَسَلَة فهو حجاز، وقال الاصمعىّ طرف تهامة من قِبَل الحجاز مدارج العَرْج *واوّل تهامة *f* من قبل نجد ذات عِرْق، وقالوا طول تهامة ما بين جبل السَّرَاة *g* الى شطّ البحر وطول الحجاز من حدّ العَرْج الى السَّرَاة فطائف والمدينة من نجد وارض اليمامة والبحرين الى عمان من العَروض *h* وتهامة تسايرة *i* البحر۞

القول فى اليمامة

سمّيت اليمامة بامرأة من طَسْم بنت مُرّة وكانت منازل طَسْم وجَدِيس اليمامةَ وما حولها الى البحرين ومنازل عاد الاولى الأَحْقاف وهو الرمل ما بين عمان *الى عَدَن *k* وكانت مساكن غسّان *l* بيَثْرِب ومساكن أُمَيْم بالرمل *m* ومساكن جُرْهُم بتهائم اليمن ثم لحقوا بمكّة فنزلوا على اسماعيل وكانت منازل العماليق موضع صنعاء اليوم ثم خرجوا فنزلوا *n* مكّة ولحقت طائفة منهم بالشام ومِصْر وتفرّقت طائفة منهم فى جزيرة العرب الى العراق، ويقال ان فراعنة مصر كانوا من العماليق منهم فرعون ابراهيم عمّ واسمه سِنَان بن عَلْوَان وفرعون يوسف اسمه الرَّيَّان

---

a) Jâc. IV, ٩٨٣, 5 والعراق. *b*) Bekrî ٨ اليمامة. *c*) Probabiliter idem quem Bekrî ٢٤١, 3 appellat ابو جعفر. *d*) I hic et mox سبيل. *e*) B sine و. *f*) Codd. وتهامة. Addidi اول e Jâc. I, ٩٠٢, 9. *g*) B الشراة hic et mox. *h*) B العرض. *i*) B et I سايره, S اسايره. Vid. Jâc. I, ٩٠٢, 1. *k*) B وعدن. Cf. Jâc IV, ١٠٢٧ ult. *l*) Jâc. عبيل (coll. IV, ١٠١٠, 1; cf. Ibn Doraid p. ٥٢, 2 sq. *m*) Jâc. برمل عالج. *n*) Jâc. add. حول.

ابن الوليد وفرعون موسى اسمه الوليد بن مصعب وملك الحجاز رجل من العماليق يقال له الارقم وكان الضحّاك من العماليق غلب على ملك العجم بالعراق وهو *a* فيما بين موسى وداود ☆

صفة اليمامة واوديتها

اليمامة واديان يصبّان من مهبّ الشمال وبفرغان فى مهبّ الجنوب وعيون اليمامة كثيرة فيها عين يقال لها *b* الخَضْراء وعين يقال لها الهيتُ وعين بجَوّ تجرى من جبل يقال له الرَّامُ وهو جبل معترض مطلع اليمامة *c* يحول بينها وبين يَبْرِينَ والبَحْرَيْن والدَّوّ والدَّهْناء وبجَوّ عين يقال لها الهِجْرَة ولا يُشْرَب ماؤها لخبثه وبالمَجَازَة نهران وباسفلها نهر يقال له سَيْحُ الغَمْر *d* وباعلاها قرية يقال لها نَعَام بها نهر يقال له سَيْح نَعَام واوّل ديار ربيعة باليمامة *e* مبدأها من اعلاها اوّلها *دار هِزّان *f*، قال واليمامة لبنى حنيفة والبحرين لعبد القيس والجزيرة لبنى تَغْلِب، وذات النُّسوع *g* قصر باليمامة والمُشَقَّر فيما بين نَجْران والبحرين *h* وبَتِيلُ *i* حَجْرٍ عليه قصر مشيّد عجيب من بناء طسم ومُعْنِق *k* قصر عُبَيد بن ثعلبة وهو اشهر قصور اليمامة من بناء طَسْم على اكمة مرتفعة والثُّرْمُلِيَّة *l* حصن من حصون طَسْم، ويقول

---

a) Codd. وم. *b*) B له ut etiam bis deinde, ubi quoque sic I et S. *c*) Codd. النهار; vid. Jâc. II, ٧٣٦, 21. *d*) Codd. شيخ (شنخ) الفم (النقم) et mox iterum شيخ (شمح) pro سيح; cf. Jâc. III, ٢١٠, 19. *e*) S اليمامة; cf. Jâc. IV, ٧٩٤, 15. *f*) Supplevi e Jâc. *g*) Jâc. IV, ٧٨٣, 15 ذو النسوع. *h*) Jâc. IV, ٥٤١, 3. *i*) B وبنيل, I et S ونبيل. Deinde codd. وحجر cf. Jâc. I, ٤٩٠ ult. ubi est بَتِيلُ حَجْرٍ; Bekrî ١٣٧ بتيل اليمامة. Vid. porro Hamdânî ed. Müller ١٤٠, 25 sqq. *k*) Codd. ومعنق (cf. Jâc. IV, ٥٧٣, 5). Vid. Jâc. IV, ٥٧٩, 21. *l*) Codd. والبَرْمَكيّة. Cf. Jâc. in v.

اهل اليمامة غلبنا اهلَ الارض شرقها وغربها بخمس خصال ليس فى الدنيا احسن الوانا من نسائنا ولا اطيب طعاما من حنطتنا ولا اشدّ حلاوة من تمرنا ولا اطيب مضغة من لحمنا ولا اعذب من مائنا فامّا قولهم فى نسائهم فانهنّ دُرّيّات الالوان كما قال ذو الرُّمّة a

كأنّها فِضّةٌ قَدْ مَسَّها ذَهَبُ

وكقول b امرئِ القَيْس

كَبِكْرِ المُقاناةِ البَيَاضِ بِصُفْرَةٍ

وذلك احسن الالوان ويقال لا تبلغ c مولّدة مائة الف درهم الّا يماميّة وامّا حنطتهم فتسمّى بيضاء اليمامة وهى عِذْى لا سِقْى يُحْمَل منه الى الخلفاء وامّا تمره فلو لم يعرف فضله الّا ان التمر ينادى عليه بين المسجدين d يماميّ اليمامة يماميّ اليمامة فيباع كلّ تمر ليس من جنسه بسعر اليماميّ وبها اصناف التمور وبها نخلة تسمّى العُمْرة e ويقال انها نخلة مَرْيَم وجمعها العُمْر والجُدَاميّة f تمر ينفع من البواسير والصفْرقان تمرة سوداء طيّبة والحَضَرىّ والهُجْنة والبُرْدىّ g والصفراء والقَعْقاعىّ واللَّصَف والصفر والصفايا والتَّعْضوض h والعُمَانىّ والجعاب والمُرّىّ وخَرَائِفُ بنى مسعود والصّرفان والزُّغْرىّ i والصّنْعانة وزُبّ رُبَاح يقال فى

---

a) Ed. Smend vs. ٢٠. b) I وكما قال. *Moallaka* ed. Arnold vs. ٣٢. c) Codd. يبلغ. d) I. e. Meccae et Medinae. e) Codd. الغَمْرة (voc. ex B) et mox الغُمَر. Cf. Gloss. Geogr. sub سكر. f) B والجَرامية, I et S والحرامية infra codd. ut rec. sine punct. g) B والبَرْدى ut quoque infra. (I et S sine voc.) h) S والبعضوض, infra s. p. Deinde codd. والعُمّانى ut solent scribere عُمّان pro عُمَان. i) B والزعرىّ, I والزعدا, S والرعدى.

المثل *a* الذُّ من زُبْد بزُبٍّ وصَرَفانُ جلاجل والخيل *b* هذه كلّها تمور اليمامة الوان ملوّنة، قالوا اجود تمر عمان الفرْض والبَلْعَق والخَبُوت واجود تمر اليمامة البُرْدِىّ والـزَّرْقاء والجُدامِيّة واجود تمر البحرين التَعْضوض والمُكْرى والآزاذ واجود تمر الكوفة النِرْسِيان *c* والسابرىّ واجود تمر البصرة الآزاذ والقَرِيثاء، وامّا لحم اليمامة فانه يطيب لطيب مراعيهم، وماؤهم نمير يجلو البلغم وينقّى الصدر وفيها *d* قالت الشعراء ارقّ من ماء اليمامة، واليمامة صُرّة نجد ومدينة نجد حَجْرٌ *e* ۞

القول فى البحرين

قال ابو عبيدة *f* بين البحرين واليمامة مسيرة عشرة ايّام وبين هَجَر مدينة البحرين وبين البصرة مسيرة خمسة عشر يوما على الابل وهى الخَطّ والقَطيف والآرَة *g* وهَجَر والبَيْنُونة *h* والزارة *i* وجُوَاثا *k* والسابُور *l* * وداريْن والغابَة *m* وقصبة هجر الصَّفا *n* والمُشَقَّر والشَّبْعانُ *o* والمسجد الجامع فى المشقّر *p* وبين الصفا والمشقّر نهر يجرى يقال له العَيْن، ومن قرى البحرين الحُوس *q* والكَثيب الاكبر والكَثيب الاصغر وأرض نُوح وذُو النار *r* والمالِحَة والذَّرائِب والبَدِىّ *s* والخِرْصان *t* والشَّهْلة والحوجَر *q*

---

a) Freytag, *Prov.* II, 564 n. 508. *b*) B والنخيل. *c*) B النَرْسان. Deinde S والشابرى. *d*) Codd. ومنها. *e*) B حَجَرٌ. *f*) Jâc. I, ٥٠٧, 6 sqq. *g*) B et S والاوة, Ibn Khord. p. 114 ult. male الاورة. *h*) Melius sine art. Ibn Khord. et Jâc. *i*) B والرادة, I والرائة, S والدارة. *k*) Codd. وجرابان, Ibn Khord. in cod. حولثة (l. جواثة). *l*) Codd. والسرابون (I والسرايون). *m*) Codd. ووادى العانة. *n*) Cf. quoque Jâc. III, ٣٩٨, 5. *o*) B والسَبْعان, I et S والسبيعان; vid. Jâc. III, ٢٥٥, 3. *p*) Jâc. IV, ٥٤١, 7 بالمشقر. *q*) Sic codd.. *r*) Codd. البان, vid. Jâc. IV, ٧٢٨, 4. *s*) Codd. والنَدَى. Vid. Jâc. I, ٥٢٨, 4, ubi l. 5 l. الذرائب pro الزرائب. Pro والحوضى ibid. legendum videtur والخرصان (aut والخوصاء). *t*) S والحرصلة.

والوَجير a والطِّرْبال والمُنْسَلِخ b والمَرْزى والمَطْلَع c والشَّطّ d والقَرْحاء e والرُّمَيْلة والبَحْرة والزَّجْراجة والعَرْجة فهذه قرى بنى مُحارِب f بن عمرو ابن وَدِيعة وقرى بنى عامر بن الحارث بن أَنْمار بن عمرو بن وَدِيعة اضعاف هذه ✿

وبين مكّة واليمن عشرون يوما ✿

الحُزُون

قال ابو عُبَيدة الحَزْنُ g ما بين زُبالة فما فوق ذلك مُصْعِدًا فى h بلاد نجد، وقال ابو سعيد الضَّرير الحُزُون ثلثة حَزْن بنى جَعْدة i وهم من ربيعة ثم حَزن يَرْبوع ثم حَزْن بنى غاضِرة وامّا واقصة فهى واقصة الحُزُون وهى دون زُبالة k وانما سمّيت واقصة الحزون لان الحزون اطافت بها من كلّ ناحية ✿

والحِرّات

فى بلاد العرب ثمانية حرّة بنى سُلَيم وهى سوداء وحرّة لَفْلَف l وحرّة بنى هِلال وحرّة النار وحرّة لَيْلَى وحرّة راجِل وحرّة واقِم وحرّة ضَرْغَد m ✿

والسَّرَوات

ثلث سَراة بين تهامة ونجد ادناها بالطائف n واقصاها قرب

---

a) S s. p. Aut pro hoc, aut pro والحوجر legendum videtur والوَجْر, coll. Jâc. IV, ٩٠٥, 19. *b*) B والمنسلح. *c*) B والنطّلع, I et S والبطلع. Vid. Jâc. in v. *d*) Fortasse corruptum est e والنبطاء (Jâc. in v.) *e*) B والفرجاء, S et I والفرحا. Vid. Jâc. in v. *f*) Codd. مخارق. Vid. Jâc. passim. *g*) Jâc. II, ٢٦٠, 20 حزن زبالة. *h*) Jâc. الى. *i*) B الحدعة, I الجذعة, S الجدعة. *k*) Jâc. IV, ٨٩٣, 13 add. بمرحلتين. *l*) S لعلعة, I incerta lectio. *m*) Codd. ضرعد. *n*) Jâc. III, ٦٦, 15 الطائف.

صَنْعاء والسروات a ارض عالية وجبال مشرفة على البحر b من المغرب وعلى نجد من المشرق والطائف من سراة بنى ثَقِيف وهو ادنى السروات الى مكّة ومعدن البُرَم فى c السراة الثانية d بلاد عَدْوَان فى برّيّة العرب وبها معدن البِلَّوْر وهو اجود ما يكون فى صفاء المَاوَرْد تُوجَد e القطعة فيها منًا واكثر وقال الكِنْدىّ رايت قطعة فيها مائة منًا ۞

والبِرَاق f

بُرْقَة مُنْشِد ما g بين بنى تميم وبين بنى أَسَد وبُرْقة ثَهْمَد لبنى دارم وبرقة ضاحك لبنى دارم h وأَبْرَق العَزَّاف i لبنى أَسَد وأَبْرَق الحَنَّان لبنى فَزَارة وانما سمّى ابرق العَزّاف لعزف الجنّ بها والحَنَّان لانه يسمع الحنين بها وأَبْرَق النَّعّار k لطيّء وغسّان وأَبْرَق الرَّوْحان ۞

والدارات

فى بلاد العرب سبع عشرة دارة قال ابن حبيب الدُّوْر جمع دارة وكلّ ارض اتّسعت فاحاطت بها الجبال فى غلظ l او سهولة فهى دارة فمن ذلك دارة وَشْحَى m ودارة جُلْجُل ودارة رَفْرَف ودارة مَكْمَن ودارة الجُمُد n ودارة الدُّور ودارة الكَوْر ودارة قِطْقِط ودارة صُلْصُل ودارة

a) Jâc. والسراة الثالثة. b) Codd. البحرين. c) Jâc. هو. d) Jâc. add. وهو فى. e) B يوجد, I s. p. f) Deest in codd. sed habent وبرقة. g) Jâc. I, ٥٨٧, 8 ماء. h) Videtur vitium pro عدى, Jâc. I, ٥٨٣, 19. i) B العُزّاف. k) Codd. البقار et deinde نطرف وغسان, vid. Jâc. I, ٨٥, 10. l) I غلظة. m) B سَجى, I et S رسجى. Secutus sum Jâc. II, ٥٣٥, 14, licet Bekrî ٣٣٧ velit وَشْحَى et cum B legi possit شَجى. n) Codd. الحمد. Vid. Bekrî ٣٣٨ et Jâc.

النَّجّاب ودارة العَليف a ودارة مأسَل ودارة النَّخْرج b ودارة رَهْبَى c ودارة حيقُور d ، والبُهْرَة مثل الدارة لان البهرة تكون فى سهولة وغلظ e جميعا ✿

القول فى اليمن

قال f الكلبىّ سمّيت اليمن لان يُقْطَن بن عابر بن شالخ g بن ارفخشد h بن سام بن نوح اقبل بعد خروج ثلثة عشر ذَكَرًا من ولد ابيه فنزل موضع اليمن فقالت العرب تيمّن بنو يقطن فسمّيت اليمن ويقال بل سمّيت اليمن لانها عن يمين الكعبة i ، ولمّا جاء اهل اليمن قال رسول الله صلعم قد جاءكم اهل اليمن ارقّ قلوبا منكم وهم اوّل من جاءنا بالمصافحة وقال الايمان يمانٍ والحكمة يمانية والاسلام يمانٍ وقال اهل اليمن زين الحاجّ ، وقال مُجاهِد فى قول الله عزّ وجلّ k فَسَوْفَ يَأْتِى ٱللّٰهُ بِقَوْمٍ يُحِبُّهُمْ وَيُحِبُّونَهُ قال سَبْىُ اليمن ، قال وقدم رجل على النعمان بن المنذر فقال اخبرنى عن اهل اليمن فقال اكثر الناس سيّدا l واكثرهم جمعا قال فاخبرنى عن بنى عامر قال اعجاز النساء واعناق الظباء قال فتميم قال حَجَرٌ ان وقعت عليه m آذاك وان *وقع عليك n أَذِىَ ، وقال رسول الله صلعم اذا تعذّر على احدكم الملتَمَس فعليه بهذا الوجه واشار الى اليمن وفى o قوله عزّ وجلّ وَإِنْ تَتَوَلَّوْا يَسْتَبْدِلْ قَوْمًا غَيْرَكُمْ الآية p قال هم اهل اليمن ، وفضائل كثيرة ، قال فاليمن q ثلثة وثلثون r منبرا قديمة واربعون مُحْدَثة وسمّيت صنعاء

---

a) Non apud Jâc. et Bekrî. *b*) B et I s. p., S النجرح. *c*) Codd. دهناء. *d*) Sic B, I sic aut جبقور, S حبقور. *Moschtarik* ١٧١, 6 جَبْقُون. *e*) S وفى غلظ. *f*) Addidi. *g*) Codd. سالخ (سالح). *h*) B ارفخشيد, S ارفخشذ. *i*) I add. قال. *k*) Kor. 5 vs. 59. *l*) B سُبْدا, I سندا. Deinde codd. واكثره. *m*) B عليك. *n*) B وقعت عليه. Deinde I اذاك. *o*) S om. فى. Est Kor. 47 vs. 40. *p*) I ثم لا يكونوا امثالكم. *q*) Jâc. IV, ١٠٣٦, 11 فى اليمن. *r*) Ex Jâc.; codd. وثمنين (ut mox واربعين).

بصَنْعاء بن أَزَال *a* بن يقطن وهو الذى بناها وفى قوله عزّ وجلّ *b* بَلْدَةٌ طَيِّبَةٌ وَرَبٌّ غَفُورٌ قال صنعاء وقوله *c* عزّ وجلّ غُدُوُّهَا شَهْرٌ وَرَوَاحُهَا شَهْرٌ قال كان سليمان بن داود عم يغدو من اِصْطَخْر ويروح بصنعاء ويستعرض الشياطين بالرّى قال *d* وصنعاء اطيب البلدان وهى طيّبة الهواء كثيرة الماء يَشْتُون *e* مرّتين ويُصيفون مرّتين واهل الحجاز واليمن يُمْطَرون الصيفَ كلّه ويخصبون *f* فى الشتاء فيُمْطَر *g* صنعاء وما والاها فى *h* حزيران وتمّوز وآب وبعض ايلول من الزوال الى المغرب يَلْقى الرجل الآخر منهم *i* فيكلّمه فيقول عجّلْ قبل الغيث لانه *k* لا بُدّ من المطر فى هذه الايّام ٭ وكان ابن عبّاس يقول مُجاهد عالم اهل الحجاز وسعيد بن جُبير عالم اهل العراق وطاووس عالم اهل اليمن ووهب عالم الناس ❊

وباليمن من انواع الخصب وغرائب الثمر *l* وطرائف الشجر ما يَستصغر ما ينبت فى بلاد الاكاسرة والقياصرة وقد تفاخرت الروم وفارس بالبنيان وتنافست *m* فيه فعجزوا عن مثل غُمْدانَ ومأْرِب *n* وحَضْرَمَوْت وقصر مَسْعُود *o* وسُدّ لُقْمان وسَلْحِين وصِرْواح ومرواح *p* وبَيْنُون وهِنْدة *q* وهُنَيدة وفَلْثُوم *r* بريْدَة قال

---

a) Codd. اراك. *b*) Kor. 34 vs. 14. *c*) B وقال. Ibid. vs. 11. *d*) Cf. Jâc. III, ۴۲۱ paen. *e*) B يَشتون. *f*) Ibn Khord. p. 118 ولا يمطرون. *g*) Ibn Khord. فطر et sic ut vid. I.. *h*) Addidi. *i*) Ibn Khord. (sec. cod.) et Bekrî MS. Schefer p. 318 addunt (فى) نصف النهار والسماء مصحية ليس فيها طخوية. *k*) B فانه. *l*) Codd. النمر. *m*) I et S وما قست. *n*) Codd. ومارد. *o*) Corruptum videtur, forte ex القصر المشيد. *p*) I et S وصرواح. Tabarî I, ٥٨٦, 1 ومراح, Müller, *Burgen und Schlösser*, II, p. 89 (1041) بمراح. B habet ومَرْواح (sed etiam وصَرْواح). *q*) Ut Jâc. (III, ١١٥) et Ibn Khord. (p. 111). Praeferendum videtur هند. *r*) B وفلسوم, I وفلسوم, S وكلسوم, cf. Jâc. III, ٩٠٨, 10 ubi فلنثوم. Restituatur ut legi apud Tab. l.l. ubi altera forma تلثوم recepta est. Tertia forma est تلفم (Hamdânî ٦١, 3).

أَبَعْدَ بَيْنُونَ لا عَيْنٌ ولا أَثَرٌ   وَبَعْدَ سَلْحِينَ يَبْنِى النَّاسُ بُنْيَانا

وبصنعاء *a* غُمْدان قصر عجيب قد بُنى على اربعة اوجه وجه بالجروب الابيض ووجه بالجروب الاصفر ووجه بالجروب الاحمر ووجه بالجروب الاخضر والجروب الحجارة وابتنى *b* فى داخله على ما اتفق من اساسه قصرا على سبعة سقوف بين كلّ سقفين اربعون ذراعا وسقفه من رخامة واحدة وجُعل على كلّ ركن تمثال اسد من شَبَهٍ كاعظم ما يكون من الاسد فكانت الريح اذا هبّت من ناحية تمثال من تلك التماثيل دخلت جوفَه من دُبْره ثم خرجت من فيه فيُسْمَع له زئير كزئير الاسد وكان يأمر بالمصابيح فتسرج فى بيوت الرخام الى الصبح فكان القصر يلمع من *c* ظاهره كلمع البرق فاذا اشرف *d* الانسان ليلا قال ارى بصنعاء برقا شديدا ومطرا كثيرا ولا يعلم ان ذلك من ضوء السُّرُج فكان كذلك حتى أُحْرق وعلى ركن من اركانه *e* مكتوب اسْلَمْ غمدانُ هادمُك مقتول فهدمه عثمان بن عفّان فقُتل وقالوا ان الذى بناه سليمان بن داود وذلك انه امر الشياطين ان يبنوا لبَلْقيس ثلثة قصور بصنعاء احدها غمدان وسَلْحين وبَيْنُون وفيها يقول الشاعر

هَلْ بَعْدَ غُمْدَانَ أَوْ سَلْحِينَ مِنْ أَثَرٍ   وَبَعْدَ بَيْنُونَ يَبْنِى النَّاسُ بُنْيَانَا

وقال ابو عُبَيدة لاهل اليمن اربعة اشياء ليست لغيرهم الركن اليمانى فى القبلة وسُهَيل اليمانى فى السماء والبحر اليمانى فى البحور واليمن فى البلدان ولهم الخطّ المُسْنَد وعَقْد الجُمَّل *f* والحساب والخطّ الحميرىّ، وقال الكلبىّ علوج مصر القبط وعلوج الشام جَراجِمَة وعلوج الجزيرة جرامقة *g* وعلوج السواد نبط وعلوج السند سَبَابِجة *h* وعلوج عمان

---

a) In B praecedit titulus قصر غمدان. *b*) Epitomator omisit nomen conditoris. *c*) I et S om., sed habet Jâc. III, ٨١١, 18. *d*) Jâc. add. على. *e*) Codd. اركانها. *f*) B الجُمَل, S sine voc. *g*) I cum art. *h*) B سماجة, I سبامجة, S سبايجة.

المَزْون *a* وعلوج اليمن سامُران *b* ، ويُحْمَل العقيق من مخاليف صنعاء واجوده ما *أُتى به *c* من معدن يسمّى مُقْرَى *d* وقرية اخرى تسمّى الهامَ *e* وجبل يقال له قُسَاس *f* فيُعْمَل بعضه باليمن ويحمل بعضه الى البصرة ، وحدّث يزيد بن هارون عن حُمَيد الطويل عن أَنَس بن مالك قال قال رسول الله صلعم قال لى جبرئيل يا محمّد تختّمْ بالعقيق فقلت وما العقيق قال جبل باليمن يشهد لله بالتوحيد ولى بالرسالة ولك بالنبوّة ولعلىّ بالوصيّة ولذرّيّته بالامامة ولشيعتهم بالجنّة ، وبها معدن الجزع وهو *g* انواع وجميع هذه الانواع يؤتى بها من معدن العقيق واجود هذه الانواع البَقْرانىُّ واثمنها ومنه العَرْوانىُّ *h* والفارسىّ والحَبَشىُّ والمعسّل *i* والمعرق *k* ، وقال الاصمعىُّ *l* اربعة اشياء قد ملأت الدنيا لا تكون الّا باليمن الوَرْس والكُنْدُر والخِطْر والعصب ، فاما المعرق من الجزع فانه يتّخذ منه الاوانى لكبره وعظمه ، ولهم الحُلَل *m* اليمانية والثياب السَّعيديّة والعَدَنيّة والشبُّ اليمانى وهو ماء ينبع من قلّة جبل فيسيل على جانبه قبل ان يصل الى الارض فيجمد فيصير هذا الشبّ اليمانى الابيض ، ولهم الوَرْس وهو شىء يسقط على الشجر كالترنجبين ، ولهم البُنْك ويقال انه من خشب امّ غَيْلان ، ومن ابنيتها القَشِيبُ الذى يقال له *n*

---

a) Codd. المرور. *b*) S سامُران. Alibi non inveni. Cum المَرْبُون Hamdânî ٥٣, 14, ١٢٤, 19 (cf. Gloss. Geogr. p. 206 ult. sq. ubi l. الحماحميون) vix componi potest. *c*) I اوتى. *d*) B مِقْرى, I مقرّى, S مغرى. *e*) Cf. Jâc. sub هام. Fortasse autem legendum est ألهام = ألهان (Hamdânî ٢٠٢, 25, Bekrî ٤٦٤). *f*) B قساس. *g*) I وهى. *h*) S والغروانى. Cf. Müller, *Burgen und Schlösser* I, 83 (415). Dimaschkî ٦٩ paen. غروى. *i*) B والمعْسَل. *Teschdîd* in S. Dimaschkî عسلىّ. *k*) B والمِعْرَق hic et infra. *l*) Cf. Jâc. IV, ١٠٣٦, 13 sqq. *m*) B sine art. *n*) I et S om. Cf. Jâc. IV, ١٠٤, 9.

أَقْفَرُ مِنْ أَهْلِهِ القَشِيبُ a

وعن مَكْحُول قال اربعة مدن من مدن الجنّة مكّة والمدينة وايلياء ودمشق واربعة من مدن النار انطاكية والطُّوَانة وقسطنطينيّة وصنعاء b ، وبها سدّ أَسْعَد الملك وهو سدٌّ بين جبلين بحجارة مربّعة منقّشة بين الحجرين عمود من حديد من الاسفل الى الاعلى وقد رصّص ما بين الجبلين مقدار ميلين وسمكه ثلثمائة ذراع تنصبّ c اليه اودية وانهار فيرتفع الماء حتى يسقوا مزارعهم وحدائقهم وهو اعجب سدّ فى الارض مكتوب عليه بالمسند اشياء كثيرة d ، ومن عجائب اليمن القِرَدة وهى بها كثيرة جدّا وفيهم قرد عظيم فى عنقه لوح يقال انه عهد من سليمان بن داود صلّى الله عليه وعلى سيّدنا d محمّد ويقال ان هذه القردة وكّلهم سليمان e بحفظ *شياطين محبّسين f فى هذه الناحية من الجنّ ، ومن عجائبهم العُدَار وهو شيطان يتعرّض للنساء والرجال منهم وله اير كالقرن صلابةً فيجامعه فى دبره فيموت من ساعته وفى المثل أَلْوَطُ من عُدَار ، وباليمن g قرية وَبَارِ وهى مسكن الجنّ وهى اخصب بلاد الله وانزهها h لا يقدر احد على الدنوّ منها من الانس وقال ابو المُنْذِر i وَبَارِ ما بين نَجْران وحضرموت وزعمت العرب k ان الله حين اهلك عادا وثمودا *ان الجنّ سكنت فى منازل وبار l وحمَتْها من كلّ من ارادها وانها اخصب بلاد الله واكثرها شجرا واطيبها ثمرا m ونخلا وعنبا وموزا فان دنا اليومَ من تلك البلاد انسان متعمّدا او غالطا n حثوا فى وجهه التراب فان ابى الّا الدخول خبّلوه وربّما قتلوه وزعموا ان الغالب على تلك البلاد الجنّ والابل الحُوشيّة والحُوش

---

a) Codd. sine art. b) Codd. cum art. c) B ينصبّ. d) B et I om. e) I add. بن داوود. f) B cum art. Cf. Kazw. II, ٣٤. g) I وفى اليمن. h) B et S وانزهه. i) Cf. Jâc. IV, ٨٩٩, 21. k) Ib. ٨٩٧, 15. l) Jâc. سكّن الجنّ فى منازلهم. m) S ثمرا. n) B وغالط, S او غالط ; I منعمد او غالط..

من الابل عندهم التى قد ضرب فيها فحول ابل الجنّ وهى من نسل ابل الجنّ والهنديّة والمَهْريّة والعَسْجَديّة والعمانيّة هذه كلّها قد ضرب فيها الحُوش قال ذو الرُّمّة *a*

جَرَتْ رَذَايَا من بِلَادِ الحُوشِ

قالَ بعضهم قدمنا البحرين فلحِقَنا اعرابىٌّ على ناقة له صغيرة قد اكل الجَرَبُ جنبها ومعنا ابل لم يرَ الناس مثلها فقلنا يا اعرابىُّ اتبيع ناقتك ببعض هذه الابل قال والله لو اعطيتمونى بها جميع ابلكم كلّها ما بعتُكم قلنا فلك مائة دينار فابى فقلنا الف دينار فابى ونحن فى كلّ ذلك نهزأ به فقال لو ملأتم جلدها ذهبا ما بعتكم قلنا فأرِنا من سيرها شيئا قال نعم فسرنا فاذا نحن بحمير وحش قد عنّت فقال اىّ الحمير تريدون اعرضه لكم فقلنا نريد عير *b* كذا فغمزها ثم زجرها فمرّت ما يُرى *c* منها شىء حتى لحقت الحمير ثم تناول قوسه فرمى فلم يُخْطِ *d* الحمار فلم يزل يرشقه حتى صرعه ولحقناه وقد ذبحه فلمّا راينا ذلك ساومناه بجدّ فقال ليس عندى من نسلها الّا ابن لها وابنة ولا والله لا ابيعها ابدا بشىء، وبارض وَبَارِ النَّسْناس ويقال ان لهم نصف رأس وعين واحدة ويصادون فيؤكلون قالَ وهو شىء له وجه كوجه الانسان وانما له يد ورجل فى صدره ويتكلّمون وهم فى غياض هناك، وباليمن جبل فيه شقٌّ يقال له شَمْخ *e* يدخل منها *f* الرجل الضخم حتى ينفذ الى الجانب الآخر ما خلا ولد الزنا فانه يضيق عليه حتى لا يقدر ان ينفذ منه ۞

---

a) Sic. *Asâs* et TA روبة. Pro جرت رذايا *Asâs* جرت رحانا, TA البيك سارت. Pro بلاد, S تلاد et in marg. وتلاد بالتاء. *b*) Codd. غير. *c*) Codd. ترى (B تُرى, S تَرى et hic شيا). *d*) B يَخْطُ. *e*) B et I شَبْخ, S سنح. Vid. Kazw. II, ٣٢ et Jâc. III, ٣١٨, 21. *f*) S فيها.

قال المدائنىّ كان ابو العبّاس السفّاح ابو *a* الخلفاء يعجبه منازعة الناس فحضر ذات ليلة ابراهيم بن مَخْرَمة الكِنْدىّ وناس من بلحارث ابن كعب وكانوا اخواله وخالد بن صَفْوان فخاضوا فى الحديث وتذاكروا مُضَر *b* واليمن فقال ابراهيم يا امير المؤمنين ان اليمن الذين هم العرب الذين دانت *c* لهم الدنيا لم يزالوا ملوكا واربابا ووزراء *d* الملك منهم النُّعمانات والمُنْذِرات والقابوسات ومنهم غاصب البحر *e* وحَمِىُّ الدَّبْر *f* وغَسيل الملائكة *g* ومنهم من اهتزّ لموته العرش *h* ومكلّم الذئب *i* ومنهم البدّاخ والفتّاح والرمّاح ومن له مدينة الشعر وبابها ومن له اقفال الوفاء ومفاتحها ومنهم الخال *k* الكريم صاحب البؤس والنعيم وليس من شىء له خطر الّا اليهم يُنْسَب من فرس رائع *او سيف *l* قاطع او درع حصينة او حُلّة مَصُونة او دُرّة مكنونة وهم العرب العاربة وغيرهم متعرّبة، قال ابو العبّاس ما اظنّ التميمىّ يرضى بقولك ثم قال ما تقول انت يا خالد قال ان اذنت لى فى الكلام تكلّمتُ *m* قال تكلّمْ

---

a) Codd. آبُ. Ridiculum est, sed lectionem tentare nolo. *b*) Codd. مِصْر. *c*) Codd. التى كانت. Cf. *Mostatraf* ed. Bul. I p. ١٦. paen., ubi desideratur prius الذين praecedens. *d*) Sec. *Mostatraf* legendum videri posset وورثاء. *e*) *Most.* ipsis verbis Koranicis (18 vs. 78) من كان ياخذ كل سفينة غصبا. *f*) I in textu, B in marg. addit هو عاصم بن ثابت بن ابى الاقلح. Cf. Ibn Hisch. ٦٣٩. *g*) B et I (hic vero post غاصب البحر) addunt وهو (هو) حنظلة بن ابى عامر. Cf. Ibn Hisch. ٥٦٨. Sqq. ad وليس in I desunt. *h*) سعد بن معاذ. Cf. Ibn Hisch. ٦٩٨. In *Ikd* II, ٥٣ additur ذو الشهادتين خزيمة بن ثابت. *i*) اهبان بن عياذ, Ibn Doreid ٢٨٢, *Moschtabih* ٣٣٣. Sqq. ad وليس quoque desunt in S. Qui intelliguntur epithetis sqq. nescio. Cod. habet والفتّاخ والرمّاخ. Belâdhorî ٢٨٦, 6 memorat مالك الرمّاح sed an hic sit dubito. *k*) Cod. الاحوال. Videtur intelligi زياد بن عبد الله الحارثى. *l*) Codd. وسيف. *m*) Codd. كلّمت.

ولا تَهَبْ احدا قال اخطأ *a* المنفحّم بغير علم ونَطَق بغير صواب وكيف يكون ذلك لقوم ليست لهم أَلسنٌ فصيحة ولا لغة صحيحة ولا حجّة نزل بها كتاب ولا جاءت بها سُنّة وانهم منّا لعلى منزلتين ان جازوا *b* حكمَنا قُتلوا وان جاروا عن قصدنا أُكِلوا *c* يفخرون علينا بالنعمانات والمنذرات والقابوسات وغير ذلك ممّا سيأتي ونفخر عليهم بخير الانام واكرم الكرام محمّد عليه السلام فلله *d* به المنّة علينا وعليهم لقد كانوا اتباعه به عُرِفوا وله أُكرِموا فمنّا النبىُّ المصطفى والخليفة المرتضى ولنا البيت المعمور والمَشْعَر الحرام وزمزم والمقام والبطحاء معما لا يُحصى من المآثر فليس يعدل بنا عادل ولا يبلغنا قول قائل ومنّا الصِدّيق والفاروق وذو النورين والولىُّ والسِبْطان *e* واسد الله وذو الجناحين وسيف الله وبنا عرفوا الدين واتاكم اليقين فمن زاحمَنا زاحمناه ومن عادانا اصطلمناه، ثم اقبل خالد على ابراهيم فقال اعالم انت بلغة قومك قال نعم قال فما اسم العَيْن قال الجَحْمَة قال فما اسم السنّ قال المَيْذَر *f* قال فما اسم الاذن قال الصِنّارة قال فما اسم الاصابع قال الشناتر قال فما اسم اللحية قال الزُبّ قال فما اسم الذئب قال الكُتَع *g* قال افعالم انت بكتاب الله قال نعم قال فان الله عزّ وجلّ يقول *h* انّا أَنْزَلْنَاهُ قُرْآنًا عَرَبِيًّا وقال *i* بِلِسَانٍ عَرَبِىٍّ مُبِينٍ وقال *k* وَمَا أَرْسَلْنَا مِنْ رَسُولٍ الّا بِلِسَانِ قَوْمِهِ فنحن العرب والقرآن علينا أُنزل بلساننا الم تر ان *l* الله عزّ وجلّ يقول *m* العَيْنَ بالعَيْنِ والأُذُنَ بالأُذُنِ والسِّنَّ بالسِّنِّ ولم يقل الجَحْمَة بالجَحْمَة والصِنّارة بالصِنّارة *والمَيْذَر بالمَيْذَر وقال *n* جعلوا أَصَابِعَهُمْ

---

a) B et S اخطى. *b*) S جاروا et mox خاروا pro جاروا.
c) B cum voc. آكلوا. Deinde *Mostatr.* يفخرون. *d*) Ex *Most.* Codd. وله. *e*) B om., I et S والسبطين. *Most.* om., sed add. والرضى. *f*) *Most.* الميدن. *g*) Codd. الكَتع. *h*) Kor. 12 vs. 2. *i*) Kor. 26 vs. 195. *k*) Kor. 14 vs. 4. *l*) B et S om. *m*) Kor. 5 vs. 49. *n*) Kor. 71 vs. 6 (*Most.* laudat 2 vs. 18).

فى آذانهمْ ولم يقل شَنَاتِرِهم *فى صنّاراتهم*a* وقال*b* لَا تَأْخُذْ بِلِحْيَتِى ولم يقل بزُبّى وقال*c* أَكَلَهُ ٱلذِّئْبُ ولم يقل اكله الكُتَع ثمّ قال خالد انّى اسألك عن اربع خصال لا يجعل الله لك منها مخرجا ان اقررتَ بهن*d* قُهِرتَ وان جحدتَ بهن*d* كفرتَ قال وما هى قال الرسول صلعم منّا او منكم قال بل منكم قال القرآن علينا انزل او عليكم قال بل عليكم قال فالبيت لنا ام لكم قال بل لكم قال فالمنبر فينا او فيكم قال بل فيكم قال فاذهَبْ فما كان بعد هذا فهو لكم، قال فغلب *خالد ابراهيمَ فاكرم*e* ابو العبّاس خالدا وحباها جميعا فقام خالد وهو يقول ما انتم الّا سائس*f* قرد او دابغ جِلْد او ناسج*g* بُرْد ملكتْكم امرأة وغرّقتْكم فأرة*h* ودلّ عليكم الهُدْهُد*i* ☆

باب فى تصريف الجدّ الى الهزل والهزل الى الجدّ

قال منصور بن عمّار*k* خرجتُ فى ليلة قد قيّدت العيونَ ظلامُها واخذ بالانفاس حِنْدِسُها فما يُسْمَع الّا غطيط*l* ولا يُحَسّ الّا نُباح فوجدتُ فى بعض ابواب اهل الدنيا*m* الذين قد سحّرهم زُخْرُفُها وراقهم زِبْرِجُها وشغف قلوبَهم بَهْجتُها *رجلا واقفا*m* وهو يقول بصوت لم يسمع احسن منه ولا اشجى لقلب ولا اقرح لكبد ولا ابكى لعين

انا المُسِىءُ المُذْنِبُ*n* الخاطى   آلمُفْرِطُ البَيِّنُ افْراطى
فانْ تُعاقِبْ كُنْتُ أهْلًا له   وأنْتَ أهْلُ العَفْوِ عَنْ خاطى*o*

---

a) Addidi ex *Most.* *b*) Kor. 20 vs. 95. *c*) Kor. 12 vs. 14. *d*) Codd. به. *Most.* quoque هن pro هى. *e*) B om. *f*) In B superinscribitur راقص, in marg. I ويروى راقص قرد. *g*) *Ikd* II, ٥٣ حايك, Belâdhorî, *Ansâb*, cod. Schefer, f. 801 r., Jâc. IV, ٣٨٧, 18 et ١.٣٦, 17 et *Most.* ut rec. Jâc. add. او راكب عرد. *h*) Jâc. ١.٣٦ جرذ. *i*) S sine art. ut *Ikd* et Jâc. *k*) Obiit anno 225 (Abu'l-Mah. I, ٦٦٧). *l*) Codd. غطيطا et mox نباحا. *m*) Addidi. *n*) I et S المذنف. *o*) B et S خاط.

فلا والله ان ملكتُ نفسى وتذكّرتُ ما سلف من ذنوبى ووقفتُ كالواله المرعوب الحائر قد امتلأتُ من الله خوفا *وعملتُ على[a] انّى قد احرزتُ وعظا فقلت ايّها القائل ما اسمعُ والباكى على ما سلف زدنا من هذا فانّ دواءك قد وافق داءً قديما فعسى ان يشفيه[b] فزاد فى صوته بترجيع قوله الذى قرح[c] قلبى وذكّرنى[d] ذنبى *ثمّ قال[e]

يا ساحِرًا أَوْرَطَنى حُبُّه   وعِشْقُه فى شَرِّ إيراط

قلتُ قبحك الله واعظا وترّحك[f] وآجرنى على وقفتى عليك وطلبى منك وانت تطيع الشيطان وتعصى الرحمان ثمّ قلت اللهمّ *اغفر لى[g] وتُب عليه ✿

وقال عَوْف بن مِسْكين سمع الربيع بن خُثَيْم[h] فى جوف الليل رجلا يقول

بعَفْوِكَ يَسْتَكِينُ ويَسْتَجِيرُ   *عَظِيمُ الذَّنْبِ[i] مِسْكِينٌ فَقِيرُ
رَجاكَ لعَفْوِ *ما كَسَبَتْ يَداهُ[k]   وأَنْتَ عَلَى الّذى يَرْجُو قَدِيرُ

فقال الربيع اسئلك بحقّ من ترجوه لما تريد الّا رددتَ ما تقول فجعل يردّده فقال الربيع زدنى يرحمك الله فقال

فقد[l] عَلِمَ الالهُ بما أُلاقى   مِنَ الحُبِّ الّذى سَتَرَ الضميرُ

فقال الربيع واسوءتاه من استماعى دعاء لغير الله جلّ وعزّ ✿

ومرّ سفيان الثَّوْرىّ برجل يبكى ويقول

أَتُوبُ الى الّذى أُمْسى وأُضْحى[m]   وقَلْبى يَتَّقيه ويَرْتَجِيه
تَشاغَلَ كُلُّ مَخْلُوقٍ بشىءٍ   وشُغْلى فى مَحَبَّتِهِ وفيه

قال له سفيان يا هذا لا تقنط كلّ هذا القنوط ولا تيأس من الله

---

a) I et S ورجوت. b) I تشفيه. c) Codd. اقرح. d) B et I وذكر. e) B فقال, S ان قال. f) S وترجيك. g) B om.; copulam seq. solus habet S. h) I خيثم, ut quoque male IA IV, ١٠٢ (obiit anno 63). i) B الى مولاه. k) B ذنب قد اتاه. l) I وقد, S لقد. m) B أمْسى وأَضْحى.

فان الله يقبل التوبة عن عباده وذنبك بين المقصّر والغالى فان كنت قد اسلفت ذنوبا فانك من الاسلام لعلى خير كثير استغفرِ الله وتُبْ اليه وأَقْلِل من هذا البكاء عصمنا اللهُ واياك فنعم ما شغلت به نفسك فقال الرجل

عَسَى قَلْبُ المُمَكَّنِ من فُؤادى   يَرِقُّ لِتَرْكِ طاعةِ عاذليه

فقال سفيان اللهمّ أَعِذْنا من الحَوْر بعد الكَوْر ولا تُضلّنا بعد اذ هديتنا اعزُبْ عزب الله بك ۞

وقال ابراهيم بن الفَرَج مرّ خليلٌ الناسك بغرفة مُخَلَّد الموصلىّ الشاعر وهو لا يعرفه فسمعه يقول

أَسَأْتُ ولم أُحْسِنْ وجِئْتُكَ هارِبًا   وأَنّى لِعَبْدٍ غَيْرَ مَوْلاه مَهْرَب

فوقف الخليل ومخلّد يردّد البيت ويبكى والخليل يبكى معه ثم ناداه يا قائل الخير عُدْ[a] يا سائل الفضل زِدْ[b] فقال مخلّد نعم وكرامة يا ابا محمّد

غَزالٌ اذا قَبَّلْتَهُ ولَثِمْتَهُ   رَشَفْتَ له رِيقًا مَنَ الشُّهْدِ أَطْيَب

فقال الخليلُ سقاك الله حميما وغساقا ثم قال اللهمّ لا تؤاخذنى بهذا الموقف ومضى ۞

وخرج عمر بن الخطّاب يوما فاذا جوارٍ يضربن بالدفّ ويغنّين ويقلن[c]

تَغَنَّيْنَ تَغَنَّيْنَ   فَلِلَّهْوِ خُلِقْنَنّ

فجعل يضرب رءوسهن بالدرّة ويقول كذبتن كذبتن[d] فأَخزى اللهُ شيطانا رمى هذا اليكن ۞

وقال بعض المتعبّدين كنت اماشى بعض الصوفيّة بين بساتين البصرة فسمعنا ضارب طنبور يقول

يا صِباحَ الوُجوهِ ما تُنْصِفُونا   انتمُ زِدتمُ القُلوبَ فُتُونا
كان فى واجِبِ الحُقُوقِ عليكم   اذ بُلِينا بكم بأَنْ تَرْحَمُونا

---

a) B om.; I عدنا, sed om. يا seq. b) B et I زدنا. c) S add. له. d) B om.

قال فشهق شهقة ثم افاق وقال يا مغرور قل

يا صِباحَ الوجوه سَوْفَ تَمُوتُو   نَ وتَبْلَى خُدُودُكم والعُيُونا
وتَصِيرُون بعد ذاك رَمِيمًا   فاعْلَمُوا ذاك انّ ذاك يَقِينا ✿

ومرّ بعض الشعراء بنسوة فاعجبه شأنهن فانشأ يقول

انّ النِّساء شَيَاطِينٌ خُلِقْنَ لنا   أَعُوذُ[a] باللّه من شرّ الشياطين

فاجابته واحدة[b]

انّ النِّساء رَيَاحِينٌ خُلِقْنَ لكم   وكُلُّكم يَشْتَهِى شَمّ الرياحين ✿

ومرّ حسين بن علىّ رضّه بنسوة فقال لهن لولا انتن[c] لكنّا مؤمنين فاجابته واحدة منهن وقالت لولا انتم لكنّا آمنين ✿

وكان عمرو الجُهَنىّ[d] ناسكا فدخل المسجد الجامع بالبصرة فوقف على حلقة النَّهْدِيّين والقرشيّين وانشأ يقول

ما جَرَتْ خَطْرَةٌ على القَلْب منّى   منك الّا استترْتُ من أَصْحابى
بدُمُوع تَجْرِى وإنْ[e] كنتُ وَحْدِى   خالِيًا أُتْبِعُ الدُّمُوعَ انْتِحابى
أَنْتَ همّى ومُنْيَتِى وهَوَاىَ   ورَجاءى وغايَتى وارْتِقابى

قال فتصوّب الحلق[f] يستمعون اليه فاقبل عليهم وقال هذا يقوله مخلوق لمخلوق وتَدَّعُون الخيرات الحسان المقصورات فى الخيام[g] ✿

وقال بشر بن ابى قَبيصة قلنا لابى عمّام وقد كان غُلب على عقله وما[h] تأمر فى ميراثك عن ابيك فاقبل علينا مغضبا وقال يا بشر اويتوارث[i] اهلُ ملّتين قلت ونحن اهل ملّتين قال نعم انتم تزعمون ان الله قضى الخير ولم يقض الشرّ وانا ازعم ان الله قضى الخير والشرّ وان من عذّبه الله عذّبه غير ظالم له ومن رَحِمَه فرَحْمَتُه وَسِعَتْ كلّ شىء ✿

---

a) S نعوذ. *b*) S add. منهن. *c*) I انتم. *d*) Sic recte in marg. I; codd. الجنى. Est عمرو بن مرة الجهنى. *e*) B et I ان. *f*) I الحلق. *g*) Cf. Kor. 55 vs. 70 sqq. *h*) S ما. *i*) I اينوارث.

وقال عبد الله بن ادريس مررتُ بابن ابى مالك *a* وكان معتوها ذاهب العقل لا يتكلّم حتى يكلَّم فاذا كُلّم اجاب جوابا معجبا فقلت يا ابن ابى مالك *a* ما تقول فى النبيذ قال حلال قلت اتشربه قال ان شربته فقد شربه وكيع وهو قدوة قلت تقتدى *b* بوكيع فى تحليله ولا تقتدى بى فى تحريمه وانا اسنّ منه قال قول وكيع مع اتّفاق اهل البلد معه احبّ الىّ من مقالتك مع خلاف اهل البلد عليك،

وقال عبد الله بن ادريس مررتُ بابن ابى مالك *c* فناديته فقال ما تشاء قلت متى تقوم الساعة قال ما المسئول باعلم من السائل غير ان من مات فقد قامت قيامته والموت اوّل عدل الآخرة قلتُ فالمصلوب *d* يعذّب قال ان كان مستحقّا فان روحه يعذّب وما ادرى لعلّ هذا البدن فى عذاب من عذاب الله لا تدركه عقولنا وابصارنا فان لله لُطْفا لا يُدْرَك،

وكان جالسا فى موضع قد كان فيه رماد ومعه قطعة جصّ فكان يخطّ به فيستبين بياض الجصّ فى سواد الرماد فتبسّم فقلت له اىّ شىء تصنع قال ما كان يصنع صاحبنا مجنون بنى عامر قلت وما كان يصنع قال اوما سمعته يقول

عَشِيَّةَ ما لى حِيلَةٌ غَيْرَ أَنَّنى   بِلَقْطِ *e* الحَصَى والخَطِّ فى الدار مُولَعُ
أَخُطُّ وأَمْحُو الخَطَّ ثم أُعيدُهُ   بكَفِّى والغِزْلانِ حَوْلِى تَرْتَعُ *f*

قلت ما سمعته فتضاحك ثم قال اما سمعت الله عزّ وجلّ يقول *g* أَلَمْ تَرَ إِلَى رَبِّكَ كَيْفَ مَدَّ ٱلظِّلَّ اسمعته ام رايته يا ابن ادريس هذا كلام العرب ❊

وقال خَلَف بن تميم عدنا مريضا فقال رجل ممن كان فى البيت

نادِ رَبَّ الدار *h* ذا المال الّذى   جَمَعَ المالَ بحِرْصٍ ما فَعَلْ

---

a) B et S ملك. *b*) I bis يُقتدى hic et mox. *c*) S ملك.
d) S c. و. *e*) B et forte S بلفظ. Deinde B الجصّ. *f*) S رُتّع. In B deëst hic versus. *g*) Kor. 25 vs. 47. *h*) S البيت s. p.

فاجابه من ناحية البيت

كان فى دارٍ سِوَاها دارُهُ   عَلَّلَتْهُ بالمُنَى ثُمَّ ٱرْتَحَلْ
انَّما الدنيا كَظِلٍّ زائلٍ   طَلَعَتْ شَمْسٌ عليه فٱضْمَحَلْ ۞

وقال بعضهم احببت جارية من العرب ذات جمال وادب فما زلت احتال * فى امرها[a] حتى التقينا فى ليلة ظلماء شديدة السواد فقلت لها طال شوقى اليك قالت وانا كذلك وانّما تجرى الامور بالمقادير فتحدَّثنا ثم قلت قد ذهب الليل وقرب الصبح قالت وهكذا تَنْفَد[b] اللذّات وتنقطع الشهوات قلت لو ادنيتنى[c] منك قالت هيهات انى اخاف الله من العقوبات قلت فما[d] دعاك الى الحضور فى هذا الموضع الخالى قالت شقوتى وبلائى قلت فما اراك تذكرينى بعد هذا قالت ما ارانى انساك وامّا الاجتماع فما ارانى اراك ثم ولّت عنى وقالت

اخافُ اللّٰهَ ربّى من عذابٍ   شديدٍ لا اضيقُ له اصطبارًا

قال فاستحييت والله مما سمعت منها وانصرفتُ وقد ذهب عنى بعض ما كنت اجد بها ۞

قال وكان سليمان بن عبد الملك شابًّا وضيًّا[e] وكان يعجبه اللباس والخمرة[f] فلبس ذات يوم وتهيّأ ثم قال لجارية له حجازيّة كيف ترين الهيئة قالت انت اجمل الناس قال انشديني على ذلك[g] فقالت

أَنْتَ خَيْرُ المَتاعِ لو كنتَ تَبْقَى   غيرَ أَنْ لا بَقاءَ للانْسانِ[h]
أَنْتَ خِلْوٌ مِنَ العُيُوبِ ومِمَّا   يَكْرَهُ النّاسُ غيرَ أَنَّكَ فانِ ۞

وقال عبد الملك بن مروان يوما لجارية له القينتُ على جلسائى صدرَ بيت فاعياهم اجازته قالت وما هو قال

تَرُوحُ اذا راحوا وتَغْدُو اذا غَدَوْا

فقالت   وعَمَّا قليلٍ لا تَرُوحُ ولا تَغْدُو ۞

---

a) I عليها. b) B ينفذ, I تنفذ, S دنفذ. c) I ادنيتينى. d) B ما. e) S وضيًّا. f) I et S s. p. g) B ذاك. h) I للانسانى.

باب فى مدح الغربة والاغتراب

قال الله عزّ وجلّ *a* هُوَ ٱلَّذِى جَعَلَ لَكُمُ ٱلْأَرْضَ ذَلُولًا فَٱمْشُوا فِى مَنَاكِبِهَا وَكُلُوا مِنْ رِزْقِهِ *وَإِلَيْهِ ٱلنُّشُورُ *b* وقال *c* فَإِذَا قُضِيَتِ ٱلصَّلَوٰةُ فَٱنْتَشِرُوا فِى ٱلْأَرْضِ وقال *d* أَوَلَمْ يَسِيرُوا فِى ٱلْأَرْضِ وقال *e* وَلَقَدْ كَرَّمْنَا بَنِى آدَمَ وَحَمَلْنَاهُمْ فِى ٱلْبَرِّ وَٱلْبَحْرِ الآية، قال وروى الزبير بن العوّام قال قال رسول الله صلعم البلاد بلاد الله والعباد عباد الله فحيث ما اصبت خيرا فاقم *واتّق الله *f* وقال *g* سافروا تغنموا *h* وقال صلعم موت الغريب شهادة، قال *i* ابو المليح اتيت ميمون بن مِهْران وقلت له انى اريد سفرا فقال اخرجْ لعلّك تصيب من آخرتك افضل ما تؤمّل من دنياك فان موسى بن عمران خرج يقتبس نارا لاهله فكلّمه الله عزّ وجلّ وخرجت بلقيس تطلب مُلكها فرزقها الله الاسلام،

وقال عمر رضّه لا تلتّوا *k* بدار معجزة اى لا تقيموا، وقال سفيان الثّورىّ لمّا خرج يوسف عم من الجبّ قال قائل منهم استوصوا بالغريب خيرا فقال يوسف من كان اللهُ معه فلا غربة عليه، وعن شُرَيح ابن عُبَيد قال ما مات غريب فى ارض غربة غابت عنه بواكيه الّا بكت السماء عليه والارض وانشد

إِنَّ الغَرِيبَ اذا بكى فى حِنْدِسٍ   بَكَتِ النُّجُومُ عليه *l* كلَّ اوانِ،

وقال معاوية للحارث بن الحُباب *m* اىّ البلاد *n* احبُّ اليك قال ما حسنت فيه حالى وعرض فيه جاهى ثمّ انشأ يقول

فلا كوفةٌ أُمِّى ولا بَصْرَةٌ أَبِى   ولا انا *o* يَثْنِينى عن الرِّحْلَةِ الكَسَلْ *p*

---

a) Kor. 65 vs. 15. *b*) B الاية. *c*) Kor. 62 vs. 10. *d*) Kor. 30 vs. 8. *e*) Kor. 17 vs. 72. *f*) S om. *g*) B add. عم. *h*) I واغتنموا. *i*) B وقال. *k*) I تلبثوا. *l*) B et I ins. فى. *m*) I الخباب. *n*) B بلاد. *o*) I ان. *p*) S الكَسْلى.

وقُرِئَ على باب خان طَرَسُوس

ما من غَرِيبٍ وإِنْ أَبْدَى تَجَلُّدَهُ   إِلّا سَيَذْكُرُهُ a عند الغُرْبَةِ b الوَطَنَا

واسفل منه مكتوب

أَيْرُ الحِمارِ وأَيْرُ البَغْلِ فى قَرَنٍ   فى آسْتِ الغَرِيبِ اذا ما حَنَّ للوَطَنِ c

وقال بعضهم غَرْسُ المشقّة مع دوام الغربة يحبّبان d الدعة وحسن التعب يصيّره e الى محلّ الراحة، وقال بعضهم اطلبوا الرزق فى البعد فانكم ان لم تغنموا مالا كثيرا غنمتم عقلا كبيرا وانشد f

لا يَمْنَعَنَّكَ خَفْضَ العَيْشِ فى دَعَةٍ   حَنِينُ نَفْسٍ الى اهلٍ وأَوْطانِ g

تَلْقَى بكُلِّ بلادٍ * إِنْ حَلَلْتَ بها   أَهْلًا بأَهْلٍ وجِيرانًا بجِيرانِ h

هذا كما قيل i فى الاثر ليس بينك وبين البلدان عداوة فخير البلاد ما احتملك وقال بعض المُحْدَثِين

وما بَلَدُ الإِنْسانِ غيرُ الموافِقِ   ولا اهلُه *الأَدْنَون غيرُ k الاصادق

وقال آخر

واذا الديارُ تنكّرتْ عن حالها   فَدَعِ الديارَ وأَسْرِعِ التَحْوِيلا

ليس المقامُ عليك فَرْضًا لازِمًا   فى بَلْدَةٍ تَدَعُ العزيزَ ذَليلا l

وقال آخر

اذا كنتَ فى ارضٍ تَكَرَّهْتَ اهلَها   فدَعْها وفيها ان رَجَعْتَ m مَعادُ

وقالوا الراحة عُقْلة n وقال احمد بن المعافى

انّ التَّوانِى أَنْكَحَ العَجْزَ بِنْتَهُ   وساقَ اليها حينَ زَوَّجَها مَهْرَا

فِراشًا وَطِيًّا ثُمَّ قال لها اتّكِى o   فقَصْرُهما لا شَكَّ أَنْ يَلِدَا p الفَقْرَا

---

a) B ins. يوما. *b*) I الشدة. Deinde B الوطن. *c*) I للوطنا. *d*) B بحسان, S يحبيان. *e*) B تصير. *f*) I hos versiculos habens post versus infra l. 14 sq., وقال اخر. *g*) Apud Ibn Abd Rabbihi *Ikd* I, ٣٠٩ من ان تبدل اوطانا باوطان. *h*) B cum var. l. واخوانا باخوان, et '*Ikd* l.l. انت ساكنها قوما بقوم واخوانا باخوان. *i*) B قل. *k*) I الا نور عين. *l*) S haec inde a هذا كما om.; I habet supra. *m*) I حللت. *n*) B غفلة. *o*) S انكحى. *p*) B تلد, I يلد.

نعوذ بالله منه، *وقال آخر

أَغَرَّكَ أَنْ كانَتْ لِبَطْنِكَ عُكْنَةٌ   وأَنَّكَ مَكْفِيٌّ بِمَكَّةَ طاعِمُ a

وقال الحُطَيئة b

دَعِ المَكارِمَ لا تَرْحَلْ لِبُغْيَتِها   وٱقْعُدْ فإنَّكَ أَنْتَ الطاعِمُ الكاسى

وقالوا قناعة الناس بالاوطان من النقص والفَشَل والطلب من علم التجارب والعقل، وقال اكثم بن صَيْفِىّ ما يسرّنى انّى مكفىٌّ امرَ الدنيا وانى أُسْمِنْتُ وأُلْبِنْتُ قالوا ولِمَ قال مخافةَ عادة c العجز، وقالوا لا توحشك الغربة اذا آنست بالكفاية ولا تجزع لفراق الاهل مع لقاء اليسار، وقالوا الفقر اوحش من الغربة والغنى آنس من الوطن وترك الوطن ادنى الى فرج d الاقامة، وقيل الفقير فى e الاهل مصروم والغنىّ فى الغربة موصول، وقالوا اوحِشْ قومَك ما كان فى ايحاشهم انسُك واهجرْ وطنك ما نبتْ عنه نفسُك، وقالوا اذا عدمتَ f انكرك قريبُك وان اثريتَ عرفك غريبك g، وقال قُسّ بن ساعدة h ابلغُ العظات النظر الى محلّ الاموات وافضل الذكر *ذكر الله وخير الزاد i التقوى واحسن الجواب الصمت وازين الامور الاحتمال والحزم k شدّة الحذار والكرم حسن الاصطبار وفى طول الاغتراب فوز الاكتساب، وقال آخر تألّفوا النِعَم بحسن مجاورتها والتمسوا المزيد بحسن الشكر واغتربوا لتكسبوا ولا تكونوا كالنساء الاتى قد رضين بالكنّ واقتصرن l على القعود فان الغربة تخرّج الغمر وتشجّع الجبان وتحرّك المصطجع وتزيد فى بصيرة الماهر، وقال الفقر فى اوطاننا غربة والمال فى الغربة اوطان، وقال آخر لا يألف الوطن الّا ضيّق العطن، وقال آخر ما حنّ احد الى بلد جمع m فيه شمله الّا لوصمة فى عقله ولا تنزع n بامرء نفسُه الى بلد قلّ به رفده الّا

a) S om. b) *Agh.* II, ٥٥, 2. c) Bis in I et S. d) I فرج. e) S بين. f) S اعدمت. g) S مريبك. h) Cf. Jâcût, I, ٢, 12. i) B om. k) S والحذر. l) I et S الذين — رضوا — واقتصروا. m) Legendum videtur فرّق s. شتّت. n) I تنازع.

لاستيلاء الموق عليه، وقالوا الحنين الى الاوطان من اخلاق الصبيان وفى طول الاغتراب فوز الاكتساب وفى فائدة صالح الاخوان مع النزوح عن الاوطان سلوٌّ عن مقارنة الجيران ولولا اغتراب الناس عن محالّهم ضاقت بهم البلدان وسئم أُلّافهم الاخوان ومن طالب اخاه بمحلّه قلّت هيبته وسئمه اهله وتمنّوا الراحة منه، قال ولولا اغتراب المغتربين ما عُرِف ما بين الاندلس الى الصين ولا رَدَم الاسكندر السدود ودوّخ الاقاليم ومدّن المدن وبخع له ملوكها بالطاعة ولا قُتل دارا بن دارا ولا أُسر الاساورة ولا جمعت الملوك بين الصفائح اليمانية والقُضُب الهنديّة والرماح البَلُوصيّة والاسنّة *a* الخَزَريّة والاعمدة الهَرَويّة والاجرزنة الأُسْرُوشَنيّة والخناجر الصُّغْديّة والسروج الصينيّة والدروع السابُريّة والجواشن الفارسيّة والقسىّ الشاشيّة والاوتار التركيّة والسهام الناوكيّة *b* والجعاب السِجْزيّة والدرق المغربيّة والاترسة التُبّتيّة والجلود الزَّنْجيّة والنمور البربريّة واللجم الخانبديّة *c* والركب المروزيّة والسنور الصينيّة والخيل الخَزَريّة والكراسىّ القُمّيّة والشهارىّ البخاريّة والبغال الأَرْمَنيّة والحمير *d* المَرِيسيّة والكلاب السلوقيّة والبزاة الروميّة والصوالجة النهاوَنْديّة والثياب المنيّرة الرازيّة والاكسية القزوينيّة والثياب السعيديّة والحلل اليمانية والاردية المصريّة والملاحم الخراسانيّة والثياب الطاهريّة *e* والحلل الاندلسيّة والدرّ العُمانىّ والياقوت السَّرَنْديبىّ والحرير الصينىّ والخزّ السوسىّ والديباج التُسْتَرىّ والبزيون الرومىّ والكتّان المصرىّ والوشى الكوفىّ والعتّابىّ الاصبهانىّ *f* * ولا عُلم *g* ان ببلاد المغرب ومصر عجائب لا تكون الّا بها مثل منارة الاسكندريّة وعمود عين الشمس والهرمان وجسر أَذَنَة *h* وقنطرة سَنْجَة وكنيسة الرُّها وسور انطاكية والأَبْلَق

---

a) I والادمه. *b*) S الماركية, B et I الباركيه. *c*) ? B et I الخانبدية s. الخايَنْدية (voc. in B). *d*) S والحمر. *e*) I الظاهرية. *f*) B الاصفهانى. *g*) S واعلم. *h*) B آذونه, S آذنه.

القرد وبُرْهوت *a* وهارُوت والفرس الذى فى اقصى المغرب والاسد الذى بهمَذان والسمكة والثور *b* بنهاوند وايوان كسرى بالمدائن وتخت شَبْديز فى الطاق وبناء قصر شيرين والدكّان واساطين قصر اللصوص وعجائب رُوميّة والتمساح بالنيل والرعّاد والسقنقور *c* وغير ذلك مما لا يحصى ولا يُعدّ، وقالوا ابعد الناس نجعةً فى الكسب بصرىّ وحميرىّ ومن دخل فرغانة القصوى والسوس الاقصى فلا بدّ ان يرى فيها بصريًّا او حميريًّا على ان اهل اصبهان والخوز *d* معروفون بذلك ويجد *e* فى كلّ بلد منهما صفًّا قائما، ومما *f* قالوا فى التنقّل فى البلدان والتباعد فى الاطراف قول ابى العتاهيَة فى الرشيد

ولولا اميرُ المؤمنين وعَدْلُه اذًا لَبَغى بعضُ البلاد على بعضِ
وسيّارةٌ *g* هارونَ فى الارض بالهُدَى لِيَحْكُمَ *h* بالابْرامِ للّهِ والنَّقْضِ
لَئِنْ كان ذو القَرْنَيْنِ أَدْرَكَ غايةً لَتَحْسَبُكَ من هارونَ ما سار فى الارضِ

وقال آخر فى غزوه *i* خراسان

وما كان ذو القَرْنَيْنِ يَبْلُغُ *k* سَعْيَه ولا غَزْوُ كِسْرَى للهَياطلَةِ الجُرْدِ
وجَوّابُ آفاقٍ وطَلّاعُ أَنْجُدٍ وطَلّابُ وِتْرٍ لا ينامُ على حِقْدِ *l*

وقال آخر فى تقلّبه فى *m* البلاد

خَليفَةُ الخِضْرِ *n* مَن يَرْبَعْ على وَطَنٍ فى بَلْدَةٍ فظُهُورُ العيسِ أَوْطانى
بالشّامِ دارى وبَغْدانُ الهَوَى وَطَنى بالرَّقْمَتَيْنِ وبالفُسْطاطِ اخْوانى
وما أَظُنُّ النَّوَى تَرْضَى بما صَنَعَتْ حتّى تُسافِرَ بى أَقْصَى خُراسانِ

---

a) Codd. وبَرَهوت. Deinde codd. وماهوت. *b*) I وكنكور. Probabiliter ortum e nota marg. ad قصر اللصوص, nam ibi quoque in B superinscribitur كنكور. *c*) B et I والشقنقور. *d*) B وخوز. *e*) I ونجد, S وبحد. *f*) In B et I praecedit قالوا. *g*) S s. p.; B وسَيّارة, I وسيارة. *h*) Sic B; I et S sine voc. *i*) Codd. غزوة. *k*) I مبلغ. *l*) Codd. حصد. *m*) B et I om. *n*) B hic et bis infra الخَضِر.

وقال الطائىّ *a*

إِنْ تَرانى تَرى حُسامًا صَقيلًا   مَشْرَفِيًّا مِنَ السُّيُوفِ الحِدادِ
ثانِىَ اللَّيْلِ ثالِثَ البِيدِ والسَّيْرِ   نَدِيمَ النُّجُومِ تِرْبَ السُّهادِ
كَلَّمَ الخِضْرُ لِى يُصَيِّرُنِى بَعْدَكَ عَيْنًا عَلَى غِيارِ *b* البِلادِ
لَيْلَةً بِالشّامِ ثُمَّتَ بِالأَهْوازِ يَوْمًا ولَيْلَةً بِالسَّوادِ
وَطَنِى حَيْثُ حَطَّتِ العِيسُ رَحْلِى   وذِراعِى الوِسادُ وَهْوَ مِهادِى

وقال آخر فى شبيه هذا المعنى

قَبَّحَ اللّٰهُ آلَ بَرْمَكَ إِنِّى   صِرْتُ مِنْ أَجْلِهِمْ أَخا أَسْفارِ
إِنْ يَكُ ذُو القَرْنَيْنِ قَدْ مَسَحَ الأَرْ   ضَ فَإِنِّى مُوَكَّلٌ بِالعِيارِ

ويقول الشاعر للمعتصم بالله *c*

تَناوَلْتَ أَطْرافَ البِلادِ بِقُدْرَةٍ   كَأَنَّكَ فيها تَبْتَغِى أَثَرَ الخِضْرِ

قال وقد كانت *d* للخلفاء فتوح ولكنّه لم يتّسق لاحد ما اتّسق للمأمون وعبد الملك بن مروان والمعتصم بالله الّا ان فتوح المأمون وعبد الملك *e* كانت لمن قصد الى ملكهما فبلغا فى ذلك ما لم يبلغه احد فى الاسلام من الملوك وللمعتصم ستّ فتوح عظام جليلة لم يحارب فى واحدة منهن الّا من قصد المسلمين دون مُلْكه خاصّةً فمن ذلك مازيار ملك طبرستان بعد ان غلب وقتل وتمكّن من تلك القلاع والجبال المنيعة والسبل الوَعِرة حتى *ظفر به وقتله *f* ومن ذلك بابك كسر العساكر وفلّ الاجناد وقتل القوّاد واخرب البلاد وملأ القلوب هيبة ومخافة فاخذه اسيرا وقتله وصلبه الى جنب مازيار ومن ذلك فتح عَمُّورية وهزيمة الطاغية امير ياطيس *g* صاحب الضّواحى فاسره وصلبه الى جنب بابك ومازيار ومن ذلك استباحته *h* الزُّطّ حتى اجتثّ اصلهم واباد

---

a) In Diwâno non invenio. *b*) B عَيام, I غيام. *c*) Jâcût, I, ٢, 16. *d*) I كان. *e*) B add. بن مروان. Deinde codd. كان. *f*) Codd. فقتله وظفر به. *g*) Codd. باطيس. Est Aëtius. *h*) B استباحة.

خصراءهم بعد ان منعوا بغداد الميرة وقتلوا القوّاد وغلبوا على البلاد وبعد ان رامهم خليفة بعد خليفة ومن ذلك امره *a* جعفر الكُرْدى واخافته السبل فظفر به وقتله ومن ذلك ما كان منه فى امر الهند وشقّ الهند كلّه حتى ظفر من عُدَد البَرْوَج *b* ورؤساء الهند وابطال المقاتلة واخرب السواحل على يدى عمر بن الفضل الشيرازىّ، ثم خليفتنا المعتضد بالله اتّسق له من الفتوح الجليلة العظيمة مثل ذلك فمن ذلك اسره لهارون الخارجىّ الشارى بعد ان كان قد *c* تغلّب على البلاد ومنع الميرة من جميع الآفاق ومن ذلك قصده لآل عبد العزيز بن ابى *d* دُلَف بناحية الجبل حتى اجتثّ اصلهم واستباح حريمهم ثم ما كان من شأن رافع بن هَرْثَمَة وخلعه الطاعة فحمل رأسه الى مدينة السلام ثم امر محمّد بن زيد العلوىّ بطبرستان بعد ان تمكّن من القلاع والحصون التى لا ترام بعد ان كانت الخطبة قد انقطعت عنهم ثمان *e* وثلثين سنة بمقامه ومقام الحسن بن زيد وكان دخول الحسن بن زيد اليها فى المحرّم سنة ٢٥٠ وتوفّى فى ذى الحجّة سنة ٢٧٠ وصار مكانه اخوه محمّد بن زيد فقُتل رحمه بجرجان يوم الجمعة لثمان *f* خلون من شعبان سنة ٢٨٧ ومن ذلك عمرو بن الليث الصفّار وقتله ايّاه ومن ذلك فتح آمِدَ وهى احصن مدينة فى بلاد العرب وايقاعه بابن الشيخ واخذه ايّاه اسيرا ثم امر وصيف الخادم وخروجه اليه بنفسه الى تخوم ارض الروم حتى اوقع به واخذه اسيرا ثم قتله وصلبه ۞

وكان الحسن بن علىّ صلعم *g* يتمثّل

مَنْ عاذ بالسَّيْفِ لاقى فُرْصَةً عَجَبًا   مَوْتًا على عَجَلٍ او عاش *h* مُنْتَصِفا
لا تَرْكَبُوا السَّهْلَ إِنَّ السَّهْلَ مَفْسَدَةٌ   لَنْ تُدْرِكُوا المَجْدَ حَتّى تَرْكَبُوا عُنُفا

---

a) I امن. *b*) Codd. عَدَد البُروج. Pro عمر بن الفضل forte l. محمد بن الفضل coll. Belâdh. ٤٤١. *c*) I om. *d*) Addidi. *e*) Codd. ثمنية. *f*) In capite de Tabaristân infra recte لخمس. *g*) B رضهما. I fere semper et h. l. S om. وسلم. *h*) S مات.

وقالوا ليكن اليقين من افضل سلاحك والرضا بالقضاء من افضل اعوانك والجدّ فى طلب الخير من بالك وانشد

فلا تَحْسَبَنَّ الرِّزْقَ بابًا سَدَدْتَهُ عَلَىَّ ولا أَنِّى اليكَ فَقيرُ
ففى العيش *a* مَنْجاةٌ وفى الارض مَذْهَبٌ *b* وفى الناس أَبْدالٌ سِواكَ كَثيرُ

وكتب بعضهم الى اهله من بلاد بعيدة *c*

كِتابى اليكم من بلادٍ بَعيدَةٍ تَجَشَّمْتُها كَىْ لا يَضُرَّ بِىَ الفَقْرُ

وانشد

اِصْبِرْ لها فالحُرُّ *d* صَبّارُ أَوِ ٱشْكُها ان مَسَّكَ العارُ
دائرةٌ دارَتْ على عاقلٍ لم يَخْشَها والدَّهْرُ دَوّارُ
نَبَتْ بكَ الدارُ فسِرْ *e* آمِنًا فللفَتَى حَيْثُ ٱنْتَهَى دارُ

ولبعضهم

تَبَدَّلْ بدارٍ غَيْرِ دارِكَ مَوْطِنًا اذا صَعُبَتْ فيها عليكَ المطالبُ
فما الكَرَجُ الدُّنْيا ولا الناسُ قاسِمٌ *f* وفى غَيْرِها للطالبينَ مكاسِبُ

وللطائىّ *g*

وطُولُ مُقامِ المَرْءِ فى الحَىِّ مُخْلِقٌ لديباجَتَيْهِ فٱغْتَرِبْ تَتَجَدَّدِ
الم تَرَ أَنَّ *h* الشَّمْسَ زِيدَتْ مَحَبَّةً الَى *i* الناسِ اذْ *k* لَيْسَتْ عليهم بسَرْمَدِ

وقالوا العُسْرُ فى الغربة مع العزّ خير من اليُسْرِ فى الوطن مع الذلّ، وقيل لآخر ما العيش قال دَوَران البلدان ولقاء الاخوان ومغازلة القيان ومرافقة الفتيان واستماع النغمات من الزير والمثانى، وقيل لآخر ما السرور قال غيبة بعد غِنًى *l* واوبة تُعْقِب *m* مُنًى، وقال آخر

---

a) Codd. العيش. *b*) B مهرب. *c*) I add. وهو يقول. *d*) B فالحرص. *e*) B قَسْرًا. *f*) الكَرَج est urbs nota, Kâsim est celeberrimus Abu Dolaf († 225). S hos versiculos non habet. In I glossema Persicum est stupidissimum, in quo كرج explicatur per فساد et قاسم sumitur quoque pro partic. verbi قسم. *g*) Diwân ed. Beir. ٥١, *'Ikd* I, ٣٠٩. *h*) Diw. et *'Ikd* فانى رايت. *i*) Codd. على. *k*) Diw. ان. *l*) I عنى. *m*) B et I يعقب.

سَرَى طَيْفُها نَحْوَ آمْرِئٍ مُتَطَوِّحٍ   طَلِيحِ سِفَارٍ أَسْفَعِ *a* اللَّوْنِ شاحِبِ
تَراهُ كَنَصْلِ السَّيْفِ أَصْدَأَ صَفْحَةً   مَقادِمُهُ والنَّصْلُ ماضِى الضرائِبِ
تَغَرَّبَ يَبْغِى اليُسْرَ لَيْسَ لِنَفْسِهِ   خُصُوصًا ولٰكِنْ لابْنِ عَمٍّ وصاحِبِ
وما عُذْرُ ذِى العِشْرِينَ والخَمْسِ قاعِدًا   ولم يُبْلِ عُذْرًا فى طِلابِ الرغائِبِ
ومَنْ لا يَزَلْ يَخْشَى العواقِبَ لا يَزَلْ   مَهِينًا *b* رَهِينًا فى حِبالِ العواقِبِ
وأَشْفَقَ مِنِ آسْمِ التَنَكُّرِ *c* مُقْتِرًا   فلَمْ يُنْجِهِ إِلّا نِجاءُ الرَكائِبِ

ولعبد الله بن طاهر

واسَوْءَتَى لِآمْرِئٍ شَبِيبَتُهُ   فى عُنْفُوانٍ ومآؤُها خَضِلُ
وَهْوَ مُقِيمٌ بِدارِ مَضْيَعَةٍ   طِباعُهُ فى اصطناعِهِ الفَشَلُ *d*
راضٍ بِدُونِ المَعاشِ مُتَّضِعٌ   على تُراثِ الآباءِ مُتَّكِلُ
لا حَفِظَ اللّٰهُ ذاكَ من رَجُلٍ   ولا رَعاهُ ما حَنَّتِ الابِلُ
كَلّا ورَبِّى حَتّى يَكُونَ فَتًى   قد نَهَكَتْهُ الأَسْفارُ والرِّحَلُ
تَسْمُو بِهِ هِمَّةٌ مُنازِعَةٌ   وطَرْفُهُ بالسُّهادِ مُكْتَحِلُ
نالَ بِلا مِنَّةٍ ولا ضَرَعٍ   ولا بِوَجْهٍ تَفُوتُهُ الحِيَلُ
الّا بِعَضْبٍ أَوْمَتْ بِشَفْرَتِهِ   كَفٌّ تَمَطَّى بها فَتًى بَطَلُ
حَتَّى مَتَى يَصْحَبُ الرِّجالَ ولا   يُصْحَبُ يَوْمًا لِأُمِّهِ الهَبَلُ

وكان عمرو بن العاص يقول عليكم بكلّ امرٍ مُزْلِفةٍ مُهْلِكةٍ اى عليكم بجسام الامور، ولمّا نظر معاوية الى عسكر امير المومنين *e* عم قال من طلب عظيما خاطر بعظيمته *f* يعنى برأسه *g*، وكان يقال من سرّه ان يعيش مسرورا فليقتنع ومن اراد الذكر فليجتهد ومن اراد ان يعتبر فليغترب، وقالوا لا ينبغى للعاقل ان يكون الّا فى احدى منزلتين *h* امّا فى الغاية القصوى من الدنيا والطلب لها او فى الغاية والنهاية

---

a) B اسقع. *b*) Codd. مهيبا. *c*) In B et I corruptum in الشكر. *d*) B الفَشِل. *e*) B add. على. Deinde S رضه. *f*) S بعظيمه. *g*) B بباسه. *h*) B المنزلتين.

من التبرك لها ، وقال آخر الدنيا مرعى لمن وجد الكلأ فى موضع فليلزمه ' ولابى نواس *a*

أَرى النَّفْسَ قد أَضْحَتْ تَتُوقُ الى مِصْرِ   ومن دُونها جَوْبُ الحُزُونَةِ والوَعْرِ
وواللّهِ ما أَدْرِى أَلِلْخَفْضِ والغِنَى   أُساقُ اليها ام أُساقُ الى قَبْرِى *b*
سأَرْمِى بنَفْسى عن قَرِيبٍ أَمامَها   وأَتْرُكُ قولَ العاذِلِينَ ذَوِى الزَّجْرِ
لِأَنَّ الَّذِى قد قدَّرَ اللّهُ كائنٌ   أَلَا انّما تَجْرِى الامورُ على قَدْرِ

وقال آخر السلامة *c* احدى العصْمتين والمرأة الصالحة احدى الكاسبين واللّبن احدى اللحمين والعادة احدى الطبيعتين والدعاء للسائل احدى الصدقتين وخِفّة الظهر احد اليَساريْن والغربة احدى الذّلّتين ،

وانشدنى صديق لابن عَبْدُوس الكاتب

زَعَمَ الَّذِينَ تَشَرَّقُوا وتَغَرَّبُوا   أَنَّ الغَرِيبَ وإِنْ أُعِزَّ ذَلِيلُ
فأَجَبْتُهُمْ إِنَّ الغَرِيبَ اذا اتَّقَى   حَيْثُ اسْتَقَلَّ به الرِكابُ جَلِيلُ
قالوا الغريبُ يُهانُ قلتُ تَجَلُّدًا   انَّ الالَهَ بنَصْرِهِ لَكَفِيلُ
قالوا اذا مات الغريبُ ببَلْدَةٍ   أُدْلِىَ ولَمْ يُسْمَعْ عليه عَوِيلُ
قلتُ الغريبُ كفاه رَحْمَةُ رَبِّهِ   وغِنَى *d* البكاء عن الفقيد قَلِيلُ

وله ايضا

يقولون لى لا تَغْتَرِبْ قلتُ انّنى   اذا ما اتَّقَيْتُ اللّهَ غيرُ غَرِيبِ
اذا كنتُ ذا عُسْرٍ وحالٍ خَسِيسَةٍ   أَمِنْتُ شَماتاتٍ بها لِقَرِيبِ
وإِنْ كنتُ ذا مالٍ وحالٍ جَلِيلَةٍ   فأَحْذَرُ *e* أَنْ لا يَطْلُبُونَ عُيُوبِى

القول فى مصر والنيل

قال الكلبىُّ سمّيت مِصْرَ *f* بمصر بن اينم *g* بن حام بن نوح وافتتحها

---

a) In Diwâno non exstant. In *'Ikd* (I, ٣٠٩) adscribuntur as-Schâfiïo. *b*) **Ex** *'Ikd*. B et I قبر, S القبر. *c*) I السلام. *d*) Codd. وغنا. *e*) B et S فاجدر. *f*) S مصرا. *g*) S اينم. Forte corruptum ex مصرايم ut habet Jâc. IV, ٥٤٠, 3.

عمرو بن العاص، وروى فى قول الله عزّ وجلّ [a] وآوَيْنَاهُمَا الى رَبْوَةٍ ذَاتِ قَرَارٍ وَمَعِينٍ قال مصر، قال ابن السكّيت سمّيت مصرَ لانها الحدّ واهل هَجَر يكتبون فى شروطهم اشترى جميع الدار بمصورها اى بحدودها قال عَدِىّ بن زيد التميمىّ

وصَيَّرَ [b] الشَّمْسَ مِصْرًا لا خَفَاءَ به بَيْنَ النَّهارِ وبَيْنَ اللَّيْلِ قد فَصَلا

اى حدًّا حاجزا، وقال عبد الله بن عمرو من اراد ان ينظر الى الفردوس فلينظر الى مصر حين تُحْرَث، وروى عن الضحّاك بن مزاحم عن ابن مسعود مرفوع قال ينادى يوم القيامة مناد من السماء يا اهل مصر فيقولون جميعا اوّلهم وآخرهم لبّيك فيقال ان الله عزّ وجلّ يقول الم امنن عليكم بسكنى مصر واطعمتكم فيه الخمر والخمير وصيد طير السماء وحيتان البحر والماء العذب فيقولون بلى [c] ربّنا ✿

وارض مصر محدودة اربعين ليلة فى مثلها وكانت منازل الفراعنة وكان اسمها باليونانيّة مَقَذُونِيَة [d] وطول مصر من الشَّجَرَتَيْن اللتين بين [e] رَفَح والعَرِيش الى أُسْوَان [f] وعرضها من بَرْقَة الى أَيْلَة وهى [g] مسيرة اربعين ليلة فى *اربعين ليلة [h] ومن بغداد الى مصر خمس مائة وسبعون فرسخا يكون ذلك اميالا الف وسبع مائة وعشرة اميال ✿

قال وقال [i] عبد الله بن عمرو بن العاص البركة عشر بركات فى مصر تسع بركات وفى الارضين بركة واحدة والشرّ عشرة اجزاء بمصر جزوٌ واحد [k] وفى الارض كلّها تسعة اجزاء، واما معنى قولهم عمر مصّر الامصار فانه لم يحدث الّا البصرة والكوفة وقد تفعل العربُ هذا فتسمّى الاثنين باسم الجميع وقال الحسن مصّر عمر [l] سبعة امصار المدينة والبحرين

a) Kor. 23 vs. 52. b) Vulgo وجعل; cf. Makrîzî I, ٢٣, 3 et TA in v. مصر. c) B add. يا. d) Codd. مقدّسة. Vid. Jâcût IV, ٦٠٢, 19. e) Codd. من. Vid. Jâcût IV, ٥٤٦, 3. f) B et I سُوان. g) S وذلك. h) S مثلها. i) B قال. k) B et I جزوا واحدا. l) I add. الامصار.

والبصرة والكوفة والجزيرة والشام ومصر، وقال ابو الخطّاب *a* لم يذكر الله جلّ وعزّ شيئا من البلدان باسمه فى القرآن ما *b* ذكر مصر حين قال *c* وَقَالَ ٱلَّذِى ٱشْتَرَاهُ مِنْ مِصْرَ وقال عزّ وجلّ *d* اهْبِطُوا مِصْرًا وَأَوْحَيْنَا إِلَى مُوسَى وَأَخِيهِ أَنْ تَبَوَّءَا لِقَوْمِكُمَا بِمِصْرَ بُيُوتًا وكنّاها فقال عزّ وجلّ *e* وَقَالَ نِسْوَةٌ فِى ٱلْمَدِينَةِ ٱمْرَأَةُ ٱلْعَزِيزِ وسمّاها الله عزّ وجلّ الارض فقال *f* وَكَذٰلِكَ مَكَّنَّا لِيُوسُفَ فِى ٱلْأَرْضِ يَتَبَوَّأُ مِنْهَا الآية وسمّى الله جلّ وعزّ ملكها العزيز فقال *g* وَقَالَتِ ٱمْرَأَةُ ٱلْعَزِيزِ وقال *h* يَا أَيُّهَا ٱلْعَزِيزُ إِنَّ لَهُ أَبًا شَيْخًا كَبِيرًا، واخبرنى شيخ من آل ابى طالب قال رايت بمَنْف من كور مصر دار فرعون ودرتُ فى مجالسه *i* ومشارفه وغُرَفه وصفافه فاذا كلّه *k* حجر واحد منقور فان كانوا لاحكوا بينه حتى صار فى الملامسة *l* لا يستبين فيه مجمع حجرين ولا ملتقى صخرتين فهذا عجبٌ وان كان حجرا واحدا فنقرته الرجال بالمناقير حتى تخرّقت فيه تلك المخارق *m* ان هذا لأعجب ✿ والنيل قد سمّاه الله بحرا قال الله *n* فَإِذَا خِفْتِ عَلَيْهِ فَأَلْقِيهِ فِى ٱلْيَمِّ واليمّ هاهنا النيل، وهى ذات عيون سفّاحة ✿

ومن مفاخر اهل مصر مارية القِبْطيّة امّ ابراهيم بن رسول الله صلّعم وتزوّج خمس عشرة امرأة وتوفّى صلّعم عن تسع وحرّم الله جلّ وعزّ مارية على الرجال بعد ان ولدت ابراهيم من بعد وفاة النبىّ عمّ كما حرّم سائر نسائه، ومن مفاخر مصر هاجر امّ اسماعيل صلّعم الصادق الوعد *o*، وقال النبىّ صلّعم اذا استفتحتم مصر فاستوصوا بالقِبْط خيرا

a) Probabiliter ابو الخطاب الازدى (v. indic. ad Belâdh.) *b*) I انما. *c*) Kor. 12 vs. 21. *d*) Kor. 2 vs. 58 et 10 vs. 87. *e*) S من قائل. Kor. 12 vs. 30. *f*) Kor. 12 vs. 56. *g*) Kor. 12 vs. 51. *h*) Kor. 12 vs. 78. *i*) Jâcût IV, ٦٦٧, 21 مجالسها et sic in seqq. Pro مشارف Jâc. مسارب, recte opinor. *k*) S كانه. Jâc. جميع ذلك. *l*) B et S الملاسة. *m*) Jâc. خرقت تلك المخاريف. *n*) Kor. 28 vs. 6. *o*) Cf. Kor. 19 vs. 55.

فانى لهم صهر وقالوا لو عاش ابراهيم ما مُلكت قبطيّة ابدا ✿ قالوا وارض مصر محدودة فى الكتاب a انها مسيرة b اربعين ليلة فى مثلها وارض السودان مسيرة سبع سنين فما فضل عنهم من مائها صار الى مصر وارض مصر جزوٌ من ستّين جزوًا من ارض السودان وارض السودان جزوٌ من ستّين جزوًا من الارض ✿

ومن مفاخر مصر وسكّانها من القبط مومن آل فرعون والسحرة واصحاب النوبة النصوح وهاجر وآسية وامّ ابراهيم، وفى نسائهم مُلَح وهن يشبهن فى الحظوة البربريّات، والقبط احذق فى الكمانكيّة c واللعب من السند ومع القبط خفّة عجيبة ✿

وبمصر جبل المقطّم ويروى عن كعب انه قال جبل مصر مقدّس من القُصَير d الى اليَحْمُوم وسأل كعب رجلا يريد مصر فقال أَهْدِ لى تربة من سفح مقطّمها فاتاه بجراب فلمّا توفّى امر به ففُرش تحت جنبه e فى قبره، وقالوا جبل الزمرّد من جبال البُجَة f موصول بالمقطّم والمقطّم جبل مصر، وقال ابن لَهيعَة سأل المُقَوْقِس عمرو بن العاص ان يبيعه سفح المقطّم كلّه g بسبعين الف دينار فكتب عمرو الى عمر فقال عمر سَلْه لِمَ اعطانا بها h وهى لا تُسْتَنْبَط i ولا تزرع فقال انى اجد فى الكتب ان فيه غرس k الجنّة فاعلم عمرو عمر ذلك فكتب اليه انّا لا نعلم غراس الجنّة الّا للمومنين فاقبر فيه من مات من المسلمين ولا تبعْه بشىء فكان l اوّل من قبر فيه رجل من المعافر يقال له عامر فقيل عُمِرت m ✿ ومدينة فُسْطاط n هى مدينة مصر سمّيت بذلك

---

a) Cf. fortasse Kor. 7 vs. 138. b) S om. c)? B الدمازكيّة, I الدمازكيه, S الدمانكيّة. d) B البَصِير; cf. Jâc. IV, ١٢٧, 2 sq. e) Makrîzî I, ١٢٤ ult. جثته. f) B البَجَة, S البُجّه, I s. voc. g) B om. h) I اياها. i) B يستنبط; cf. Jâc. IV, ٦٠٨, 15 et Makrîzî I, ١٢٤. k) Jâc. غراس ut mox. l) B c. و. m) B عَمْرت, I عُمّرت, Jâc. et Makr. s. voc. n) S c. artic.

لان عمرو بن العاص ضرب فسطاطه بذلك المكان بباب اليُون *a*، وسُوَيقة وَرْدان بمصر، وبمصر *b* حائط العَجُوز على شاطئ النيل بنته عجوز كانت فى اوّل الدهر ذات مال وكان لها ابن وكان واحدها فقتله *c* السبع فقالت لامنعنّ السباع ان تَرِدَ النيل فبنت ذلك الحائط حتى لا *d* تصل السباع الى النيل ويقال ان ذلك الحائط كان طلسماء *e* وكان فيه تماثيل كلّ اقليم على هيئتهم *f* وزيّهم *g* والدوابّ والسلاح وكلّ امّة مصوّرة فى طرقها التى تجىء منها *h* فاذا اراد اهل اقليم غزو مصر وانتهوا الى تلك الصور *i* انصرفوا ويقال بُنى ذلك ليكون حاجزا بين اهل الصعيد والنوبة لانهم كانوا يغيرون على اهل الصعيد ولا يستعرفون *k* فبُنى ذلك من اجل النوبة، وقيل امر بعض الملوك افلاطون فبنى بناحية مصر مما يلى البرّ حائطا طوله ثلثون فرسخا *l* ما بين الفَرَما الى اسوان حاجزا بينهم وبين الحبشة ۞

وبالفسطاط صورة امرأة من حجر عظيمة قاعدة على رأسها اجّانة وعلى كلّ واحدة *m* من ركبتيها دَرَجة الى غُرْفة تسمّى امّ يزيد الخولانيّة ۞

وقالوا البطّ ترعى *n* بمصر كما ترعى الغنم، وبها الثعابين وليس هى *o* فى بلد غيرها والبها حوّل الله عصا موسى قال الله عزّ وجلّ *p* فَأَلْقَى عَصَاهُ فَإِذَا هِيَ ثُعْبَانٌ مُبِينٌ يعنى انه حوّلها ثعبانا، ومن اعاجيب مصر النِّمْس وليس ذلك لاحد غيرهم وهى من عجائب الدنيا وذلك انها دويبّة متحركة كانها قُدَيرة فاذا رات الثعبان دنت منه فينطوى

---

a) B ببـاب النـون. Pro بابليون. *b*) Vid. Jâc. II, ١٩٠, 3 sqq. *c*) Jâc. فاكله. *d*) Codd. لم. *e*) Jâc. مطلسما. *f*) Jâc. هيئته et sic deinde. Addit ووزنه. *g*) Jâc. add. وصور الناس. *h*) Codd. منه. Jâc. وطريق كل اقليم الى مصر. *i*) S الصوره. *k*) Jâc. يشعرون. *l*) Jâc. ثلثمائة فرسخا وقيل ثلاثون يوما. *m*) Codd. واحد. *n*) B يرعى. *o*) S om. *p*) Kor. 7 vs. 104, 26 vs. 31.

الثعبان عليها يريد ان يعضّها ويأكلها فتزفر زفرة تقدّ الثعبان بقطعتين وربّما قطعته قطعا ولولا النمس لأكلت الثعابين اهل مصر وهى هناك انفع لاهلها من *a* القنافذ لاهل سِجِسْتان وسجستان بلد كثيرة *b* الافاعى وفى شروطهم ان لا يُقتل لهم قنفذ ولا يصاد ❁ وبمصر اعجوبة اخرى وهى *c* التمساح لا يكون الّا فى النيل ويكون فى نهر السند مِهْران فاذا عضّ اوغل اسنانه واختلفت *d* فلم يدع ما اخذه حتى يقطع باسنانه ما قبض من شىء وحنكه الاعلى يتحرّك ولا يتحرّك الاسفل وليس ذلك فى غيره من الدوابّ ولا يعمل الحديد فى جلده وما بين رأسه وذنبه عظم واحد وليس يلتوى ولا ينقبض لانه ليس فى ظهره خرز واذا انقلب لم يستطع ان يتحرّك واذا سفد الذكرُ الانثى خرج من النيل فيلقيها على ظهرها ثم يأتيها *e* مثل ما يفعل الرجل بالمرأة فاذا فرغ اقلبها وان اقرّها على ظهرها صيدت لانها لا تقدر ان تنقلب وذنب التمساح حادٌّ جدًّا فربّما قتل من الضربة *f* وربّما جرّ الثورَ الى نفسه فيأكله وله بيض مثل بيض الاوزّ ويبيض ستّين بيضة وله ستّون سنًّا فاذا *g* سفد ففى ستّين مرّة فاذا خرج التمساح من بيضة *h* خرج مثل الحرذون فى خلقه وجسمه فيعظم حتى يكون عشرة اذرع او اكثر *i* وهو يزيد كلّما عاش وان أُخذ من جانب حنكه الايمن *k* اوّل سنّ فى الحنك وعُلّق على من به حمّى نافض تركته من ساعته وربّما دخل اللحم فى خلال اسنانه فيفتح فاه وله صديق من الطير يشبه بالطيطَوى يجيئه حتى يسقط على شدقه فيخلّل بمنقاره ذلك اللحم فيكون ذلك طعاما *l* للطير وترفيهًا

---

a) I et S مثل. *b*) I et S بلدة كثيرة. *c*) I et S وهو. *d*) B et I واختلف. Cf. Jâc. IV, ٨٦٦, 18. *e*) I فياتيها. *f*) Cf. Jâc. l.l. ٨٦٧, 2 sq. *g*) I c. و. *h*) S بيضه. *i*) Apud Jâc. l.l. 5 deleantur verba وهو يبيض. *k*) Jâc. الايسر. *l*) B للطعام, I et S الطعام.

للتمساح لانه ينقّى a ما فى اسنانه من اللحم ويحرسه هذا الطائر b ما دام ينقّى اسنانه فان راى صيّادا او انسانا c يريده او ابن عِرْسٍ فانه عدوّه اعلمه ذلك d وذلك ان e ابن عرس يجىء الى التمساح وهو نائم ويحبُّ النوم على شطّ النهر فيستحمّ فى الماء ويتمرّغ فى الطين ثمّ ينتفض حتى يقوم شعره فيثب فى فم التمساح فيقتله قتلا عنيفا او يأكل ما فى جوفه فلذلك الطيرُ يحرس التمساح واذا f راى ابنَ عرس مقبلا انبه g التمساح وآذنه h فيهرب التمساح الى الماء وليس هذا باعجب من الخَلْد i وهى دابّة عمياء فتخرج من جحرها فتفتح فاها فيتساقط الذبّان k فى فيها واشداقها ولا تزال تضمّ فاها على الذبّان وتبلعه حتى تشبع ثمّ تدخل l جحرها وليس هذا باعجب من طائرين يراهما الناس من ادنى حدود البحر من شقّ البصرة الى غاية البحر من شقّ السند احدهما كبير والآخر صغير يقال لاحدهما جُوَانْكَرْك ويسمّى الآخر جَرْشِى m فلا يزال الصغير يرنّق n على رأس الكبير ويعبث به ويطوف حوله ويخرج من بين رجليه ويغمّه ويكربه حتى يتّقيه بذرقة o فاذا ذرق الجرشى تلقّاه الجوانكرك فلا يخطئ اقصى حلقه حتى كانه ردى به فى بئر فاذا استوفى ذلك الذرق رجع شبعان ريّان p بقوت يومه ومضى ذلك الكبير لطيّته وامرهما مشهور ظاهر، واعجوبة اخرى وهو ان الدُّخَس q من دوابّ الماء مما يقايس r السمك وليس بسمك يعرض للغريق فيدنو منه حتى يضع الغريق يده على ظهره فيسبح والغريق يذهب معه ويستعين s بالاتّكاء عليه والتعلّق به حتى ينجّيه t وهو

a) S ينقر. *b*) I الطير. *c*) S ut Jâc. انسانا او صيادا. *d*) S بذلك. *e*) S لان. *f*) S c. ف. *g*) S نبّه. *h*) Codd. واذنته. *i*) Voc. in B et I. *k*) I الذُباب. *l*) B et I add. على. *m*) B et I جرسى. Cf. supra p. ١٣, 12. *n*) S يرنق, I يدنوا. *o*) S بذرقه. *p*) Codd. شبعانا ريانا. *q*) Codd. الدَخس. *r*) B يقاس. *s*) B ويستكين. *t*) Teschdîd in S.

عند البحريين مشهور، قالوا ومن ادّهن بشحم حرذون ثم القى نفسه على *التمساح فى *a* الماء صاده *b* والحرذون دويبة تكون بمصر وزبله ينفع من وجع العين ويقاتل العقرب واذا ظفر بالجدى اكل *c* اذنه، واهل مصر يعدّون كون التمساح فى النيل من غرائب ما عندهم وهو كثير فى خلجان *d* سنْدان والزنج ولكنهم لا يعرفون له هناك هذا الطائر الذى يخلّل اسنانه *وكون التمساح موصول فى نيل مصر بوادى مِهْران وهو وادى السند ومن هناك اتاه *e* ۞ وبمصر من العجائب الفرس الذى يكون فى النيل يأكل التماسيح وغيره من الدوابّ ويربّى هذا الفرس اذا كان فلوًا فى البيوت مع النساء والصبيان وفى سنّه شفاء من وجع المعدة والنوبة والحبشة تتعالج به لانهم يأكلون الاطعمة الغليظة فيشرفون على الموت من وجع المعدة فيأخذون سنّ هذا ويتعالجون به فيبرؤون واعفاجه تبرئ من الجنون الذى يأخذ فى الاعلّة *f* ۞ ومن عجائب النيل دابّة تسمّى ذا القَرْن تكون فى النيل على انفها مثل السيف الحادّ تقطع الصخرة اذا ضربتها وربّما قتلت به الفيل ۞

واهل مصر يعدّون النيل من احد عجائبهم وذلك انه مخالف لجميع الاودية التى عليها ضُبْعُ العالَم وكلّ سرب ومغيض فانّما استقباله من ناحية الشمال وليس النيل كذلك لان مجراه من ناحية الجنوب وليست التماسيح فى شىء من هذه الاودية المعروفة لا *g* تُرى بالفرات ولا دجلة ولا سَيْحان ولا جَيْحان ولا نهر بلخ ولا فيها من الفساد والدوابّ الخبيثة، وشرب اهل مصر فى البواقيل *h* وقال النبىّ صلّعم

---

a) B om. *b*) Hic lacuna in codd. In marg. I suppletur التمساح cum صح. *c*) B اكله. *d*) I خليج. Deinde B سَبَدان. Pro الزنج forte l. الزابج. *e*) Sic corrupte codd. (I om. فى نيل مصر). Cf. mea *Descript. al-Magribi* p. 10 ann. 2. *f*) B الاَقْلة, I et S s. voc. *g*) I التى et mox فى الفرات. *h*) Codd. النواقير. Deinde B om. و.

تغور المياه a كلّها وترجع الى اماكنها الّا نهر الاردنّ ونيل مصر والحُجُرات وعَرَفات ومِنا وقال ابن الكلبىّ اذا طلع العيُّوق غارت المياه كلّها ونقصت الّا نيل مصر ويمتدّ النيل لسبع من أيّار، وقال b عبد الله بن عمرو نيل مصر سيّد الانهار سخّر الله له كلّ نهر بين المشرق والمغرب فاذا اراد الله ان يُجريه امر كلّ نهر ان يمدّه فامدّته الانهار بمائها فاذا فجّر الله به الارض عيونا وانتهى من جريته الى ما اراد الله اوحى الله عزّ وجلّ الى كلّ ماء ان يرجع الى عنصره، وفى الخبر اربعة انهار من الجنّة النيل والفرات وسيحان وجيحان، وقال بعضهم النيل يخرج من خلف خطّ الاستواء من بحيرتين يقال لهما بحيرتا النيل وهو يطيف ارض الحبشة ويجىء فيمرّ بين c بحر القلزم وهو بحر الفرما .... d فيجىء فيصبّ بدِمْياط ويخرج الى البحر الرومىّ المغربىّ ودمياط على البحر الرومىّ المغربىّ e، وقال ابو الخطّاب قال المُشْتَرى f ابن الاسود غزوتُ بلاد انبية g عشرين غزاة h من السوس الاقصى فرايت النيل بينه i وبين البحر الاجاج كثيب من رمل يخرج النيل من تحته، وقال بعض الفلاسفة اقول انه قد يكون البحر فى موضع من بعض المواضع ثمّ ينصب k الماء عنه حتى يصير * ارضا يابسة l

---

a) B et I الماء. *b*) Cf. Jâc. IV, ٨٦٣, 3 sqq. *c*) S من. *d*) Lacuna non indicata. Suppleatur e. g. وبين المفازة. *e*) B et I المغربى الرومى. *f*) Ex conj.; B المُسَبِّرى, S s. p., I المسرى. *g*) Codd. أَتِينَة, Jâc. I, ٥٩١, 15 أُتَيْنَة, sed infra codd. ابنية. Recepi igitur انبية ut apud Jakûbîum, *Descr. al-Magr.* p. 139, 141 et locum ibi laudatum ex Roth, Diss. de Ocba ibn Nâfi', Gött. 1859, p. 61. Ibn Khord. p. 80, l. 6 s. p. Inter nomina gentium tribus Çanhâdja tantum est nomen انجفة (*Hist. d. Berb.* II, p. 3 cf. *Descr. al-Magr.* p. 117) quod cum hoc nomine conferri posset, quo casu legendum foret انبية. *h*) B غزوة. *i*) I وبينه. *k*) Codd. ينصبّ. *l*) I ايضا بناسبة.

ثم يعود بحرا والعلّة فى ذلك ان قرار الارض يشبه اجسام الحيوانات والنبات وان لها نهاية وغاية بمنزلة الشباب والهرم ينقص ويزيد فاذا قربته الشمس حينا طويلا حلّلته فارتفع وجفّ ذلك الموضع فاذا بعدت الشمس عنه *a* رطب ذلك الموضع ونَدِىَ واجتمعت فيه المياه من الندى والامطار، ذكروا ان ارض مصر كانت بحرا وكذلك جميع الارض عليها فنصب ذلك الماء قليلا فجفّت تلك المواضع فى مدّة من الزمان فظهر اليبس وغُرس فيه الاشجار وزُرع فيه الزرع ✿

ولمّا فُتحت مصر اتى اهلها عمرو بن العاص حين دخل بؤونه *b* فقالوا ايُّها الامير لنيلنا هذا سنّة لا يجرى الّا بها قال وما ذاك قالوا اذا كان لاثنتى عشرة ليلة تخلو من هذا الشهر عمدنا الى جارية بكر بين *c* ابويها فارضيناها وجعلنا عليها من الحلىّ والحلل والثياب افضل ما يكون ثم القيناها فى هذا النيل قال عمرو ان هذا امر لا يكون ابدا فى الاسلام وان *d* الاسلام يهدم ما قبله فهمّوا بالجلاء فلمّا راى ذلك عمرو كتب الى عمر بن الخطّاب فكتب اليه انك قد اصبت وانى قد بعثت اليك بطاقة *e* فى داخل كتابى هذا يعنى رقعة فألقها فى النيل فلمّا قدم كتاب عمر على عمرو اخذ البطاقة ففتحها فاذا فيها من عبد الله عمر الى نيل مصر اما بعد فان كنت انما تجرى من قبلك فلا تجر *f* وان كان الله العزيز الغفّار الواحد القهّار هو الذى يُجريك فنسئل الله الواحد القهّار ان يجريك فالقى البطاقة فى النيل قبل الصليب بيوم وقد تهيّأ اهل مصر للجلاء لانهم *g* لا تقوم مصلحتهم الّا بالنيل فاصبحوا *h* يوم الصليب وقد اجراه الله ستّة عشر ذراعا فى

a) I منه. Deinde codd. رطبت. *b*) Deëst; cf. Mokaddasî ٢٠٧, 4, Jâc. IV, ٨٦٣, 9, Makrîzî, I, ٥٨ cet. *c*) Deëst in I et S. B habet in marg. cum صح. *d*) B فان. *e*) B بنطاقة l. ببطاقة. *f*) Codd. تجرى. *g*) S لانه. *h*) B c. و.

ليلة واحدة وقطع الله تلك السنّة عن اهل مصر، قال ابن الكلبيّ كتاب عمر الى نيل هو الطلسم الاكبر ۞

ومن عجائب مصر حشيشة يقال لها الدقس[a] يتّخذ منها حبال للسفن تسمّى[b] تلك الحبال القِرقس[c] يؤخذ من القرقس قطعة فيُشعل[d] بين ايديهم كالشمع ثم يطفى فيمكث سائر الليل فذا[e] احتاجوا اليه اخذوا طرفه فاداروه كالمخراق فيشتعل، ومن اعاجيب مصر الشجرة التى تدعى باليونانيّة المومقس[f] يرى بالليل من بعيد كانه حريق فاذا دنا منه الانسان لم يجد عنده شيءا بتّة، ومن اعاجيب مصر الرماد الذى يقال له رماد السنط وهو خشب يوقد نهارهم كلّه ولو جمع الانسان ذلك الرماد لما ملأ راحته، ولهم حجارة الواحات كلّ من تناول منها حجرا فحرّكه فكانّما يحرّك مقلةً نواتها فى جوفها، ولهم القراطيس التى لا يشركهم[g] فيها احد، ولهم دابّة يقال لها الاشقَنْقُور[h] يهيج الجماع[i] اذا أُكل وفيه اعجوبة اخرى وذلك ان ثلثة من الحيوان للذكر منها ايرانِ الاشقنقور والورل والضبّ ۞

ومن مفاخرهم شراب العسل وهو هناك يختار على الخمر البابليّ للذّته وطيبه وشدّة اخذه وموضع الاعجوبة فيه انه يتّخذ فى زمان مدود النيل ويعمل من ذلك الماء الخاثر الكدر ولو عمل من الصافى لم يخرج على صفاء هذا ولا جودته ولا تزيده تلك الكدورة الّا صفاءً وحسنا، ولهم البلسان ودهن الفجل ودهن الخردل ولهم الخيش والريش، *ولهم ان كلّ واد فى الارض مخالف لواديهم لانه يستقبل

---

a) Sic codd., Kazwînî II, ١٧٧, 4 الدلس; alibi الديس, vid. Gloss. Edrîsî p. 303. *b*) B يسمى, S s. p. *c*) B القِرْقَنْبِن; I et S ut rec. s. voc., Kazw. القوقس ut semel S. *d*) Scil. القرقس. *e*) S فان. *f*) B المَوْمَقِس. Kazw. l.l. موقيقوس. *g*) S يشاركهم sic. *h*) B h. l. الشقنقور, S الاسقنقور. Deinde I et S تهيج. *i*) S للجماع.

الشمال وماؤها يجرى من الجنوب *a*، واعجوبة اخرى انها لا تُمطر مطرا، واعجوبة اخرى ان اسمها مصر وعلى اسمها سمّيت الامصار مثل الكوفة والبصرة وانّما سمّيت البصرة فُسْطاطا على التشبيه بفسطاط مصر، وقال الكلبىّ كان لفرعون ما بين مصر الى مغرب الشمس وهى مملكة افريقية والاندلس وانّما هو *b* مثل ارض واسِطَ اربعون فى مثلها، واعجوبة اخرى بمصر *c* وهى الاترجّ ربّما وضع الرجل الاترجّة بينه وبين صاحبه فلا يرى احدهما الآخر لكِبَرها، وبمصر من الاعاجيب السمك الرعّاد ومن صاد منه سمكة لم تزل يده ترعد وتنتفض ما دام فى شبكته وشصّه وليس هذا باعجب من الجبل الذى بآمد *d* يراه جميع اهل البلد فيه صدع فمن انتضى سيفه فاولجه فيه ثم قبض على قبيعته بجميع يديه *e* اضطرب السيف فى يديه وارتعد هو ولو كان اشدّ الناس وفيه اعجوبة اخرى لانه *f* متى حُكّ بهذا الجبل سيف او سكّين *g* حمل ذلك السكّين الحديد وجذب الابر والمسالّ باكثر من جذب المغناطيس *h* واعجوبة اخرى ان ذلك الحجر بعينه لا يجذب الحديد فان حُكّ عليه سكّين او *حُدّ به *i* جذب الحديد وفيه اعجوبة اخرى انه لو بقى مائة سنة لكانت تلك القوّة قائمة فيه ولو سُقى كما تُسقى السكاكين والمغناطيس *k* نفسه اذا حُكّ عليه الثوم لم يجذب الحديد وذلك شبيه بناب *l* الافعى لانهم *m* اذا حَشَوا فيه حُمّاض الاترجّ ثم عضّ وانقلب لم يكن له سَمّ قاتل ✿

وقد بارك رسول الله عمّ فى بَنْهَا *n* قرية مصر، وقال اهل مصر اتّخذ يوسف عمّ الفيّوم بالشرقىّ فى جبل شربُ اسفلها واعلاها

---

a) S om. *b*) Scilicet ipsa Aegyptus. Cf. supra p. ٥٧, 12. *c*) S وبمصر اعجوبة اخرى omisso وهى. Cf. Makrîzî I, ٢٨. *d*) Vid. Jâcût, I, ٦٦ ult. sqq., Kazw. II, ٣٣٠. *e*) I ins. انتفض. *f*) S انه. *g*) I et S سكين او سيف. *h*) I المغلناطيس i. e. المغناطيس. *i*) B حربة. *k*) B et I والمغاناطيس. *l*) B et I نبات. *m*) S فانهم. *n*) Codd. تبيها. Vid. Jâc. I, ٧٤٨, 20 sqq.

ووسطها بماء واحد لا تعدم الثمرة فيها رطبةً شتاء * ولا صيفا [a] ✿

قالوا واذا جاوزت بلاد غانة الى ارض مصر انتهيت الى امّة من السودان يقال لها [b] كوكو ثمّ الى امّة يقال لها [c] مرندة ثمّ الى امّة يقال لها [d] مُراوة ثمّ الى واحات مصر [e] بملّسانة ✿

صفة الهرمين [f]

وبمصر الهَرَمَيْن الذى [g] يُرى اصحابُه كانهم دُفنوا حديثا الّا انهم فى عمق من الارض وهى ثلثة اهرام كلُّ هرم اربع مائة [h] ذراع طول فى اربع مائة ذراع عرض فى سمك اربع مائة ذراع فى الهواء مبنيّة بحجارة المرمر والرخام غلظ كلّ حجر وطوله وعرضه عشرة اذرع مُهَنْدَز مُهَنْدَم لا يستبين هندامه الّا للحادّ البصر منقور فى كلّ حجر بالكتاب المسند يقرأه كلُّ من يقرأ المسند كلُّ سحر وكلُّ عجب من الطبّ وكلُّ طلسم وكلُّ خلقة طير وحدّث بعض المشايخ بمصر انه قرئ [i] لبعض خلفاء بنى العبّاس على الهرمين مكتوب انّى بنيتُهما فمن كان يدّعى قوّة فى ملكه فليهدمهما فان الهدم ايسر من البناء فارادوا هدمهما [k] فاذا خراج الارض لا يقوم به فتركوها' وقال عبد الله بن طاهر رايت بمصر من عجائب الدنيا ثلثة اشياء النيل والهرمين وابن عُفَير * وكان ابن عُفير هذا كثير العلم واسمه سعيد بن كثير بن عُفير [l] ' قالوا ووُجد [m] فى اهرام مصر حيّة من ذهب فى شدقها

---

a) B وصيفا. *b*) Codd. له. *c*) B لهم, I et S له. Deinde codd. مربده; vid. Edrîsî ٤١, Ibn Haukal ٦٦, 10. Mas'ûdî III, 38 l. 2 مديده, Jakûbî Hist. I, p. ٢١٧ مرده; cf. Tabarî III, ١٤٢٨*h*. *d*) I et S له. *e*) I بمصر. Deinde I بملسابه. Cf. apud Mas'ûdî الملانه. *f*) S om. titulum; B et I هرمين s. art. *g*) S الذين. In B vocal. sunt الهَرَمَيْنِ, sed perspicuum est, formam h. l. ut nomen proprium usurpari. *h*) I ثلثمائة. *i*) Codd. قرا. *k*) B et I هدمها, mox codd. فتركوها. *l*) S om. Obiit anno 226. Vid. ind. ad Jâc. sub سعيد et ابن عفير. *m*) B ووجدوا.

صُفَيحة فضّة مكتوب فيها

انّى وربّ البُدْن والقِلاصِ عَمِلْتُها من خالصِ الرَّصاصِ

وقرئ عليه ايضا انّى نقبتها *a* وكسوتُها الانطاع ثمّ كسوتُها الحِبر اليمانية ثمّ كسوتها الديباج فمن ادّعى القوّة فى ملكه فليكسُها الحُصُر *b* فاراد المأمون ان يكسوها الحصر فكان يُخْرِج فيها خراج مصر اجمع ۞

وبمصر الرمل المحبوس والطور الذى كلّم الله عزّ وجلّ موسى عمّ بها وهو فى صحراء التيه فيما بين القُلْزم وأَيْلة وفيها الصَّرْح الذى لم ير قطّ شىٌ *c* مثله، وهم يقولون نحن اكثر الناس عَبْدًا وشُهْدًا وقَنْدًا *d* ونقدًا، قالوا والصوف والكتّان لنا ليس لاحد من اهل البلدان مثلها، وقالوا *e* ولنا الحمير المَرِيسيّة والبغال المصريّة والخيل العتاق والمطايا من الابل، قالوا ولنا الاودية والمراتع التى *f* ليس لاحد مثلها وربّما خيف على الابل الهلاك من السمن لانها اذا بلغت الغاية فى السمن فربّما انصدعت كراكرها عن شحمة كالسنام حتى يخرّ البعير ميّتا، قالوا ولنا الشمع والعسل والريش والخيش ولنا ضروب الرقيق والجواهر ۞

وبمصر الاسكندريّة قال *g* النبىّ صلعم خير مسالحكم الاسكندريّة وهى من بناء الاسكندر وبه سمّيت ويُروى فى قول الله عزّ وجلّ *h* ارم ذات العماد قال هى الاسكندريّة وقال الحسن البصرىّ لَأَنْ ابيتَ بالاسكندريّة ليلةً على فراشى احبّ الىّ من عبادة سبعين ليلة *i* كلّ ليلة منها ليلة القدر بمقدارها *k*، وروى زُهْرة *l* بن مَعْبَد القرشىّ *m* قال قال لى عمر ابن عبد العزيز اين تسكن بمصر قلت الفسطاط قال تسكن المدينة الخبيثة وتذر الطيّبة قلت اين قال الاسكندريّة فانك تجمع دينا ودنيا

---

a) B نقيبتها. *b*) Cf. Jâcût IV, ٩٩٥, 9, Kazwînî II, ١٧٧ paen. ubi بالحصير. *c*) Codd. شيا. *d*) S وشهبا ونقدا. *e*) B sine و. *f*) Codd. الذى. *g*) Cf. Jâcût I, ٢٥٩, 16. *h*) B تعالى. Kor. 89 vs. 6. *i*) I سنة. *k*) I وبمقدارها. *l*) Jâc. l.l. 21 الازهر. *m*) I القريشى.

وهى طيّبة[a] الموطأ والذى نفسى بيده لوددتُ ان قبرى فيها، ولمّا همّ الاسكندر ببنائها[b] دخل هيكلا لليونانيّين عظيما فذبح فيه ذبائح كثيرة وسأل احبارها[c] ان تبيّن له امر المدينة هل يتمّ بناؤها وكيف يكون فراى فى المنام كأن جدار[d] ذلك الهيكل يقول له انك تبنى مدينة يذهب صوتها فى اقطار الارض ويسكنها من الناس ما لا يحصى عددهم ويختلط الرياح الطيّبة بهوائها ويثبت حكمة اهلها ويُصرف عنها سورة السموم والحرّ ويُطْوَى[e] عنها قسوة البرد والزمهرير ويظعن[f] عنها الشرور حتى لا يصيبها خبل من الشيطان وإن حلب[g] اليها الملوك والامم بجنودهم[h] وحاصروها لم يدخل عليها ضررٌ، فبناها وسمّاها الاسكندريّة ثم *رحل عنها[i] فيقال انه مات ببابل وحُمل الى الاسكندريّة فدُفن بها، ويقال انها عُملت فى ثلثمائة سنة وخُمّرت نورتها ثلث سنين وخربت ثلثمائة سنة ولقد غبّر[k] اهلها سبعين[l] سنة ما يمشون بالنهار[m] فيها الّا بخِرَق سود فَرَقَ[n] أَنْ تذهب ابصارهم من بياض جُدُرها وما أسرج فيها احد سراجا بليل من ضوءها، ومنارة الاسكندريّة على سرطان من زجاج فى البحر[o]۞

والجَوْف[p] بمصر وباليمامة وهما جوفان مثل الطُوخ[q] بالعراق وحُلْوان بمصر على فرسخ من الفسطاط وبه نخل كثير والكِرْيَوْن على ٣ فراسخ منها۞

---

a) B الطيبة. *b*) S ببنيانها. *c*) Jâc. I, ٢٥٧, 2 ربه. *d*) Apud Jâcût hinc factum est رجل قد ظهر له من. *e*) Ex Jâc.; codd. ويطفى (I وتطفى). *f*) S s. p., I ويضعن. Jâc. ويكتم. *g*) Codd. جلب. *h*) S بجيوسهم. *i*) Ex Jâc.; codd. دخلها. *k*) I غد, S خمر. Makrîzî I, ١٤٨ ut Ibn Khord. p. 121 مكث, Jâc. I, ٣٦٠, 9 اقام. *l*) Codd. سبعون. *m*) S النهار. *n*) B et I فرقا, S خوفا. *o*) Cf. Makrîzî I, ١٠٥ paen., ١٠٦. *p*) B الحوف et mox حوفان, quod recipi non potest quia additur وباليمامة. De scriptione الجوف pro الحوف Aegyptiaco vid. Juynboll, *Lexic. Geogr.* IV, p. 281 (S والتجرف et حرفان). *q*) Codd. الطوح. In Irâk locus nomine الطوخ mihi ignotus est. Forte l. الكرخ, sed textus turbatus est.

فاما منارة[a] الاسكندريّة فلها عمودان من نحاس على صورتين احدهما من زجاج والآخر من نحاس اما النحاس فعلى صورة عقرب والزجاج على صورة سرطان والمنظرة[b] الى جنبهما ويقال لها[c] المنارة ۞

وعَيْنُ الشَّمْس[d] على ٣ فراسخ من الفسطاط ومَنْف مساكن فرعون بينها وبين عين الشمس ٣ فراسخ ۞

وقد اختلفوا فى الاسكندر فزعم بعضهم انه ذو القرنين وقال آخرون *ليس هو[e] ذو القرنين ابنَ فيلفوس ولكنه لكثرة جولانه فى الارض وطيّه[f] الاقاليم شبّهه مَن لا علم له بذى القرنين وبينه وبين ذى القرنين المعمَّر صاحب سدّ ياجوج وماجوج وبانى مدينة مرو ومنارة الاسكندريّة المركَّزة على سرطان من زجاج وبانى مدينة البَهْت[g] بالمغرب وتعرف بالبُهاء[h] وهى مبنيّة من حجر يسمّى حجر البهت من تطلّع فيها تاه واستغرب ضحكا حتى يتلف نفسه *دهرًا طويلًا[i] وذو القرنين المعمَّر هو الذى وقف على صاحب الصُور حين دخل الظلمات وبلغ مكانا لم ينفذ وراءه فصوّر فرسا من نحاس عليه فارس من نحاس ممسك على عنان فرسه بيسرى يديه ومادٌّ يده اليمنى مكتوب فيها[k] بالحميريّة ليس ورائى مسلك فهذا عُمّر عمرا طويلا حتى عاش سبع مائة سنة وأُوتى من كلّ شىء سببا ورُفع الى السماء وكان يسمّى عَبّاشًا والرومىُّ عُمّر عمرا قليلا وكان سيرته اخبث سيرة ۞

وقال عطاء بن ابى خالد المخزومىّ كانت الاسكندريّة بيضاء تضىء

---

a) Addidi. *b*) S المنارة. Pro جنبهما codd. جنبها. *c*) Codd. انها. *d*) I sine art. *e*) I انه ليس. *f*) B et S ووطيه ut Jâc. I, ٢٥٤, 11. *g*) B hic et deinde البُهْت, I et S sine voc. intelligitur fabulosa مدينة الصفر s. مدينة النحاس (Mas'ûdî I, 369, Jâcût IV, ٤٥٠, Kazw. II, ٣٧٥), licet وادى بهت exstet in Magribo (Juynboll, *Lexic. Geogr.* IV, 410). *h*) I et S بالمها. *i*) Addidi ex Jâcût, I, ٢٥٧, 17 sq. *k*) I عليها. Jâcût I, ٢٥٧, 15 ut rec.

باللیل والنهار فكانوا اذا غربت الشمس لم يخرج منهم واحد من بيته ومن خرج اختُطف وكان لهم[a] راعٍ يرعى الغنم على شاطئ البحر وكان يخرج من البحر شيء فيأخذ من غنمه فكمن له الراعي في بعض المواضع حتى خرج فاذا جارية فتشبّث[b] بشعرها ومانعته[c] فذهب بها الى منزله فآنست بهم فرأتهم لا يخرجون بعد غروب الشمس فسألتهم عن ذلك فاخبروها ان من خرج في ذلك الوقت اختُطف فعملت لهم الطلسمات وكانت اوّل من وضع[d] الطلسمات بمصر ۞

ويروى عن عبد الله بن عمرو بن العاص قال عجائب الدنيا اربعة مرآة معلّقة بمنارة الاسكندريّة كان يجلس الجالس تحتها[e] فيرى من بالقسطنطينيّة وبينهما عرض البحر، وفرس نحاس عليه راكب من نحاس بارض الاندلس باسط يده رافعها عليه[f] مكتوب ليس خلفي مسلك ولا يطأ تلك البلاد احد الّا ابتلعه النمل[g]، ومنارة من نحاس بارض عاد[h] عليها راكب من نحاس فاذا كان[i] الاشهر الحرم هطل منه الماء فشربوا منه وسقوا وصبّوا في الحياض والآبار[k] فاذا انقضت الاشهر الحرم انقطع ذلك الماء، وشجرة من نحاس عليها سودانيّة من نحاس بارض روميّة فاذا كان اوان الزيتون صفرت السودانيّة التي من نحاس فتجيء كلّ سودانيّة من الطيارات بثلث زيتونات زيتونة في منقارها وزيتونتان في رجليها حتى تلقيها على الشجرة فيعصر اهل روميّة ما يكفيهم لادامهم وسرجهم[l] الى قابل ۞

وبعين شمس من ارض مصر بقايا اساطين كانت[m] هناك في رأس

---

a) Makrîzî I, ١٤٨, 8 a f., ubi haec verbotenus leguntur منهم. *b*) B فنشبت. Makr. قد نفشت شعرها. *c*) Ex. Makr. qui addit عن نفسها فقوى عليها. B et S وتابعته, I وتبعته. *d*) Ex Makr.; codd. وضعت. *e*) S عليها, sed Ibn Khord. p. 94 et Makr. I, ١٥٨ med. ut rec. *f*) S عليها. *g*) Ibn Khord. النحل. *h*) B عار, I غار. *i*) Ibn Khord. add. في. *k*) I والابيار. *l*) Ibn Khord. add. لسنتهم. *m*) Addidi ex Ibn Khord. p. 121.

كلّ اسطوانة طوق من نحاس يقطر من احدهما ماء من تحت الطوق الى نصف الاسطوانة لا يجاوزه ولا ينقطع قطره ليلا ولا *a* نهارا فموضعه من الاسطوانة اخضر. ولا يصل الماء الى الارض وهو من بناء هُوشَنْك *b* ، وبالاسكندريّة موضع فيها سوارٍ واساطين من حجارة من بقيّة بناء قديم وفيها سارية تعرف بسارية سليمان عمّ فيها اعجوبة وذلك ان الرجل فيها يجىء اليها ومعه زجاج او خزف او غير ذلك فيلقيه على السارية ويقول بحقّ سليمان بن داود الّا انكسرت فينفتّت الزجاج والخزف وليس هذا الّا فى هذه السارية وان لم يقل بحقّ سليمان لم ينكسر ۞

وبمصر مَنْف مدينة فرعون *c* لها سبعون *d* بابا وحيطان المدينة من حديد وصفر وفيها كانت الانهار التى تجرى من *e* تحته وهى اربعة ۞

ومن كور مصر. مَنْف ووَسِيمْ ودَلاصْ وبُوصِير والفَيُّوم واَهْناس والقَبْس *f* وطَحا *g* وأُسْيُوط وأُشْمُونَيْن قَهْفا *h* البَهْنَسى *عُو وقِنَى *i* قِفْط

---

a) Addidi لا ex Ibn Khord. *b*) I هوشيك, S هَوْشك; Ibn Khord. هوشهنك (cod. هوسهنك). *c*) Cf. locum Ibn Khord. apud Makr. I, ١٠۴ ult. sqq. *d*) B et I سبعين. *e*) B et I om. Deinde Makr. تحت سريره. *f*) Codd. وانقياس. Apud Dimaschkî ed. Mehren ٢٣٢, 3 corruptum est in القابس, sed cod. Par. ibi القفش. Dubium est annon potius h. l. legendum sit القَشْن, vid. Jâc. in v., Makrîzî I, ٧٢, 6 a f., ٧٣, 23, coll. tamen ١٢٨, 7 a f. Ibn Khord. in cod. habet القس. Cf. quoque Jakûbî ١١٩ et Makr. ٢٠۴. Jâc. IV, ٥۴٩, 8 ut rec. *g*) Codd. وطخا (B وطِخاء). *h*) Codd. فهفا. Legi coll. Ibn Khord. p. 74 كهفا (cod. cum voc.) et Jakûbî ١١٩, paen. An componi debeat cum قهقوة Jâcûti et Makr. I, ٧٢, 4 a f. nescio. *i*) Codd. هوروقى (B هُورُوقِى), cod. Ibn Khord. هورقى (in edit. temere ارمونت). Cf. Jakûbî ١٢٠ et Makr. I, ٧٣, 15 a f. et ١٢٨, 6 a f. Deinde codd. نفط (S بعط).

الاقْصُر *a* اسْنَى *b* أَرْمَنْت سُوَان *c* الاسكنـدريّة المليدس *d* الطور مَصيل *e* قَرْطَسا خَرِبْتَنا *f* اليَدْقُون *g* صا وشَبَاس *h* تيدَه *i* الاَفْرَاحُون لُوبِيَا *k* الاَوْصِيَة *l* مَنُوف *m* العليا مَنُوف السفلى دَمْسِيس *n* أَتْرِيب *o* عَيْن شَمْس فَرْخطشا *p* الجَوْف *q* الشرقىّ الجَوْف الغربىّ ۞

وبمصر نهر اللاهُون ويقال ان يوسف عمّ احتفره وهو يأخذ من النيل، وآخر عمل مصر من حدّ النوبة أُسْوان ودُمْقُلَة *r* مدينة النوبة وبينهما مسيرة اربعين ليلة ۞

ومن عيوب مصر انها لا تمطر ويكرهون المطر والله عزّ وجلّ يقول *s* وَهُوَ ٱلَّذِى يُرْسِلُ الرِّيَاحَ بُشْرًا بَيْنَ يَدَىْ رَحْمَتِهِ، ومن عيوبها الريح الجنوب التى *t* يدعونها المَرِيسيّة وذلك انهم يسمّون اعلى الصعيد الى بلد النوبة مَرِيس فاذا هبّت الريح المريسيّة ثلثة عشر يوما تباعا

---

a) B الاقفر, I et S الافقر. *b*) B اشينى, I انيشى, S اشنى. Deinde codd. ازميت *c*) Codd. سوران. Ibn Khord. اسوان. *d*) B القلدير, I et S الفلدين, Makrîzî I, ٧٣, 16 et 8 a f., Ibn Khord. ut rec. (cod. vero والتلدس), Jakûbî ١٣٧ المليدش, ut dedit editor secutus Ibn Ijâs (cod. 818, p. 65 l. 7, cod. 741 p. 63 l. 4). Jâcût IV, ٩١, 11 الملبدين. *e*) Codd. مصبل et deinde فرطشا. *f*) Codd. خرشا. *g*) Codd. النَّملْقور. Secutus sum Makr. ٧٣. Jâc. البذقون et hinc apud Jakûbî ١٣٧ et Dimaschkî ٢٣١. *h*) B وساص, I وساش, S وساس cum صا in unum conjunctum. *i*) S تبده. Cf. Juynboll, Lexic. Geogr. IV, 512, Makrîzî I, ٧٣ (ubi male بيده), ١٣٩, 1 etc. Deinde B الافراحون, I et S الافراجون. *k*) Codd. لوتيا. *l*) S الاوضيه. Ibn Khord. ut rec. Jâc. et Makr. الاوسية. *m*) Codd. hic et mox ridicule ارسوف. *n*) B قس, I et S قَسْ, Ibn Khord. قَسْنس (in ed. e conj. شنطوف). Conjecturâ edidi, coll. Makrîzî ٧٣, 6 et 30. *o*) Codd. افرنت. *p*) I فرخطشا. Ibn Khord. قرسطا. Quomodo restituendum sit nescio. *q*) Sic, non الحوف. Cf. supra p. ٧. ann. *p*. *r*) Codd. ودَقْقلة (S s. voc.). *s*) Kor. 7 vs. 55. Cf. Jâcût IV, ٥٥٣, 1 sqq. *t*) Codd. الذى. Post يدعونها incipit magna lacuna in S.

اشترى اهل مصر الاكفان والحنوط وايقنوا بالوباء القاتل والفناء العاجل نسأل الله العافية، ومن عيوبها اختلاف هوائها لانه فى يوم واحد يختلف عليهم اهوية برد وحرّ، واذا اجدبوا انقرضوا لانه ليست لهم ميرة من وجه من الوجوه والناس من a عندهم يمتارون فاذا انقطعت من عندهم فنوا نسأل الله العافية، وهم قتلوا عثمان بن عفّان وعلىّ ابن ابى طالب وعُمَيرا b المأمونىّ، ونساء اهل مصر والقبْط ضدّ نساء خراسان لان نساء خراسان يلدن اذكارا ونساء القبط لا يكاد يُرى منهن الّا مبناث c وتلد الاثنين والثلثة والاربعة ولا نعلم ناسا فى الارض اكثر ذكرانا من آل ابى طالب ۞

وتربة مدينة الرسول عمّ طيّبة والغالية والطيب بها يزداد على العَبَق وطول الايّام طيبا والغالية الثمينة الخطيرة بالاهواز تنقلب فى ايّام يسيرة، وحُمّاها على الصغير منهم والكبير لا تزايله حتى على المولود ساعة يولد d قال رسول الله صلعم ان مصر ستُفْتَح بعدى فانتجعوها ولا تتّخذوها دارا فانه يساق اليها اعجل الناس اعمارا فحُمّاها اخبث من حمّى الاهواز ووباءه e اشدّ من ذلك وقال رسول الله صلعم انتجعوا خيرها واسكنوا غيرها فانها معدن السحر والزنا ودار الفاسقين ولا تغسلوا f رءوسكم بطينها الاسود فانه يميت القلب ويكثر الهمّ ويذهب بالغيرة نعوذ بالله منه a قال وكُشف عن حجر بمصر g فاذا فيه كتابة ويلك يا مصر خرابُكِ سَبْلُكِ h ملوكك غرباء لا يسود منك فيك ولا منك فى غيرك وقال وَهْب المعافرىّ اذا رايتم منبر الفسطاط قد حُوّل عن مكانه فتحوّلوا منها وقال عبد الله بن عمرو ابن العاص ليأتينّ على الناس زمان قَتَبٌ على جَمَلٍ دَبِرٍ خير من دار بمصر i، وقال يحيى بن محفوظ خلق اللهُ العقل وخلق معه

---

a) B om. *b*) Codd. وعمير. Alibi non inveni mentionem ejus. *c*) Codd. ميناثا. *d*) I وقال. *e*) Codd. ووباءه. *f*) B تنغتسلوا. *g*) I om. *h*) B خر . . . . سلك. *i*) B مصر.

المكر واسكنه العراق وخلق المكر[a] وخلق معه الجفاء فاسكنه الشأمَ وخلق الفقر[b] وخلق معه القنوع واسكنه[c] الحجاز وخلق الغَناء وخلق معه الذلّ واسكنه مصر، وقال كعب القرظىّ خلق الله السرقة تسعة اجزاء سبعة منها فى القبط ✿

ومن عجائب مصر الشبّ[d] وهو حجر اسود مجدّر يطفو فوق الماء والابنوس يرسب فى الماء فاىّ شىء اعجب من خشب يرسب فى الماء *وحجر يطفو على الماء وضروب[e] من الخشب ترسب فى الماء[f] الابنوس والشيز والعُنّاب والآهنْدال، وحجر المغناطيس عجب وان شأن الالماس لعجب ومن اعاجيب[g] الحجارة لحصاة التى فى صورة النواة تسبح فى الخلّ كانها سمكة والخرزة التى تجعل فى حقو المرأة لئلّا تحبل والحجر الذى يوضع على حرف التنّور فيساقط[h] خبزَ التنّور كلّه، ويدّعون ان كعب الارنب اذا شُدّ بساق الملسوع لم يضرّه ✿

قال وخراج مصر وحدها يضعف على جميع خراج الروم وحمل منها موسى بن عيسى فى دولة بنى العبّاس الفى الف *ومائة الف[i] وثمانين الف دينار ✿

وعلى اعلى مصر النوبة والحبشة والبُجَة[k] وكان عثمان صالح النوبة على اربع مائة رأس فى السنة وفى الخبر قال[l] رسول الله صلعم من لم يكن له اخ فليتّخذ اخا من النوبة وقال خير سبيكم النوبة وللنوبة كفّ ووفاء وحسن عهد وبها الابنوس الابيض يتّخذ منه[m] الاسرّة

---

a) Falsa scriptio esse debet. *b*) Codd. الفقه. Cf. Mas'ûdî III, 130 sq. (ubi l. الشقاء), Jâc. I, ٥٤, Makrîzî I, ٥٠. Haec altera redactio infra recurret. *c*) I ins. فى. *d*) Lectio vitiosa est, nam intelligitur شَبَه (Vullers), Arabice سَبَج. *e*) I وصنوبر et mox يرسب. *f*) B om. *g*) I عجايب. *h*) B فتساقط et خبزُ. *i*) Addidi e Makr. ٩٩, 15. Deinde codd. وثمنون. *k*) B والبَجّة, infra بُجَّة. *l*) Bis in I. Cf. Jâc. IV, ٨٣٠, 9. *m*) B منها.

وبها الكَرْكَدَنُ وهو مثل العجل وفى جبهته قرن يقاتل بـه وآخر صغير اسفل منه بين عينيه يقلع بـه الحشيش ويطعن الاسـد بالـذى فى جبهته فيقتله وله ظلف كظلف البقر ويهرب منه الاسد والفيل وبالنوبة الزرّافة *a* وذكروا انها بين النمر والناقة وان النمر ينزو على الناقة فتلد الزرافة ولا تغتذى *b* الّا بما تستخرجه من البحر فخلق البارى جلّ وعزّ لها عنقا طويلا لتبلغ *c* الموضع الذى تستخرج منه الغذاء ومثله فى الحيوان فيما يشاكله ويقرب منه فى النتاج كما يُلْقح الفرس الحمار والذئب الضبعَ والنمر اللبوةَ فيخرج *d* من بينهما الفهد فالزرّافة لها جثّة جمل ورأس ايّل واظلاف بقر وذنب طير وليديها ركبتان وليس لرجليها ركبة وجلدها منمّر وهو منظر عجيب وتسمّى بالفارسيّة أُشْتُرْكاوبَلَنْك *e* اى انها بين الجمل والثور والنمر والزرّافة فى اللغة الجمع وسمّيت هذه الدابّة لاجتماع هذه المشابه فيها وذكر بعض الحكماء ان الزرافة نتاجها من فحول شتّى وهذا باطل لان الفرس لا يلقح الجمل ولا الجمل يلقح البقرة، وبالحبشة دابّة يقال لها الرَعقى تقبض على خرطوم الجمل فتصرعه وتشرب دمه ولا تأكل لحمه، والنوبة *f* يعقوبيّة * وللصقالبة صُلْبان لحمد الله على الاسلام *g* وكذلك اهل عَلْوَا وتَكْرِيت *h* والقبط والشام كلّها نصارى يعقوبىّ ومَلكىّ ونَسْطورىّ ونبقلاءىّ *i* ورَكوسىّ ومَرقيونىّ وصابىّ *k* ومَنانىّ *l* لحمد لله على الاسلام والنوبة اصحاب ختان لا يطأ فى الحيض ولا *m* يغتسل من الجنابة وهم نصارى يعقوبيّة يَهْذَون *n* الانجيل والروم مَلْكانيّة يقرأون الانجيل بالجَرْمقانيّة

---

a) Codd. interdum الزرّافة. *b*) I تتغذى. *c*) Codd. ليبلغ et mox يستخرج. *d*) I فخرج. *e*) I أُشْتُرْ كَاوْ پَلَنْك. *f*) Codd. والنوبيّة. *g*) Haec non suo loco esse videntur. *h*) Sic. *i*) B ونلقاى, I id. s. p. *k*) B ونصابى, I id. s. p. *l*) B وميناى, I ومماى. *m*) Jâc. IV, ٨٢٠, 11 om. لا. *n*) I يهدون.

واهل بُجَة عبّاد اوثان يحكمون بحكم النوبة، ودُمْقُلَة*a* مدينة النوبة وبها منزل الملك وهى على ساحل البحر ولها سبع حيطان واسفلها بالحجارة وطول بلادهم مع النيل ثمانون ليلة وطول عَلْوَا*b* الى بلاد النوبة مع المغرب مسيرة*c* ثلثة اشهر ومن دُمْقُلَة الى اسوان اوّل مصر مسيرة اربعين ليلة ومن اسوان الى الفسطاط *خمس عشرة ليلة*d* ومن اسوان الى ادنى بلاد النوبة خمس ليال، وفى الشرق من بلاد النوبة البُجَة ما بين النيل وبحر اليمن وهو بحر القلزم بمصر وبحر الجار بالمدينة وبحر جُدّة بمكّة وبحر اليمن بالشِحْر وعمان وفارس والأُبُلّة، وفيما بين ارض النوبة والبُجَة جبال منيعة*e* وهم اصحاب اوثان وفى بلادهم معدن الزبرجد *يُحفر التراب من معدنه ثم يغسل فيوجد فيه قِطَع الزبرجد*f* والبُجَة اصناف فالنوبة والبُجَة تسمّى الله عزّ وجلّ بحير*g* وبالزنجيّة لمكلوجلو*h* والقبطيّة ابْنُوته*i* وبالبربريّة مذيكش*k*، ومن خلف بلاد عَلْوا امّة من السودان تدعى تكنة*l* وهم عراة مثل الزنج وبلادهم تنبت*m* الذهب وفى بلادهم يفترق النيل وقد ذكرنا مخرجه وقالوا من وراء مخرج النيل الظلمة وخلف الظلمة مياه تنبت الذهب فى تكنة وغانة ✿

القول فى المغرب

اسفل الارض من الفسطاط الى برقة ستّمائة وستّون ميلا*n* وبَرْقة

---

a) B ودِمَقْلة. *b*) B عِلْوا. *c*) I om. *d*) Jâc. IV, ٨٢٠, 13 خمس ليال. (Codd. خمسة عشر). *e*) Codd. سبعة. Correxi e Jâc. *f*) B om. *g*) Cf. Jakûbî, Hist. I, ٢١٨, 8. *h*) Cf. Mas'ûdî III, 30 et ann., ubi laudatur Quatremère, *Mém. géogr. et hist. sur l'Égypte*, II, 187. *i*) Codd. انبوذه. Est Kopt. *pnûti*, ut me docuit vir amicissimus doctissimus C. Leemans. *k*) I مذكش.

l) B بكنه, I نُكْتَه; infra B نَكْتَة, I s. p.; Jâc. l.l. 21 ut rec. *m*) B ينبت, qua lectione recepta cum Jâc. legendum foret وفى بلادهم. *n*) Jâc. I, ٥٧٤, 3 مائتان وعشرون فرسخا.

مدينة حسناء فى صحراء وهى صُلْحيّة صالح عليها عمرو بن العاص وجَبَرَ اهلها على الجزية وهى خصبة ممتّعة ومن برقة الى القيروان مدينة افريقية ستّمائة وثمانية وثلثون ميلا *a* وسمّيت بافريقش بن ابرهة الرائش *b* وهو الذى بناها وافريقية افتتحها عقبة بن نافع بن عبد القيس الفهرىّ رحمه وجّهه معاوية وهى الآن فى يدى ابن الاغلب وفى يديه ايضا قابس *c* وجَلُولاء وسُبَيْطِلة *d* مدينة جُرْجير الملك وكان روميّا وبينها وبين القيروان سبعون ميلا وزُرُود وقَفْصَة وقَصْطلية ومدينة الزاب وودّان وضفرجيل *e* وزَغْوان *f* وتُونس وبينها وبين افريقية مرحلتان على البغال واسم مدينة تونس قَرْطاجنّة وهى على ساحل البحر يحيط بسورها احد وعشرون الف ذراع ومن مدينة تونس الى الاندلس ستّة *g* فراسخ والى قرطبة مدينة الاندلس مسيرة خمسة ايّام، وفى يدى *h* الرُسْتَمىّ الاباضىّ *i* وهو أَفْلَح *بن عبد الوهّاب *k* بن عبد الرحمان بن رُسْتَم من الفُرْس يسلَّم *l* عليه بالخلافة بقيروة وسلمة وسلمية *m* وتاهرت وما والاها وبين افريقية وتاهرت مسيرة شهر على الابل، ومدينة سَبْتَة *n* الى جانب الخضراء وملك سبتة اليان *o*، وفى يدى *ابن صُقَير *p* البربرىّ

---

a) Jâc. مائتان وخمسة عشر فرسخا. *b*) B الراسن. *c*) B فاس. Vid. Ibn Khord. 77. *d*) Codd. وسَبَسْطِيّة (voc. in B). *e*) Jâc. in v.; Ibn Khord. in cod. وطهرحبل. *f*) Codd. s. p. (B c. voc.) *g*) I ميه ut vid. *h*) B يد. *i*) Codd. القاضى. Aflah apud Ibn Khord. ميمون appellatur; vid. mea *Descr. al-Magr.* p. 102. *k*) Addidi. *l*) I مسلّم. *m*) Nomina triste mutilata. Ibn Khord. وسلم عليه بالخلافة هرره وشلمه وسلمه. Quod editor in versione dedit: Herzeh; Chelif; Meliyanah; est mera conjectura, quam altera augere nolo. Primum videtur habere Jâc. I, ٧٣٩, 14 sub forma بَنَفْزَوَة. *n*) B s. p., ut cod. Ibn Khord. *o*) Codd. للنار, cod. Ibn Khord. البان, recte restituit editor nomen Juliani. *p*) Ibn Khord. صعير. Alibi de hoc principe nihil inveni. Ibn Khord. dicit eum e tribu Masmûda fuisse.

خلقاية[a] الى وادى الرمل ووادى الزيتون وقصر الاسود بن الهيثم[b] الى اطرابلس، وفى يدى الخارجىّ الصُّفْرىّ[c] مدينة كبيرة تدعى دَرْعَة[d] فيها معدن الفضّة وهى مما يلى الحبشة فى ناحية الجنوب ومدينة تدعى زِيز[e]، وفى يدى ابراهيم بن محمّد بن محمود[f] البربرىّ المعتزلىّ مدينة *تلى تاهرت[g] تدعى أَيْزَرج[h]، وفى يدى[i] ولد ادريس ابن ادريس بن عبد الله بن حسن بن حسن بن علىّ بن ابى طالب رضه مدينة تِلِمْسين[k] ومن تاهرت اليها مسيرة خمسة وعشرين يوما عمران كلّه وطَنْجة وفاس[l] وبها منزله ووَلِيلَة[m] ومدركة[n] ومَتْرُوكة ومدينة زَقُّور[o] وغُزَّة[p] وغُمِيرَة والحاجر وماجراجرا وفنكور[q] والخضراء وأَوْراس[r]

---

a)? B حلقادىه, I خلقادىه, Ibn Khord. حلدفايه. *b*) Supplevi ex Ibn Khord. (Codd. الاسـودين). Aliunde virum non novi. *c*) Codd. الصُفَيرى, Ibn Khord. الصعرى. Intelligitur princeps Sidjilmâsae. Cf. Ibn Khaldoun, *H. d. Berb.* I, 260 sqq. *d*) E conj. Codd. بدعة, Ibn Khord. مدغه. Cf. mea *Descr. al-Magr.* p. 133 et Bekrî ١٦٣. *e*) Codd. زبين, Ibn Khord. ربين. Est proprie nomen fluvii urbis Sidjilmâsae. De وين هيلون Bekrî ١٥٦ paen. cogitandnm non videtur. *f*) Sic falsissime codd.; Ibn Khord. non habet. Nullus autem dubito intelligi Ibrâhîm filium Mohammedis ibn Soleimân, quem Alidis annumerant Jakûbî et alii. Vid *Descr. al-Magr.* p. 96. *g*) Correxi sec. Ibn Khord.; codd. تاهرت واخرى. *h*) B الـدِرج, I الـدرج, Ibn Khord. الـزرج. Jakûbî *Descr.* p. ١٧ ايررج, quod p. 115 pron. Aizradj. *i*) I يد. *k*) Codd. تامشير. Deinde B وهى من. *l*) B وقابين, I وقابين cum corr. صح قابس. *m*) Copula deest. B واـلـبـه. *n*) Vid. Mokadd. ٢٢.*k* et de urbe seq. ib. *l*. *o*) Codd. رقون. Corrigatur Mokadd. ubi rec. زفون. Intelligitur (وازقور) اوزقّور Bekrî ١٢٤, 5, ١٥٥, 2, 5. *p*) Codd. وحجرة et deinde وحجرة. *q*) Codd. et Ibn Khord. وفيكون. Male explic. Mokadd. ٢٢١*a*. Cf. Bekrî ١٥٥, 6. *r*) B ووارس, I ووراس, Ibn. Khord. واوارس. Quod male hic Aurasius mons memoratur inde provenit quod in textu Ibn Khord. nonnulli versus alieno loco sunt scripti.

وما يتّصل ببلاد زاغى بن زاغى وطنجة خلف تاهرت باربع وعشرين ليلة وخلف طنجة السوس الادنى وخلف السوس الادنى السوس الاقصى *على بحر اليمن فى شرقىّ النيل *a* ومدينة السوس الاقصى تدعى طَرْقَلَة ومدينة الاندلس تدعى قرطبة وبلاد انبية *b* من السوس الاقصى على مسيرة سبعين ليلة فى برارىّ ومفاوز واهلها واهل نَمْطَة *c* اصحاب الدرق ينقعونها فى اللبن حولا مجرّدا فينبو عنها السيف وان قطع السيف منها شيئا نشب السيف فى الدرقة ولم يمكن *d* ان ينزع من الدرقة والدرقة اللّمْطيّة *e* ليس عليها قياس ۞

وكان سبب خروج *f* ادريس ووقوعه *g* الى هذه النواحى *h* ما حكاه صالح بن علىّ قال اخبرنا مشايخنا ان ادريس بن عبد الله بن حسن الطالبىّ افلت من وقعة العبّاسيّين بالطالبيّين بفخّ *i* مكّة وذلك فى خلافة الهادى فوقع بمصر وعلى بريدها يومئذ واضح مولى المنصور وكان رافضيّا فحمله على البريد الى ارض المغرب فوقع بارض طنجة بمدينة *k* يقال لها وَلِيلَة *l* فاستجاب له من بها وباعراضها من الناس *m* فلمّا استخلف الرشيد أُعلم بذلك فضرب عنق واضح وصلبه ودسّ الى ادريس الشمّاخ اليمانى *n* مولى المهدىّ وكتب له كتابا الى ابراهيم بن الاغلب عامله على افريقية فخرج حتى وصل الى وَلِيلَة وذكر *o* انه متطبّب وانه من اوليائهم فاطمأنّ اليه ادريس وانس به فشكا اليه ادريس علّة فى اسنانه فاعطاه سنونا مسموما ليلا وامره ان يستنّ به

---

a) Sic ineptissime. In fonte بحر الرمل exstitisse verisimile est coll. Jâc. III, ١٠٩, 10. In partem conf. locus supra p. ٦٤, 14. *b*) Codd. ابنية. Vid. supra p. ٦٤ ann. *g*. *c*) Codd. ليطة. Cf. Jâc. IV, ٣٦٥, 19 sqq. *d*) B يكن. *e*) Codd. الليطية. *f*) Conj. addidi. Deinde codd. ادريس بن ادريس. *g*) I وفهيعه *sic*. *h*) I البلاد. *i*) Codd. بفخ. *k*) I ut vid. الى مدينة; cf. Tabarî III, ٥٦١, 4. *l*) Codd. hic et infra ولبلة. *m*) Tab. البربر. *n*) Tab. اليمانى. *o*) B add. لهم.

عند طلوع الفجر وهرب من الليل فلمّا طلع الفجر استنّ ادريس بالسنون فقتله وطُلب الشمّاخ فلم يظفر به وقدم على ابراهيم بن الاغلب فاخبره بما كان منه ولحقت الاخبار بعد مقدمه بموته فكتب بذلك الى الرشيد فولّى الشمّاخ بريد مصر ثمّ ملك من بعد ادريس ادريس ابنه والى هذه الغاية هى ثابتة فى ولده ۞

وفى يدى محمّد بن عبد الرحمان بن الحكم بن هشام بن عبد الرحمان بن معاوية بن هشام بن عبد الملك بن مروان بن الحكم بن اميّة ما وراء بحر *a* الاندلس وفى يديه قرطبة وبينها وبين الساحل مسيرة خمس ليال ومن ساحل قرطبة الى أُربُونَة *b* آخر الاندلس ممّا يلى فِرَنْجة الف ميل وطُلَيطِلَة وبها كان ينزل الملك ومن طليطلة الى قرطبة عشرون ليلة وللاندلس اربعون مدينة ويجاور الاندلسيّين فرنجة وما والاها من بلاد الشرك والاندلس مسيرة اكثر من شهر فى شهر وهى خصبة كثيرة الخير والفواكه وممّا يلى الشمال والروم فرنجة *c*، والاندلس افتتحها طارق بن زياد وموسى بن نصير فاصاب بها مائدة سليمان عمّ فيها جواهر لم يرى خلق مثلها فقلع طارق قائمة من قوائم المائدة وصيّر مكانها اخرى لا تشبهها فلمّا قدموا بها على الوليد ابن عبد الملك وكان موسى وجّهها اليه فقال طارق انا اصبتها فكذّبه موسى فقال طارق للوليد ادعُ بالمائدة فنظر الى قائمته فاذا هى لا تشبه *d* القوائم فقال طارق سله عنها فسأله فقال كذى *e* اصبتها فاخرج طارق اليه القائمة فصدّقه الوليد وقُوّمت المائدة مائتى *f* الف دينار، ومن العجائب *g* بيتان وُجدا بالاندلس عند فتحها فى مدينة الملوك فى احدهما عدد تيجان لملوكها وفى هذا البيت وُجد مائدة سليمان

a) Ibn Khord. البحر من بلاد. *b*) B ارتونة, I ارتونه. Cf. Jâc. I, ١٩٠, 6. *c*) Sic, omissis quae de montibus addit Ibn Khord. *d*) Codd. هو لا يشبه. *e*) I كذا. *f*) Codd. مائتنا. *g*) Ibn Khord p. 118 sq. Codd. بيتين.

ابن داود عمّ وعلى البيت الآخر اربعة وعشرون قفلا كلّما ملك منهم ملكٌ زاد عليه قفلا ولا يدرون ما فى البيت حتى ملك لُذَريق وهو آخر ملوكهم فقال لا بدّ ان اعرف ما فى هذا البيت وتوهّم ان فيه مالا فاجتمعت الاساقفة والشمامسة واعظموا ذلك عليه فأبى فقالوا له انظر ما يخطر ببالك من مال تراه فيه فنحن ندفعه اليك ولا تفتحه فعصاهم وفتح الباب فاذا فى البيت تصاوير العرب على خيولهم بعمائمهم ونعالهم وقسيّهم ونبلهم فدخلت العرب بلدهم فى السنة التى فتح فيها ذلك البيت، وكان ملك الاندلس حين فُتحت يسمّى لُوذَرِيق *a* من اهل اصبهان *b* وباصبهان يسمّى اهل قرطبة الاسبان، ويسلّم على الاموىّ بها السلام عليك يا ابن الخلائف وذلك انهم لا يرون اسم الخلافة الّا لمن ملك الحرمين ۞

اعراض البربر هوارة *c* وزناتة *d* وضَرِيسة *e* ومَغِيلَة وورْفَجُومة *f* واحياء كثيرة فدوابُّ هوارة غاية فى الفراهة وكانت دار البرابرة *g* فلسطين وملكهم جالوت فلمّا قتله داود انتقلت البربر الى المغرب ثم انتشرت الى السوس الادنى خلف طنجة *والسوس الاقصى *h* وهى من *i* مدينة قَمُونِيَة من موضع القيروان على الفين وخمسين ميلا وكرهت البربر نزول المدائن فنزلوا الجبال والرمال ۞

وبُرْجان *k* وبلدان الصقالب *والابر شمالىّ *l* الاندلس ۞

---

a) Ibn Khord. p. 79 لودريق. *b*) B اصفهان. *c*) B هَوَاذَه, I هَوادَه. *d*) Codd. واشاهه, Jâcût I, ٥٤١, 13 امتاهه; sed Ibn Khord. ut rec. (cod. وزيانه). Quod Juynboll, Lexic. Geogr. IV, 287 de hoc nomine proposuit, admitti nequit. Cf. quoque Hist. d. Berb. I, 175. *e*) Codd. وضرسه. *f*) In codd. copula deest. *g*) B البربرة, Ibn Khord. البربر. *h*) Non exstat apud Ibn Khord. *i*) Addidi. De Kamûnia vid. quae scripsi *Descr. al-Magr.* p. 75 sq. *k*) B وبرحال, I وترجان, Ibn Khord. s. p. Praecedit ibi ورميه l. وروميّة. *l*) Codd. والابرسما, Ibn Khord. id. s. p. Cf. *Notices et Extr.* VIII, 195. Deinde B اندلس sine art.

والذى *a* يجىء من هذه الناحية الخدم الصقالبة والغلمان الروميّة والافرنجيّة والجوارى الاندلسيّات وجلود الخزّ والوبر والسمّور *b* ومن الطيب الميعة والمَصْطكى ويقع من بحرهم البُسَّذ وهو الذى تسمّيه العامّة المرجان ولهم الخيل العِراب والابل العِراب والقسىّ العربيّة وهم اهل غفلة وقلّة فطنة وقال رسول الله صلعم نساء البربر خير من رجالهم بُعث اليهم نبىٌّ فقتلوه فتولّت النساء دفنه والحِدّة عشرة اجزاء تسعة منها فى البربر وجزوٌ فى الناس *c* ۞

قالوا وبلاد طنجة مدينتها وَليلة *d* والغالب عليها المعتزلة وعميدهم اليوم اسحاق بن محمّد بن عبد الحميد *e* وهو صاحب ادريس بن ادريس وادريس موافق له وامّ ادريس بربريّة مولّدة وبربر اخواله واسم امّ ادريس كَنْز وهى التى كانت تتولّى طعامه وطبيخه خوفا من السمّ، ومن وليلة *الى طنجة الى ناحيتَىْ *f* مدينة السوس الادنى مسيرة عشرين ليلة وليس فى بلادهم نخل ولا كرم ولا زيتون ولهم القمح والشعير والأغنام والرماك والبقر والعسل وليس لهم قطن ولا كتّان لباسهم الصوف وزرعهم على ماء السماء، ومن آخر مدينة السوس الى آخر طَرْقَلة مدينة السوس الاقصى شهران وليس وراء طرقلة انس ۞

ومن عجائبهم وادى الرمل ومدينة البَهْت *g* وهى فى بعض مفاوزها قال ولمّا فرغ الاسكندر *h* اخذ متيامنا نحو المغرب حتى انتهى الى امّة من بنى اسرائيل *قوم موسى *i* بمدينة لهم وكانوا عبّادا اتقياء

---

a) B c. ف. *b*) Codd. والنمور. *c*) Textum non abbreviatum descripsit Jâcût, I, ٥٤٢, 18 sqq. *d*) Codd. ولبلة ut supra et infra. *e*) Codd. عبد الصمد, sed vid. Bekrî ١١٨, Hist. d. Berb. I, 290, II, 559, 561. Illud اليوم esse anachronismum (obiit anno 192), quoque si haec ex Ibn Khord. descripta sunt (in edit. non exstant), vix necesse est ut moneam. *f*) Sic corrupte. Inesse videtur nomen urbis. *g*) Codd. البُهَتّ. *h*) Desideratur aliquid e. g. من فتح مصر. *i*) I om.

فلمّا انتهى الى تخوم ارضهم بلغهم وروده عليهم فاجتمع عظماؤهم واحبارهم وكتبوا اليه   بسم الله ذى الطول والمنّ من البُرْجُمانيّين a الفقيرين الى الله وذوى التواضع لله الى الاسكندر المغترّ بالدنيا اما بعد فقد بلغنا مسيرك الينا فان كنت محاربا كما حاربت غيرنا لتأخذ من دنيانا فارجع فما لك عندنا طائلة ولا لك فى قتالنا نفع لأنّا اناس مساكين ليست لنا اموال ولا للملوك فى ارضنا ارب وان كنت انما تقصد نحونا لتطلب العلم فارغبْ الى الله ان يفقّهك ويهديك مع علمنا انك لا تحبُّ ذلك لان انهماكك فى طلب الدنيا بلا فكرة فى زوالها وانقطاعها عنك يدلُّ b انك غير راغب فيها فاما نحن فقد خلّينا الدنيا ورفضناها ورغبنا فى الآخرة وتشوّقناها فانصرف ايُّها العبد عنا ولا تؤذينا وتخرّب بلادنا ولا ارب لك فينا، فلمّا اتاه الكتاب عزم على اتيانهم فى مائة فارس من c علماء اصحابه وزهّادهم وقد كان بينه وبينهم بحر d رمل يجرى كما يجرى الماء ويسكن كلّ يوم سبت فلا يتحرّك الى الليل ومدينتهم تسمّى مِقْيارات e وحولها تسع قريات وهم متفرّقون فيها واسماؤها عُطْرَوت ورَبعون ويَمْحون f وقَنْوا وحَسْنون ونَعْلى f وسبام وبنوا وبنعُون، ودورهم مستوية وليس فيهم g رجل اغنى من الآخر وقبورهم على ابواب دورهم فاقام الاسكندر على حافة h ذلك البحر حتى اذا كان يوم السبت سكن ذلك الرمل فسلكه وسار يومه كلّه الى اصفرار الشمس حتى جاز النهر فى اصحابه فاستقبلوه وسلّموا عليه فلمّا دنا منهم نزل فاجتمع اليه من افاضلهم وعلمائهم زهاء مائة رجل فدعوا له بالصلاح فرحّب بهم الاسكندر ودخل معهم المدينة فجلس على الارض وجلس اولئك الاحبار حوله ثم قال ما بال قبوركم على ابواب منازلكم قالوا ليكون ذكر الموت نصب اعيننا قال فهل فيكم

---

a) Codd. البرجماس et deinde الفقير. *b*) Codd. يدلان. *c*) Codd. فى. *d*) I نهر. *e*) Sic (voc. in B). *f*) I s. p. *g*) I فيها. *h*) Codd. حافتى.

مسكين قالوا ما فينا احد اغنى من الآخر قال فمن شرّ عباد الله قالوا من اصلح دنياه واخرب آخرته قال فمن اقسى الناس قلبا قالوا من اغفل امر الموت ونسى الحساب والعقاب قال فالبرّ اقدم ام البحر قالوا لا بل البرّ لان البحر انما يحول الى البرّ قال فالليل اقدم ام النهار قالوا بل الليل اقدم لان الخلق انما خُلقوا فى الظلمة فى بطون الامّهات ثم خرجوا بعد ذلك الى النور قال الاسكندر طوبى لكم لقد رُزقتم زهادة وعلما قالوا بل طوبى لمن وقاه الله فتنة الدنيا واخرجه منها سالما قال فانى احبّ ان تعظونى قالوا وما يُغنى وعظنا ايّاك مع انهماكك على الدنيا وحرصك عليها بلا فكرة منك فى زوالها قال فسلونى حوائجكم قالوا نسئلك الخُلْد قال هل يقدر على ذلك احد الّا الله قالوا فان كنت موقنا بالموت فما تصنع بقتل اهل الارض قال نعم انى موقن بذلك غير انى لا املك لنفسى ضرّا ولا نفعا ثم قال يا معشر البُرْجُمانيّين *a* ان الله قد خصّكم بالعلم وحلّاكم بالزهادة وزيّنكم بالحكمة وصرف قلوبكم عن الشهوات فسلونى حُكْمكم من زهرة الدنيا قالوا لا حاجة لنا فى شىء من ذلك قال فاحبّ ان تقبلوا منى شيئا فان معى يواقيت وجواهر حسانا قالوا احضرْه لننظر اليه فامر باخراج اسفاط فيها جواهر مثمّنة ففتحت فلمّا نظروا اليها قالوا له ايّها الملك ويعجبك مثل هذا قال ليس شىء من عرض الدنيا احبّ الينا منه قالوا فانطلقْ بنا حتى نُريك ما هو احسن منه واكثر وليس عليك فيها مَؤونة فانطلقوا الى نهر عظيم فيه صنوف الجواهر واليواقيت وفيه من الجواهر ما لم ير مثله فقالوا هذا اكثر او ما معك قال بل هذا فقالوا بالذى نزع عن قلوبنا الشهوات ووفّقنا لطاعته وقوّانا على العبادة ما تزيّنت امرأة منا قطّ بشىء من هذا ولا انتفعنا به بفصّ خاتم، فاقام عندهم الى السبت الآخر حتى سكن البحر فجازه حتى اتى معسكره، فيقال *b* انهم القوم

---

a) B البَرْجَماسيين , I البُرْجُمانيين.   *b*) B فقال.

الذين ذكرهم الله جلّ وعزّ فى كتابه فقال وقوله الحقّ *a* وَمِنْ قَوْمِ مُوسَى أُمَّةٌ يَهْدُونَ بِٱلْحَقِّ وَبِهِ يَعْدِلُونَ، قال فلمّا ملك ناشر *b* ينعم تجهّز وسار فى جمع لا يحصى عددهم نحو المغرب حتى اذا بلغ وادى الرمل اراد ان يجوزه فلم يجد مجازا فاقام *c* الى يوم السبت فلمّا سكن الرمل يوم السبت ارسل نفرا من اصحابه وامرهم ان يقطعوه ثم يقيموا من ذلك الجانب الى السبت الآخر ثم ينصرفوا اليه بخبر ما راوه فساروا يرمهم ذلك حتى هجم عليهم الليل قبل ان يقطعوه فجرى ذلك الرمل فغرقوا فيه فلمّا راى ذلك ولم يرجع اليه من اصحابه احد امر بصنم فنصب على حافّة الوادى وكتب على جبهته ليس وراءى لامرئ مذهب فلا يتكلّفنّ احد المضىّ الى الجانب الآخر ثم انصرف الى مملكته ✿

ومن طَرْقَلَة الى مدينة غانة مسيرة ثلثة اشهر مفاوز وقفار وبلاد غانة *d* ينبت فيها الذهب نباتا فى الرمل كما ينبت الجَزَر ويقطف عند بزوغ الشمس وطعامهم الذرة واللوبياء ويسمّون الذرة الدخن ولباسهم جلود النمور وهى هناك كثيرة ✿

ومعدن الفضّة والذهب *e* بموضع يقال له تُدْميرا *f* بينه وبين قرطبة عشرة ايّام ومعدن الفضّة فى اعلى مدينة يقال لها جيّان *g* وبها معدن الزيبق * فى موضع يقال له فَحْصُ البَلُّوط *h* ومن معدن الزيبق الى قرطبة خمسة ايّام واهلها بربر وهم فى سلطان الاموىّ ✿

ويناخم *i* الشِرْكَ امّة يقال لها علجشكش *k* وهى قريبة من البحر ✿

---

a) Kor. 7 vs. 159. Beidh. وقيل قوم وراء الصين. *b*) Codd. ياسر, Kazw. II, ١٨٤, 5 a f. ابو ناشر; cf. Jâc. III, ١٣٣, 18. *c*) I c. و. *d*) Vid. Jâc. I, ٨٢٢, 8 sqq. *e*) I الذهب والفضة et فى موضع. *f*) B تَذْنِبير, I تذنين. *g*) Codd. حيار. *h*) In codd. haec post خمسة ايام leguntur. Pro فحص codd. فحم. *i*) B وتناخم, I وتاخم. *k*) Codd. جُلّ اشكِيز. Vid. *Descr. al-Magr.* p. 112. Minus probabile est, nos hic habere corruptelam nominis Galiciae.

وبقُرْطُبَة دار الضرب فى موضع يقال له باب العطّارين وليس فى دراهم مقطّعة ولهم فلوس يتعاملون بها ستّين فلسا بدرهم ودراهم تسمّى طَبْليّا^a^، وللاموىّ جند وديوان يعطيهم ارزاقهم من العرب والموالى وغيرهم، وقرطبة طيّبة الهواء لا يحتاجون فى الصيف الى خيش وبها عيون وآبار وعندهم ثلج يقع على جبل يقال له شُلَيْر^b^ بينه وبين قرطبة اربعة ايّام وبقرطبة آبار طيّبة عذبة باردة يشربون فى الصيف من تلك الآبار لشدّة بردها ۞

ويروى عن عامر الشَّعْبىّ قال ان الله *جلّ وعزّ^c^ خلق خلقا خلف الاندلس ليس بينهم وبين الاندلس الّا كما بيننا وبين الاندلس لا يرون ان الله عصاه احد لا يحرثون ولا يزرعون ولا يحصدون على ابوابهم شجر ينبت لهم ما يأكلون منه وللشجرة اوراق عراض يوصلون بعضها الى بعض فيلبسونها وفى ارضهم الدرّ والياقوت وفى جبالهم الذهب والفضّة فاتاهم ذو القرنين فخرجوا اليه فقالوا له ما جاء بك تريد ان تملكنا فوالله ما ملكنا احدٌ قطُّ وان كنت تريد المال فخذ فقال والله ما واحدة من هاتين اريد ولكن سألت ربّى ان يسيّرنى فيما بين مطلع الشمس الى مغربها فهذا حين جئتُكم من المطلع قالوا هذا المغرب عندك ۞

وبالاندلس نخل قليل وبها زيتون كثير وزيت وقطن وكتّان ۞

حديث البهت^d^ فى عجائب الاندلس البَهْت وهى المدينة التى فى بعض مفاوزها ولمّا بلغ عبد الملك بن مروان خبر هذه المدينة وان فيها كنوزا كتب الى موسى بن نُصير وكان عامله على المغرب يأمره بالمسير^e^ اليها ودفع الكتاب الى طالب بن مُدْرِك فسار حتى انتهى

---

a) Codd. طبلى (B cum voc.). b) Codd. سلَيْم. c) B om. Sermo est de insulis Fortunatis (الخالدات). d) Codd. hic البَهَتّ, cf. supra p. ٨٣, ann. *g*. De hac urbe vid. quos laudavi locos supra p. ٧١, ann. *g*. e) B بالمصير.

الى مدينة القيروان وموسى مقيم بها فاوصل كتاب عبد الملك اليه فلمّا قرأه تجهّز وسار فى الف فارس من ابطال قومه واشرافهم وحمل معه من الزاد لاربعة اشهر ومن الماء لنفسه واصحابه ما يكفيهم واخرج رجالا ادلّاء بذلك الطريق فسار ثلثة واربعين يوما حتى انتهى اليها فاقام ثلاثا حتى علم كُنْهَ علمه ثم ارتحل الى البحيرة وكانت على ميلين من المدينة وتفهّم[a] امرها ثم انصرف الى القيروان وكتب الى عبد الملك بن مروان مع طالب بن مدرك بسم الله الرحمان الرحيم اصلح الله امير المؤمنين صلاحا يبلغ[b] به شرف الدنيا والآخرة اخبرك يا امير المؤمنين انى تجهّزت لاربعة اشهر وسرت فى مفازة[c] الاندلس فى الف رجل من اصحابى حتى وغلت[d] فى طرق قد انطمست[e] فيها[f] الآثار وانقطعت عنها الاخبار نحاول[g] بلوغ مدينة لم يسمع السامعون بمثلها فسرنا ثلثة واربعين يوما فلاح لنا بريق شُرَف تلك المدينة من مسيرة خمسة ايّام فهالنا منظرها وامتلأت قلوبنا[h] منها رعبا فلمّا قربنا منها اذا امرها عجيب هائل ومنظرها مخيف موجل كانّ المخلوقين لم يصنعوها فنزلنا عند ركنها الشرقيّ فصلّينا عشاء الآخرة[i] ثم بتنا بارعب ليلة بات بها احد من المسلمين فلمّا اصبحنا كبّرنا استئناسا بالصبح وسرورا ثم ارسلت رجلا من اصحابى فى مائة فارس وامرته ان يدور مع سور المدينة ليعرف لنا موضع بابها فغاب عنا يومين ثم[h] اتانا صبيحة يوم الثالث فاخبر انها مدينة لا باب لها ولا مسلك اليها فجمعت امتعة اصحابى الى جانب سورها بعضها الى بعض لانظر من يصعد اليها فلم تبلغ امتعتنا ربع الحائط لارتفاعه فى الهواء فامرت فاتُّخذ سلاليم كثيرة ووصلت بعضها فى

---

a) Codd. ويفهم. *b*) B مبدّغا. Jâc. ut rec. *c*) Jâc. نحو ومناهل قد اندرست وعفت. مفاوز. *d*) Jâc. اوغلت. *e*) Jâc. add. *f*) Codd. فيه et mox عنه. *g*) B بجاول, Jâc. احاول. Pro بلوغ Jâc. بناء (!). *h*) Ex Jâc. addidi. *i*) Jâc. العشاء الاخيرة.

بعض وناديت فى المعسكر من يتعرّف لى خبره[a] هذه المدينة ويصعد هذه السلاليم فله[b] عشرة آلاف درهم فانتدب رجل من اصحابى فتسنّم السلّم وهو يتعوّذ ويقرأ فلمّا صار فى اعلاها واشرف على المدينة قَهْقَهَ[c] ضاحكا ثمّ هبط اليها فناديناه اخبِرْنا بما رايت فيها فلم يجبنا فجعلنا ايضا لمن يصعد اليها ويأتينا بخبرها وخبر الرجل الف دينار فانتدب رجل من حِمْيَر واخذ الدنانير[d] وجعلها فى رحله ثمّ صعد فلمّا استوى على السور قَهْقَهَ[e] ضاحكا ثمّ نزل اليها فناديناه اخبرنا بما وراءك وما الذى ترى فلم يجبنا احد حتى صعد[f] ثلثة رجال كلّهم يقهقه ضاحكا وينطيّر اليها فلمّا يئست من اولئك الرجال ومن معرفة المدينة رحلت نحو البحيرة فسرت مع سور المدينة فانتهينا الى مكان من السور فيه كتابة بالعربيّة[g] فوقفت حتى امرت باستنساخه وهى

لِيَعْلَمِ المَرْءُ ذو العِزّ المَنيع ومَن   يَرْجُو الخُلُودَ ولا حَىٌّ بمَخْلود
لو أنّ خَلْقًا يَنالُ الخُلْدَ فى مَهَلٍ   لَنال ذاك سُلَيمان بن داوود
سالَتْ له العَيْنُ عين القِطْر فائضةً[h]   فيها عطاءٌ جَليلٌ[i] غيرُ مصرود
وقال للجِنّ ابْنُوا منه[k] لى أَثَرًا   يَبْقَى الى الحَشْر لا يَبْلَى ولا يُودى
فصيّروه صِفاحًا ثُمَّ ميل به   الى السماء[l] بأَحْكام وتَجْويد
وأَفْرَغُوا القِطْرَ فوق السور منحدرا   فصار صُلْبا شديدا مثلَ صَيْخُود[m]
وردّ[n] فيها كُنُوزَ الارض قاطبةً   وسوف يَظْهَرُ[o] يوما غيرُ مَحْدود[p]
م تُبْقِ[q] من بعدها فى الملك شارفةً[r]   حتّى يُضَمّن[s] رَمْسًا بَطْنَ أُخْدُود

---

a) I بخبر. *b*) Codd. وله. *c*) I ققهقه. *d*) Codd. الدينار. *e*) I iterum ققهقه sed superinscribitur قهقه. *f*) B يصعد. *g*) Jâc. بالحميرية. *h*) Cf. Kor. 34 vs. 11. *i*) I جزيل. *k*) Jâc. انشوا فيه. *l*) Jâc. البناء. *m*) Codd. منجود (منحود). *n*) Jâc. وصب. *o*) Fleischer ad Jâc. (V p. 423) proposuit تظهر. *p*) B مجدود. *q*) Codd. يبق. *r*) Jâc. الارض سابغة forte cum allusione (falsa) ad سابغات Kor. 34 vs. 10. *s*) B يُضمِن, I يَضُمّنّ, Jâc. تضمّن cum var. l. يضمن.

وصار فى قَعْرِ بطنِ الارض مُضْطَجِعا   مُضَمَّنًا a بطَوابيق الجلاميد
هٰذا لتَعْلَمَ b انّ المُلْكَ مُنْقَطِعٌ   الّا من اللّٰه ذى التَّقْوى وذى الجُود

ثم سرت حتى وافيت البحيرة عند مغيب الشمس فنظرنا فاذا رجل قائم فناديناه من انت قال انا رجل من الجنّ وكان c سليمان بن داود حبس والدى d فى هذه البحيرة فاتيته لانظر ما حاله قلنا فما لك قائما فوق الماء قال سمعت صوتا فظننته صوت رجل يأتى هذه البحيرة e فيصلّى على شاطئ هذه البحيرة ايّاما ويهلّل الله ويمجّده قلنا فمن تظنُّه قال اظنُّه الخَضِرَ ثم غاب عنا فبتنا تلك الليلة على شاطئ البحيرة وقد كنت اخرجت معى عدّة من الغوّاصين فغاصوا فى البحيرة فاخرجوا منها حُبًّا من صُفْرٍ مطبّقا f رأسه بصفر مسمورا بمسامير من صفر فامرت بقلع الصفر فخرج منه رجل من صفر بيده مِطْرَد من صفر فطار فى الهواء وهو يقول يا نبىَّ الله لا اعود ثم غاصوا ثانية وثالثة فاخرجوا عدّة من اولئك ثم ضجّ اصحابى وخافوا ان ينقطع بهم الزاد فامرت بالرحيل وانصرفت بالطريق g الذى سلكته واقبلت h حتى نزلت القيروان وكتابى منها والحمد لله الذى حفظ لامير المؤمنين جنده والسلام، فلمّا قرأ عبد الملك بن مروان كتاب موسى بن نُصَير وكان عنده الزُّهْرىّ قال ما تظنّ باولئك الذين صعدوا فوق السور كيف استُطِيروا قال اظنّهم خُبِلوا فاستُطيروا من السور قال فمن اولئك الذين خرجوا من الحباب ثم يطيرون قال اولئك مردة الجنّ الذين حبسهم سليمان بن داود عم فى البحار ✿

القول فى الشام

قال سمّيت الشام شامًا لانها شأمة للكعبة i وقالوا سمّيت لشامات

a) Codd. مضمّنا. b) Jâc. ليعلم. c) Jâc. sine و. d) Jâc. ولدى. e) Jâc. add. فى كل عام مرة فهذا اوان مجيئه. f) Codd. مطبق et mox مسمور. g) I على الطريق. h) B c. ف. i) Jâc. III, ٢٤٠, 10 القبلة. Cf. Mokadd. ١٥٢, 9.

بها حمر وسود وقال ابن الاعرابىّ اذا جزتَ جبلى طىّء يقال لاحدهما سَلْمَى وللآخر أَجَأ فقد اشأمت حتّى تجوز غَزَّة ودمشق وفلسطين والاردنّ وقِنّسْرين *a* من عمل العراق وقالوا الشام من الكوفة الى الرملة ومن بالس الى أَيْلَة، وقال عبد الله بن عمرو قُسم الخير عشرة اجزاء فجُعل منها *b* تسعة اعشار فى الشام *c* وجزؤ فى سائر الارضين، وقال وَهْب الذِمارىّ ان الله جلّ وعزّ اوحى الى الشام انى باركتك وقدّستك وجعلت فيك مقامى واليك مَحْشر خلقى فاتّسعى لهم كما يتّسع الرَّحِمُ ان وُضع فيه اثنان وسعهما وان وُضع ثلثة وسعهم وعينى عليك من اوّل السنين الى آخر الدهر من عَدِمَ فيك المالَ لم يعدم فيك الخبزَ والزيتَ، وروى جُبَير بن نُفير الحضرمىّ قال شكت الشام الى ربّها فقالت يا ربّ فضّلت الارضين علىّ بالجبال والانهار وتركتنى كظهر الحمار فاوحى الله عزّ وجلّ اليها ان المسكين يشبع *d* فيك وعينى عليك ويدى اليك، وفى خبر آخر قال *e* قال رسول الله صلعم الشام صفوة الله من بلاده واليه يجتبى صفوته من عباده يا اهل اليمن عليكم بالشام فان صفوة الله من الارض الشام ۞ وقال الحجّاج لابن القِرِّيّة اخبرنى عن مُكْران قال ماؤها وَشَل وتمرها دَقَل وسهلها جَبَل ولصّها بَطَل ان كثر بها الجيش جاعوا وان قلّوا ضاعوا *f* قال فاخبرنى عن خراسان قال ماؤها جامد وعدوّها جاهد وبأسهم شديد وشرّهم عنيد قال فاخبرنى عن اليمن قال ارض العَرَب واهل بيوتات وحَسَب قال فاخبرنى عن عمان قال حرّها شديد وصيدها عتيد واهلها بهائم ليس بها رائم قال فاخبرنى عن البحرين قال كناسة بين مصرين كثيرة جبالها جهلة رجالها قال فاخبرنى عن مكّة قال رجالهم

---

a) Hic aliquid deesse videtur. *b*) I om. Cf. Jâc. l.l. 21. *c*) B بالشام. *d*) I شبع. *e*) Cf. Jâc. III, ٢٤١, 2 sqq. *f*) Cf. Belâdh. ٤٣٢, Jâc. IV, ٦١٣, 19 sq.

علماء وفيهم جفاء ونساؤها كُساة عُراة قال فاخبرنى عن المدينة قال رسخ العلم فيها ثم علا وانتشر منها فى الآفاق قال فاخبرنى عن *a* اليمامة قال اهل جفاء وجَلَد وثَرْوة وعدد وصبر ونُكْر قال فاخبرنى عن *b* البصرة قال حرّها شديد وماؤها مالح وحربها صالح *c* مأوى كلّ تاجر وطريق كلّ عابر قال فاخبرنى عن واسط قال جنّة بين حَماة وكَنّة تحسدانها *d* ودجلة والزاب يتباريان عليها قال فاخبرنى عن الكوفة قال سفلت عن برد الشام وارتفعت عن حرّ اليمن فطاب ليلها وكثر خيرها قال فاخبرنى عن الشام قال عروس فى نسوة جلوس كلّهن *e* يُزْفِنّها ويرفدنها، وقال عدىّ بن كعب فى قوله *f* وَنَجَّيْنَاهُ وَلُوطًا إِلَى ٱلْأَرْضِ ٱلَّتِى بَارَكْنَا فِيهَا لِلْعَالَمِينَ قل الشام ۞

القول فى بيت المقدس *g*

قال فى قول الله عزّ وجلّ *h* وَلَقَدْ بَوَّأْنَا بَنِى إِسْرَائِيلَ مُبَوَّأَ صِدْقٍ وَرَزَقْنَاهُمْ مِنَ ٱلطَّيِّبَاتِ قل بيت المقدس، وقال مُقاتِل بن سليمان فى قول الله تعالى *i* وَنَجَّيْنَاهُ وَلُوطًا إِلَى ٱلْأَرْضِ ٱلَّتِى بَارَكْنَا فِيهَا لِلْعَالَمِينَ قال هى بيت المقدس، وقوله *k* وَآوَيْنَاهُمَا إِلَى رَبْوَةٍ ذَاتِ قَرَارٍ وَمَعِينٍ قال الى بيت المقدس، وقوله *l* إِنَّ ٱلْأَرْضَ لِلّٰهِ يُورِثُهَا مَنْ يَشَاءُ *مِنْ عِبَادِهِ *m* قال بيت المقدس، وشدّد الله عزّ وجلّ ملك داود بها وسخّر الله له الجبال والطير *n* يسبّحن *o* ببيت المقدس ووهب

---

a) B add. اهل. *b*) Codd. add. اهل. *c*) Codd. صلح (B صُلْح). *d*) Codd. يحسدانها. *e*) I om. Deinde codd. يزفّنها. *f*) Kor. 21 vs. 71. *g*) Codd. praesertim B tum المُقدّس, tum المَقْدس; plerumque sine voc. *h*) Kor. 10 vs. 93. *i*) I عزّ وجلّ. Kor. 21 vs. 71. *k*) Kor. 23 vs. 52. *l*) Kor. 7 vs. 125. *m*) B om. *n*) Cf. Kor. 34 vs. 10 et 38 vs. 17 sqq. *o*) I يسابحن.

الله عزّ وجلّ له سليمانَ *a* بها وغفر لسليمان ذنبه وفهّمه الحكمة فى بيت المقدس، وكانت انبياء بنى اسرائيل تقرّب *b* بها، واصطفى الله عزّ وجلّ مريم بها على نساء العالمين وآتى الله عزّ وجلّ يحيى الحكمة بها، وسرّة الارض بيت المقدس، وفى الخبر من صلّى فى بيت المقدس فكانّما صلّى فى السماء وتُزَفُّ الكعبة بجميع حُجّاجها *c* يوم القيامة الى بيت المقدس ويقول *d* لها مرحبا بالزائر والمزور وتزفّ مساجد الله *e* عزّ وجلّ كلّها الى بيت المقدس واوّل ما انحسر *f* عنه الطوفانُ *g* صَخْرة بيت المقدس وينفخ فى الصور يوم القيامة بها ويحشر الله عزّ وجلّ الخلائق اليها وتُزَفُّ الجنّة عند بيت المقدس وباب السماء مفتوح على بيت المقدس ويغفر الله عزّ وجلّ لمن اتى الى *h* بيت المقدس ويُخْرَج من ذنوبه كيوم ولدته امّه، قال الله عزّ وجلّ لموسى انطلقْ الى بيت المقدس فانّ بها نورى ونارى وتكفّل الله عزّ وجلّ لمن اتاها ان لا يفوته الرزق، وقال رسول الله صلعم لنا ستهاجرون هجرة الى مهاجر ابراهيم يعنى بيت المقدس فمن صلّى فى بيت المقدس ركعتين خرج من ذنوبه مثل يوم ولدته امّه وكان له بكلّ شَعَرة فى جسده مائة نور عند الله عزّ وجلّ وحشره الله عزّ وجلّ يوم القيامة مع الانبياء، وقال لسليمان بن داود حين فرغ من بنائها سَلْنى أُعْطِك *i* قال يا ربّ اسألك ان تغفر لى ذنبى قال الله عزّ وجلّ لك ذلك قال يا ربّ واسألك من جاء الى هذا البيت لا يريد الّا الصلوة فيه ان تُخرجه من ذنوبه كيوم ولدته امّه قال جلّ وعزّ ولك *k* ذلك قال واسألك من جاءه فقيرا ان تُغْنيه او سقيما ان تَشْفيه قال ذلك لك قال واسألك ان تكون

---

a) Kor. 38 vs. 29. *b*) I بقرب. *c*) Codd. حجابها; cf. Jâc. IV, ٥٩١, 10. *d*) Jâc. يقال. *e*) Jâc. الارض. *f*) B من انحشر et hanc sententiam ponit post sequentem وينفخ الخ. Jâc. اول شىء حُسر et deinde عنه بعد انطوفان. *g*) Codd. add. عن. *h*) B om. *i*) Codd. اعطيك. *k*) I add. مثل. Cf. Jâc. l.l.

عينك عليها الى يوم القيامة قال ولك ذلك'، وقال a رسول الله صلعم لا تُشدّ الرحال الى افضل من ثلثة مساجد مسجد الحرام ومسجدى ومسجد بيت المقدس وصلوة فى بيت المقدس خير من الف صلوة فى سواه ومَن صبر على لأوائها وشدّتها جاءه الله برزقه من بين يديه ومن خلفه وعن يمينه وعن يساره b ومن فوقه ومن تحته فاكل رغدا ثم دخل الجنّة، وهى اوّل ارض بارك الله جلّ وعزّ فيها وبشّر الله عزّ وجلّ ابراهيم *وسارة باسحاق c بها وبشّر الله d جلّ وعزّ زكريّاء بيحيى بها وتسوّر e الملائكة المِحْرابَ على داود بها، ويُمْنَع الدجّال عدوّ الله ان يدخلها ويُهْلَك يأجوج ومأجوج حول f بيت المقدس، واوصى آدمُ ان يدفن بها وكذلك اسحاق ويعقوب g وحُمل يعقوب من ارض مصر اليها ودُفنت مريم بها، وبها موضع الصراط ووادى جهنّم والسّكينة واليها الحشر والمنشر h وتاب الله جلّ وعزّ على داود بها وصدّق ابراهيم الرؤيا i بها وكلّم عيسى الناس فى المَهْد k بها وتُقاد الجنّة والنار l اليها يوم القيامة، وقال كعب من زار بيت المقدس دخل الجنّة وزاره جميع الانبياء وغَبَطوه m ومن صام يوما ببيت المقدس كان له براءة من النار، وما من ماء عذب الّا يخرج من تحت الصخرة التى ببيت المقدس *وقال ابن عبّاس فى قوله n وَأَسْقَيْنَاكُمْ مَاءً فُرَاتًا قال اربعة انهار سَيْحان وجَيْحان والفرات والنيل الذى بمصر فاما سيحان فدجلة واما جيحان فنهر بلخ واما الفرات فبالكوفة، قال d وقال كعب كان لسليمان بن داود النبىّ صلعم سبع مائة سرّيّة وثلث مائة مُحْصَنة وان الله عزّ وجلّ اوحى اليه ان

a) B sine cop. *b*) I شماله. *c*) Ex conj.; B بسارة, I بسا... *d*) B om. *e*) Codd. add. الله. Vid. Kor. 38 vs. 20. *f*) Jâc. l.l. 22 دون. *g*) Jâc. وابراهيم. *h*) Jâc. ومنها المنشر. Cf. Mokadd. ١٦٩, 17 seq. et ann. *s*. *i*) Kor. 37 vs. 105. *k*) Kor. 3 vs. 41, 5 vs. 109. *l*) Jâc. om. *m*) Lac. in I; Jâc. تعظيما له. *n*) Kor. 77 vs. 27.

يبنى بيت المقدس فكان يعمله بالجنّ والانس فكان طعامهم الذى يطعمهم كلّ يوم من اللحم ستّين الف شاة وعشرين الف عجل وعشرين الف فدّان والذى يصلح لذلك من الحنطة، وقال كعب هبط آدم بالهند فخرّ ساجدا فوقعت جبهته على صخرة بيت المقدس، وقال كعب لا تسمّوها ايلياء ولكنها بيت المقدس انما ايلياء امرأة بنت *ببيت المقدس *a*، وقال كعب من اتى بيت المقدس يسئل الله عزّ وجلّ فيها حاجة لا يسأله غيرها الّا اعطاه الله ايّاها، وقالت مَيْمُونة مولاة رسول الله صلعم *b* قلت لرسول الله عم أَفْتِنا عن بيت المقدس قال نِعْمَ المصلّى هو ارض المَحْشَر وارض المَنْشَر ايتوه فصلّوا فيه فانّ الصلوة فيه كألف صلوة قلت بأبى وامّى انت من لم يطق ان يأتيه قال فليُهْدِ اليه زيتا يُسْرج *c* فيه فانه من اهدى اليه كان كمن صلّى فيه، وقال كعب دخلت امرأة الجنّة فى مغزل شَعَر اهدته الى بيت المقدس، وعن ابن عبّاس قال بيت المقدس بنته الانبياء وعمرته الانبياء ما فيه موضع شبر الّا وقد صلّى فيه نبىّ وقام *d* عليه مَلَكٌ، وقال فُضَيل بن عِياض لمّا صُرِفت *القبلة نحو *e* الكعبة قالت صخرة بيت المقدس الهى *f* لم ازل قبلة لعبادك حتى بعثت خير خلقك فصُرِفت قبلتهم عنى فقال ابشرى فانى واضع عليك عرشى وحاشر اليك خلقى وقاضٍ عليك امرى وناشر منك خلقى، وقال وَهْب اهل بيت المقدس جيران الله عزّ وجلّ وحقّ على الله الّا يعذّب جيرانه، وقال كعب من زار بيت المقدس شوقا اليها دخل الجنّة ومن صلّى فيه ركعتين خرج من ذنوبه كيوم ولدته امّه وأُعطى قلبا شاكرا ولسانا ذاكرا ومن تصدّق فيها بدرهم كان فداءه من النار ومن صام فيها يوما واحدا كُتبت له براءة من النار،

---

a) Jâc. المدينة. *b*) Ibn Hadjar IV, ٧٩٦. *c*) B يسرّج.
d) Jâc. او قام. *e*) Addidi e Jâc. *f*) I الالى.

وقال كعب قرأت فى التورية ان الله جلّ وعزّ يقول للصخرة انت *a* عرشى الادنى منك ارتفعتُ الى السماء ومن تحتك بسطت الارض من احبّك احبّنى ومن ابغضك ابغضنى ومن مات فيك فكانّما مات فى السماء انا جاعل لمن يسكنك *b* ان لا يفوته الخبز والزيت ايّام حيوته وكلّ ماء عذب من تحتك يخرج لا تذهب الايّام حتى يزفّ اليك البيت الحرام وكلّ بيت يذكر فيه اسمى يحفّون بك كما يحفّ *c* الركب بالعروس، وقال بعضهم ردّ الله جلّ وعزّ على سليمان ملكه بعَسْقلان فمشى الى بيت المقدس على قدميه تواضعا لله وشكرا، ويقول الله عزّ وجلّ لبيت المقدس انت نصب عينى لا انساك انت منى بمنزلة الولد من والديه *d* فيك جنّتى وناري واليك محشرى وفيك موضع ميزانى، وقال *e* يحيى بن كثير لا تقوم الساعة حتى يضرب على بيت المقدس سبع حيطان حائط من ذهب وحائط من فضّة وحائط من لؤلؤ وحائط من ياقوت وحائط من زبرجد وحائط من نور *f* ✿

وبيت المقدس افتتحه عمر بن الخطّاب رضّه *g* ✿

وعن وهب بن منبّه قال امر اسحاق ابنه يعقوب الّا ينكح امرأة من الكنعانيّين وان ينكح من بنات خاله لابان *h* وكان مسكنه الفدّان فتوجّه اليه يعقوب فادركه فى بعض الطريق تعبٌ فبات متوسّدا حجرا فراى فيما يرى النائم كأنّ سلّما منصوبا الى باب السماء عند رأسه والملائكة تنزل منه وتعرج فيه واوحى الله عزّ وجلّ اليه انّى انا الله لا اله الّا انا الهك واله آبائك ابرهيم واسماعيل واسحاق وقد ورّثتك هذه الارض المقدّسة وذرّيّتك من بعدك وباركت فيك وفيهم وجعلت فيكم الكتاب والحكم *i* والنبوّة ثم انا معك حتى اردّك *k* الى هذا المكان

a) I انتى ut interdum alibi. *b*) I سكنك. *c*) B تحف. *d*) I in marg. تعالى عن الشبه والولد. *e*) B sine cop. *f*) Septimus murus deest. *g*) I om. *h*) Codd. لايان. Cf. Jâc. ٥٩٣, 5. *i*) Jâc. والحكمة. *k*) Jâc. male تدرك.

فاجعله بيتا تعبدنى فيه وذرّيّتك فيقال ان ذلك بيت المقدس، ومات عنه داود عمّ فلم يتمّ بناءه واتمّه سليمان فاخربه بُخْت نصّر فمرّ عليه شَعْيا[a] فرآه خرابا فقال أَنَّى يُحْيِي هٰذِهِ ٱللّٰهُ بَعْدَ مَوْتِهَا فَأَمَاتَهُ ٱللّٰهُ مِائَةَ عَامٍ ثُمَّ بَعَثَهُ[b] وابتناه ملك من ملوك فارس يقال له كُوشك، وقال وهب بن منبّه لمّا اراد الله جلّ وعزّ ان يبنى بيت المقدس الّقى على لسان داود فقال يا ربّ ما هذا البيت فاوحى الله عزّ وجلّ اليه يا داود هذا محلّة رسلى واهل مناجاتى واقرب الارض الى فصل القضاء يوم القيامة ضمنتُ الّا يأتيه عبد كثرت ذنوبه وخطاياه الّا غفرت له ولا يستغفرنى[c] الّا غفرت له وتبت عليه قال يا ربّ وارزقنى ان آتيه[d] فاوحى الله عزّ وجلّ اليه يا داود لا يخالط من التبست[e] كفّاه بالدنيا قال يا ربّ اما قبلت توبتى واعطيتنى رضاءى فاوحى الله عزّ وجلّ اليه ان البيت طاهر طهّرتُه[f] من الذنوب وغسلته من الخطايا فلذلك منعتك بناءه حتى يُجْرَى بناءه على يدى نبىّ من انبياءى نقىّ الكفّين وقد كان داود اسّس اساس المسجد حتى ارتفعت الجُدُر فاوحى الله جلّ وعزّ اليه يأمره ان يُمْسِك عن البناء ويعلمه أن الذى يتولّى بناءه من بعده ابنه سليمان وانه قد جعل له اسم ذلك البناء وبشّره بما يعطى سليمان بعده من عظيم الملك فلمّا اوحى الله جلّ وعزّ الى داود بذلك امسك عن البناء فلمّا توفّى داود وملك سليمان امر ببناء البيت وامر ان يجرى فى كلّ سنة من البُرّ عشرون[g] الف كُرّ ومن الزيت عشرون الف كُرّ زيتون وكان له سبعون الف رجل اصحاب مساحٍ ومرور وثمانون الف رجل ممّن ينحت الحجارة فبناه بالحجارة وبطّنه بالواح من خشب مزخرف وبطّن البيت الذى كان يقرب فيه بصفائح من ذهب ووضع

---

a) Vulgo ارميا, vid. Tabarî I, ٦٤٧, 9 sqq. *b*) Kor. 2 vs. 261.
c) I add. فيها. *d*) Sic. Forte l. ابنيه. *e*) I يخالط من انتمست.
f) I اطهرته. *g*) Codd. hic et mox عشرين.

فى البيت الذى كان يقرّب فيه مثال مَلَكين من خشب منقوشين والبسهما صفائح الذهب وجعلها عن يمين المذبح وعن يساره فى الحائط واتّخذ له ابوابا منقوشة بالذهب واستتمّ عمله فى ثلث عشرة سنة ثم وجّه الى الصين a فأُتى برجل يعمل الشَّبَه والنحاس فاتّخذ امتعة للبيت لا تحصى عددا واتّخذ عمودين من نحاس طول كلّ واحد ثمانية عشر ذراعا فى غلظ اثنى عشر ذراعا واتّخذ على رأسهما اجّانتين كلّ واحدة b فى طول خمسة اذرع واتّخذ لهما اغطية وسلاسل وعلّق فيهما اربع مائة رمّانة شَبَه c صفّين يقابل d بعضها بعضا واتّخذ حوضا من نحاس يحمله e اثنا عشر ثورا مستديرا مع تماثيل وعجائب وفصّص f سقوفه وحيطانه بالوان الياقوت وسائر الجواهر فلمّا فرغ من بنائه اتّخذ سليمان ذلك اليوم عيدا فى كلّ سنة وجمع عظماء بنى اسرائيل واحبارهم فاعلمهم انه بناه لله جلّ وعزّ وان كلّ شىء فيه خالص لله ثم قام على الصخرة رافعا يديه الى الله جلّ وعزّ وحمده ومجّده وقال اللهمّ انت قوّيتنى على بناء هذا المسجد واعنتنى عليه وسخّرت لى الجنّ والشياطين *والريح والطير g اللهمّ اوزِعْنى شُكْرَ نعمتك علىّ وعبادتك h واعنّى عليهما وتوفّنى على ملّتك ولا تُزغ قلبى بعد اذ هديتنى وهَبْ لى ذلك اللهمّ انى اسألك لمن دخل هذا المسجد خمس خصال فاستجبْها لى يا اله العالمين لا يطلبه مذنب بطلب i التوبة الّا غفرت له ذنبه وتبتَ عليه ولا يدخله خائف الّا أمّنتَ روعته وخوفه ووقّيته شرّ ما يخاف ويحذر ولا يدخله سقيم الّا وهبت له الشفاء والعافية ولا يدخله فقير يطلب من فضلك الّا اغنيتَه ورزقته من حيث لا يحتسب من

a) Sic pro صور. *b*) Codd. واحد. *c*) B شِبْهَ, I sine voc. *d*) I مقابل. *e*) I تحمله. *f*) I وفصّص. *g*) B om. *h*) Codd. وعلى عبادتك. Deinde I om. واعنى عليهما. *i*) I لطلب.

حَلال رزقك والخامسة يا ربّ لا تصرف بصرك عمن يدخله حتى يخرج منه الّا من اراد الحادًا وظلما يا ربّ العالمين، ويقال ان طول مسجد بيت المقدس الف ذراع وعرضه سبع مائة ذراع وفيه اربعة آلاف خشبة وسبع مائة عمود وخمس مائة سلسلة نحاس ويُسرج فيه كلّ ليلة الف وستّمائة قنديل وفيه من الخدم مائة واربعون خادما وفى كلّ شهر له مائة قسط زيت وله من الحُصُر فى كلّ سنة ثمان مائة الف ذراع وفيه خمسة وعشرون الف حُبّ للماء وفيه ستّة عشر تابوتا للمصاحف المسبّلة وفيها مصاحف لا يستقلّها الرجل وفيه *a* اربع منابر للمطّوّعة وواحد للمرتزقة *b* وله اربعة مياضىٍ *c* وعلى سطوح المسجد مكانَ الطين خمسة واربعون الف صحيفة رصاص وعلى يمين المحراب بلاطة سوداء مكتوب فيها خِلقة محمّد صلعم وفى ظهر القبلة فى حَجَر ابيض كتابة بسم الله الرحمان الرحيم محمّد رسول الله نَصره حَمْزةُ *d* وداخل المسجد ثلثة مقاصير للنساء طول كلّ مقصورة سبعون ذراعا وفيه خمسون بابا داخلا وخارجا *e* ووسط المسجد دكّان طوله ثلثمائة ذراع فى خمسين ومائة ذراع وارتفاعه تسعة اذرع وله ستّ درجات الى الصخرة والصخرة وسط هذا الدكّان وهى *f* مائة ذراع فى مائة ذراع ارتفاعها سبعون ذراعا ودورها ثلثمائة وستّون ذراعا يُسْرج *g* فيها كلّ ليلة ثلثمائة قنديل وبها اربعة ابواب مطبّقة على كلّ باب اربعة ابواب وعلى كلّ باب دكّانة *h* مرخّمة وحَجَرة *i* الصخرة ثلثة وثلثون ذراعا فى سبعة وعشرين ذراعا تحتها مغارة يصلّى فيها الناس

---

a) Codd. وفيها. *b*) B للمريزقة. *c*) Codd. مناصى. *d*)? Sic B; I حمزه. *e*) Codd. داخل وخارج. *f*) Nempe الصخرة auctori est قبة الصخرة, opp. حجر الصخرة. *g*) B يسرّج. *h*) Codd. دكانين. Correxi coll. Mokadd. ١٦٩, 12 صفة, qui locus vetat legere دكاكين. *i*) Sic codd. ut codd. Mokadd. ١٧١, 6, ubi e Jâc. recepi حاجم.

يَسَعُها تسعة وستّون نفسا وفرش القبّة رخام ابيض وسقوفها بالذهب الاحمر فى دور حيطانها وفى اعلاها ستّة وخمسون بابا مزجّجة بانواع الزجاج والباب ستّة اذرع فى ستّة اشبار والقبّة بناها عبد الملك بن مروان على اثنى عشر ركنا وثلثين عمودا وهى قبّة على قبّة عليها صفائح الرصاص وصفائح النحاس مذهّبة جَدْرها[a] من داخل وخارج ملبّس بالرخام الابيض، ومن شرقىّ قبّة الصخرة قبّة[b] السلسلة على عشرين عمودا رخاما ملبّسة بصفائح الرصاص وامامها مصلّى الخضر عم وهو وسط المسجد وفى الشأمىّ قبّة النبىّ صلعم ومقام جبريل عم وعند الصخرة قبّة المعراج وفيه من الابواب باب داود وباب حُطّة وباب النبىّ وباب التوبة وفيه محراب مريم وباب الوادى وباب الرحمة ومحراب زكريّاء وابواب الاسباط ومغارة ابراهيم ومحراب يعقوب وباب دار امّ خالد ومن خارج المسجد على باب المدينة فى الغرب محراب داود ومربط البُراق فى ركن منارة القبلة، وعين سُلْوان فى قبلة المسجد وطور زَيْتنا[c] مشرف على المسجد وفيما بينهما وادى جهنّم ومنه رُفع عيسى عم وعليه ينصب الصراط وفيه مصلّى عمر بن الخطّاب وفيه قبور الانبياء، وبيت لَحْم على فرسخ من المدينة وهو موضع وُلد فيه عيسى، ومسجد ابراهيم على ١٥ ميلا وفيه قبر ابراهيم واسحاق ويعقوب ويوسف وسارة ونَعْل النبىّ صلعم عند الامام ۞

وكانت سلسلة قضاء[d] الخصوم من اتّخاذ سليمان وكان مما اتّخذ ايضا ببيت المقدس من الاعاجيب ان نُصب فى زاوية من زوايا المسجد عصا ابنوس فكان من مسّها من اولاد الانبياء لم يضرّه مسّها ومن مسّها من غيرهم احترقت يده، فلم يزل كذلك على ما بناه سليمان حتى غزا بُخْت نصّر فخرّب بيت المقدس ونقض المسجد واخذ ما

a) Codd. جُدُرها, sed tum legendum foret ملبسة. *b*) Codd. فيه. *c*) Codd. سينا. *d*) I انضاء. Cf. Jâc. l.l. ٥٩٣, 16 seq.

كان فى سقوفه من الذهب والفضّة والجواهر فحمله *a* معه الى دار مملكته بالعراق وبقى بيت المقدس خرابا *b* حتى مرّ به شَعْيَا النبىّ وراه *c* خرابا وهو الذى قال الله عزّ وجلّ *d* أَوْ كَالَّذِى مَرَّ عَلَى قَرْيَةٍ *وَهِىَ خَاوِيَةٌ عَلَى عُرُوشِهَا *e* وابتناه بعد ذلك ملك من ملوك فارس يقال له كُوشك ۞

وبين بيت المقدس والرَّمْلَة ١٨ ميلا وهى *من كورة *f* فلسطين وكانت دار ملك داود وسليمان ورحبعم بن سليمان وولد سليمان ولمّا ملك الوليد بن عبد الملك ولّى سليمانَ بن عبد الملك جند فلسطين فنزل لُدًّا ثم احدث مدينة الرملة ومصّرها وكان اوّل ما بنى فيها قصره والدار التى تعرف بدار الصبّاغين وجعل فى الدار صهريجا متوسّطا لها ثم اختطّ المسجد وبناه واذن *c* للناس فى البناء فبنوا واحتفر لاهل الرملة قناتهم التى تدعى بَرَدَة *g* واحتفر ايضا آبارا عذبة وولّى النفقة على بنائه *h* بالرملة ومسجد الجامع كاتبا له نصرانيّا من اهل لُدّ يقال له البطريق بن بكاء *i* ولم تكن مدينة الرملة قبل سليمان وكان موضعها رملةً وصارت دار الصبّاغين لورثة صالح بن *علىّ بن *k* عبد الله بن عبّاس لانها قُبضت عن بنى اميّة وكانت بنو اميّة تُنفق على آبار الرملة وقناتها بعد سليمان بن عبد الملك فلمّا استخلف ابو العبّاس انفق عليها ثم كان ينفق خليفة بعد خليفة فلمّا استخلف المعتصم بالله سجّل بتلك النفقة سجلّا فانقطع الاستئمار وصارت جارية يحتسب بها العمّال فتحسب *l* لهم ۞

---

a) I c. و. *b*) Codd. خراب. *c*) I c. ف. *d*) Kor. 2 vs. 261. *e*) B الاية. *f*) Jâcût II, ٨١٨, 9 كورة من. *g*) B بَرْدة. Cf. Belâdh. ١٤٣. *h*) I بنيانه. *i*) Belâdh. النكا. Jâcût l. 13 eum appellat ابن بطريق. Falso eum locum nomine Basschârî i. e. Mokaddasî dedisse, jam observavi Mok. ١٦٥*h*. *k*) B et I om. Deinde I عبد الملك. *l*) B فيحسب.

ومن كور *a* فلسطين ايضا عَمْواس وكورة لُدّ وكورة يُبْنَا *b* وكورة يافا وكورة قَيْسارِيّة وكورة نابلس وكورة سَبَسْطِيَة وكورة بيت جِبْرِين *c* وكورة غَزّة وعَسْقَلان وسمّيت فلسطين بفيلسين *d* بن كَسْلُوخيم بن صدقيا *e* ابن كنعان بن حام بن نوح النبىّ عم، وقال ابن الكلبىّ فى قول الله عزّ وجلّ *f* ٱدْخُلُوا ٱلْأَرْضَ ٱلْمُقَدَّسَةَ ٱلَّتِى كَتَبَ ٱللّٰهُ لَكُمْ قال هى فلسطين وفى قوله *g* ٱلْأَرْضِ ٱلَّتِى بَارَكْنَا فِيهَا لِلْعَالَمِينَ قال فلسطين، وفلسطين بلاد واسعة كثيرة الخير *h* ويقال انها من بناء اليونانيّين والزيتون التى بها من غرسهم وقال النبىّ عم ابشّركم بالعروسَيْن غَزّة وعَسْقَلان *i* وقال عمر بن الخطّاب لولا ان تعطّل الثغور وتضيق *k* عسقلان باهلها لاخبرتُكم *l* بما فيها من الفضل، وقال عبد الله بن سلام *m* لكلّ شىء سراة وسراة الشام عسقلان، وافتتحها معاوية فى خلافة عمر بن الخطّاب، وعن ابن عبّاس قال جاء رجل الى رسول الله صلعم فقال يا رسول الله انى اريد العراق فقال صلعم عليك بالشام فان الله جلّ وعزّ قد تكفّل لى بالشام واهله *n* ثم الزمْ من الشام عسقلان فانه اذا دارت الرحا فى امّتى كان اهل عسقلان فى راحة وعافية، وقال ابو أُمامة الباهلىّ قال رسول الله صلعم من رابط بعسقلان يوما وليلة ثم مات بعد ذلك بستّين سنة مات شهيدا ولو مات فى ارض الشرك، وخراج فلسطين خمس مائة الف دينار ۞

---

a) Codd. كورة. *b*) B يبنى, I بيتنا. *c*) B خِنْزير, I خنزبر. *d*) B بقيلسين, I بقبلسين. Jâc. III, ٩١٤, 19 بفلسطين sed cf. ib. l. 6 بفليشين. *e*) B صدفيا, I صبقيا. *f*) Kor. 5 vs. 24. *g*) Kor. 21 vs. 71. Hic desinit lac. in S. *h*) B الجنود. *i*) Jâc. III, ٩٧٤, 15. *k*) B ويضيق. *l*) B لاخبرتّكم. *m*) Jâc. l. 18 عمر. Hic pro سراة habet ذروة. *n*) Cf. Jâc. III, ٣٤١, 4.

القول فى دمشق

قال الكلبىّ دِمَشْق بناها دمشق *a* بن فانى *b* بن مالك بن ارفخشد بن سام بن نوح وقال الاصمعىّ أُخذت دمشق من دمشقوها اى اسرعوها وقال كعب فى قول الله عزّ وجلّ *c* وَٱلتِّين قال الجبل الذى عليه دمشق وَٱلزَّيْتُون قال الذى عليه بيت المقدس وطُور سِينَا *d* حيث كلّم الله موسى عم والبَلَد ٱلأَمِين مكّة وقال كعب مَرْبض ثور فى دمشق خير من دار عظيمة بحمص قال فى قوله عزّ وجلّ *e* لَمْ يُخْلَقْ مِثْلُهَا فِى البِلَادِ قال دمشق وقال كعب معقل المسلمين من الملاحم دمشق ومعقلهم من الدجّال نهر ابى فُطْرُس ومن ياجوج وماجوج الطور، وقال هارون الرشيد للحسين بن عمّار ولّيتك دمشق وهى جنّة تحيط بها غُدُر *f* تتكفّأ امواجها على رياض كالدرارىّ فما بَرِح بك التعدّى لارفاقهم ان جعلتها اجرد *g* من الصخر واوحش من القفر قال والله يا امير المؤمنين ما قصدتُ لغير التوفيق من جهته ولكنّى رايت اقواما تَثْقُل الحقّ على اعناقهم فتفرّقوا فى ميادين التعدّى وراوا المراغمة بترك العمارة اوقع باضرار السلطان وارادوا بذلك المشقّة على الولاة وان سخط امير المؤمنين فقد اخذ بالحظّ الاوفر من مساءتى فقال الرشيد هذا اجزل كلام سُمع من خائف، وقال الاصمعىّ جنان *h* الدنيا ثلث غُوطة دمشق ونهر بلخ ونهر الأُبُلّة وحشوش الدنيا ثلثة الابلّة وسِيراف وعُمان، وقال *i* عروسا الدنيا الرىّ ودمشق،

---

a) Jâc. II, ٥٨٧, 18 دماشق sed Mokadd. ١٥٩, 14 ut rec. I h. l. دَمَشْق. *b*) B et I فانى, S هانى. *c*) Kor. 95 vs. 1 sqq. Cf. Jâc. II, ٥٨٩, 8 sqq., ubi قتادة pro كعب. *d*) Sic pro سينين. *e*) Kor. 89 vs. 7. *f*) S عدن. *g*) B اجرب. *h*) Codd. خيار et ثلثة. Vid. Jâc. II, ٥٨٩, 11. *i*) B وقالوا. Deinde B et I عروسى, S عروس. Cf. Mokadd. ١٥٩, 12.

وقال يحيى بن اكثم ليس فى الارض بقعة انزه من ثلث بقاع قهندز سمرقند وغوطة دمشق ونهر الابلّة ☆

وقال المدائنىّ دمشق مدينتها الغُوطة وكورها اقليم سَنيرa وكورة جُبيلb وبَيْرُوت وصَيْدَا وبَثَنيّة وحَوْران وجَوْلان وظاهر البَلْقاء وجبْرينc الغَوْر وكورة مَآب وكورة جِبَالd وكورة الشَّرَاةe وبُصْرَى وعَمّان والجابيَة والقَرْيتان والحُولَةf والبقاع والسواحل منها ستّة صيدا وبيروت واطرابُلس وعَرْقة وصُورg منبرها الى دمشق وخراجها الى الاردنّ وخراج دمشق اربع مائة الف ونيّف ودمشق فتحh اربعة اخماس صلح وخمس عنوة وهو خمس خلد بن الوليد وفُتحت سنة ١٤ *فى رجب للنصف منهi فى خلافة عمر بن الخطّاب، وقال البُحْتُرىّ فى دمشقk

أَمّا دمَشْق فَقَدْ أَبْدَتْ مَحاسنَها ... وقد وَفَى لَكَ مُطْرِيها بما وَعَدا
اذا أَرَدْتَ مَلَأْتَ العَيْنَ من بَلَدٍ ... مُسْتَحْسَنٍ وزمانٍ يُشْبِهُ البَلَدا
تُمْسى l السَّحابُ على أَجْبالِها فِرَقًا ... ويُصْبِحُ النَّوْرُm فى صَحْرائها بَدَدا
فلَسْتَ تُبْصِرُ الّا واكفًا خَضِلًا ... ويانِعًاn خَضِرًا او طائرًا غَرِدا
كأنّما القَيْظُ وَلّى بَعْدَ جَيْئَتِهِo ... أَوِ الرَّبِيعُ دنا من بَعْدِ ما بَعُدا

وقال ابو تمّام

لولا حدائقُهاp وأَنّى لا أَرى ... عَرْشًا هناك ظَنَنْتُهاq بَلْقيسا

---

a) B سنين, I سنبيرين, S سنّبر. b) B et S جبينك, I جنبيك. In cod. Ibn Khord. (ed. p. 72) in جنبك corruptum est. c) B وخنزير, I وحمويو, S وحمرير. Ibn Khord. in cod. وحورى, sed Edrîsî apud Rosenmüller, *Analecta* III, 16, l. 3 ut recepi. d) B جمال, I et S خمال. e) Codd. السراة. f) Codd. والجولة. g) Codd. وطور. Deinde B et I منبرها. h) B om. i) I النصف من رجب. k) Jâc. II, ٥٩۴, Diwân ed. Constant. p. ١١ sq. l) I يمشى, Diw. يمسى. m) Jâc. et Diw. النبت. n) B ويافعا, S et Diw. او يافعا. o) B et I جيّته. p) Sic codd.; Diwân p. ٨٧ ed. Beir. حدائقها. q) Diw. لها لظننتها.

وأَرَى الزَّمانَ غَدَا عليك بوَجْهِه   جَذْلانَ بَسَّامًا وكان عَبُوسا
قد نُوِّرَتْ *a* تلك البُطونُ وقُدِّسَتْ   تلك الظُهُورُ بقُرْبِه تَقْدِيسا

وقالوا *b* عجائب الدنيا اربعة قنطرة سَنْجَة ومنارة الاسكندريّة وكنيسة الرُّهَا ومسجد دمشق، ولمدينة دمشق ستّة ابواب باب الجابية وباب الصغير وباب كيسان وباب الشرقيّ وباب تُومَا وباب الفراديس هذه التى كانت على عهد الروم، ولمّا اراد الوليد بن عبد الملك بناء مسجد دمشق دعا نصارى دمشق فقال انّا نريد ان نزيد فى مسجدنا كنيستكم هذه ونعطيكم موضعَ كنيسةٍ حيث شئتم فحذّروه ذلك وقالوا انّا نجد فى كتابنا انه لا يهدمها احد الّا خُنق فقال الوليد فأنا اوّل من يهدمها *c* فقام عليها وعليه قباء اصفر فهدمها بيده وهدم *d* الناس معه ثمّ زاد فى المسجد فلمّا هدمها كتب اليه ملك الروم انك هدمت الكنيسة التى راى ابوك تركها فان كان حقّا ما عملتَ فقد اخطأ ابوك وان كان باطلا فقد خالفت اباك فلم يعرف الوليد جوابا فاستشار الناس وكتب الى العراق فقال الفرزدق اجبْه يا امير المؤمنين بقول الله جلّ وعزّ *e* وَدَاوُدَ وَسُلَيْمَانَ اِذْ يَحْكُمَانِ فِى ٱلْحَرْثِ اِذْ نَفَشَتْ فِيهِ غَنَمُ ٱلْقَوْمِ الآية *f* الى قوله حُكْمًا وَعِلْمًا وكتب *g* اليه الوليد بذلك فلم يجبه، والوليد ممّن زاد فى المساجد وبناها فبنى المسجد الحرام ومسجد المدينة ومسجد قُبا ومسجد دمشق واوّل من حفر المياه فى طريق مكّة الى الشام واوّل من عمل البيمارستانات للمرضى *h* وكان فى ذلك انه خرج حاجّا فمرّ بمسجد النبىّ صلعم

---

a) Codd. نَوَّرت et mox وقدَّست; Diw. بوركت, ibique البطون et الظهور inverso ordine. *b*) Jâc. II, ٥٩١, 6 sq. Deinde B اعاجيب. *c*) I يخربها. *d*) S وهدمها. *e*) Kor. 21 vs. 78. *f*) S وكنا لحكمهم شاهدين. *g*) S فكتب. *h*) Hic in I sequitur locus de capite Johannis Baptistae quem infra ex S recepi. Deinde pergit I وكان فى سبب عمل الوليد البيمارستانات انه bene, si legimus المساجد.

فدخله فرای بيتا ظاعنا فی المسجد شارعا بابه فقال ما بال هذا البيت فقيل هذا بيت علىّ بن ابى طالب رضّه اقرّه رسول الله صلعم وردم سائر ابواب اصحابه[a] فقال ان رجلا نلعنه على منابرنا فى كلّ جمعة ثمّ نقرّ بابه ظاعنا فى مسجد رسول الله صلعم من بين الابواب اهدمْ يا غلام فقال رَوْح بن زِنْباع الجذامىّ لا تفعل يا امير المؤمنين حتى تقدم الشام ثمّ تُخرج امرك بتوسيع مساجد الامصار مثل مكّة والمدينة وبيت المقدس وتبنى بدمشق مساجدا فيدخل هدمُ بيت علىّ بن ابى طالب فيما يوسّع من مسجد المدينة فقبل منه وقدم الشام ـ واخذ فى بناء مسجد دمشق وانفق عليه خراج المملكة سبع سنين ليكون ذكرا له وفرغ من المسجد فى ثمانى سنين فلمّا حُمل اليه حساب نفقات مسجد دمشق على ثمانية عشر بعيرا امر باحراقها[b]، قال فى كتاب المسالك والممالك انفق على مسجد دمشق[c] خراج الدنيا ثلث مرّات وبلغ ثمن البقل الذى اكله الصنّاع فى مدّة ايّام العمل ستّة آلاف دينار وهذا المسجد[d] مقعد عشرين الف رجل وان[e] فيه ستّمائة سلسلة ذهب للقناديل،، قال[f] زيد بن واقد وكّلنى الوليد على العمّال بمسجد دمشق فوجدنا فيه مغارة فعرّفنا الوليدَ ذاك[g] فنزل فى الليل فاذا هى كنيسة لطيفة ثلثة اذرع فى مثلها واذا فيها صندوق وفيه سفط مكتوب عليه هذا رأس يحيى بن زكريّاء فرايناه فامر به الوليد ان يجعل تحت عمود معيّن[h] فجُعل تحت العمود المسقّط الرابع[i] الشرقىّ ويعرف بعمود السكاسك وقال ابو مهران رأس يحيى بن زكريّاء تحت عمود السكاسك وقال زيد ايضا رايت

---

a) I الصحابة. b) Jâc. II, ٥٩٣, 18 sqq. Seqq. ad للقناديل B et S in marg. habent, I om. verba ultima inde a وهذا المسجد et verba وبلغ الخ ponit ante قال. c) S add. مثل. d) S المبنى. e) S ودار; fort. l. وكان ut habet Jâc. l. 17. f) Seqq. ad تتغبير in B desunt; I supra habet. g) I ذالك. h) I مغبر. i) S الربع.

رأس يحيى بن زكريّاء حين وُضع تحت العمود والبشرة والشعرة[a] لم تتغيّر، قالوا فمن عجائب مسجد دمشق ان لو بقى الرجل فيها مائة سنة لكان يرى فيها فى كلّ وقت اعجوبة لم يرها قبل، وقال كعب ليبنينّ فى دمشق مسجد[b] يبقى بعد خراب الارض اربعين عاما، والمئذنة التى بدمشق كانت ناطورا للروم فى كنيسة يحيى[c] فلمّا هدم الوليد الكنائس وادخلها المسجد تُركت على حالها وهدم الوليد عشرة كنائس واتّخذها مسجدا، ولمّا وُلّى[d] عمر بن عبد العزيز الخلافة قال انى ارى فى مسجد دمشق اموالا انفقت فى غير حقّها فانا مستدرك ما استدركت منها ورادّها الى بيت المال انزعُ هذا الرخام والفسيفساء واطيّنه وانزعُ هذه السلاسل واصيّر بدله حبالا فاشتدّ ذلك على اهل دمشق فخرج اشرافها اليه وكان فيهم يزيد بن سمعان وخالد بن عبد الله القسرىّ فقال خالد لهم دعونى والكلام قالوا تكلّمْ فلمّا دخلوا عليه قال له خالد بلغنا انك هممت بمسجدنا بكذا وكذا قال نعم قال والله ما ذلك[e] لك قال فلمن ذاك لأمّك الكافرة وكانت امّه نصرانيّة فقال ان تلك كافرة فقد ولدت مؤمنا فاستحيى عمر وقال صدقتَ، وورد على عمر رسل الروم فدخلوا مسجد دمشق لينظروا اليها فرفعوا رؤسهم الى المسجد فنكّس رئيس[f] منهم رأسه واصفرّ لونه فقالوا له فى ذلك فقال انّا كنا معاشرَ اهل روميّة نتحدّث ان بقاء العرب قليل فلمّا رايت ما بنوا علمت ان لهم مدّة سيبلغونها فأُخبر عمر بذلك فقال ارى مسجدكم هذا غيظا على الكفّار فترك ما همّ به من امر المسجد، والمسجد مبنىّ بالرخام والفسيفساء مسقّف بالساج منقوش باللازورد والذهب والمحراب مرصّع بالجواهر المثمّنة[g] والحجارة العجيبة، وبنى معاوية الخضراء بدمشق فى زمن عثمان بن عفّان وأُمّر

---

a) S والشعر. b) Codd. مسجدا. c) S توما, (B دىحىا, I بحيا).
d) S فلما انتهت الى. e) S ذاك. f) I ربّيس. g) S الثمينة.

على الشام وهو ابن ثمان وثلثين سنة واستخلف وهو ابن ثمان وخمسين سنة وتوفّى لثمان وسبعين سنة وهو اوّل من اتّخذ المحاريب والمقاصير والشُّرَط والحَرَس والخصيان وأَصْفى الاموال *a* وقد انكر قوم *بناء الدور والابنية *b* والنفقة والتبذير عليها وهذا طلحة بنى داره بالآجرّ والقصّة وابوابه ساج وبنى عثمان بن عفّان بالحجارة المنقوشة المطابقة وخشب الصنوبر والساج وحُمل له من البصرة فى البحر ومن عدن فى البحر وحُمل له القصّة من بطن نَخْل وبنى الزبير اربعة ادوُر دارا بمصر واخرى بالاسكندريّة واخرى بالكوفة واخرى بالبصرة وانفق زيد بن ثابت على داره ثلثين الف درهم ۞

وقال كعب الحَبْر اربع مدائن من مدائن الجنّة حمص ودمشق وبيت جِبْرين *c* وظَفار اليمن *d* واجناد الشام اربعة *e* حِمْص ودمشق وفلسطين والاردنّ ولقى كعب رجلا فقال من اين اقبل الرجل قال من الشام قال امن *f* اهله انت قال نعم قال فلعلّك من الجند الذين ينظر الله اليهم كلّ يوم مرّتين قال واىّ جند هم قال جند فلسطين قال لا قال فلعلّك من الجند الذين يلقون الله فى الثياب الخضر قال واىّ جند هم قال جند الاردنّ قال لا قال فلعلّك من الجند الذين يستظلّون تحت العرش يومَ لا ظلّ الّا ظلّه قال واىّ *g* جند هم قال جند دمشق قال لا قال فلعلّك من الجند الذين يبعث الله منهم سبعين الف نبىّ قال واىّ جند هم قال جند حمص قال لا قال فمن اين انت قال من قنّسرين قال ليست تلك من الشام تلك قطعة من الجزيرة يفرّق بينهما الفرات ۞

---

a) B et I add. وبنى الخضراء بدمشق. *b*) Correxi pro ابنية الدور والبناء. *c*) B خِنّزير, I خبريس, S خنردر. *d*) B العين. Deinde B وقال ابن فارس فى المجمل اجناد الخ. *e*) B خمسة et post ودمشق ins. وقنسرين. *f*) B فمن. *g*) B et I وقال اى.

وخراج حمص ثلثمائة الف واربعون الف دينار واقاليمها كثيرة منها اقليما *a* سَلَمْيَة وتَدْمُر قال *b* ولمّا هدم مروان بن محمّد حائط تدمر وصل الى بيت مجصّص عليه قفل ففتحه فاذا امرأة مستلقية على قفاها فى بعض غدائرها صحيفة نحاس مكتوب عليه بسمك اللّهم انا تدمر بنت حسّان ادخل الله الذلّ على من يدخل علىّ فى بيتى قال فوالله ما ملك مروان بعدها الّا ايّاما حتى اقبل عبد الله بن علىّ فقتل مروان بن محمّد وفرّق خيله واستباح عسكره فقيل وافق دُعاءها، ويقال ان مدينة تدمر بناها سليمان بن داود وكانت عجيبة البناء كثيرة الصور والتماثيل ويقال انه بنى *c* فيها دارا فيها مقاصير واروقة وحجرات *d* وايوانات وغير ذلك وان سطح هذه الحجرات *e* والمقاصير وغير ذلك حَجَرٌ واحد بقطعة واحدة وهو باقٍ الى يومنا هذا وبها صورة جاريتين من حجارة من بقايا صور كانت *f* بها وقال فيهما بعض الشعراء *g*

فَتَاتَىْ أَهْلِ تَدْمُرَ خَبِّرَانِى ... أَلَمَّا تَسْأَمَا طُولَ المَقَام
قِيَامُكُما على غير الحَشَايا ... على جَبَلٍ اصمّ من الرُّخَام
وانّكما على مَرِّ اللّيالى ... لَأَبْقَى من فُرُوع ابنَىْ شَمام *h*

وانشد ابو دُلَف فيهما لنفسه

ما صورتانِ بتَدْمُرٍ قد راعتا ... اهلَ الحِجَى وجماعةَ العُشّاق
غَبَرَا على طول الزمان ومَرِّه *i* ... لم يَسْأَمَا من أُلْفَةٍ وعِنَاق
فليرمينّ الدّهرُ من نكباته ... شَخْصَيْهما منه بسَهْم فِراق

---

a) Codd. اقليمى. Deinde codd. سلميّة (S سلميه) وتذمر. *b*) Jâc. I, ٨٣٩, 12 sqq. *c*) B om. *d*) B et I om. *e*) B الحجر. *f*) Codd. كان. *g*) اوس بن ثعلبة بن رقى sec. Belâdh. ٣٥٥. *h*) In marg. B هضبتان فى اصل شمام وهو جبل. Vid. Jâc. in v. *i*) Codd. ومرها. Jâc. I, ٨٣٠, 16 ومرّة.

وليُبْلِيَنَّهُما الـزمانُ بـكَـرِّهِ *a* وتـعـاقُـب الاظْـلام والاشْـراق
كَىْ يَعْلَمَ العَلْماءُ أَلّا دائما *b* غـيـرَ الالٰـه الـواحـد الخَلّاق

وانشد ابو الحسن العِجْلىّ فيهما

انَّ اللَّتيْنِ صِيغَتَا بتَدْمُرٍ وَكَّلَتنا قَلْبى بـوَجْـد مُضْمَرِ
صُوِّرَتـا فى احـسـن الـتـصـوُّر لم يرْهَبَا كَرَّ صُرُوفِ الأَعْصُرِ

وتَدْمُر صُلْحيّة صالح اهلها خالد بن الوليد ۞ والسواحل من حمص السنّة كورة *c* اللاذقيّة وكورة *d* جَبَلَة وكورة بُلُنْيَاس وكورة أَنْطَرْطُوس *e* وكورة مَرَقِيّة وكاسِرة *f* والسَّقْى *g* وحَبنة *h* والحُولَة وعملوا *i* ورندك *k* وقَبْرانا *l* واذا عبرت الفرات جئتَ الى خُشَاف وناعُورَة ثم الى حَلَب وقنّسرين وكورها وخراج قنّسرين اربعة آلاف دينار ۞ وقال مشايخ انطاكية كانت ثغور المسلمين ايّام عمر وعثمان انطاكية والكور التى سمّاها الرشيد العواصم وهى كورة قُورُس والجُومَة ومَنْبِج وأَنْطاكِيَة وتُوزِين *m* وبالِس ورُصافة هشام فكان *n* المسلمون يغزون ما وراءها كغزوهم الروم *o* وكانت فيما بين الاسكندريّة *p* وطَرَسُوس حصون ومسالح للروم ۞

---

a) Codd. بكرّة. *b*) Jâc. واحدا. *c*) Codd. كور. *d*) B et I وكور. Deinde I حلب. *e*) Hinc patet editorem Ibn Khord. p. 71 (vers. p. 199) bene explicasse lectionem النطرون, pro quo Defrémery legere proposuit بطرون. *f*) Ibn Khord. قاسرة. An = قاصرة? *g*) B et I s. p. *h*) Secutus sum B et S; I et cod. Ibn Khord. s. p. *i*) Sic; cod. Ibn Khord. وعجلوا (editor recepit عجلون, sed situs non convenit). *k*) Secutus sum I et S; B وودك, cod. Ibn Khord. وبريدل (e quo editor fecit وبارين nimis audacter). *l*) B et I وغيرانا, S وغرانا, cod. Ibn Khord. واقمرادا. Alius ejusdem nominis locus memoratur a Jâc. *m*) S s. p., B et I وبوريس, cod. Ibn Khord. يمْرين i. e. تيزين ut jam observavit Defrémery (de يبرين Jâc. in v. cogitandum non est; cf. Belâdh. ١٣٢*d*). *n*) I c. و. *o*) Belâdh. ١٦٣ اليوم. *p*) I s. art.

وقالوا *a* حِمْصُ من بناء اليونانيّين وزيتون فلسطين من غرسهم ومدينة حمص افتتحها *b* خالد بن الوليد صالحهم على مائة وسبعين الف دينار وكانت مدينة حمص مفروشة بالصخر وهى اليوم كذاك *c* ومن عجائب حمص صورة على باب المسجد الجامع بجنب البيعة على حجر ابيض اعلى الصورة *d* صورة انسان واسفلها صورة عقرب فاذا لدغ العقرب انسانا فاخذ طينا ووضعه على تلك الصورة ثم ادافه بالماء وشربه سكن وجعه وبرئ من ساعته ويقال ان تلك الصورة طلسم للعقرب *e* خاصّة ٬ وكان فتح حمص قبل دمشق فى اوّل ليلة من *f* رجب سنة ١٤ ۞

وبدمشق *g* لُبْنان وهو الجبل الذى يكون عليه العُبّاد والابدال وعليه من كلّ الثمر والفواكه وفيه عيون كثيرة عذبة وهو متّصل ببلاد الروم وعند *h* باب دمشق جَيْرُون وهى من بناء سليمان بن داود وهى سقيفة مستطيلة *i* على عُمُد وحولها *k* مدينة تطيف بجيرون قال ابو عُبَيدة لجيرون عمود عليه صومعة وهو من البناء المذكور ومن البناء المذكور *l* الأَبْلَقُ الفَرْدُ والوَرْدُ ايضا قصر بناه سليمان بن داود ۞

قالوا واول من ابتنى حصن المَصّيصة فى الاسلام عبد الملك بن مروان على يد ابنه عبد الله ثم بنى عمر بن عبد العزيز بها مسجدا من ناحية كَفَرْبَيّا *m* واتّخذ فيها صهريجا وكان اسمه عليه مكتوبا *n* ثم ان المسجد خرب فى خلافة المعتصم وهو يدعى مسجد الحصن وشحنوها بالرجال وبنى المنصور فيها مسجدا جامعا فى موضع هيكل كان بها وجعله مثل مسجد عمر ثلث مرّات ثم زاد فيه المأمون ايّام

---

a) Cf. Jâc. II, ٣٣٥, 6. *b*) I فتحها. *c*) I كذلك. *d*) B اعلاه مصوّرة fere ut Jâc. ٣٣٦, 4, sed habet quoque واسفلها. I om. صورة. *e*) I للعقارب. *f*) B om. *g*) Jâc. (IV, ٣٤٧ ult.) videtur legisse بحمص. *h*) Jâc. II, ١٧٥, 19 sqq. *i*) B مستظلّة, I id. cum ض ut solet. *k*) Codd. وحوله. *l*) B add. ايضا. *m*) Codd. كفرتوثا, vid. Belâdh. ١٦٥. *n*) Codd. عليها مكتوب.

ولاية عبد الله بن طاهر المغرب وفرض a فيها المنصور لالف رجل وزاد فيها b المهدى القفى c رجل ولم يعطهم شيئا d لانها قد كانت شُحنت بالجند والمطّوّعة، وقال ابو النعمان الانطاكىّ كان الطريق فيما بين انطاكية والمصّيصة مسبعة يعرض للناس فيها الاسد فلمّا كان ايّام الوليد بن عبد الملك شُكى ذلك اليه فوجّه اربعة آلاف جاموس وجاموسة فنفع الله جلّ وعزّ بها، قال الواقدىّ ولمّا غزا الحسن بن قحطبة الطائىّ بلاد الروم سنة ١٦٢ فى اهل خراسان والموصل والشام ومطّوّعة العراق والحجاز خرج مما يلى طَرَسُوس فاخبر المهدىّ ماء e فى بنائها وتحصينها وشحنتها بالمقاتلة من عظيم الغناء عن الاسلام والكبت للعدوّ وكان خرج فى مرج طرسوس فركب الى مدينتها وهى يومئذ خراب فنظر اليها واطاف بها من جميع جهاتها وحزر عدّة من يسكنها فوجدهم مائتى f الف فلمّا كان سنة ١٧١ بلغ الرشيد ان الروم قد ائتمروا بينهم للخروج الى طرسوس لتحصينها وترتيب المقاتلة بها فاغزى الصائفة هرثمة بن أَعْيَن وامر بعمارة طرسوس وبنائها وتمصيرها ففعل فاجرى امرها على يدى فَرَج بن سُلَيم g الخادم فبنى قصبتها ومساجدها ومسح ما بين النهر الى النهر فبلغ ذلك اربعة آلاف خطّة كلّ خطّة عشرون ذراعا فى مثلها واقطع اهل طرسوس الخطط فى شهر ربيع الآخر سنة ١٧٢ ولمّا كانت سنة ١٨٠ امر الرشيد ببناء مدينة عَيْن زَرْبَة وتحصينها وحوّل اليها خلقا من الخراسانيّة واقطعهم المنازل وفى سنة ١٨٣ امر ببناء الهارونيّة فبُنيت وشُحنت بالمقاتلة ونسبت اليه وامر الرشيد ببناء مدينة الكنيسة السوداء وتحصينها وامر المنصور

---

a) S وقد فرض. *b*) B فيه. *c*) I الف. *d*) Male intellexit locum Belâdh. ١٦٦, 10 لم يقطعهم, quod ibi signif. »non misit eos aliunde". *e*) Belâdh. ١٦٩ بها. *f*) B et I مائتا, S utramque lect. habet. Belâdh. مائة. *g*) Codd. ابن ابى سليمن.

صالح بن علىّ ببناء مَلَطية *a* وكانت خرابا وكان لحسن بن قحطبة اتمّها بامر المنصور واعان *b* الفعلة بنفسه وماله وكان لحسن يقول مَنْ سبق الى شُرْفة فله كذا فجدّ الناس فى العمل حتى فرغوا من بناء ملطية ومساجدها فى ستّة اشهر وهم يومئذ سبعون الفا وبُنى بها للجند الذين اسكنوها لكلّ عرّافة بيتان سفليّان وعليّتان والعرّافة عشرة نفر الى خمسة عشر رجلا وبنى لهم مسلحة على ثلثين ميلا منها ومسلحة على نهر يدعى قُباقب يدفع فى الفرات *c* واسكنها اربعة آلاف مقاتل من اهل الجزيرة *d* وزاد كلّ واحد منهم عشرة دنانير واقطع الجند المزارع وبنى حصن قَلَوْذِيَة *e* وارض التنيه بموضع يقال له حصن منصور اربعون فرسخا ۞

وقال *f* لحجّاج بن يوسف لزاذان فَرُّوخ اخبرنى عن العرب والامصار فقال اصلح الله الامير انا بالعجم ابصر منى بالعرب قال لتخبرنى قال فسَلْ عما بدا لك قال اخبرنى عن اهل الكوفة قال نزلوا بحضرة اهل السواد فاخذوا من ضيافتهم وسماحتهم *g* قال فاهل البصرة قال نزلوا بحضرة الخُوز فاخذوا من مكرهم وبُخْلهم قال فاهل الحجاز قال نزلوا بحضرة السودان فاخذوا من حمقة *h* عقولهم وطَرَبهم فغضب الحجّاج فقال له اعزّك الله لستَ حجازيّا انما انت رجل من اهل الشام قال فاخبرنى عن اهل الشام قال نزلوا بحضرة الروم فاخذوا من توقُّفهم وصناعتهم وشجاعتهم ۞

ويقال ريف الدنيا من السمك ما بين ماهيُرويان *i* الى عمان وريف الدنيا من التمر ما بين اليمن الى البصرة وهَجَر وريف الدنيا من

---

a) S مَلَطْيَة ut mox quoque B et I. *b*) B add. عليه. Cf. Belâdh. ١٨٧. *c*) B بالفرات. *d*) Codd. الحرب. *e*) B قُلوذيّه, S قلّوذيه, I sine voc. Seqq. verba excepto حصن منصور loco suo non sunt; cf. Jâc. I, ٩٢, 3. *f*) Jâc. I, ٥٣ ult. sqq. *g*) Jâc. مناقبهم. *h*) Jâc. خفة. *i*) Codd. (S دنار) هاهير ديار. Vulgo مهروبان.

الزيتون a فلسطين الى قنّسرين، وقال المدائنىّ قدم وفد من العراق على b معاوية بن ابى سفيان فيهم صَعْصَعَة بن صُوحان العَبْدىّ فقال معاوية مرحبا بكم واهلا قدمتم خير مقدم وقدمتم على خير خليفة وهو جُنّة لكم وقدمتم الارض المقدّسة وقدمتم ارض المحشر والمنشر وقدمتم ارضا بها قبور الانبياء فقال صعصعة اما قولك يا معاوية قدمتم خير مقدم فذاك من قدم على الله والله عنه راضٍ واما قولك قدمتم على خليفتكم وهو جُنّة لكم فكيف بالجنّة اذا احترقت c واما قولك قدمتم الارض المقدّسة فان الارض لا تقدّس اهلها لكن اهلها يقدّسونها d واما قولك قدمتم ارض المحشر والمنشر فان بُعْد الارض لا ينفع كافرا ولا يضرّ مؤمنا واما قولك قدمتم ارض الانبياء بها قبور الانبياء فان من مات بها من الفراعنة اكثر ممن e مات فيها من الانبياء فقال معاوية اسكتْ لا ارض لك قال ولا لك يا معاوية الارض لله يورثها من يشاء من عباده والعاقبة للمتّقين قال معاوية يا صعصعة انى كنت لأُبغض ان اراك خطيبا قال وانا والله يا معاوية ابغض ان اراك اميرا ✿

قالوا ودُومَة الجَنْدَل شاميّة وهى فصل ما بين العراق والشام وهى على سبع مراحل من دمشق f ✿

قال ولمّا فتح انوشروان قنّسرين ومَنْبِج وحَلَب وانطاكية g وحمص ودمشق وايليا استحسن انطاكية وبناءها فلمّا انصرف الى العراق بنى مدينة على مثال انطاكية باسواقها وشوارعها ودورها وسمّاها زندخُسْرة h وهى التى تسمّيها i العرب رُوميّة وامر k ان يدخل اليها سبى انطاكية

---

a) B et I add. الى. *b*) I الى. *c*) Sic quoque IA III, ١٠٩, 7 a f. *d*) Hinc sequi videtur Moâwiam dixisse الارض المقدّسة; cf. Jâc. IV, ٥٩٠, 16 sqq. *e*) Codd. من. *f*) Jâc. II, ٦٢٥, 20. *g*) S om., I habet post وايليا. *h*) Codd. خشره (I زيد) زبذ. Aliae formae nominis apud Nöldeke, *Gesch. der Perser und Araber zur Zeit der Sassaniden*, p. 165 sq. *i*) I سمتها. *k*) S c. ف.

فلمّا دخلوها لم ينكروا من منازلهم شيئًا فانطلق كلّ رجل منهم الى منزله الّا رجلا اسكافا a كان على بابه بانطاكية شجرة فرصاد فلم يرها على بابه بروميّة فتحيّر ساعة ثمّ اقتحم الدار فوجدها مثل داره فلمّا راى ملك الروم ما قد فتحه كسرى من مدائنه وادعه ووجّه كسرى رجلا من مرازبته الى ارض الروم بقبض b الاتاوة ✿

وقال عمرو بن بَحْر c رُبَّ بلد يستحيل d فيه العطر وتذهب e رائحته كقصبة الاهواز ✿

وقد كان هارون الرشيد همّ بالمقام بانطاكية وكره اهلها ذلك فقال شيخ منهم وصدَقه ليست من بلادك يا امير المؤمنين قال وكيف قال لان الطيب الفاخر يتغيّر فيها حتى لا ينتفع منه *بكبير شىء f والسلاح يصدأ فيها ولو كان من قَلْعة الهند ✿

وقالوا سَيْحان بأَذَنَة وجَيْحان بالمَصّيصة والبَرَدان ويسمّى الغَضْبان بطَرَسُوس وجَيْحُون نهر بَلْخ ✿

وقال ابن شَوْذَب تغور المياه g قبل يوم القيامة الّا بئر h زَمْزَم ونهر الاردنّ وهو الذى قال الله عزّ وجلّ i انّ ٱللّٰهَ مُبْتَلِيكُمْ بِنَهَرٍ ✿

وكور الاردنّ طَبَرِيّة والسامرة k وبَيْسان وفِحْل وكورة جَرَش l وعكّا وكورة قَدَس وكورة صُور، وخراج الاردنّ ثلثمائة الف وخمسون الف دينار، ومن الطبريّة الى اللجّون ٢٠ ميلا ثمّ الى القَلَنْسُوَة ٢٠ ميلا ثمّ الى الرملة مدينة فلسطين ٢٤ m ميلا وهى على الجادّة محاجّ الشام والثغور ينزلونها، ومدينة اللجّون فيها صخرة عظيمة مدوّرة خارج n

---

a) Codd. رجل اسكاف. *b*) B بقبض. *c*) I. e. al-Djâhith. *d*) B et I سيحيل. *e*) B et I ويذهب, S s. p. *f*) I بكثير شىء, S بشىء. *g*) B الماء, I يغور الماء. *h*) Codd. نهر. *i*) Kor. 2 vs. 250. *k*) Ut Ibn Khord. p. 72. Edrîsî (apud Rosenmüller *Anal.* III, 15) كورة السامرية وهى نابلس. Cf. Dimaschkî p. ٢٠٠.

l) Conj.; codd. خُوسَى, Ibn Khord. in cod. حوبم. *m*) Jâc. IV, ٣٥١, 13 male اربعون. *n*) Jâc. فى وسط.

المدينة وعلى الصخرة قبّة زعموا انها مسجد ابراهيم عم يخرج من تحت الصخرة ماء كثير وذكروا ان ابراهيم ضرب بعصاه هذه الصخرة فخرج منها من الماء ما يتّسع فيه اهل المدينة ورساتيقهم الى يومنا هذا ۞

قالوا ولنا الزيت والزيتون الذى ليس فى شىء من البلدان اكثر منه فى بلادنا وقال الله عزّ وجلّ *a* مِنْ شَجَرَةٍ مُبَارَكَةٍ زَيْتُونَةٍ ۞ ومن ابنيتهم العجيبة لُدّ وحدّثنى *b* رجل قال قلت لاهل لُدّ هذا بَنَتْه *c* الشياطين لسليمان قال انتم اذا جلّ فى صدوركم البنيانُ اضفتموه الى الجنّ والشياطين هذا قبل مولد سليمان عم *d* بدهور كثيرة ۞ وعلى سبعة اميال من مَنْبِج حَمّة *e* عليها قبّة تسمّى المُدِير *f* وعلى شفير الحَمّة صورة رجل من حجر اسود تزعم النساء ان كلّ من لا تلد تحكّ فرجها بانف الصورة فيولد لها، وفيها حمّام يقال له حمّام الصّوانى *g* فيه صورة رجل حجر يخرج ماء الحمّام من احليله ۞

قالوا ومن عجائبنا تُفّاح لُبْنان وفيه اعجوبة وذلك انه يُحْمَل التفّاح من لبنان وهو تفّاح جبل عذى لا طعم له ولا رائحة فاذا توسّط نهر البَلِيخ فاحت رائحته وهذا شبيه بالذريرة *h* التى بنهاوَنْد فان بها قصبا يتّخذ منه الذريرة فليست له رائحة بتّةً حتى يجاز بها ثنيّة الرِّكاب وهى من نهاوند على فراسخ كثيرة فاذا جازت الثنيّة فاحت رائحته وحُمل منها الى البلدان، وبِشيرَاز *i* شجرة تفّاح التفّاحة منها

---

a) Kor. 24 vs. 35. In I additur توقد pro يوقد, S om. من. *b*) B sine و. *c*) B بُنْية, I بنيّة. Ad seqq. cf. Jâc. I, ٨٣٩, 8 sqq. *d*) S om. *e*) Codd. حُمّة. *f*) Voc. in B. *g*) I et S الصراى. *h*) Jâc. I, ٩٣٦, 8 sqq., IV, ٨٣٨, 5 sqq. et infra in capite de Nehâwend. *i*) Istakhrî ١٥٠. (ubi بناحية اصطخر), Mokadd. ٤٤٤, 15, Jâc. III, ٣٤, 14 et infra in capite de Perside.

نصفها حلو فى غاية الحلاوة ونصف حامض فى غاية الحموضة وليس بفارس كلّها من هذا النوع الّا هذه الشجرة الواحدة ۞

قالوا من عجائب الشام اربعة اشياء بحيرة الطبريّة[a] والبحيرة المُنْتِنة واحجار بعْلَبكّ ومنارة الاسكندريّة فاما احجار بعلبكّ فان فيها حجرا على خمسة عشر ذراعا اقلّ واكثرِ ارتفاعُه فى السماء عشرة اذرع فى عرض خمسة عشر ذراعا فى طول خمسة واربعين ذراعا هذا حجر واحد فى حائط، واما منارة[b] الاسكندريّة فانه يصعد اليها رجل على برذون حتى يبلغ اعلاها وهى مبنيّة على سرطان من زجاج، واما بحيرة الطبريّة فانه يشرع اليها وينتفع بها للغسالات[c] فاذا مُنع منها هذا انتنت، والبحيرة المُنْتِنة[d] لا يغرق فيها شىء وكلّ شىء يقع فيها فانما يطفو[e] على رأس الماء ۞

ومن عيوب الشام كثرة طواعينها والناس يقولون حُمّى خَيْبَر وطواعين الشام ودماميل الجزيرة وجرب الزنج وطحال البحرين، قالوا ومن اقام بالمَوْصِل[f] حولا وجد فى قوّته فضلا ومن اطال الصوم بالمَصّيصة خيف عليه الجنون ومن قدم من شقّ العراق الى بلاد الزنج لم يزل حزينا ما اقام بها فان اكثر من شرب نبيذها وشرب ماء النارجيل صار كالمعتوه، وقال ابو هُرَيرة انا لبراغيث الشام اخوف منى لغيرها ۞

وقالوا فى قول الله عزّ وجلّ[g] وَجَاءَ بِكُمْ مِنَ ٱلْبَدْوِ قال من فلسطين ۞

افتخار الشاميّين على البصريّين وفضل الحَبْلة على النَّخْلة

قال ابو عبّاد محمّد بن سلمة البَصْرى[h] المعروف بابن العَلّاف القارئ انى لفى يوم من ايّام المعتزّ بالله فى ديوان الخراج بسُرّ من راى مع جماعة من قُرّاء البصريّين نطالب بارزاقنا وفينا علىّ بن ابى ناشر[i] اذ طلع

---

a) S sine art. *b*) Codd. منظر (S منظر). *c*) Codd. الغسالات. *d*) Cf. Jâc. I, ٥١٦, 14. *e*) I يطوف. *f*) B sine art. *g*) Kor. 12 vs. 101. *h*) Codd. المِصْرى. *i*) I ياسر. S h. l. s. p.

علينا فتية من كُتّاب الأنبار ومعهم ابو حُمْران الشاعر ونحن نصف البصرة وما خُصّت به من ارض الصدقة التى لا يسوغ للسلطان *a* الاعظم تبديلها ولا للعمّال تغييرها وما فيها من المدّ والجزر والخلجان ومقادير الساعات ومنازل القمر فقال ابو حمران ما من بلد الّا وقد أُعْطى نوعا من الفضل ينفرّد *b* به وضربا من المرافق معدولا عن غيره يعجب *c* به اهله ويطمئنّون اليه فى تقريظه *d* فقلت له مجيبا لئن قلتَ ذلك فانّا لا نعرف مصرا جاهليّا ولا اسلاميّا افضل من البصرة ولا ارضا يجرى عليها الاتاوة اشرف من ارض الصَّدَقة ولا شجرة هى افضل من النخلة ولا نعرف بلدا اقرب برّا من بحر وحضرا من بَدْو وريفا من فلاة وملّاحا من جمّال وقانصَ وحش *من صائده *e* سمك ونجدا من غور من البصرة فهى *f* واسطة الارض وغوصة البحر ومغيض الاقطار وقلب الدنيا ولقد مثّلت الحكماء الارض بصورة طائر فجعلوا الجُوجُؤ بما فيه من القلب البصرةَ والرأس الشام والروم والجناحين *g* المشرق والمغرب والذنب السودان وهم اكثر عددا من البيضان فكفى بهذا وحده فخرا، فقال *h* ابو حُمْران

كُلُّ فَتاةٍ بقتاعها *i* مُعْجَبَهْ والخُنْفَسى *k* فى عَيْنِ أُمّهْ لُؤْلُؤهْ

وقالت الاعرابيّة وهى تزفّن *l* ابنا لها وتقول

يا قَوْمِ ما لى لا أُحِبُّ حَشْوَدَهْ *m* وَكُلُّ خِنْزِيرٍ يُحِبُّ وَلَدَهْ

فاين انت يا اخا البصرة عن خصب الشام والجزيرة وعن فضل المساجد

---

a) B يسوّغ السلطان. *b*) I ينفرد. *c*) I تعجب. *d*) B تفريطه. *e*) Codd. وصائد. *f*) B c. و. *g*) Codd. والجناحان. *h*) B قال. *i*) Vulgo بابيها, Freytag, *Prov.* II, 315 n. 26. *k*) B والخنفساء. *l*) B et S تَزْفِن, I تَزفّن.

m) TA sub عنجد habet عَنْجَدَهْ, ut docuit me amicissimus Thorbecke, qui porro jubet conferre Lane I, 500 (sub حبارى) et 2171 (sub عَنَد) et Freytag, *Prov.* II, 338.

الاقصى والبلاد المقدّسة وعن غَـذاة*a* دارَىْ مضر وربيعة وعن رفيع قدر الكَرْمة وعن قول عمرو بن كُلْثوم

وعند*b* اللّه يأتيه*c* دعاها الى ارض يَعيش بها الفَقيرُ
لارض الشام وهى حِمًى وحَبٌّ*d* وزَيْتونٌ وثَمَّ نَشا العَصيرُ

ووالله لَلرقّة البيضاء وَحْدَها*e* اطيب من البصرة وللرافقة اغذى من الابلّة ولحَلَب اخصب من الكوفة ولَلَخْم وجُذام وافناء قبائل قضاعة اشرف من بكر وتميم وضبّة وللحبلة افضل من النخلة وللعنب احلى من الرطبة وللزبيبة اطيب من التمرة ولقد خصّ الله بلاد الشام من بركة الزيتون والعواصمَ والجزيرة من لذّة التين ومن انواع الفواكه بما*f* يتهالك فى اصغره النخل ويستبشع معه الرطب والتمر، قال فقلت لابى حُمْران قد سمعنا نشيدَك ووعينا افتخارك ولا احسبك سمعت قول الخليل بن احمد فى وصف البصرة اذ يقول فى قصر أَنس بن مالك ونهر ابن عمرو*g* ووادى العَقيق

يا وادى القصر نِعْمَ القَصْرُ والوادى

وقول ابن ابى عُيَينة فى ذلك*h*

يا جَنّةً فاقتِ الجنانَ فما تَبْلُغها*i* قيمةٌ ولا ثَمَنُ
عَلِقْتُها*k* فاتّخذتُها وَطَنا انّ فُؤادى بذِكْرِها*l* وَطِنُ
زَوَّجَ*m* حِيتانُها الضِّبابَ بها فانظُرْ وفكِّرْ يا صاحِ فى سُفُن*n*

---

a) I et S غـذاه. *b*) I s. p. *c*) Sic. *d*) Voc. in I. *e*) S وجدها. *f*) E marg. S; codd. بها. *g*) I عمر. Haec prorsus differunt ab iis quae habent Jâcût IV, ١١٨, *Agh.* XVIII, ١٥ et Bekrî apud Wüstenf. in ann. ad Jâc. *h*) Jâc. I, ٦٣٩, *Agh.* XVIII, ٢١. *i*) B يبلغنا, Jâc. يعدلها. *k*) *Agh.* et Jâc. الفتها. *l*) *Agh.* لاهلها, Jâc. لمثلها. *m*) B et S زَوَّجَ ut Jâc., I sine voc. *n*) Hemist. male conflatum e versibus seqq. (vid. *Agh.* et Jâc.)

وقوله ايضا فى ارض البصرة a

يُذَكِّرُنى الفِرْدَوْسَ طَوْرًا b فأَرْعَوِى ... وطَوْرًا يواتينى الى القَصْفِ والفَتْكِ
لغرس c كأبكارِ الجَوارِى وتُرْبَةٍ ... كأنّ ثَراها ماءُ وَرْدٍ على مِسْكِ
وسِرْبٍ مِنَ الغِزْلانِ يَرْتَعْنَ حولَه ... كما انْتَسَلَّ d مَنْظومٌ مِنَ الدُّرّ من سِلْكِ
وورقاءَ تَحْكِى e المَوْصِلىَّ اذا شَدَتْ f ... بتَغْرِيدِها أَحْبِبْ بها وبمَنْ g تَحْكِى
فيا طِيبَ ذاك القَصْرِ قَصْرًا ونُزْهَةً h ... بأَفْيَحَ رَحْبٍ i غيرِ وَعْرٍ ولا ضَنْكِ

وسأل هشام بن عبد الملك خالد بن صَفْوان عن البصرة فقال انا k أُخبرك يا امير المؤمنين يخرج قانصان فيجىء هذا بالطير l والظليم وهذا بالسمك والشبّوط ونحن اكثر الناس ساجا وعاجا وخزّا وديباجا وبرذونا هملاجا وجارية m مغناجا بيوتنا الذهب ونهرنا العجب اوّله رُطب وآخره عُطب n فالنخل فى مكاربه o كالزيتون عندكم فى منابته ثمّ هو فى اكمامه p كذاك فى اغصانه ثمّ هو فى آبانه كذاك فى زمانه هُنّ q الراسخات فى الوَحْل المطعمات فى المَحْل الملقحات بالفحل يُخرجن اسفاطا عظاما واوساطا r نظاما كانّما مُلئت رباطا s ثمّ تفترّ عن قضبان اللُّجين منظومة باللؤلؤ الاخضر ثمّ يصير t ذهبا منظوما بالزبرجد الاخضر ثمّ يصير عسلا معلّقا فى الهواء ليس فى قربة ولا سقاء بعيدا من التراب كالشهد المذاب ثمّ يصير فى أَكْيِسَة u الرجال فيستعان به على العيال واما نهرنا العجب فانه يُقبل عند حاجتنا

---

a) *Agh.* XVIII, ١٤. *b*) I بيوما. *c*) *Agh.* بغرس. *d*) *Agh.* استل. *e*) Codd. وورقا تحاكى (B وُوْرُقًا, I وَوَرقًا). *f*) *Agh.* غدت. *g*) Codd. احببت بها ديم. *h*) *Agh.* ومنزلا. *i*) *Agh.* سهل. *k*) B انا. Introductio est infra in descriptione Basrae; cf. Jâc. I, ٦٤٩. *l*) Male pro الظبى ut بالسمك pro بالشبيم. *m*) Jâc. وخريدة.

n) B عَطَب. Jâc. القصب. *o*) Codd. et Jâc. مباركه. *p*) Jâc. على افنانه. *q*) Jâc. من. *r*) Male proposui ad Jâc. l.l. واقساطا. Pro نظاما, Jâc. ضخاما. *s*) Codd. رباطا. *t*) Sic hic et deinde pro تصبير. *u*) Codd. male اكسية. Jâc. كيسة.

اليه ويُدْبِر عنـد ربّنا منـه وله *a* عباب لا يحجبه ولا يُغْلَق عنّا دونه حجاب فقال هشام بلدكم اكرم بقاع الارض يا اخا بنى تميم، فلمّا راى ابو حُمْران اطراب النشيد فى مدح بلدى قطع علىّ كلامى وعارضنى دون مرادى فقال والله ان لنا معكم بنخل بَيْسان *b* ونواحى الاردنّ لاعظم الشرك فى النخل فما نعبأ به ولا نراه طائلا فنذكره وما نصنع بطلب الحجّة من بعد ونحن نجدها من قرب هذا الحسن بن هانئ *c* صاحبكم الذى لا *d* تنكرونه وخرّيجكم الذى لا تدفعونه يقول فى البصرة *e*

أَلا كُلُّ بَصْرِيٍّ يَرَى أَنَّما العُلَى مُكَمَّمَةٌ سُحْقٌ لَهُنَّ جَرِينُ
فانْ يَغْرِسُوا نَخْلًا *f* فانّ غِراسَنا ضِرابٌ وطَعْنٌ فى النُّحُورِ سَخِينُ
فانْ *g* أَكُ بَصْرِيًّا فانّ مُهاجِرِى دِمَشْقُ ولٰكِنَّ الحَدِيثَ شُجُونُ
لأَزْدِ عُمانَ بالمُهَلَّبِ ثَرْوَةٌ *h* اذا افْتَخَرَ الاقوامُ ثمّ تَلِينُ *i*
وبَكْرٌ تَرَى أَنّ النُّبُوَّةَ أُنْزِلَتْ على مِسْمَعٍ فى الرَّحْمِ وَهْوَ جَنِينُ
ولا *k* لُمْتُ قَيْسًا فى قُتَيْبَةَ بَعْدَها وفَخْرًا *l* به انّ الحَدِيثَ فُنُونُ

وانشد ابو حُمْران يصف نفسه لمّا اجتمعوا عليه فى المناظرة وهو وحده

حَمُولٌ لِما حُمِّلْتُه *m* غَيْرُ ضَيِّقٍ ذراعًا بما ضاق الكرامُ به مَسْكا
دَعانى فأَعْطانى مَوَدَّةَ قَلْبِه مَوَدَّتَه المُثْلَى وفى ماله الشِّرْكا

ثمّ اشار الى ابن *n* ابى ناشر فقال

جَنْدَلَتانِ اصْطَكَّتا اصْطِكاكا *o* انّ الذَّلِيلَ يَكْرَهُ العِراكا

وقد *p* يَضْرِط العَيْرُ والمِكْواةُ فى النار ثمّ قال ابو حُمْران لنا الزيت

---

a) Codd. اوله. *b*) S s. p., B et I ميسان. *c*) I add. هو. *d*) B et I om. *e*) *Diwân* p. ٦٩. *f*) Codd. نهرا. *Diw.* تغرسوا. *g*) *Diw.* وان. *h*) *Diw.* (in quo versus alius praeced.) نزوة. *i*) B et S يلين. *k*) *Diw.* (in quo iterum versus additur) فما.

l) *Diw.* وفخر. *m*) Codd. حَمَّلْتَه. *n*) B et I om. Deinde I بن ياسر. *o*) Cf. Freytag, *Prov.* I, 310 n. 114. *p*) B sine و. Cf. Freytag, *Prov.* II, 248 n. 21.

والزيتون ولنا عروسا a الدنيا غَزّة وعَسْقَلان ومدينة دمشق وهى إرَم ذات العماد ولنا الارض المقدّسة وفى بلادنا الجبل الذى كلّم الله عزّ وجلّ عليه موسى عمّ وجبل لُبْنان من جبالنا وبيت المقدس من بلادنا ولنا المدن العجيبة والكور الشريفة مثل طَرَسُوس والمَصّيصة ومَلَطية والرملة وفلسطين وانطاكية وحلب وصور وصَيْدا وطَبَريّة والكرمة افضل الاشجار والعنب سيّد الثمار وهى ناعمة الورق ناضرة الخضرة غريبة تقطيع الورقة b بديعة الزوايا مليحة الحروف حسنة المقادير كانما قُوّرت من سَرَقة حرير واستخرجت من ثوب نَسيج c كثيفة الظلّ خفيفة الفَىْء لدنة الاغصان ليّنة الافنان خضرة الاطراف كريمة الاخلاق سلسة القياد رفيعة جوهر الاعواد لذيذة الجَنَى قريبة المجتنى d صغيرة العجمة رقيقة الجلدة عذبة المذاق سهلة المزدرد كثيرة الماء فاضلة المَخْبَر على المَنْظَر شريفة العنصر والجوهر وكلام كثير لم يُسْتدرك ثم لا يألف الغربان الناعقات الكرم كالفها النخل ولا يعشّش e فى جوانبها العصافير المؤذية بصَيَلانة f اصواتها عند غناء g النُغْران ووُرْق h العيدان كتعشيشها i فى الادقال واصول الكرانيف والاكراب ولا يتولّد منها من ضخام الدود وسمجة الحشرات والهوامّ ما يتولّد من الليف ولا يستكنّ فى اثنائه من الذرّ والفراش ولا يتحصّن k فيها من الحيّات والعقارب وعظام العناكب وذوات السموم القاتلة ما يتحصّن فى رءوس النخل فهذا على l هذا والنخل تُخلف وتُحيل ولم نر كرمة حالت ولا اخلفت واسم الكرم مشتقّ من الكَرَم والكرامة والاكرام والتكرّم وقد قدّم الله

---

a) Codd. عروسى. *b*) I الورق. *c*) B بَسْتج, I id. sine voc., S بسج. *d*) I المجتبا. *e*) S تعشش. *f*) Sic I; B بصيلاده, S بصلاته. *g*) B et S غذاء, I om. Deinde B et I النُغْران, S النعمان. *h*) Codd. ووَرَق. *i*) B كتعشّشها. *k*) I يتحصن, infra ut rec., S بنحصر, infra ut rec. s. p. *l*) B om.

جلّ وعزّ*a* ذكره فى كتابه على سائر الاشياء فقال جلّ وعزّ*b* وَفِى ٱلْأَرْضِ قِطَعٌ مُتَجَاوِرَاتٌ وَجَنَّاتٌ مِنْ أَعْنَابٍ وَزَرْعٌ وَنَخِيلٌ فقدّم ذكر الكرم وجعل النخل نداءً للزرع ولله ان يفعل ما يشاء ويحكم ما يريد وقال جلّ وعزّ*c* وَٱضْرِبْ لَهُمْ مَثَلًا رَجُلَيْنِ *جَعَلْنَا لِأَحَدِهِمَا جَنَّتَيْنِ مِنْ أَعْنَابٍ وَحَفَفْنَاهُمَا بِنَخْلٍ وَجَعَلْنَا بَيْنَهُمَا*d* زَرْعًا فجعل الكَرْم اصلا للجنّتين والنخل من الزوائد وقال*e* وَأَنْزَلْنَا مِنَ ٱلسَّمَاءِ مَاءً مُبَارَكًا فَأَنْبَتْنَا بِهِ جَنَّاتٍ وَحَبَّ ٱلْحَصِيدِ وَٱلنَّخْلَ بَاسِقَاتٍ لَهَا طَلْعٌ نَضِيدٌ *رِزْقًا لِلْعِبَادِ*f* وقال*g* أَتُتْرَكُونَ فِيمَا هَاهُنَا آمِنِينَ فِى جَنَّاتٍ وَعُيُونٍ وَزُرُوعٍ وَنَخْلٍ طَلْعُهَا هَضِيمٌ فالجنّات حدائق الكرم وقال*h* فَأَنْبَتْنَا فِيهَا حَبًّا وَعِنَبًا وَقَضْبًا وَزَيْتُونًا وَنَخْلًا فجعل النخل فى ترتيب من الخَلْف والكرم فى مكانه من التقدّم وقال*i* وَهُوَ ٱلَّذِى أَنْشَأَ جَنَّاتٍ مَعْرُوشَاتٍ وَغَيْرَ مَعْرُوشَاتٍ وَٱلنَّخْلَ وَٱلزَّرْعَ فهل يُعرش *من الشجر*f* شىءٌ غير الكرم والجَنّة المؤنقة مقصور عليه والمعروشة المرفوعة العيدان*k* على الخشب والقصب وهى فى الفراديس *واحدها فِرْدَوْس*l* والحِصْرِم ارفع من البَلَح والوِكاب اطيب من البُسْر والعِنَب الذّ من الرُّطَب والعجد*m* اقلّ غوائل من التمر والخمر انفع من النبيذ وخلّ الخمر اثقف واحسن من خلّ الدقل والطِلاء فوق الدُّوشاب والحَبْلة سيّدة النخلة لان الحبلة خير ونفع كلّها والنخلة شرٌّ وعرٌّ وكذلك قال بعض المحدثين

النَّخْلُ عبدٌ وهذا الكرمُ سَيِّدُه   وَمَنْ يقايِسُ بين التَّمْر والعِنَبِ

وذكر ابو اسحاق انه راى بمدينة صنعاء عنبا يقال له المُخَتَّم*n* فوزن

---

a) Addidi. *b*) Kor. 13 vs. 4. *c*) Kor. 18 vs. 31. *d*) B tantum الى آخر. *e*) Kor. 50 vs. 9 sq., ubi ونزّلنا. *f*) S om. *g*) Kor. 26 vs. 146 sqq. *h*) Kor. 80 vs. 27 sqq. *i*) Kor. 6 vs. 142. *k*) B بالعيدان. *l*) I om. *m*) B et I والعجيب, S والزبيب. *n*) I sine art.

منه حبّة فوجدها اكثر من اربعة اساتير والاستار اربعة دراهم وحمل بعضُ عمّال الرشيد باليمن اليه فى بعض ما حجّ عنقودين فى مَحْمَلين على بعير، وقد يُحمل من جبال ارمينية وآذربيجان أُخْونة عظيمة جدّا يكون دور بعضها عشرين شبرا من خشب الكرمة، قالوا واطيب العنب الجُرَشىّ *a* وهو دقيق وله عناقيد تكون *b* ذراعا، ومنه عُيُونُ البَقَر وهو عنب اسود عظام الحبّ، ومنه السُّكَّر عنب صادق الحلاوة، ومنه أَطْراف العَذَارَى عنب اسود كانه بلّوط عنقوده نحو الذراع ومنه الضُّرُوع عنب ابيض كبار الحبّ قليل الماء عظيم العناقيد، ومنه الكُلَافىُّ *c* منسوب الى كُلَاف بلد فى شقّ اليمن، ومنه الدَّوالىّ *d* عنب اسود غيرِ حالك وهل نحن وان اطنبنا فى ذكر العنب واسهبنا فى نعت منافعه ومناقبه فمُعْطوه *e* ما له او بالغون به استحقاقه وموفّوه ما هو له من الخصال المحمودة والخلال المرضيّة ومن طيب الطعم وشدّة الحلاوة وكثرة الماء وعموم النفع ووفور الجسم وصِغَر العجم *f* وكثرة الاجناس والضروب والانواع ولو ان رجلا خرج من بيته مسافرا فى عنفوان شبيبته وحداثة سنّه واستقرى *g* البلدان صقعا فصقعا يتتبّع الكروم مصرا فمصرا حتى يهرم وصغيرا حتى يبدن لتعرّف اجناسه واحاطة العلم بانواعه بل اقليما واحدا من الاقاليم وناحية من اقطار الارض لأَعْوزه وغلبه وعزّه وبهره اذ كان كثرة فنونه واختلاف انواعه لا يُدْرَك كالسَرنابا والخَمْرِىّ بطسّوج قطربّل والمُلاحىّ *h* ببغداذ والصَّقْلَبىّ والاحمر *i* بسرّ من راى والزّراوىّ بالكوفة والحَلَاوىّ والبيرُوزىّ والجُرَشىّ *k* بالبصرة

---

a) B الحُرْشى. Cf. Müller, *Burgen und Schlösser*, I, p. 60. *b*) Codd. يكون. *c*) B et S الكَلافى et كَلاف, I sine voc. *d*) B et S الدُّوّالىّ, I sine voc. *e*) I كمعطوه ut vid. *f*) S المعجم sic. *g*) B et I واستقرّ. *h*) I والمَلاحى, B et S sine voc. *i*) B et I الاحمر. *k*) Codd. والخرشى.

وانهارها والسُّمّاقىّ بالاهواز وعيون البَقَر بالشام والمُوَرَّقىّ *a* بالبَليخ ونهر سعيد والمختّم بالرىّ والفارسىّ والزَّرَجُون والاسفيذمشك *b* والسياوشك *c* والناشقِينىّ والبازْجَنْك *d* والخَرْجَج *e* بقزوين والوفْرباى *f* والمانى والماسَبَذىّ *g* بناحية الجَبَل واهل الطبّ مجمعون على ان العنب اكثر غذاء وانقى *h* كيموسا من جميع الفواكه والثمار وان الاكثار منه غير ضارّ كضرر التين والخوخ وسائر الفواكه الرطبة وانه حارّ رطب على طبع الحيوة قليل الفضول مولِّد للدم الصحيح النقىّ وانه ملاوم بجميع *i* الطبائع نافع لجميع الاسنان *k* فى كلّ البلدان والابيض اقلّ حرارة من الاسود وحمرىّ *l* قطربُّل خاصّيّة فى الرائحة عجيبة وقال الثقفىّ اطيب الطعام عنب قطيف اصابه الخريف بوادى ثقيف وقال خالد بن صَفْوان من فاته الرازقىّ فى ابّانه فحقّ لاهله ان يبكوا عليه وقال الرسول *m* صلعم كلوا الزبيب فانه يأكل البلغم ويُطفئ المرّة ويذهب بالنَصَب ويشدّ العَصَب ويُحسن الخُلق، وقالوا انفع الاشربة شراب الكرم فانها افضل الاشربة كما ان ثمرتها رأس الثمار وشجرتها رئيس *n* الاشجار وانها دواء لا داء فيه وخير لا شرّ معه وان من اصحّ الدلائل على ذلك واوضح البرهانات له وصف ربّ العالمين لها باللذّة *o* واجماع محلّليها ومحرّميها على تقديمها فى الطيب وتفرّدها بطيب النكهة وصفاء اللون وسلس المذاقة وسهولة المجرى ولذاذة الطعم وحسن اللون وذكاء العَرْف وحُمْرة *p* البشرة وصحّة الجوهر وطول البقاء على الدهر وتوليد الفرح والسرور ونفى الهمّ والغمّ وعلى انها تغذو

---

a) I والمُورِقى. Deinde B بالبَلْخ, S s. p. *b*) I مشرك pro مشك e corr. *c*) B والشياوشك. *d*) I والبارجنك. *e*) I et S والخرحج. *f*) B والوفريانى. *g*) I والماسيذى. *h*) S وابقى. *i*) S لجميع. *k*) B et S الانسان. *l*) Codd. وحمر. *m*) B رسول الله. *n*) S رئيسة s. p. *o*) Kor. 37 vs. 45, 47 vs. 16. *p*) B وخمرة.

فلا *a* تؤذى وتنفع ولا تضرّ وانها انفع المشروبات المفرّقة والمركّبة لجميع الاسنان *b* فى كلّ البلدان وفى كلّ فصل وزمان وانها تشارك المسكرات فى منافعها وتنافيها فى رذائلها وان من افعالها التى هى *c* لها دون غيرها تنظيف الابدان ورحض الابدان وتوفير المخاخ وتنقية الامشاج وتصفية النطفة وغسل المفاصل الرييسة من الامشاج القذرة والكيموسات المتّسخة وانها تفتح السُّدد المنعقدة *d* وتذيب الفضول الزائدة وتولد الدم الصحيح الذى هو للحيوة وتسخن الدم الغليظ الجامد الفاسد الذى منه بدو الادواء الفاحشة وتُذكى النار الغريزيّة وتقوى الحرارة الطبيعيّة وتحسن اللون وتَدْفى *e* الكلى وتُدرّ البول وتغسل المثانة وتقوى الكبد والمعدة وتهضم الطعام وتطرد الرياح وترقّق البلغم المالح واللّزج ثم الخمر معها قد وُصف لها من الطيب والحسن وصار فى حيّزها من ذكاء المشمّ وصحّة الجوهر فوق كبار المعجونات فى دفع المضارّ وارفع الايارجات فى تحليل اوصاب الدماغ والاعصاب والطف من دهن الخِرْوَع فى التمشّى فى عمق المفاصل والوغول فى العظام تجانس بنفعها العقاقير المختارة وتنوب عن السموم المحلّلة والضمادات المندّدة والاطلية المقوية وتجرى مع الادوية النافعة حيث جرت ولا بدّ للمعجونات الكبار منها اذا رُكّبت فهى افضل ما غُيّر به الماء بعد شرب الادوية المسهلة وعند العلاج فى الحِمْية *f* ولا تُذاب الصموغ المتجسّدة وتُماع ألبان النبات الداخلة فى المعجونات الرفيعة نحو الشّليثا والتِرْياق والنياذريطوس والهَبْطارعان *g* الّا بها وبما كان من نوعها من العقيد او نبيذ الزبيب وخلّ الخمر، فقالوا آنس اللهُ ببقائك الايّام وعمر بك الآداب واحيا بحيوتك العلوم »،

---

a) I c. و. *b*) B et S الانسان. *c*) Codd. الذى هو. *d*) I المتعقدة. *e*) S وتدكى. *f*) I الحُميّة, S الحميّة. *g*) S s. p., I والهنطارعات.

القول فى الجزيرة

سئل الشعبىّ a عن الجزيرة جزيرة العرب فقال ما بين العُذَيب الى حضرموت وقال الاصمعىّ جزيرة العرب ما لم تُظِلّه b فارس والروم وقال الرياشىّ جزيرة العرب ما بين نَجْران الى العُذَيب وقال ابو عُبيدة c جزيرة العرب ما بين حَفَر ابى موسى الى اقصى اليمن فى الطول وفى العرض ما بين رمل يَبْرِين الى السَّمَاوة، وقالوا الجزيرة ما بين دجلة والفرات والمَوْصِلُ من الجزيرة وكذلك الرَّقّة والرافِقَة، وقال محمّد بن الحسن d بلاد العرب الذين لا تقبل e منهم الجزية ولا يُرضى منهم الّا بالدخول فى الاسلام او السيف f من العُذَيب الى أَبْيَن عَدَن فذلك الجزيرة، قال ابن الاعرابىّ الجزيرة ما كان فوق بَقَّة وانما سمّيت الجزيرة لانها تقطع الفرات ودجلة وقد g تقطع فى البرّ ۞

وانما سمّيت المَوْصِلُ مَوْصِلًا لانها وصلت بين الجزيرة والشام والجزيرة من عمل سُمَيْساط h الى بَلَد ومن الموصل الى الاردنّ ويقال سمّيت الموصل لانها وصلت بين الفرات ودجلة ومدينة الموصل بناها محمّد ابن مروان i ورَاوَنْد الموصل بناها راوند بن بيوراسف k وولّى عمر بن الخطّاب عُتْبة بن فَرْقَد السُّلَمىّ الموصل سنة ٢٠ فقاتله اهل الحصن فاخذ حصنها الشرقىّ عنوة وعبر دجلة فصالحه اهل الحصن الآخر على الجزية والاذن لمن اراد الجلاء فى الجلاء ثم فتح المَرْج l وقراه وارض بانَهَدْرا m وداسن n وجميع معاقل الاكراد، واوّل من اختطّ الموصل

---

a) Sec. Jâc. II, ٧٨, 6 الهيثم بن عدى, sed cf. Bekrî ٦, 1. b) I تطله, S s. p.; Bekrî ٥, 4 a f. يبلغه. c) Bekrî ٦, 2 ابو عبيد. d) B الحسين. e) B يقبل sine لا; S نقبل. f) Codd. والسيف. g) Cf. supra p. ٣٦, et ann. *m*. h) I شميساط. i) Jâc. IV, ٦٨٣, 12 مروان بن محمد, sed cf. Belâdh. ٣٣٢. k) Cf. Jâc. II, ٧٤١, 14. l) B sine art. Deinde I والفراه. Cf. Belâdh. ٣٣١. m) B et I زاهدرا, S ناتهدرا. Cf. Hoffmann, *Auszüge*, p. 209. n) Codd. ورامين ut Jâc. Legi secundum Hoffmann p. 203, sed infra lectio رامين juxta الداسن recurrit.

واسكنها العربَ ومصّرها هَرْثَمَة بن عَرْفَجَة البارقىّ وكان عمر عزل عُتْبَة عن الموصل وولّاها هرثمة وكان بها الحصن وبِيَعُ النصارى ومنازلهم ومحلّة اليهود فمصّرها هرثمة ثم بنى المسجد الجامع ثم بنى بعدها الحديثة وكانت قرية قديمة فيها بيعتان فمصّرها واسكنها قوما من العرب فسمّيت الحديثة لانها بعد الموصل، وافتتح عُتْبَة بن فَرْقَد الطيرهان وتِكْرِيت وآمن اهل حصن تكريت على انفسهم واموالهم وسار فى كورة[a] باجَرْمَق حتى صار الى شَهْرَزُور ☼

وتَكْرِيت من كور الموصل وبازائها فى البرّيّة مدينة الحَضْر[b] على برّيّة سِنْجار[c] وبينها وبين دجلة خمسة عشر فرسخا *وبينها وبين الفرات خمسة عشر فرسخا[d] وهى مبنيّة بالحجارة البيض[e] بيوتها وسُقُفها وابوابها وهى على تلّ ولها ستّون برجا كبارا وبين البرج والبرج تسعة ابراج صغار *على رأس[f] كلّ برج قصر واسفله[g] حمّام وقد حُمِل عليها[h] نهر الثَّرْثار[i] ويشقّ المدينة ثم يخرج وعلى حافتى الثرثار القرى والجنان والثرثار يخرج من سِنْجار[k] ويصبّ فى الفرات ويُحْمَل عليه السفن وكان ملك[l] الحَضْر السَّاطِرُون ثم الضَّيْزَن[m] ويقال انه كان على الحَضْر[n] باب يغلقه[o] رجل ولا يفتحه الّا خلق كثير وهو

---

a) Codd. كور. Cf. Belâdh. ٣٠٣ et ٣٦٥. Lectionem codd. باجرمق (I تاجرمق, S باجرىق) ut quoque in codice suo Belâdh. legit Jâcût, servavi pro باجرمى. Ex illa (antiquiore) forma derivatum videtur nomen الجرامقة. *b*) B et I الحصن, S الحصر. Locum excerpsit Jâcût, II, ٢٨١ ult. sqq. sed non laudato auctore. *c*) B et I سيجان. *d*) I om. *e*) Jâc. المهندمة. *f*) Jâc. بازاء. *g*) Jâc. والى جانبه. *h*) Codd. عليه. Jâc. ومرّ بها. *i*) S ex emend.; codd. h. l. الزاب. *k*) Codd. سيجان (S s. p.) Pro ويصب I et B a priore manu وانصب. *l*) I مالك. Deinde B et I الحصن, S الحصر. *m*) I الضيزنى. *n*) Codd. الحِصْن et sic in versu Adîji et infra. Cf. Tab. I, ٨٣٠, 7, 10 et ann. *c* et *e*. *o*) B يعلّقه.

الذى قال فيه عَدِىٌّ بن زيد

وأَخُو الحَضْر اذ بناه واذ دِجْلَةُ تُجْبَى اليه والخابور

وقال الشَّرْقِىُّ بن قُطامىّ لمّا افترقت قضاعة خرجت فرقة منهم الى الجزيرة وعليهم ملك يقال له الضَّيْزَن بن جَبْهَلَة *a* احد الاحلاف *b* فنزلوا مدينة الحَضْر وكان بناؤها *c* على طلسمَيْن ألَّا يهدمها الّا حمامة ورقاء مطوّقة بحيض امرأة زرقاء فاخرج ضيزن كلّ امرأة عارك وغزا الضيزن فى جميع قضاعة فاصاب خلقا من اهل شَهْرَزُور *d* فقتلهم واغار على السواد فاصاب *e* ماه اخت سابور ذى الاكتاف فسمع سابور بذلك فخرج واقام عليهم سنتين *f* لا يظفر منهم بشىء حتى عركت النَّضيرة بنت الضيزن فأُخرجت الى الربض فنظر اليها سابور فعشقها وعشقته فقالت له ما لى *h* عندك ان دللتك على ما تفتح *i* به هذه المدينة قال لها اجعلك فوق نساءى قالت فاعمد الى حيض امرأة زرقاء فاكتب به *k* فى * ورقة ثم اجعلها فى عنق *l* ورشان وسرّحه فاذا وقع على القصر ارفضّ باهله ففعل فكان كما قالت فقتل من قضاعة نحوَ *m* مائتى الف رجل وأفنى قبائل كثيرة وبادت الى يومنا هذا فقال الجُدَىُّ القضاعىُّ

ألَمْ يَحْزُنْكَ والأنْباءُ تُنْبِى *n* بمَقْتَل ضَيْزَنٍ وبنى العَبِيدِ

ثم انه خرج *o* بابنة الضيزن حتى عرّس بعين التمر فلم تنم تلك الليلة قال لها ما لك قالت لم انم على فراش قطُّ اخشن من فراشك هذه قال ويلك وهل نامت الملوك على فرش قطّ اوطأ من فرشى قالت

---

a) S s. p.; B جهبلة, I جبهلة; Jâc. جلهمة. Cf. Tab. I, ٨٢٧, 14. *b*) B الاخلاف, S الاحلاذ. *c*) Codd. بناءه. *d*) I et S شهزوف. *e*) Codd. فاصابت. *f*) I سنين. *g*) Codd. البصرة. Vid. Tab. I, ٨٢٩, 3. *h*) Addidi. *i*) B يفتح, S بفتح. *k*) Codd. فاكتبه. *l*) Codd. ورق ثم اجعله فى ورقة. Forte aliter emendari debet. Jâc. واخلط به دم حمامة ورقاء واكتب به واشدده فى عنق ورشان, Tab. عليك بحمامة ورقاء مطوقة فاكتب فى رجلها بحيض جارية بكر زرقاء. *m*) B et I add. من. *n*) Tab. et Jâc. تنمى. *o*) B et I اخرج.

نعم ونظر فاذا فى الفراش ورقة آس *وكانت قد التزقت *a* ببطنها فقال *b* بما كان ابواك يغذوانك *c* قالت بشهد الابكار ولباب البرّ وصغار المعز فقال سابور انت لم تكافى ابويك على حسن صنيعهما بك ولم تفى لهما فكيف *d* تفين لى فشُدّت ذوائبها الى ذنب فرسين جموحين ثم استُحضرا فقطّعاها ✿

ومن الموصل ايضا الطيرهان *e* والسِّنّ والحَدِيثة ومَرْج جُهَيْنَة ونينَوى وباجلى *f* والمَرْج وبانَهَدْرا *g* وباعَذْرا وحِبْتُون *h* وبانقلى *i* وحَزّة وبانعاس *k* والمَعْلة *l* ورامين *m* والحَنَايَة *n* وبابَغيش *o* والداسِن *p* وكَفَرعزّى *q* وخراج الموصل اربعة آلاف الف درهم ✿

وبالموصل جبل يسمّى شَعْران لكثرة اشجاره ويقال للشجر الشعراء

---

a) Codd. وكان قد التزق. *b*) B قال. *c*) S يغذيانك. *d*) Addidi. *e*) B ut Jâc. IV, ٩١٣, 15 male الطبرهان. *f*) S et cod. Ibn Khord. (p. 82 l. 2) وباحلى, Jâc. وبارَطُلّى i. e. بَرْطُلّى. *g*) B et I وباهدرا, forma quoque bona. *h*) Codd. وحبنوف, cod. Ibn Khord. وحبنون. Cf. Hoffmann p. 233 Heptôn, Haftûn. *i*) Sic S; B وبانعلى, I وبانفلى, cod. Ibn Khord. وبانقلى, Jâc. non habet. *k*)? B وبادعاس, I s. p., S وبابعاس, Ibn Khord. وبانعاس. Jâc. ejus loco habet كرمليس (Hoffmann p. 200). Belâdh. ٣٣٢, 1 دانعاثا. Cf. Hoffmann p. 237 et fortasse p. 203 ann. 1613. Cum بابغيش componi nequit. *l*) Sic voc. B; S والمعلة ut Jâc. et Belâdh. ٣٣١ ult. Forte pro معلثايا; cf. Hoffmann p. 209. *m*) Sic codd., Ibn Khord. et Jâc., Belâdh. ٣٣١ ult. دامير. Cum Hoffmann p. 203 داسن legendum esse, non improbabile est, sed noster saltem pro alio loco habuit. Cf. supra ١٢٨*n*. *n*) B والحدابه, I والحدابه, S والجدابه, cod. Ibn Khord. والحنابه (sine *taschdîd*). Vid. Hoffmann p. 216 sq. *o*) B وبانعيس, I et S s. p. *p*) B et S والدامسن, I والداميس. *q*) B et I وكفرعاى, S وكفرعلى. Hunc locum et duo praeced. non habent Ibn Khord. et Jâc., qui vero addunt دقوق وخانيجار Obiter moneo apud Ibn Khord. l. 4 verba ومعليا وتل سابور non esse in codice Bodl., qui post وباحوى i. e. وباجرمى habet سابور (s. حنبا) وبها حبنا.

ويقال بل هو جبل بباجَرْمى ويسمّى جبل قَنْديل وبالفارسيّة تخت شيرُويه *a* وهو من اعمر الجبال وفيه كمثرى والعنب وانواع الطير وشجر عظام كبار يُقطع فيحمل الى العراق والثلج فيه قائم فى الشتاء والصيف واذا خرجت من دَقُوقا ظهر لك وجه *b* منه يلى *c* الزاب الصغير ❁

وقال *d* الزُّهْرىّ لم يبق بالجزيرة موضعُ قدم الّا فُتح على عهد عمر ابن الخطّاب رضه *e* على يدى عِياض بن غَنْم فتح حَرّان والرَّقّة وقَرْقِيسِيا ونَصِيبِينَ وسِنْجار وآمِد ومَيّافارِقين وكَفَرْتُوثَا وطُورَ عَبْدِين وحصن ماردين ودارا وقَرْدَى وبَزَبْدَى *f* وأَرْزَن ❁

والرَّقّة واسطة *g* دِيارِ مُضر ولم يكن للرّافقة اثر وانّما بناها المنصور سنة ١٥٥ على بناء مدينته ببغداد ورتّب فيها جندا من اهل خراسان ❁

قال الكِنانىّ *h* فى قول الله عزّ وجلّ *i* اِنِّى مُهَاجِرٌ اِلَى رَبِّى قال الى حرّان *وفى قوله *k* اِنِّى ذَاهِبٌ اِلَى رَبِّى قال الى حرّان قال كَعْب فى قوله عزّ وجلّ *l* وَنَجَّيْنَاهُ وَلُوطًا اِلَى ٱلْأَرْضِ ٱلَّتِى بَارَكْنَا فِيهَا لِلْعَالَمِينَ قال حرّان وقوله *m* أَنْزِلْنِى مُنْزَلًا مُبَارَكًا قل حرّان، وقال رسول الله صلعم رُفِعْتُ ليلةَ أُسْرِىَ بى فرايت *n* مدينة فاعجبتنى فقلت

---

a) Vid. Jâc. III, ١٩٨, 16, ubi forte ابن السكيت male pro ابن الفقيه, Hoffmann p. 257. B سمرقند, I سرفيد, S سبرومد. *b*) B et S وحد, I وجد. *c*) I يعنى. *d*) Belâdh. ١٧٥, 3 sqq. *e*) I et S om. *f*) Vulgo بازبدى; B وبرندى. *g*) Codd. وواسطة et وديار. Seqq. ex Belâdh. ١٧٩. *h*) B الكَتّانى. Dhahabî *Moschtabih* ٤٣٩ hoc praeferre videtur, sed in *Tabakât* 11, 6 habet ut rec. et sic Abu No'aim in Hist. Ispah. MS. Leid. 568, f. 111 r. Docuit, ut hic nos docet, in urbe Herât anno 289 *i*) B تعالى. Kor. 29 vs. 25. *k*) B وقال; I om. ad قال seq. Est Kor. 37 vs. 97. *l*) Kor. 21 vs. 71. *m*) Kor. 23 vs. 30. Codd. وانزلنى. *n*) Addidi e Jâc. IV, ٧٨١, 8. Legi autem posset رُفِعَتْ لى — مدينةٌ.

يا جبريل ما هذه المدينة فقال نَصِيبِين فقلتُ اللهمّ اعجلْ *a* فتحها واجعل فيها بركة للمسلمين ۞

ومن مدنها *b* الرُّهَا وشُمَيْساط *c* وسَرُوج ورأس كَيْفَا *d* والأَرْض البَيْضاء *e* وتَلّ مَوْزَن *f* والرَّوابِى *g* والمازحين *h* والمُدَيْبِر *i* والرُّصَافة وكَفَرْحَجَر والجَزِيرة *k* * وتقدير خراج *l* ديار مضر الف الف وستّمائة الف درهم ۞

ومن عمل الفُرَات قَرْقِيسِيَا وهى على الفرات وعلى الرَّحْبَة *m* وعلى الخابُور وهِيت وعانات والحَدِيثَة والزاب *k*، ومن كور *n* الخابُور الصُّوَر *o* والغُدَيْر وماكِسِين والشَمْسانِيَّة *p* والسُّكَيْر وعَرابان وطَابَان وتُنَيْنِير *q* العليا وتُنَيْنِير السفلى وشاعا *r* وهذه المدن على الخابور ۞

فاما كور ديار ربيعة فنَصِيبِين وأَرْزَن وآمِد ورأس العَيْن ومَيَّافَارِقِين قال الشاعر

بآمِدَ مَرَّةً وبِرَأْسِ عَيْنٍ وأَحْيانًا بمَيَّافارِقِينَا

ومن الموصل الى بَلَد *s* ٧ فراسخ ومن نصيبين الى ارزن ذات اليمين ٣٧ فرسخا ومن آمد الى الرقّة ٥٣ فرسخا، وخراج ديار ربيعة سبعة آلاف الف وسبع مائة الف درهم ۞

---

a) S عاجّل ut Jâc. *b*) Codd. مدينتها. Pergit in descriptione ديار مضر. *c*) Jâc. II, ٩٣٧, 19 male وشمشاط. *d*) Codd. كنعا. *e*) Belâdh. ١٧٥, 6 a f. Probabiliter non differt ab البيضاء Ibn Djobeir ٢٤٩. *f*) Codd. موزر. *g*) Codd. والزوابى; cf. Jâc. II, ٨٣٩, 18 روابى بنى تميم et Belâdh. ١٧٨, 11 الرابية. *h*) I et S s. p., B والمارجين; vid. Belâdh. l.l. *i*) B et S s. p., I والمدينر. Deinde codd. وتقدير الرصافة. Cogitavi de legendo ودير الرصافة, sed rejeci et inserui تقدير infra. *k*) Suo loco non esse videtur. *l*) Codd. وخراج. *m*) I. e. aqua ad quam jacet urbs Rahba. *n*) B مذكور, I id. s. p. *o*) Codd. الصور. *p*) Codd. والسمسانية. *q*) B وسسر, I وبينير. *r*) Nomen corruptum videtur. *s*) Codd. البلد; cf. Ibn Khord. p. 82.

ومن عجائب الجزيرة كنيسة الرُّهَا والروم تقول ما *من بناء *a* بالحجارة ابهى من كنيسة الرها ولا بناء *a* بالخشب ابهى من كنيسة مَنْبِج لانها بطاقات من خشب العُنَّاب ولا بناء بالرخام ابهى من قُسْيَان *b* انطاكية ولا بناء *بطاقات الحجارة *c* ابهى من كنيسة حمص، وقالوا ان حول مدينة الرها ثلثمائة وستّين *d* ديرا وكان بالرها صورة امرأة يقال لها هَيْلانة قاعدة على كرسيّ لم يُرَ فى جسمها وجمالها مثلها فعشقها رجل فمرض من حبّها فجاء ابوه فكسر رأسها فلمّا نظر اليها الفتى تسلّى عنها ☆

قالوا ومن عجائبنا الجبل الذى بآمد يراه *e* جميع اهل البلدة فيه صدع فمن انتضى سيفه فاولجه فيه وقبض على قبيعته بجميع يديه *f* اضطرب السيف فى يديه وأُرْعِدَ القابض وان كان اشدَّ الناس وفيه اعجوبة اخرى انه متى يحكّ بذلك الجبل سكّين *او حديد *g* او سيف حَمَلَ ذلك السيف والسكّين الحديد وجذب الابر والمسالّ باكثر من جذب المغناطيس *h* واعجوبة اخرى ان ذلك الحجر نفسه لا يجذب الحديد فان حُكَّ عليه سكّين او سيف جذب الحديد وفيه اعجوبة اخرى وذلك انه لو بقى مائة سنة لكانت تلك القوّة قائمة فيه، وبالرقّة دُهْن النَّخطّارة وفيه اعجوبة وذلك انه لا يُتَّخذ الّا فى حانوت بها معروف فان اتُّخذ فى غيره من الحوانيت فسد وخاصّيّته انه نافع للرياح والنقرس ☆

قالوا ومخرج الخابُور من رأس العين ويستمدّ من الهِرْماس ويصبّ فى

---

a) Ibn Khord. p. 121 ult. بنى, sed in fragmento Bodleïano بناء. Verba بالخشب الخ ad العناب in edit. Ibn Khord. exciderunt, sunt in cod. In fragmento locus integer est. *b*) Restitui ex fragm., codd. بستان; cf. Jâc. I, ٣٨٣, 10. *c*) Sec. fragm.; cod. Ibn Khord. et codd. nostri بالحجارة. *d*) Codd. وستون. *e*) Codd. تراه. Vid. supra p. ٩٧, 9. *f*) B بدنه, S s. p. *g*) Omittendum videtur. *h*) B et I المغاناطيس.

الفرات ومخرج الثرثار من الهِرماس ويمرّ بالحَضْر *a* ويصبّ فى دجلة ۞
قالوا ولنا الافراس الجزيريّة ۞

وسأل معاوية ابن الكوّاء *b* عن اهل الكوفة فقال ابحث الناس عن صغيرة واضيعهم *c* لكبيرة قال فاخبرنى عن اهل البصرة قال غنم *d* وردن جميعا وصدرن شتّى قال فاخبرنى عن اهل الحجاز قال اسرع الناس الى فتنة واضعفهم *e* فيها واقلّهم غناء قال فاخبرنى عن اهل الموصل قال قلادة أَمَة *f* فيها من كلّ خرزة قال فاخبرنى عن اهل الجزيرة قال كناسة بين المصرَين ثمّ سكت معاوية فقال ابن الكوّاء لتسئلنى او لاخبرنّ أَوْمَا *g* عنه تحيد قال اخبرنى عن اهل الشأم قال اطوع الناس لمخلوق واعصاهم *h* لخالق لا يدرون ما بعده ۞

وقال الهيثم بن عدىّ كانت دار إياد ظهر الكوفة ودَيْر الأَعْوَر ودير قُرّة ودير الاعور هو دير الجَماجم *i* ۞

وقال الاصمعىّ كانت قريش تسأل فى الجاهليّة عن خصب باعَرْبايا *k* وهى الموصل لقدرها عندهم ولم ينلهم *l* فى خصبها شىء *m* قطّ وعن ريف الجزيرة وما يليها لانها تعدل فى الخصب باعَرْبايا وفى التمر البصرة وفى السمك عُمان *n* ۞

وخراج كور *o* الجزيرة وديار ربيعة تسعة آلاف الف وسبع مائة الف وخمسة عشر الفا وثمان مائة درهم أَرْزَن الف الف وستّة وخمسون الفا آمِد الف الف ومائة وخمسون الفا، ديار ربيعة ميّافارقين ثمان

---

a) Codd. بالحفر. *b*) Cf. Ibno 'l-Athîr III, ١١٣ et *'Ikd* III, ٣٦٠. *c*) Codd. واضيع. Cf. Jâc. I, ٥٣, 7. *d*) Ex Jâc. addidi. *e*) Codd. واضعفه et واقله. Cf. quoque Ibn Khallicân N. 105, p. ١٤٨, 10. *f*) B امّة ut Jâc. *g*) B اوْ ما. I om. عنه. *h*) B et I واعصاه. Deinde S للخالق. *i*) Hoc alibi non inveni. *k*) Codd. باغربايا hic et mox. Cf. Hoffmann p. 22 sq. *l*) B ينلها. Pro فى codd. habent من. *m*) Codd. شيا. *n*) B العُمّان, I عمّان. *o*) Codd. كورة.

مائة الف وستّة وخمسون الفا وكذلك سائر المدن مثل ماردين ودارا وبَلَد وسِنْجار وقَرْدَى وبَزَبْدَى[a] وطُور عَبْدِين ورأس العين وقد اجمل خراجها، ديار مُضَر حرّان سبع مائة الف واربعون الفا الرُّها الف الف وثلثمائة الف درهم سُمَيْساط الف الف درهم سَرُوج ستّمائة الف درهم قَرَيَات[b] الفُرَات ستّون الف درهم رأس كَيْفا[c] ثلثمائة الف[d] وخمسون الف درهم ارض البَيْضاء مائة الف وخمسون الف درهم الرَّقّة مائة الف درهم وستّون الف درهم الرافقة والزَّوابى[e] سبعة وخمسون الف درهم المازحين[f] والمُدَيْبِر[g] مائة الف وخمسة وثمانون الف درهم ۞

القول فى الروم

وانّما ذكرنا الروم فى هذا الموضع لانها تحاذى الشام والجزيرة، قال يحيى بن خالد البرمكىّ الملوك خمسة ملك الاثاث وملك الدوابّ وملك المال وملك الفِيَلة وملك الاكسير[h] فاما ملك الاثاث فملك الصين وملك الدوابّ ملك الترك وملك المال ملك العرب وملك الفيلة ملك الهند وملك الاكسير[h] فملك[i] الروم، فارض الروم غربيّة دبوريّة وهى من أَنْطاكِيَة الى صقليّة[k] ومن قسطنطنيّة الى تُولِيَة[l] والغالب عليهم رومىّ وصقلبىّ والاندلس صقالبة والروم كلّهم نصارى مَلْكانيّة ويقرءون الانجيل بالجَرْمَقانيّة وهم اصحاب بقر وخيل وشاء ويحكمون بحكم التوراة[m] وهم اهل صناعات وحِكَم وطبّ وهم احذق الامّة بالتصاوير يصوّر مصوّرهم

---

a) I s. p.; B وبريدى, S وبزىدى. Cf. supra ١٣٢ ann. *f*. *b*) Codd. قربان (I et S s. p.). Cf. Belâdh. ١٧٥ paen. et Gloss. Geogr. sub قرى, ubi adde: Fleischer, *Beiträge* IV, 288 (ad Sacy I, 355). *c*) B كثفا, I et S كتفا. *d*) Codd. addunt الف; cf. Jâc. II, ٧٣٣, 10 sq. *e*) Codd. والزوانى, vid. supra ١٣٣ ann. *g*. Forte الرافقة non suo loco est. Deinde B تسعة pro سبعة. *f*) Codd. المارجين. *g*) B والمدينيين, I والمدينتين, S والمدينس. *h*) I الكيميا. *i*) S ملك. *k*) Codd. صقلبة. *l*) B et S بولية, I ىوليه. *m*) I التوراة.

الانسانَ حتى لا يغادر منه شيئا ثم لا يرضى بذلك حتى يصيّره *a* شابّا وان شاء كهلا وان شاء شيخا ثم لا يرضى بذلك حتى يجعله جميلا ثم يجعله حُلْوًا ثم لا يرضى *b* حتى يصيّره ضاحكا وباكيا ثم يفصل بين ضحك الشامت وضحك الخجل وبين المستغرق والمبتسم *c* والسرور وضحك الهاذى ويركّب صورة فى صورة ولمّا توادع قباذ وقيصر ملك الروم اهدى اليه قيصر هدايا كثيرة فكان فيما اهدى اليه تمثال جارية من ذهب كان اذا كان وقتا من الليل يُسْمَع لها ترنّم لا يطنّ على اذن احد الّا ارقده وفسطاط عظيم من كيمخار *d* وسفط جوهر،، واوفد بعض الخلفاء عُمَارة بن حمزة *e* الى ملك الروم وكتب يتوعّده بالخيل والرجال قال عمارة فانتهيت الى مكان يُحْتَجب منه الرجل على مسافة بعيدة فجلست حتى اذن الاذن فسرتُ الى مكان آخر فجلست حتى اذن الاذن ثلاثَ مرّات ثم وصلتُ الى داره فأُدخلت دارا واذا على طريقى اسدان عن جنبى الطريق وطريقى عليهما لا اجد من ذلك بدًّا فقلت لا بدّ من الموت فلن اموت عاجزا فحملت نفسى فلمّا صرت بينهما سكنا فجزتُ *f* ودخلت دارا اخرى واذا سيفان يختلفان على طريقى فحزرتُ انه لو مرّ بينهما ذبابة لقطّعاها *g* فقلت الذى سلّمنى من الاسدين يسلّمنى من السيفين فاستخرت الله ومضيت فلمّا صرت بينهما سكنا ثم دخلت دارا ثالثة وفيها الملك فلمّا صرت الى بَهْوه اذا هو فى بهو فسيح اكاد ان لا أُبصره لبعد مسافة البصر بينى وبينه فمشيت حتى انتهيت الى قدر ثُلْثه فغشيتنى سحابة حمراء لم ابصر شيئا فجلست مكانى ساعة ثم تجلّت عنى *h* فقمت

---

a) I يصوره. *b*) B add. بذلك. *c*) B والمتبسم. *d*) S كمخار, I كيمجار. Cf. de Jong, Gloss. Thaâlibî, Dozy, Gloss. ar. esp. sub *camocan*. *e*) Notus maulâ Mançûri, Belâdh. ٢٩٦, Jâc. II, ٥٣٢, 1, *Fihrist* ١١٨, Abu'l-Mahâsin I, ٥٧٣. Obiit anno 199. *f*) I add. وسكنت. *g*) B et I لقطعاه. *h*) B عينى.

فشيت فلمّا بلغت نحو الثلثين غشيتنى سحابة خضراء فغشى بصرى منها فجلست حتى تجلّت ثم قمت فشيت فانتهيت الى الملك فسلّمت عليه والترجمان بينى وبينه فادّيت الرسالة واوصلت الكتاب فامرنى بالجلوس وسألنى عن الخليفة وعن اشياء من امر الاقاليم ثم امر بمنزل واقامة ما احتاجُ اليه وامرنى بالانصراف والبكور عليه فكنت لأُغبُّه *a* وآنس بى فركبت *b* معه يوما فانتهينا الى حائط عليه باب وحفظة فدخلنا فاذا اصول طرفاء فقال اتعرف هذه الشجرة فقلت لا وظننت ان عنده فيها معنى فقال هذه شجرة ينفع دخانها من الخُرَاج وتُمرِئ الطعام فقلت فى نفسى لو يعلم *c* انها ببلادنا حطب الارانل *d* منا ثم مضى الى حائط آخر عليه باب وحفظة فدخل ودخلنا معه فاذا مقدار قفيز من ارض فيه كَبَرٌ فقال اتعرف هذا قلت لا وظننت به ظنّى الاوّل فقال هذا نبت وهو جوارشن وينفع من اصابه الخُرْق ويُدْخَل فى ادوية الجراحات فقلت فى نفسى لو يعلم هذا ان عندنا لا يكون الّا فى اخرب المواضع والمفاوز وانه مباح لمن اراده فلمّا آنست به قلت ايها الملك اريد ان اسأل عن شىء قال سَلْ عما بدا لك قلت انى رايت اسدين وسيفين وسحابتين كان من قصّتهما كيت وكيت ولم اعرف السبب قال اما الاسدان والسيفان فانهما حيلة تُحتال *e* لمن ورد علينا من رسل الملوك لنروّعهم بذلك واذا قرب الرجل منهم سكنت كما رايت واما السحابتان *f* فانى أُعلمك *g* خبرهما ثم ضرب بيده الى ثِنْى فراشه فاستخرج قطعة ياقوت احمر كالنعل فاذا السحابة قد غشيتنا من ضوءها ثم ردّها واستخرج اختها من زمرّد اخضر فغشيتنا السحابة الخضراء فلمّا ازف خروجى واجاب *h* عن

---

a) ? B لا آغيبُه ?, I لا أُغيبه, S لا أُغمه. *b*) B قد كنت. *c*) I et S تعلم. *d*) B الارذال. *e*) S تحتال. *f*) Codd. السحابتين. *g*) B اعلمكم. Deinde I بخبرهما. *h*) S c. ف.

الكتاب قال امض بنا الى قصرى *a* فخرجنا حتى انتهينا الى قصر عليه حفظة فدخلنا فاذا بيوت مختومة فامر بباب منها ففُتح فاذا جُرُب بيض منضّدة حوالى البيت ثم قال اشرْ الى ما شئت منها فاشرت الى جراب منها فامر ببرنيّة فلئت منها ثم امر بختمها ثم استفتح بابا آخر كالاوّل فى طوله فاذا جُرُب حمر فقال اشر الى ما شئت منها فاشرت *الى جراب منها *b* فلئت منه برنيّة ثم ختمها وانصرفنا الى القصر فدعا بكبيرٍ ومنفاخٍ ورطل نحاس ورطل رصاص فامر باحدهما فأُذيب وامر ان يُلقى عليه من الدواء الابيض ما يحمل ظفر الابهام ثم افرغه فخرج فضّة بيضاء ثم اذيب النحاس وأُلقى عليه من الاحمر مثل ذلك فخرج ذهبًا *c* احمر فقال أَعلمْ صاحبك ان هذا مالى واما الخيل والرجال فانك تعلم انهم اكثر واكبر *d* فقال عمارة فحدّثت المنصور بهذا الحديث فكان هذا الذى حداه على طلب الكيمياء قال عُمارة واعجب ما رايتُ فى مجلسه انه كان اذا اراد ان يصرف الناس خرجت فى ظهر كلّ رجل كفّ من الحائط فيدفعه فيعلم انه قد أُمر بالقيام ✿

وقال سَيْف بن عمر كان ملك الروم الاوّل من *e* آل بالع *f* بن بَعُور *g* وبنى قرية دِنْحَب *h* ثم ملك بعده *يُوبَب بن زَرَح *i* ثم ملك بعده هُوشم ونزل التَّيْمَن ثم ملك بعده *هَدَد بن بَدَد *k* الذى قتل المَدْنيّين *l* ثم ملك سَمْل بن *m* مَسْرِق ثم عدّة كثيرة ✿ وقال حُذَيفة كان على الروم ملك يقال له مَوْرِق *n* سيّئ السيرة فاجتمع اليه من المؤمنين اثنان وسبعون رجلا على ان يامروه بالمعروف وينهوه

---

a) Codd. قصرك. *b*) I et S om. et habent فلات. *c*) Codd. ذهبٌ. *d*) I et S واكثر. *e*) Codd. فى. *f*) B بانع. *g*) I s. p., S نعور, B بعون. *h*) B دنحب, S نجب. Est דנהבה Genes. 36 vs. 32. *i*) Codd. نويب ررح (S s. p.). *k*) Codd. هودىرىد (I هوديبرد). *l*) מדין; codd. المدينتين. *m*) Pro من. *n*) Mauricius.

عن المنكر فانتدب منهم رجلان لذلك فكلّماه فامر بهما ليُصلبا فاجتمع السبعون فقال بعضهم لبعض نقضتم العهد واسلمتم اخوانكم للقتل وامركم الآن اشدّ من امركم الاوّل فائتمروا ليأخذوا السلاح ويفتكوا لمَوْرِق [a] حتى يقتلوه فلمّا ابرز المورق بالرجلين شدّوا عليه فقتلوه ونادوا ايّها الناس لا بأس فانما غضبنا لله فاجتمع اليهم الناس وقالوا لهم قد قلّدناكم امورنا فولّوا من انفسكم من شئتم فملّكوا عليهم رجلا يقال له فُوق فهو الذى ضرب الدنانير الفُوقيّة ثم ملك فُوق [b] وكان سيّئ السيرة فارادت الروم ان تخلعه فعمد الى خزائنهم واموالهم فرمى بها فى البحر وشحن [c] منها السفن واسرعها تَحْملها الريح حتى جاءت بها الى الشام وكان شَهْرَبَرَاز [d] غلاما لكسرى على الشام فخرج الى الساحل فرأى السفن فامر بها فأُخذت واستخرج ما فيها من الاموال فسمّى ذلك المال كَنْج باذاوَرْد [e] فبطلت اموال الروم منذ حينئذ فليس فى الارض رومىّ له عطاء اكثر من خمسة دنانير وعشرة دنانير هذا للشريف منهم فهم الى يومنا هذا على هذا ۞

وقال ابن دأب عن موسى بن عقبة قال كان عبادة بن الصامت يحدّث ان بعض الخلفاء [f] بعثه وهشام بن العاص ونُعَيم بن عبد الله الى ملك الروم يدعوه الى الاسلام قال فخرجنا حتى جئنا جَبَلَة ابن الأَيْهَم الغَسّانىّ وهو بالغُوطة فأُدخلنا اليه فاذا هو على فرش مع السقف فاجلسنا بعيدا فارسل الينا رسولا نكلّمه فقلنا لا والله لا كلّمناه برسول فأُدنينا منه فكلّمه هشام ودعاه الى الله فاذا عليه ثياب سود فقال له هشام ما هذه المسوح التى لبستَها قال لبستها وعلىّ

---

a) I المورق. *b*) Phocas; codd. مورق. *c*) B واشحن. *d*) B شهريران, I شهربران, S شهربراز; vid. Nöldeke, *Sasaniden*, p. 292 ann. 2. *e*) Cf. Nöldeke l.l. p. 378 ann. 1. *f*) B add. وهو عمر. I عمر in marg. Coll. Belâdh. ١١٤, 4 et 5 hoc admitti nequit.

نذر ألّا انزعها حتى اخرجكم من الشام قلنا والله لنخرجنّك من فرشك ومن دار مملكتك ونملك الملك الاعظم ان شاء الله اخبرنا بذلك نبيُّنا صلعم قال اذًا انتم السُّمَراء قلنا وما السمراء قال الذين يصومون النهار ويقومون الليل قلنا فنحن والله هم قال وكيف صومكم فاخبرناه بذلك قال فرطن لاصحابه وقال قوموا وعلاه سَوادٌ ثم بعث معنا رسولا الى ملك الروم فلمّا دنونا من مدينته قال الذين معنا ان دوابّنا هذه لا تدخل مدينة الملك وكنّا على رواحل فان شئتم حملناكم على براذين وبغال قلنا لا والله لا ندخل الّا عليها فارسلوا الى الملك انهم يابون *a* فارسل ان خلّوا عنهم فدخلنا معتمّين علينا السيوف على الرواحل واذا غُرْفة مفتوحة ينظر منها الينا واقبلنا حتى انخنا تحت الغرفة قلنا لا اله الّا الله والله اكبر قال والله يعلم لقد *b* انتفضت الغرفة حتى كانها عذق سعفة ضربها *c* الريح وارسل انه ليس لكم ان تجهروا بدينكم على بابى فارسل ان ادخلوا فدخلنا فاذا عليه ثياب حمر واذا كلُّ شىء عنده احمر والبطارقة حوله فدنونا منه فاذا هو يفصح العربيّة *d* فقال لنا وضحك ما منعكم ان تحيُّونى بتحيّة نبيّكم فان ذلك اجمل بكم قلنا تحيّتنا لا تحلّ لك وتحيّتك التى تُحيّا بها لا تحلّ لنا قال وما هى قلنا السلام عليك قال فما تحيُّون مَلِككم قلنا بهذا نحيّيه قل فكيف *e* يردُّ عليكم قلنا كما نقول له قال فما يَرِثُكم قلنا لا انما يرث منا الاقرب فالاقرب قال وكذلك ملككم قلنا نعم قال فما صومكم وصلوتكم فوصفنا له قال فما اعظم كلامكم قلنا لا اله الّا الله والله اكبر فالله *f* يعلم انه انتفض *g* سقفه حتى ظنّ هو واصحابه ان *h* سيسقط عليهم ثم قال هذه الكلمة هى التى نفضت *i* الغرفة قلنا نعم قال وكلّما قلتموها نفضت *i* سقوفكم قلنا لا قال فاذا قلتموها فى بلاد

---

a) B يأتون. *b*) S قد. Deinde B انتقضت, S ادمعضت. *c*) I ضربتها. *d*) I بالعربية. *e*) I c. و. *f*) S c. و. *g*) B انتقض. *h*) I انه. *i*) B نقضت.

عدوّكم تفعل a) ذلك قلنا لا قلنا b) وما رايناها صنعت ذلك c) الّا عندك قال ما احسن الصدق اما انى وددت انى خرجت اليكم من نصف ملكى وانكم كلّما قلتموها ينفض d) كلّ شىء قلنا ولَم ذاك قال كان ذاك e) ايسر لشأنها واجدر ألّا يكون من نبوّة وان يكون من حيلة الناس قال فما كلمتكم التى تقولون لا اله الّا الله ليس معه غيره قلنا نعم قال والله اكبر اكبر من كلّ شىء قلنا نعم ثمّ سألنا سؤالا شافيا وخرجنا من عنده وقد امر لنا بمنزل حسن ونُزل f) كثير فكثنا ثلثا ثمّ ارسل الينا ليلا g) فدخلنا عليه فاذا ليس عنده احد فاستعادنا h) القول فاعدنا عليه ودعا بشىء كهيئة الرَّبْعة العظيمة مذهّبة فيها بيوت صغار عليها ابواب ففتح بيتا فاخرج منه خرقة سوداء حريرا i) فنشرها فاذا فيها صورة واذا رجل ضخم k) العينين عظيم الاليتين طويل العنق فقال اتدرون من هذا قلنا لا قال هذا آدم صلعم l) ثمّ فتح بيتا آخر فاخرج منه خرقة سوداء m) فنشرها فاذا صورة بيضاء فاذا رجل له شعر كشعر القِبْط احمر العينين عظيم n) الهامة قال اتدرون من هذا قلنا لا قال هذا نوح عم ثمّ فتح بيتا آخر فاستخرج خرقة مثل الاوليين o) فاذا صورة بيضاء شديدة p) البياض واذا رجل حسن العينين طويل الخدّ شارع الانف مختلط شيب الرأس ابيض اللحية والله لكانه q) يتبسّم قال اتعرفون هذا قلنا لا قال هذا ابراهيم عم ثمّ اخرج خرقة سوداء مثلها فنشرها فاذا صورة واذا والله رسول الله صلعم قال اتعرفون هذا قلنا نعم وبكينا وقلنا هذا نبيّنا محمّد صلعم فالله يعلم انه قام قائما ثم جلس فقال الله r) لهو هو

---

a) B يفعل, I et S s. p. *b)* B om. *c)* B om., I هذا.
d) B تنقض, S ىنفض. *e)* S ذلك. *f)* I وبَذْل. *g)* S om.
h) S فاستعاد لنا. *i)* I et S حرير. *k)* S حسن. *l)* B عم.
m) B et I خرقا سودا. *n)* S غليظ. *o)* I الاولتين. *p)* B et S شديد. *q)* B كانه. *r)* B والله.

قلنا والله لهو هو كانّا ننظر اليه حيًّا فامسك ساعة ينظر ثم قال اما والله انه آخر البيوت ولكنى عجلته لكم لاعلم ما عندكم فاعاده وفتح بيتا آخر فاخرج خرقة سوداء فاذا[a] فيها صورة صحماء[b] ادماء رجل كثير الشعر جعد قطط[c] غائر العينين حديد النظر عابس متراكب الاسنان مقلّص الشفة والى جنبه صورة شبيه به غير انه مدوّر الرأس عظيم الجبين فى عينه قَبَلٌ فقال هذا موسى واخوه هارون ثم فتح بابا آخر فاستخرج خرقة سوداء فاذا فيها صورة بيضاء اشبه ما خلق الله بصورة امرأة عجيزةً وساقًا قال هذا داود عم ثم استخرج خرقة سوداء فيها صورة بيضاء فاذا رجل اوقص طويل الرجلين قصير الظهر[d] واذا هو راكب على فرس لكلّ شىء منه جناح قال[e] اتعرفون هذا قلنا لا قال هذا سليمان وهذه الريح تحته ثم اخرج لنا خرقة سوداء فيها صورة صفراء واذا[f] رجل شديد سواد الشعر سبطه كثيره حسن الوجه والعينين مشتبه كلّ شىء قال اتعرفون هذا قلنا لا قال هذا عيسى[g] عم قلنا ومن اين هذه الصور هكذا فانّا نعلم ان هذه الصور على ما صوّرت لان صورة نبيّنا صلعم مثله قال ان آدم عم سأل ربّه جلّ وعزّ ان يريه انبياء بنيه فانزل عليه صُوَرَهم فاستخرجها ذو القرنين من خزانة آدم فى مغرب الشمس فصوّرها دانيال على تلك الصور فى خرق حرير فهى هذه بعينها ووالله[h] لوددت ان نفسى تطيب بالخروج من ملكى واكون عبدا لاشرككم[i] مُلْكه ولكن نفسى لا تطيب ثم اجازنا واحسن جائزتنا وسرّحنا ✿

قال ولمّا دخل أَنُوشَرْوان ارض الروم وخرج منها فقد بها رجلا من متطبّبيه يسمّونه[k] الزَرْسَبِيذ فاشتدّ على انوشروان ذلك وغَبَرَ

---

a) S واذا. *b*) B صحما, S ضحما. *c*) I قططط. *d*) B الظفر. *e*) I فقال. *f*) I فاذا. *g*) S add. ابن مريم. *h*) B والله. *i*) S عند الاشركم. *k*) B et I يسمون. Nomen seq. in B et I scribitur الزرسنيذ, in S الزرستبذ.

الرجل بارض الروم سنين حتى عرف كلامهم وقرأ كتبهم وعظم شأنه فلمّا احكم ما يريد انصرف الى انوشروان فعظّم موقعه لِمَا رجا ان يجد عنده ما يحبّ ان يعرف من حال الروم فخلا به فسأله عن شدّة ما راى من بأس القوم ونجدتهم فقال الزرسبيذ انّا*a* لم نزل نسمع من الملك ان النجدة قِسْمٌ شريفٌ وقد يجمع قسمُه اقساما لا تتمّ*b* الّا بها وانه لا يستحقّ احدٌ اسم البأس والشدّة الّا بما يشيّعه من الصبر الذى به يحتمل الاخطار بالنفس والانفةِ التى بها يُقدم على ما اقدم به وحسن الذكرِ والبصيرة الذى*c* هو ملاك ذلك كلّه ورباطةِ الجأش التى بها يوطّن*d* على ما ناله من احراز المكرمة وحسن الثناء وقلّ من رايتُه فيهم ممن يستحقّ هذه الصفة وذلك لمخالفتهم دينهم الذى يدينون به، قال فكيف حظّهم من العلم فوصفهم بقلّته وزعم ان مفاخرهم انما يفتخر بكتب الفلاسفة فى المنطق وانما هى غايتهم قال فاين مبلغهم من الطبّ قال اما الطبّ فمعرفتهم بالطبائع والجواهر وعلاج الحرارة والبرودة وفضول المرّة والبلغم بالعقاقير المسمّاة لهم لا يعرفون غير ذلك مما بسط لاهل الهند من علاج الارواح والادواء الغليظة والرقى والاستعانة ببعض الارواح على بعض قال فالنجوم قال قلّ حظّهم منه جدّا قال كسرى فما بلغك فيما يدّعيه بعضهم من صنعة الذهب والفضّة وعن الاصباغ التى يُصبغ بها الجوهر فينقل الى غير طبائعه*e* وما حُكى لنا عن طلسماتهم قال كان ذلك من اهمّ امورهم عندى ان اظفر*f* به فلم اجد لشىء من ذلك حقيقة فاما الطلسمات فانها امور قديمة كان*g* على الارض مَن قَوِى بشىء لشىء*h*

---

a) B habet post نزل. *b*) B s. p., S يتم. *c*) B et S التى. *d*) Codd. تُوطِنُ (voc. in B). *e*) Codd. طبائعها. *f*) I et S اذا ظفر. *g*) Codd. كانت. *h*) B om.

قد أُلف *a* من اللّام والرّقّ والعُقَد على تماثيل قد رأيتُها *b* بها مّما تقادم *c* عملُه فى الازمنة الماضية قبل مخرج عيسى عم فامّا اليوم فقد ذهب من يدّعيها وبطل من يعملها ۞

وفى الخَبَر ان الروم لمّا اخربت بيت المَقْدس كتب الله عليهم السبى فى كلّ يوم فليس يمرّ يوم من ايّام الدهر الّا وأمّة من الامم المطيفة بالروم يسبون من الروم سبايا *d* ۞

وبَحْر الروم من انطاكية الى قسطنطينيّة *e* ثم يدور آخذا من ناحية الدبور حتى يخرج خلف الباب والابواب من ناحية الخَزَر حتى يبلغ قَيْرَوان افريقية *f* واطرابلس افريقية حتى يبلغ الاندلس الى السوس الاقصى الى جزائر السعادة، وارض الروم غربيّة دبوريّة وهى من انطاكية الى صقلّيّة *g* ومن قسطنطينيّة الى تُولِيَة *h* الغالب عليها رومىّ وصقلبىّ واندلسىّ والصقالبة صنفان سُمْر وأُدْم وهو مّما يلى البحر ومنهم بيض فيهم جمال وهم فى البرّ ومدينة الملك *i* قُسْطَنْطينيّة وانطاكية على ساحل البحر وفيها مجمع البطارقة، ومن *طَرَسُوس الى خليج *k* قسطنطنيّة مائة ميل فيه مسجد مَسْلَمَة ابن عبد الملك حيث حصر *l* قسطنطينيّة ويمرّ خليج قسطنطينيّة حتى يصبّ الى بحر الشام وعرض الخليج بأَبْدُس *m* قدر غلوة واذا صار الى بحر الشام فعرضه عند مصبّه ايضا قدر غلوة وهناك صخرة

---

a) Codd. أَلِف. *b*) Codd. رايته. *c*) B et I يتقادم, S s. p. *d*) B انسانا, I اسبابا, S ut rec. sed praecedente ا expunctâ. *e*) I قسطنطنيه. *f*) Codd. cum teschdîd. *g*) I et S سقلبه; cf. supra p. ١٣٦, 15. *h*) Codd. بولية. *i*) I ins. معى. *k*) Corrupta haec videntur ex ابدس على خليج قسطنطينية الى, coll. Ibn Khordâdbeh p. 87. Mentionem urbis Abydos excidisse, patet quoque e seqq. coll. Jâc. I, ٣٧٤, 17. *l*) B et S حصر, I حظر. *m*) B باندين, I بابدين, S باندس. Cf. *Fragm. Hist.* p. ٣٦ et Ibn Khord. ubi editor recepit ابدوس, codex Bodl. vero habet ايدس.

عظيمة عليها برج *a* فيه سلسلة تمنع سفن المسلمين من دخول الخليج ، وعَمُّورية دون الخليج وبينها وبين قسطنطينيّة ستّون ميلا ، وذُكر ان بطارقة الروم الذين هم مع الملك اثنا عشر بطريقا *b* بقسطنطينيّة وان خيلها اربعة آلاف ورجّالتها *c* اربعة آلاف ✿

ورَوى *d* عن كعب قال شمتت قسطنطينيّة بخراب بيت المقدس فتعزّزت وتجبّرت فدُعيت المُسْتَكْبِرة وقالت ان كان عرشُ ربّى جلّ جلاله على الماء فقد بُنيتُ على الماء فوعدها الله العذابَ قبل يوم القيامة فقال الله جلّ وعزّ لها وعزّتى وجلالى لانزعنّ حليك وحريرك وخمرك وخميرك ولاتركنّك لا يصيح *e* فيك ديك ولا اجعل لك عامرا الّا الثعالب وبنات آوى ولانزلنّ *f* عليك ثلثة نيران نارا *g* من زفت ونارا من كبريت ونارا من نفط ولاتركنّك جلحاء قرعاء *h* لا يحول بينك وبين السماء شىء وليبلغنّ صوتك عنان السماء فانه طال ما أُشْرِكَ بى فيك وعُبد فيك غيرى وليَفْترعن فيك جوارىَ *i* ما كدن ان ترى الشمس من حسنهن ولأُسمعنّ خرير البحر صوتك فلا *k* يعجز من بلغ منكم ذلك ان يمشى الى بيت بلاطة ملكهم فانكم ستجدون فيه كنز اثنى عشر ملكا من ملوكهم كلّهم يزيد فيه ولا ينقص منه فتقسمون *l* ذلك كيلا *m* بالاترسة وقطعا بالفعوس *n* فتحملون ما استطعتم من كنوزها فتقسمونه *o* بالغَذُقَدونيّة *p* فيأتيكم آتٍ من قبل الشأم ان الدجّال

a) B بربح, I بريج, S برىخ. Vid. Ibn Khord. *b*) Hinc textus Ibn Khord. p. 88 restitui potest. *c*) B et S ورجالها. *d*) I ويروى. *e*) Codd. يصبح. *f*) S s. p.; B ولانركن. *g*) Codd. hic et deinde نار. *h*) B et S فرعا. *i*) Codd. جواريا. *k*) B c. و. *l*) Codd. فيقسمون. *m*) Conj.; codd. كملا. Cf. Ibno 'l-Wardî ed. Aeg. ١٥٠, 5 ويقتسمون الدنانير بالحجف. *n*) Conj.; codd. القوس (*sic*). Deinde B et S فيحملون. *o*) Codd. فيقسمونه. *p*) Codd. بالغرقدونية, voc. in B. Est pro خلقدونية, cf. Jâc. II, ٢٠٨, 1.

قد خرج فترفصون *a* ما فى ايديكم فاذا *b* بلغتم الشام وجدتم الامر باطلا وانما *c* هى نفخة *d* كذوب ✿

قالّ خالد بن مَعْدان ليس فى الجنّة كلب *e* الّا كلب اصحاب الكهف وحمار بَلْعم واسم كلب اصحاب الكهف دِيِن *f* وقال غيره بل اسمه حُمْران واسم الكهف جِيرم *g* واصحاب الرَّقيم بقسطنطينيّة فى جبل هناك فى شعب وهم ثلثة عشر رجلا ✿

وخراج الروم مساحة كلّ مائتى *h* مدى ثلثة دنانير فى كلّ سنة ويأخذ *i* عشر الغلّات فيصير فى الاهراء للجيوش ويأخذ من اليهود والمجوس من كلّ رجل دينارا فى السنة ويؤخذ *k* له فى كلّ بيت يوقد فيه كلَّ سنة درهم *l* وديوانه مقسوم *m* على مائة الف وعشرين الف رجل على كلّ عشرة آلاف رجل بَطْرِيق واجلّ البطارقة خليفة الملك ووزيره ثم اللُّغُثيط *n* صاحب ديوان الخراج ثم اللغثيط *o* صاحب عرض *p* الكتب ثم الحاجب وصاحب ديوان البريد ثم القاضى ثم صاحب الحرس ثم المرقّب *q* ✿

---

a) I et S فيرفصون. *b*) I c. و. *c*) B c. ف. *d*) I نفخة. *e*) Excidisse videtur ولا دابة vel taleqd. *f*) Voc. in B et S; alibi haec nomina non invenio. Vulgo قطمير appellatur; cf. quoque Gildemeister in ed. Theodosii *de situ terrae sanctae*, p. 27. *g*) Voc. in B et S; Jâc. in v. جَيْرَم, Tha'labî, *Arâis*, p. ۴۰۰, 5 (ed. Aeg. 1297). *h*) Addidi ex Ibn Khord. p. 91, ubi cum cod. restitue مساحة et dele الاف, et ex nostro textu كل pro على. *i*) Ibn Khord. hic et deinde ويوخذ. *k*) I وياخذ. *l*) Appellatur hoc tributum دخان quod nomen male explicavi in Gloss. Geogr. p. 233. Est versio Arabica Graeci καπνικον (καυνικον), cf. Barb. de Meynard ad Ibn Khord. p. 230, Rosen, Imperat. Basil. Bulgar. p. 278 ann. *m*) Ibn Khord. melius مرسوم. *n*) B الغبيط, I et S العنيط, cod. Ibn Khord. الغَثيط. *o*) B القَبيط, I العنبط, S العمط, cod. Ibn Khord. اللعمط. Sprenger, *Post- und Reiserouten* p. 10 proponit الغنيط Γνωστης, parum probabile. *p*) Addidi ex Ibn Khord. *q*) Teschdîd in B; Ibn Khord. om.

والروم اصحاب بقر وخيل وشاء ولهم البزيون العجيب والديباج الرومىّ ولهم من العطر [a] الميعة والمصطكى والجوارى الروميّات والخدم وينبت فى قعر بحرهم البُسَّذ [b] وبها القبّة التى من الرصاص وهى فى بعض مفاوزها وذكر بعضهم انه دخلها وعاين ما فيها ووجد على لوح بها مكتوبٌ عليه [c] يا ابن آدم خف الموت وبادِر الفوت واستكثِرْ من ادّخار صالح الاعمال واعلم ان ذكر الموت يهون على اللسان وان الموت على الفراش اشدُّ من الف ضربة بالسيف يا ابن آدم داوِ الموت بالطاعة واعلم ان ملك الموت رؤوف باهل الطاعة يا ابن آدم ان كنت تحبُّ نفسك فصُنْها [d] عن المعاصى واحملها على التعب الذى يُعقبك الراحة واعِدّ للسفر البعيد زادا فانّ من رحل بلا زاد عطب يا ابن آدم ما اقسى قلبك تعمر دارا تَخْرب وتُخْرِب [e] دارا تبقى يا ابن آدم خذ لنفسك من نفسك واعرف المذاهب بالاسباب فان سبب العقل المداراة وسبب المزيد الشكر وسبب زوال النعمة البطر وسبب المروّة الانفة وسبب الادب المواظبة وسبب البغضاء [f] الحسد وسبب المحبّة الهديّة وسبب الاخوّة البشاشة وسبب القطيعة المعاتبة وسبب الفقر اسراف المال وسبب العداوة المِراء وسبب المحبّة السخاء وسبب قضاء الحوائج الرفق وسبب المذلّة مسئلة الناس وسبب الحرمان الكسل وسبب الريبة مصاحبة الريب وسبب النبل [g] العفاف *وسبب ثبات [h] العقل المرأة الصالحة وسبب الغناء قلّة الفساد وسبب الغضب الصَّلَف والخير كلّه يجمعه [i] العقل ومن لا عقل له ولا حياء فلا خير فى صحبته، قال واذا خوان موضوع هناك من ملح قدرُ ما ياكل عليه الف رجل مكتوب عليه يا ابن آدم قد اكل على هذا الخوان مائة

---

a) I القطر. *b*) I السبذ. *c*) Quasi praecederet لوحا. *d*) I فاصنها. *e*) I وتخرّب. *f*) B البغض. *g*) I النبيل. *h*) Codd. وثبات. *i*) I بمجمعة.

ملك كلّهم مصابٌ بعينه اليسرى فكم كان الاصحّاء يا ابن آدم قد قَصَم *a* فى هذه القبّة مائتا الف ملك وقد رام حمل هذا الخوان واللوح الف ملك فماتوا كلّهم، قال فدعانى *b* قيصر فسألنى عنه ففسّرته له فبكى ثم قال لله درُّ العرب ما اعظم احلامها واكرم فروعها ثم وصلنى واحسن جائزتى ووجّه معى من اخرجنى من بلاده ✿

قال ابو المُنْذِر سمّيت الروم بنى الاصفر لانه لمّا مات ملكهم لم يبق منهم من يصلح للملك الّا امرأة فاجمعوا ان يملّكوا عليهم اوّل طالع من الفجّ فطلع حَبَشىٌّ قد ابق من مولاه فاخذوه فزوّجوه الملكة فولدت له ابنا فسُمّى الاصفرَ لانه من اسود وابيض ✿

ومن عجائب الروم رُومِيَة *c* الداخلة فانها عجيبة البناء كثيرة الاهل وبينها وبين قسطنطينيّة مسيرة سنة وقال جُبَيْر بن مُطْعِم لولا صوت اهل رومية لسمع الناس وجبة *d* الشمس من حيث تطلع، وقال حَسَن *e* بن عَطيّة يُفتح على المسلمين مدينة خلف قسطنطينيّة يقال لها *f* رُومية فيها مائة الف سوق فى كلّ سوق مائة الف رجل، وقال بعض العلماء يُنقّس برومية فى كلّ يوم عشرون *g* ومائة الف ناقوس لولا وجبة اهلها لسمع الناس تسبيح الملائكة ووقع غروب الشمس، ويقال *h* ان فيها ستّمائة الف حمّام، قال *i* وفى وسطها *k* عمود من حجارة *l* عليه صورة بعير منحوت من حجر عليه رجل من حجر بيده سيف قال فسألت عنه فقلت ما هذا فقال ان الذى بنى هذه المدينة قال لنا لا تخافوا على مدينتكم حتى يأتيكم قوم على هذه الصفة فهم الذين يفتحونها، وذكر بعض الرهبان ممن دخلها واقام

---

a) B et S قَصَمَ, I قُصم. *b*) B فدعا بن forte pro فدعانى. *c*) Codd. h. l. cum teschdîd. *d*) Jâcût II, ٨٦٧, 17 صليل. *e*) Codd. حسّان. Cf. *Fihrist* ٣٣٩, 15 sq. *f*) I اسمها. *g*) Codd. عشرين ut saepissime in his peccant. *h*) Jâc. II, ٨٦٨, 3. *i*) Jâc. II. 13, Kazwînî II, ٣٩٧, 12 sqq. *k*) Codd. وفى وسطه. *l*) I الحجارة.

بها سنة واحدة ان المحيط بها ثمانية وعشرون ميلا فى ثلثة وعشرين ميلا ولها ثلثة ابواب من ذهب ولها سبعة ابواب سوى هذه الثلثة من نحاس ولها حائطان من رخام وفضاء*a* طوله ستّون ذراعا*b* بين*c* الحائطين وعرض السور الخارج ثمانية عشر ذراعا وارتفاعه اثنان وستّون ذراعا وبين الحائطين نهر يسمّى وُسْطيطابرس*d* ماؤه عذب يدور فى المدينة ويدخل دورهم مطبّق بدفوف النحاس طول كلّ دفّ*e* منها ستّة واربعون ذراعا وعدد الدفوف *مائة الف الف واربعون الف الف دفّ*f* وكلّها من نحاس وعمود النهر ثلثة وتسعون ذراعا فى عرض ثلثة واربعين ذراعا فكلّما همّ بهم عدوٌّ او نابهم امر رُفعت تلك الدفوف فيصير بين السورين خندق لا يرام، وفى المدينة اربعة وعشرون الف*g* كنيسة للخاصّة سقوفها وحيطانها واركانها واعمدتها وكواها حجر واحد من رخام ابيض، وفى المدينة شوارع كثيرة فى كلّ شارع الف ومائتان*h* وثلثة وعشرون دارا*i*، وفى المدينة عشرة آلاف دير للرجال وعشرة آلاف*k* للنساء *ومائتان وعشرون*l* للرهبان، وفيها اثنا عشر الف زقاق ويجرى فى كلّ سكّة*m* نهران احدها للشرب والآخر للحشوش، وفيها كنيسة يقال لها كنيسة الأُمَم فيها مائة الف*n* وثلثون الف سلسلة ذهب،

---

a) Restitui ex Ibn Khord. p. 93 l. 2 et Jâc. l. 21. I et S طول pro طوله. *b*) Jâc. مائتا ذراع. *c*) Codd. من. *d*) I. e. Ostia Tiberis. B قسطيطابوس, I قسطنطانوس, S قسطنطلوس. Apud Edrîsî, *Italia* ed. Amari et Schiaparelli, Tiberis p. ٧٢ paen. طنابرى, Ostia p. ٧٤ paen. وُسْتُو appellatur. Apud Ibn Khord. et Jâc. nomen non exstat. *e*) Jâc. دفّة. Ibn Khord. syn. بلاط et بلاطة. *f*) Jâc. مائتان واربعون الف دفة. *g*) In I الف postea est additum. Revera falsum esse videtur; cf. Jâc. p. ٨٦٩, 17. Epitomator sqq. male ad omnes ecclesias retulit, cf. Jâc. l. 15. *h*) I et S ومايتى. *i*) Conject. supplevi. Jâc. locum de plateis non habet. *k*) S add. دير. *l*) Jâc. وحول سورها ثلاثون الف عمود. *m*) Jâc. زقاق. *n*) Restitui e Jâc. p. ٨٧٠, 17.

وفيها *ستّمائة زوج *a* من ابواب النحاس المموّه بالذهب، واوصاف لهذه المدينة المسمّاة رومية طوال طال علىّ نسخها ❊

فى مدح البناء

قال فكلّ مدينة موضوعة فى جهة المشرق *b* فهى اشدّ اعتدالا واقلّ اسقاما لان الشمس تصفّى تلك المياه التى تجرى فيها والمدن *c* الموضوعة بازاء المغرب يكثر امراض اهلها لان مياههم كدرة متغبّرة وهواءهم غليظ *d* لانه يَبْقَى *e* تلك الرطوبات فيه فيغلظ *f* مياههم والمدن الموضوعة على جهة الجنوب يكون مياهها حارّة كدرة متغيّرة مالحة فمن ذلك تسخن *g* فى الصيف وتبرد فى الشتاء وابدان اهلها تكون رطبة ليّنة لما يتحلّب *h* الى البدن *i* من الرطوبات من رؤوسهم وتكثر نساءهم الاسقاط بسبب الرطوبات ولا يقدرون ان يكثروا الطعام والشراب لضعف رءوسهم لان كثرة ذلك تغمّ *k* دماغهم وتغيّره وقليلا *l* ما يعرض *m* لهم الحُمّيات الحارّة والمدن الموضوعة فى جهة الشمال وعلى ازائه مياهها يابسة رطبة ثقيلة النُّضْج *n* واهلها اقوياء اشدّاء عراض الصدور دقاق السوق *o* رؤوسهم صحيحة يابسة واعمارهم طويلة لصحّة ابدانهم وكثرة فضول الرءوس وتكون *p* اخلاقهم وحشة ويقلّ حمل نسائهم ولكنهن *q* لا يُسقطن لبرد الماء ويبسه ويلدن بشدّة وصعوبة ليبسهن ويتّسع لذلك صدورهم *r* وانما دقّت *s* ارجلهم لارتفاع الحرارة عنها الى فوق ويكثرون الاكل ولا يكثرون الشرب، وقالوا سكّان ناحية الجنوب سود جعاد دقاق

---

a) Jâc. p. ٨٧١, 10 ثلاثة الاف. *b*) I الشرق. *c*) S c. ف. *d*) B et I غليظة. *e*) I تبقى, S ىىقى. *f*) I فتغلظ. *g*) B et I يسخن, S s. p. Mox codd. ويبرد. *h*) B et S يتجلب, I ينجلب. *i*) Codd. المدن. *k*) Codd. يغم et ويغيره. *l*) Codd. وقليل. *m*) I تعرض. *n*) I النصح, S النضح. *o*) I الساقات. *p*) B ويكون, S s. p. *q*) B et I ولكنهم. *r*) S صدورهن. *s*) S رقت.

الكعوب كحل العينين *a* سود الشعور *b* خفاف اللحوم فيهم الحفظ والذكاء والبرّ والكذب والحرص والسرقة وسكّان ناحية الصبا اقرب شَبَهًا بناحية الشمال وهم دونهم فيما وصفت وسكّان ناحية الدبور اقرب شَبَهًا باهل ناحية الجنوب وهم دونهم واهل المغرب يختلفون فى هيئاتهم فاما سكّان سواحل البحر منهم فقريب شبههم من سكّان ناحية الجنوب وسكّان ناحية الضواحى فقريب شبههم بناحية الشمال واهل الهند ممتزجون لان بلادهم مزاج الشمال والجنوب فلذلك حسنت اخلاقهم واجسامهم ووجوههم واعتدلت وكذلك من كانت محلّته بين الجنوب والشمال وهم اعدل مزاجا واحسن عقولا واهل مصر اهل غفلة وقلّة فطنة والبَرْبَر الفطنة فيهم فاشية وليس فيهم كبر ولا مكر واهل الروم اهل صلف وتكلُّف واهل الشام اهل غفلة وسلامة واهل الحجاز اهل معازف ولهو ومداعبة وتانيث واهل العراق اهل فطنة وغدر واهل الهند اهل غفلة ولين وشجاعة واهل الصين اهل طلب وخفّة وجبن وحذق بالصناعات واهل اليمن اهل غفلة ولين وخفّة واهل خراسان اهل غفلة وبخل وحرص وشجاعة، وقال بُقْراط *c* فى كتاب الاهوية والبلدان ما كان من الامصار مقابل شرق الشمس فرياحه *d* سليمة وماؤه عذب فان هذه المدينة قليلاء *e* ما يضرُّها تغيير الهواء وكان يقول المياه التى تنبع من مواضع مشرفة ومن تلاع وروابى افضل المياه واصحُّها وهى عذبة وبلدانها اصحّ البلاد ولا تحتاج *f* الى كثرة مزج *g* الشراب ولا سيّما الشرقىّ والصَّيْفىّ لانها تكون برّاقة طيّبة الريح اضطرارا، وقال قُسْطوس فى كتاب الفلاحة اصلح مواضع البنيان ان يكون على تلّ او كِبْس *h* وثيق ليكون مُطلّا *i* واحقّ ما جُعلت اليه الابواب والافنية *k* والكوا

---

a) B et I العين. *b*) I الشعر. *c*) S ابقراط. *d*) B et S c. و. *e*) Codd. قليل. *f*) Codd. يحتاج. *g*) I امزاج. *h*) Codd. كَبس; in opere Festi, cod. Leid. 414, Sect. II, cap. 1 كبش. *i*) Codd. مظلا. Festus addit: على المنازل من الارض يشرف صاحبه منه على ما احب ان ينظر اليه الخ. *k*) Festus ابواب المنازل واقبيتها.

ـشرق واستقبال الصبا فان فى ذلك صلاح الابدان لسرعة طلوع الشمس وضوءها عليهم وان تُوسَّع[a] البيوت ويُرفَع سمكها وتكون ابوابها الى المشرق لان ريح الجنوب اشدُّ حرًّا واثقل واسقم ۞

وقالوا[b] ايضا بان الفلك مستدير واستدلّوا بذلك لانه يدور على مِحْوَرَيْن وقُطْبين اللذين هما القطب الشماليّ والجنوبيّ فاما اهل البلدان التى مالت الى ناحية الشمال فانهم يرون القطب الشماليّ وبنات نَعْش ولا يرون القطب الجنوبيّ ولا الكواكب القريبة منه وذلك انه لا يُرَى سُهَيْل بناحية خراسان ويرى بالعراق ايّاما فى السنة فاما البلدان الجنوبيّة فانه يرى فيها السنة كلّها فمن مال الى ناحية الجنوب غاب عنه القطب الشماليّ والكواكب التى هى قريبة منه وهذه الكواكب التى هى قريبة من القطب تدور حوله دورانا مستديرا مستويا يُرَى بالعيان مثل الشمس فانها فى الصيف تطلع من وسط المشرق ثم تصعد فى الفلك صعودا مستويا ثم تهبط على مثال ذلك الدور ثم تغيب تحت الارض فتدور هناك مثل ما تدور هاهنا حتى تطلع، وزعموا ان البحر ايضا كُرِىٌّ مدوّر[c] وبرهان ذلك انك اذا لججتَ فيه غاب عنك الارض والجبال شيئا بعد شىء حتى يغيب ذلك كلّه ولا ترى شيئا من شوامخ الجبال فاذا اقبلت نحو الساحل ظهرت لك تلك الجبال واجسامها شيئا بعد شىء فاذا قربت من الساحل ظهرت الاشجار والارض ۞

واصحّ البلاد ما كان على الجبال والاماكن التى تواجه مهبّ الصبا وما كان فى قعور واغوار ومواجهة لريح الجنوب او الدبور فهى مواضع رديّة مولّدة للامراض والصواب ان تتّخذ[d] الدور بين الماء والسوق

---

a) B يوسّع, I يُوسع, S s. p., Festus توسع. *b*) Cf. Mas'ûdî I, 191 sq. *c*) I om. *d*) B et S يتخذ et mox يكون.

وان تكون الدور شرقيّة والبساتين غربيّة وقالوا لتكن[a] دوركم شر وضياعكم غربيّة وقال ابن كَلَدة جميع خصال الدار ان تكون على طريق نافذ وماؤها يخرج وليس عليها متشرّف وحدودها[b] لها وتكون بين الماء والسوق ويصلح فناؤها لحطّ الرحال وبلّ الطين وموقف الدوابّ وإن كان لها بابان[c] فذاك امثل[d] وتكون نقىّ الجوار لان الجار قبل الدار والرفيق قبل الطريق، وقال يحيى بن خالد دار الرجل دنياه فينبغى للرجل ان يتنوّق فى دهليزه فانه وجه الدار ومنزل الضيف ومجلس الصديق الى ان يؤذن له ومستراح الخدم وموضع المعلّم ومنتهى حدّ المستأذن، قال وكان على بعض بنى الثقيف دَيْن فقال له الحسن البصرىّ بع ارضك فقال يا ابا سعيد انّا اهل بيت لا نبيع التراب حتى نصل الى التراب، وفى بعض الخبر من قدم بلدا فاخذ من ترابها وجعله فى مائها عوفى من وبائها، وقيل لبانى دار ما اشدّ ما مرّ عليك فى هذه الدار قال اسهل الامور النفقة واعظمها معاناة الفعلة، وقال آخر سعة الدار تزيد فى عقل الرجل كما ان ضيقها ينقص من عقله وذلك ان الرجل اذا كان ضيّق المسكن فدخل عليه داخل فيضيق عقله عند حُرمه[e] مخافة ان يبدو[f] منه عورة او عثرة فاذا[g] كان واسع المسكن فجميع عقله معه، وبنى كِسْرى دارا فلمّا كان فى اليوم الذى تحوّل[h] فيها اذن للناس عامّة ثمّ عزم عليهم ان يعرّفوه عيبها فسكت الناس فقام رجل دميم[i] رثّ الهيئة فقال ان الملك قد عزم علينا بما عزم فلولا التأثّم من احناث ما عزم لكان موضوعا عنه ما امر به فلذلك نستخير[k] ان نقول ما وافقه او خالفه

---

a) B et S ليكن. I ins. الدور. *b*) S وجدودها. *c*) Codd. بابين. Deinde I فذلك. *d*) B et I اميل. *e*) Voc. in I; B جرمه. *f*) S يبدر. *g*) S واذا. *h*) S s. p., B يحول. Seq. فيها pro اليها omnes habent. *i*) I et S ذميم. *k*) B يستخيي, S يستجير. Mox B يقول, S نقول.

من عيوبه انّه بُنى فى هبطة من الارض لا تقع عليه العين الّا بعد ان يُقْرَب a منه واولى المواضع ببناء المدن والدور الشُرَف من الارض لِيُشرف على ما حولها ومنها ان منزل نسائه فيها فوق منازله ويدلّك ذلك على الطيرة على ان امر النساء سيستعلى على امر الرجال فيفوقه ومنها ان صحن الدار يُعْمَر باتّساع مَن يحضر b الدار من الحاشية والحرس والخدم لتقتحمهم c عين الداخل وكان ينبغى ان يكون ذلك بمقدار ما يملّؤُ d عينَ الداخل ما تقع e عليه من كثرة عدد من يحضره f وشحنهم g له فذلك ابلغ ما أُرِيدَ به واحرى h انه ليس يُنْفَق درهم i من بيوت الدانين لك»

وانشد لبعض الشعراء فى بناء دار

أَتَمَّها اللهُ من دار وأَكْمَلَها ... وبالامان من الآفات ظَلَّلَها
لله ما هى أَبهاها وأَنْبَلَها ... لله ما هى أَحْلاها وأَشْكَلَها
لم يَبْقَ فى الدُّور بل فى الارض من حَسَنٍ ... الّا واصبح مجموعا بها ولها
فالحُسْنُ خارجَها والحسن داخلَها ... والحسن يَضْحَكُ اعلاها وأَسْفَلَها
كأَنَّها غادةٌ أَهْدَتْ لمالكها ... عشْقا فوشّحها حلْيًا وكلّلَها
كأَنَّها دُرّةٌ بيضاء أَبْرَزَها ... لا تَعْرِفُ العينُ أُخْراها واوّلَها
كأَنَّها رَوْضةٌ زهراء ناضرةٌ ... جاد الحَيَا زَهْرَها لَيْلًا فأَخْضَلَها
كأَنَّها جَنَّةُ الفِرْدَوْس انزلها ... اليه ذو العَرْش اكراما لمُنْزِلها
لم يَبْنِها ويُوَسِّعْ بابَ مَدْخَلها ... الّا ليقصدها الراجى ويَدْخُلَها
فلن يساوِيَه حُرٌّ ليَعْدِلَه ... حَتّى تساوِيَها دارٌ فتَعْدِلَها

---

a) B et S يَقْرُبَ. *b*) I يحظر. *c*) Codd. ليقتحمهم. *d*) I يملوا, S بملوا. *e*) B et I يقع, S بقع. *f*) I يحظره. *g*) B وسحبهم, I وسجنهم, S s. p. *h*) B واجرى. *i*) Codd. درهما (S ىنفق) يُنْفَق. Textus mancus esse videtur.

فى ذمّ البناء

قال رسول الله صلعم ما انفق الرجل نفقة الّا كان خَلَفُها على الله *a* ضامنا الّا ما كان فى بنيان او معصية وقال الله عزّ وجلّ *b* أَتَبْنُونَ بِكُلِّ رِيْعٍ آيَةً الآيةَ، وقال اسحاق بن سُوَيد كانت المساجد بالقَصَب ثم بالرِّهْص ثم كانت باللَّبِن والطين ثم كانت بالآجرّ والجصّ فكان اصحاب القصب خير من اصحاب الرهص واصحاب الرهص خير من اصحاب اللبن والطين واصحاب اللبن والطين خير من اصحاب الآجرّ والجصّ،،

ولمّا بنى معاوية الخضراء *c* قال لابى ذرّ كيف ترى هذا قال ان كنت بنيتَه من مال الله فانك من الخائنين وان كنت بنيته من مالك فانت *d* من المُسْرِفين،، وبنى رجل بيتا عاليا فقال له بعض الناس نزلتَ حيث رحل الناس وانشد

ابَعْدَ عاد .. *e* تَرْجُو الخُلُودَ وهل يَبْقَى على الماء بيتٌ اسُّه المَدَرُ
الى الفراق وانْ طالت سلامتُهم مَصِيرُ كلّ بنى أُمّ وانْ كَثُرُوا

قال لمّا بنى عبيد الله بن زياد البيضاء بالبصرة امر اصحابه ان يستمعوا من افواه الناس فأُتى برجل قيل انه قال أَتَبْنُونَ بِكُلِّ رِيعٍ آيَةً تَعْبَثُونَ وَتَتَّخِذُونَ مَصَانِعَ لَعَلَّكُمْ تَخْلُدُونَ *f* قيل له ما دعاك الى هذا قال آيٌ *g* من كتاب الله عزّ وجلّ عرض لى قال والله لاعملنّ فيك بالآية *h* الثانية وَاِذَا بَطَشْتُمْ بَطَشْتُمْ جَبَّارِينَ ثم امر فبُنى عليه ركن من اركان القصر،، وقال محمّد بن حبيب الضبّىّ *i* فى دور آل طاهر *k*

وكان الشاذياخ مُناخَ مُلْكٍ فزال المُلْكُ عن ذاك المُناخ

---

a) I add. تعالى. *b*) Kor. 26 vs. 128. I post اية add. تعبثون. *c*) Damasci; cf. Mokadd. ١٥٩, 3. *d*) I فانك. *e*) Lacuna non indicata. *f*) Kor. 26 vs. 128 sq. *g*) I اية et mox عرضت. *h*) I et S الاية. Est Kor. 26 vs. 130. B bis بطّشتم. *i*) I om. *k*) Cf. Jâc. III, ٢٣٩, 16 sqq.

وكانت دورُكم *a* للّهو وَقْفًا *b* فصارت للنوائح والصُّراخ
فعَيْنُ الشّرق باكيةٌ عليكم *c* وعينُ الغرب تُسْعِدُ بانتضاخ *d*
كذاك يكون مَنْ صَحِبَ التَّراخِى فذاك الدهرُ يُعْقِبُه التراخى

وله ايضا

فتلْك قصورُ الشاذياخ بَلاقعٌ خرابٌ يَبابٌ والميانُ مزارعُ
وأَضْحَتْ خَلاءً شاذمِهْرُ وأَصْبحَتْ معطَّلةً فى الارض تلك المصانعُ
وغَنَّى مُغَنِّى الشُرْب *e* فى آل طاهرٍ بما هو رأْىَ العين فى الناس رائعُ *f*
عَفَا المُلْكُ من اولاد *g* طاهرٍ مثل *h* ما عفا حُسَمٌ *i* من اهله فمُتالعُ
وايّامُهم كانت لَدَيْهم ودائعًا فأَرْهقهم دهرٌ فردّ الودائعُ

وقال آخر فى آل بَرْمَك *k*

أَوْحَشَ النَّوبَهارُ من آلِ *l* جَعْفَرْ ولقد كان بالبرامك يُعْمَرْ
قُلْ ليَحْيَى اينَ الكهانة والسحرُ واينَ النجومُ عن قتلِ جعْفَرْ
أَنَسيتَ المقدارَ ام زاغتِ *m* الشمسُ عن الوقت حينَ تمّ تُقَدَّرْ
انّ يحيى بن خالدٍ وبنيه أَصْبحوا فِكْرةً *n* لكلّ مُفَكِّرْ

وقال آخر

مَرَرْتُ على رَبْعٍ ليحيى بن خالد وباطنُه يَشْكُو الخرابَ وظاهرُهْ
فكانت مَغانيه تقول من البِلَى لسائلها عن اهلها مات عامرُهْ

وقال آخر

فانْ يُمْسِ وَحْشًا دارُه فلَطالَ ما تناطَحَ افواجًا لَدَيْه الركائبُ

---

a) Jâc. دورهم. *b*) B وقتا. *c*) Jâc. عليهم. *d*) Adscribitur glossa in B et S: عينان نضّاختان (S add. من) سيلان الدموع (S add. بالمهملة) اكثر من النضح (S add. بالمعجمة) النضخ. *e*) Jâc. الدهر. *f*) Jâc. شائع. *g*) B ins. آل. *h*) Jâc. بعد. *i*) B حسم, Jâc. جشم. Pro فمتالع, B فمتابع, Jâc. والفوارع. *k*) Jâc. IV, ٨١٩, 16 sqq. ubi النُّوبَهار. *l*) Jâc. بعد. *m*) I غابت. *n*) I عبرة.

يحيّون بسّامًا كأنّ جبينه   هلالٌ بدا وانجاب عنه السحائبُ
وما غائبٌ مَنْ غاب يُرْجَى ايابُه   ولكنّ مَن قد ضمّه القبرُ غائبُ

ومرّ بعض الكتّاب بالدَّسْكَرَة فرأى ما فيها من البنيان والمصانع والقصور وخان الآجرّ وحبس كسرى والمدينة فقال

يا مَنْ يَأُمُّ الى بغدانَ *a* مجتهدًا   أَرِحْ مَطِيَّكَ *b* بين الحَبْس والخان
بين القناطر والدساكر والقُرَى   فمَحَلِّ كِسْراها أَنُوشَرْوان
وانْظُرْ الى طَلَلٍ تقادَمَ عهدُه   ورُسُومِ أَبْنِيَةٍ على الازمان
يُنْبِيكَ آثارُ الملوك بانهم   كانوا ذَوِى *c* بأْسٍ ذَوِى سُلْطان
ولقد عَجِبْتُ وفى الزمان عجائبٌ   ما عايَنَتْ عيناىَ فى الايوان
ايوانِ كِسْرَى شاهِقٍ شُرُفاتُه   على الذُّرَى مستوثق الحيطان
ما إنْ به الّا الصَّدَى وحمائمٌ   مُخْضَرَّةٌ تَدْعو على الاغصان
بعدَ النواعم والاوانس *d* بُدِّلَتْ   هامًا وعِقْبانا مع الغِرْبان
وتبدّلَتْ بعد الانيس فما ترى   الّا العَزِيفَ بها من الجِنّان

وكان السبب فى بناء قصر شِيرِينَ ان *e* الملك امر ان يبنى له باغ يكون *f* فرسخين فى فرسخين وان يصيَّر *g* فيه من كلّ صيد حتى يتناسل ووكّل به الف رجل واجرى على كلّ رجل منهم *h* خمسة ارغفة ورطلين لحما *i* ودَوْرَق خمر فاقاموا فيه سبع سنين حتى فرغوا منه فلمّا تمّ البناء التجعوا الى فَهْرَبَذ *k* مغنّى الملك وسألوه ان يخبر الملك

---

a) I بغداد ut plerumque. *b*) B مطيتك. Metrum versus primi est البسيط, versuum sequentium الكامل. *c*) B et S ذوو, I ذو. Pro seq. ذوى codd. وذو. *d*) B فالاوانس. *e*) Jâc. IV, ١١٣, 7 ins. ابرويز. *f*) Codd. om. *g*) B يُصَرّ, Jâc. يحصل. *h*) Jâc. add. فى كل يوم. *i*) Codd. لحم. *k*) I فهرِبذ, S فهربذ; Jâc. البلهبذ, *Agh.* V, ٥٨, 7, ٦٤, 8 الفهلبذ et فهلبذ (in ed. male فهليذ), Kazw. II, ١٥٦ بلهبذ. Sunt variae formae Persici بارْبد quod habet Istakhrî ٢٦٣ et gloss. ad Jâc. V, 372 ult.

بفراغهم من الباغ فعمل *a* صوتا وغنّاه بين يدى الملك وسمّاه باغ نَخْجيران *b* اى باغ الصيد فطرب الملك واعطى كلّ واحد منهم الف درهم فجعلوها للفَهْرَبذ *c* فلمّا سكر الملك قال لشيرينَ سليني حاجتك فقالت حاجتى ان تكوّن *d* لى فى هذا الباغ نهرين من حجارة يجرى فيهما الخمر واللبن قال افعل ذلك ونَسِيَه الملك فاستحيت *e* شيرين ان تذكّره فعمل الفَهْرَبذ غناء وذكّره حاجة شيرين فامر ببناء النهرين ووهبت شيرينُ ضيعةً لها باصبهان لفهربذ فنقل فهربذ اهله الى اصبهان فلذلك وقع غناء فهربذ باصبهان، قالَ وقُرِئ على حائط شيرين *f*

يا ذا الّذى غرّه الدنيا وبهجتُها   وحُسْنُ زَهْرَةِ انوار *g* البساتين
والدورُ تُخْرِبُها طورًا وتَعْمرها   باللبن والجصّ والآجرّ والطين
والمالُ تَكْنِزها حِرْصا وتَمْنَعها   عن الحقوق التى فيها لمِسْكين
اما رايتَ صروف الدهر ما صنعت   بالقصر قصر أَبَرْوِيزَ وشيرينِ
اما نظرت الى احكام صنعته   كانه قِطْعَةٌ من طور سِينِينِ
قد صار قَفْرا خَلاءً ما بها احدٌ   الّا النَعام مع الوحشيّة العِينِ
من بعد ما كان أَبْرَوِيزُ اسكنها   بالدارعين وكتّاب الدواوين
وكلّ ليث شجاع باسل بطل   كمثل خُرينها *h* او مثل شَرْوين
وكلّ رُعْبوبة بيضاء بَهْكَنَة   تَحْكى بنَغْمتها صوتَ الوَرَاشين
وبالعجائب من الوان زهرتها   من بين ورد وخيرىّ ونِسْرين
لم يبق من رسمها الّا تَلألُؤُها   او رَبْع دار عَفَتْ من طُور عَبْدِينِ
سبحانَ من خلق الدنيا ودبّرها   وانشأ الخلق من ماء ومن طين

وكانت الفلاسفة تقول افضل مستنبَط المياه ما كان محيطا بشعاب

---

a) B et I ثم عمل. *b*) B نحيران, S نجيران. Secundum Vullers haec melodia نخچيرگان appellatur. *c*) I للفهريذ, S للفِهْرَبذ et sic infra. *d*) Codd. يكون, Jâc. تصيّر. *e*) B et I c. و. *f*) Pro قصر شيرين. B add. شعر. *g*) I ايام. *h*) I s. p.

الاودية وامثل[a] منازل السفر ما اتُّخذ على مجامع الطرق وامثل الغيث[b] ما امرع ،، وكان المنصور جالسا ذات ليلة فتذاكر اصحابه البحرَ فقال المنصور عُدُّوا خمس عشرة[c] ليلة من ايّ موضع شئتم فانكم لا تبلغون[d] ذلك حتى تصلوا الى البحر ان شئتم فى شرقها وان شئتم فى غربها ،، وقَالَ المَرْوَزِىُّ[e] قرأتُ على المأمون جواب ارسطاطاليس الى الاسكندر فيما أَعْلَمَه من فتحه البلدان وجمعه الاموال التى يتعذّر عليه حملُها وعَجَبه من بيت ذهب ظهر له بالهند فاجابه انى رايتك تعجب من عمل عمله ايدى الآدميّين وتركت التعجُّب من هذا السقف الرفيع الذى هو فوقك وتزيين من زيَّنه بالكواكب ونَصَبَه على الحكمة البالغة فاما البلدان التى افتتحتها[f] فليكن ملكك اياها بالتودُّد الى اهلها ولا تملكها بالقهر لها والبغضاء فان طاعة المودّة احمدُ بدءا[g] وعاقبة من طاعة الاستكراه والقهر واما الاموال فليكن حملُك اياها فى جلد ثور ففهم عنه الاسكندر ما رَمَزَ به فدفن فى كلّ بلد امواله واثبت مواضع الكنوز فى جلد ثور مدبوغ وحمله الى الروم وهو الى اليوم باقٍ هناك فى خزانة الملك ۞

ومرَّ رجل من بنى تميم برجل منهم فى بلاده وهو يغرس فسيلا فقال يا شيخ كم تعدُّ قال قد جاوزت الستّين فقال مثلك يعمل ما ارى فانشأ الشيخ يقول

اِغْرِسْ فَسيلًا مناساةً فيوشكُ أَنْ ترى فسيلَك ان عُمّرْتَ عيدانا
فالعِرْقُ يَسْرِى اذا ما نام صاحبُه * وليس يَسْرِى[h] اذا ما كان يَقْظانا

اغرسْ فسيلةً وآكلْ من ثُمُرها[i] واذا احتجتُ بعد ذلك فللمولد قال انك لبعيد الامل قال اى والله انى لبعيد الامل خائف لقرب الاجل

---

a) B واميل. b) B واميل العِنَب. c) Codd. خمسة عشر.
d) Codd. نبلغوا. e) S المروذى. Est probabiliter ابو يحيى المروزى Fihrist ٢١٣ et ann. Flügel. f) B امتحنتها. g) Codd. بدايا.
h) B ولا ينام. i) Codd. ثمره.

ولست ممن يفرّط فى عمران دار لا يُدْرَى لعلّه سيطول مقامه فيها ومنها يتزوّد الى الدار التى لا يُدْرَى متى يصير اليها ولو ان من كان قبلنا اخذوا بمثل رايك ما خلّف والد لولده شيئا ولا ورث ميّتا حيٌّ[a] قال المحدّث ثم مررتُ بعد ذلك بذلك الموضع فرايت نخلا عاليا واخر دونه واذا فتيان واحداث فقلت مَن غرس هذا النخل قالوا ذلك الشيخ فاتيتُه فسلّمت عليه ثم قلت[b] اتعرفنى فتأمّلنى ثم قال احسبُك صاحبنا المعنِّف لى على غرس ما ترى قلت انا والله هو ثم انشدته بيته فعاتبنى وجعل يحدّثنى وقال ان الله فاعل ما يشاء فلا يكونن خوفك ماحقا لرجائك ولا يأسُك[c] غالبا لطمعك واذا الفتيان بنوه وبنو بنيه، وقُرِئ على قصر بالعَقيق[d]

كم قد توارَثَ هٰذا القصر من مَلِكٍ   فمات والوارثُ الباقى على الأَثَرِ

وقُرِئ على باب مدينة

كم من مدائنَ بالآفاق قد بُنيت   امسَتْ خرابًا وذاق الموتَ بانيها

وعلى مسجد مكتوب

أَفْنَى جميعَهُمُ وخرّب دُورَهم   مَلِكٌ تفرّد بالبقاء عزيزُ

القول فى العراق

قال ابو عُبَيدة سمّى العراق عِرَاقًا لانه سفل عن نَجْد ودنا من البحر[e] كعراق القِرْبة وهو[f] الخَرْز المَثْنىّ[g] الذى فى اسفلها وهو الذى يضعه السقّاء فى صدره، وقال الاصمعىّ ما دون الرمل عراق، وقال المدائنىّ[h] عمل العراق من هِيت الى الصين والسند والهند ثم

---

a) Codd. ميت حيا. *b*) I et S قال. *c*) B et S بأسك. *d*) I add. شعر. *e*) Codd. العراق; vid. Jâc. III, ٦٢٨, 14 et 20, ٦١٩, 4. *f*) B et S وهى. *g*) B om. *h*) Jâc. III, ٦٣٠, 20 sqq.

كذلك الرىّ وخراسان *a* والديلم وجيلان والجبال واصبهان سُرّة *b* العراق ومن ولى العراق فقد ولى البصرة والكوفة والاهواز وفارس وكرمان والهند والسند وسجستان وطبرستان وجرجان والعراق فى الطول من عانة الى البصرة والبصرة تتاخم الاهواز والاهواز تتاخم فارس وفارس تتاخم كرمان وكرمان تتاخم كابُل وكابل تتاخم زَرَنْج وزرنج تتاخم الهند، وقال بعض اهل النظر اهل العراق هم اهل عقول صحيحة وشهوات محمودة وشمائل موزونة وبراعة فى كلّ صناعة مع اعتدال الاعضاء واستواء الاخلاط وسمرة الالوان وهى اعدلها واقصدها وهم الذين انضجتهم الارحامُ فلم تُخرجهم بين اشقر واصهب *وامهق ومُغْرَب *c* وكالذى يعترى ارحامَ نساء الصقالبة وما ضارعها وصاقبها *d* وهم الذين لم يتجاوز ارحامُ نسائهم *فى النضج *e* الى الاحراق فيخرج الولد بين اسود وحالك ومنتن الريح ذفر ومفلفل الشعر مختلف الاعضاء ناقص العقل فاسد الشهوة كالزنج *f* والحبشان ومن اشبههما من السودان فهم بين فطير *g* لم يختمر ونضيج قد احترق، وقالوا مناكحة الغرائب انجب ومناكحة القرائب *h* أَضْوَى وقالوا اغْتَرِبُوا ولا تُضْوُوا، وقالوا فارس اعقل والروم اعلم وللروم صناعات ☆

القول فى الكوفة

قال قُطْرُب سمّيت الكوفة من قولهم تكوّف الرملُ اى ركب بعضه بعضا والكوفان الاستدارة وقال ابو حاتم السجستانىّ الكوفة رملة مستديرة يقال كانهم فى كوفان، وقال المغيرة بن شُعْبَة اخبرنا الفُرْس الذين كانوا بالحيرة قالوا راينا قبل الاسلام فى موضع الكوفة فيما بين

---

a) Excidisse videtur وسجستان وطبرستان. *b*) Jâc سُنّة. *c*) Jâc. III, ٩٣١, 4 وابرص. *d*) Jâc. add. فى الشقرة. *e*) Codd. لنضج. *f*) Jâc. add. والنوبة. *g*) Jâc. خمير. *h*) B et S القرابة.

لحيرة الى النُّخَيلة نارا تاجّج فاذا اتينا موضعها لم نر شيئا فكتب فى ذلك صاحب الحيرة الى كسرى فكتب اليه ان ابعثْ الىّ من تربتها قال فاخذنا من حواليها وسطها وبعثنا به اليه فاراه علماءه وكهنته فقالوا يُبْنَى فى هذا الموضع قرية يكون على يدى اهلها هلاك الفرس قال فراينا والله الكوفة فى ذلك الموضع ،، قالوا واوّل من اختطّ مسجد الكوفة سعد بن ابى وقّاص وقال غيره اختطّ الكوفة السائبُ ابن الاقرع وابو الهيّاج الاسدىّ *a* ،، وكانت العرب تقول ادلع البرّ لسانه فى الريف فما كان يلى الفرات فهو المِلْطاط *b* وما كان يلى الطين فهو النَّجَف ،، ويروى عن امير المؤمنين انه قال الكوفة كنز الايمان وجُمْجُمة *c* الاسلام وسيف الله ورمحه يضعه *d* حيث يشاء والذى نفسى بيده لينصرن الله جلّ وعزّ باهلها فى شرق الارض وغربها كما انتصر بالحجاز *e*، وكان عمّ *f* يقول حبّذا الكوفة ارض سهلة معروفة تعرفها *g* جمالُنا المعلوفة، ويقال ان موضع الكوفة اليوم كانت سُورِسْتان *h*، وكان سَلْمان يقول اهل الكوفة اهل الله وهى قبّة الاسلام يحنّ اليه كلّ مسلم، وقال امير المؤمنين ليأتينّ على الكوفة زمان وما من مؤمن ولا مؤمنة الّا بها او قلبُه يحنّ اليها ،، وقال ابن *i* الكلبىّ وفد الحجّاج على عبد الملك بن مروان ومعه اشراف العراق فلمّا دخلوا عليه تذاكروا امر الكوفة والبصرة فقال محمّد بن عُمَير العُطارِدىّ ان ارض الكوفة ارض سَفُلت عن الشام وعملها *k* ووباءها وارتفعت عن البصرة وحرّها

---

a) Codd. السُّدّى. Vid. Belâdh. ٢٧٦, 3. *b*) Cf. Jâc. IV, ٦٣٣, 6. *c*) Jâc. IV, ٣٢٥, 3 وحُجَّة. *d*) B يصيب. Cf. quoque Belâdh. ٢٨٩, 11. *e*) Codd. بالحجارة. *f*) B رضه. Vid. Jâc. IV, ٣٢٦, 10. *g*) B يعرفها, S بعرفها. *h*) Belâdh. l.l. 5. Seqq. Jâc. IV, ٣٢٥, 5, Belâdh. l.l. *i*) Jâc. ٣٢٤, 15 om. *k*) Sic. Corruptum videtur e verbo *frigus* significante; cf. Ibn Khallicân N. 105, p. ١٤٩, 11 et *'Ikd*, III, ٣٥٩.

وعمقها وجاورها الفرات فعذُب ماؤها وطاب ثمرها وهى مَريئة مَريعة فقال عبد الله بن الأهتم[a] السَّعْدىّ نحن والله يا امير المؤمنين اوسع منهم تُرْبة واكثر منهم ذُرْبة[b] واعظم منهم بَرِيّة واغذُّ[c] منهم فى السريّة واكثر منهم قَنْدا ونَقْدا[d] يأتينا *ما يأتينا[e] عَفْوا صَفْوا ولا يخرج من عندنا الّا سائق او قائد او ناعق فقال[f] الحجّاج ان لى بالبلَدَيْن خُبْرا يا امير المؤمنين قال هات فانت غير متّهم فيهم قال اما البصرة فعجوز شمطاء بخراء ذفراء[g] اوتيت من كلّ حلىّ وزينة واما الكوفة فبكر[h] عاطل لا حلىّ لها ولا زينة فقال عبد الملك ما اراك الّا وقد فضّلت الكوفة، وكان عمر بن الخطّاب يكتب الى سيّد الامصار وجمجمة العرب يعنى الكوفة، وكان عبد الله بن عمر يقول يا اهل الكوفة انتم اسعد الناس بالمهدىّ، وقال امير المؤمنين للكوفة ويحك يا كوفة وأُخْتك البصرة كانى بكما تُمَدّان مدّ الاديم وتُعْرَكان عرك العكاظىّ الّا انى اعلم فيما اعلمنى الله عزّ وجلّ انه ما اراد بكما جبّارٌ سوءًا الّا ابتلاه الله بشاغل، وكان محمّد بن عُمَير بن عُطارد يقول الكوفة سفلت عن الشام ووبائها وارتفعت عن البصرة وعمقها فهى مَريئة مَريعة بريّة بحريّة اذا اتتنا الشمال هبّت[i] مسيرة شهر على مثل رضراض الكافور واذا هبّت الجنوب جاءتنا بريح السواد ووَرْده[k] وياسمينه وخيريّه وأترجّه ماؤنا عَذْب ومُحْتَشُّنا[l] خَصْب، وكتب اليهم عمر بن الخطّاب انى اختبرتكم[m] فاحببت النزول بين اظهركم لما

---

a) Jâc. male عبد الملك بن الاهتم. *b*) B ذربة ut Jâc. *c*) B et Jâc. واعد. *d*) Hinc patet quomodo corrigendum sit ap. Jâc. l. 22. *e*) Jâc. ماءنا. *f*) Codd. قال. *g*) Jâc. syn. دفراء. *h*) Excidisse videtur حسناء, vid. *'Ikd* l.l. *i*) Jâc. ٣٢٤, 19 ذهبت. In *'Ikd* inseritur على. *k*) Codd. ووَرْده ut Jâc., sed I recte واترجّه. *l*) Hinc apud Jâc. عيشنا factum est, ut quoque in *'Ikd*. *m*) B et I اخترتكم. Deinde I واحببت.

اعرف من حُكْمِ للهa ولرسوله وقد بعثت اليكم عمّار بن ياسر اميرا وعبد الله بن مسعود مؤدّبا ووزيرا وهما من النجباء من اهل بدر فخذوا عنهما واقتدوا بهما وقد آثرتكم بعبد الله بن مسعود على نفسى، وكان زياد يقول الكوفة جارية حسناء تصنَّعُb لزوجها فكلّما رآها يسرّ بها ❁

قالوا ولنا فتوح وايّام فى فتوحنا الحيرة وبانقيّاءc والفلّوجتين ونِسْترd وبَغْداذ وعين التَّمْر ودَوْمَةe والأَنْبار وما فتحوا مع خالد بن الوليد فى مسيرهم الى الشام المُصَيَّحf وحَصيد وبِشْرg وقُراقِر وسُوَى وأَراك وتَدْمُر ثمّ شاركوا اهل الشام فى بُصْرَى ودِمَشْق هذا كلّه فى خلافة ابى بكر ثمّ كان من آثارهم فى خلافة عمر يوم جِسْر ابى عُبَيد ويوم مِهْرانَ ويوم القادسيّة ويوم المدائن وجَلُولاء وحُلْوان هذا كلّه قبل ان ينزلوا الكوفة ثمّ نزلوها ففتحوا المَوْصِل وآذَرْبيْجان وتُسْتَر وماسبذان ورامَهُرْمُز وجُرْجان والدّينَوَر ولهم مع اهل البصرة نهاوَنْد ولهم بعض الرىّ وبعض اصبهان ولهم طَمِيس وناميَةh من طبرستان، ونزل الكوفة من الخلفاء والائمّة علىّ والحسنi عمّ ومن الملوك والخلفاء معاوية وعبد الملك وابو العبّاس وابو جعفر المنصور والمهدىّ وهارون الرشيد، وكان بهاk عُمّال العراق والدعوة لهم فى العطاء قبل اهل البصرة، عدّةk اهل الكوفة ثمانون الفا ومقاتلتهمl اربعون الفا، وكان زياد يقول اهل الكوفة اكثر طعاما واهل البصرة اكثر دراهم، وقال الاحنف بن قيس

---

a) B حكم الله. *b*) B et S تَصْنَعُ, I sine voc. *c*) Codd. sine cop. *d*) Codd. وتُسْتَر. *e*) Cf. Belâdh. ٢٥٠. *f*) B النصح, I النصيج, S المصح. Cf. Belâdh. ١١٠. Deinde B وحَصيد, I et S sine voc. *g*) B وبُشْر, I وسير, S وبسر. Cf. Jâc. I, ٦٣١, 18 sqq. *h*) Codd. وبامنه. Cf. Istakhrî ٢١٩*g*. *i*) I et S والحسين. Deinde B رضه. *k*) Conject. supplevi. *l*) B ومقابلتهم, I ومقاتليهم. Cf. Jâc. IV, ٣٢٤, 4.

نزل اهل الكوفة فى منازل كسرى بن هُرْمُز بين الجِنان الملتفّة والمياه الغزيرة والانهار المطّردة تأتيهم ثمارهم غضّة لم تُخْضَد a ولم تُفْسَد ونزلنا ارضا هشّاشة فى طرف فلاة وطرف مِلْحٍ أُجاج فى سَبَخَة نشّاشة b لا يجفّ ثراها c ولا ينبت مرعاها يأتينا ما يأتينا فى مثل مَرِئ النّعامة، قال ولمّا ظهر امير المومنين عم d على اهل البصرة قال أَعْشَى هَمْدان

اِكْسَعِ البَصْرِىَّ ان لاقَيْتَه   انّما يُكْسَعُ مَنْ قَلَّ وذَلّْ
واجْعَلِ الكُوفىَّ فى الخيل ولا   تَجْعَلِ البصرىَّ الّا فى النَّفَلْ
واذا فاخَرْتمونا فاذْكُروا   ما فعلنا بكمُ يومَ الجَمَلْ
بين شيخٍ خاضبٍ عُثْنُونَه e   وفَتًى ابيضَ وضّاحٍ رِفَلّْ
جاءنا يَخْطُرُ فى سابغة   فذَبَحْناه ضُحًى نبحَ الحَمَلْ f
وعَفَوْنا فنَسِيتم عفوَنا   وكفرتم نِعْمَةَ اللهِ الاجَلّْ

وقال فِطْرُ g بن خَليفة نازعنى قَتَادة فى الكوفة والبصرة فقلت دخل الكوفة سبعون بَدْرِيًّا ودخل البصرة عُتْبَة بن غَزْوان فسكت، وقال امير المومنين قبّة الاسلام الكوفة والهجرة بالمدينة والابدال بالشام والنجباء بمصر وهم قليل، وقالوا من نزل الكوفة فلم يقرّ لهم بفضل ثلث فليست له بدار بفضل ماء الفرات ورُطَب المُشَان h وفضلِ امير المومنين علىّ عم i ومن نزل البصرة فلم يقرّ لهم بثلث فليست له بدار بفضل عثمان k وفضل الحَسَن البصرىّ ورطب الازاذ، قالوا

---

a) B يُخْضَدْ, I تحصد, S بخضد. Zamakhscharî, *Fâik*, MS. Leid. I, 221 addit وروى لم تَخَضَّدْ. *b*) B et I بشاشة. *c*) B ترابها; Belâdh. ٣٥٦ نداها. *d*) B رضه. *e*) B عثنونة. *f*) I الجمل. *g*) B قُطْر, I et S قطن. *h*) B et I المشار. *i*) B كرم الله وجهه. *k*) Probabiliter intelligitur عثمان بن ابى العاص الثقفى.

ومن اسخياء الكوفة هِلال بن عتّاب وأَسْماء بن خارجة وعكرمة بن رِبْعىّ الفيّاض[a] ومن فتيانها خالد بن عتّاب وابو سفيان بن عروة ابن المغيرة بن شعبة وعمرو[b] بن محمّد بن حمزة ‹، وقال سعيد[c] ابن مسعود المازنىّ لسليمان بن عبد الملك منا احلم[d] الناس الاحنف واحلمهم[e] بجمالة اياس بن قتادة واسخاهم طلحة بن *عبد الله بن خَلَف[f] واشجعهم عَبّاد[g] بن حُصَين والحَرِيش[h] واعبدهم عامر بن عبد قَيْس ‹، فقال نُظّار[i] الكوفة منا اشجع الناس الأَشْتَر واسخاهم خالد بن عتّاب واحلمهم[k] عكرمة الفيّاض واعبدهم عمرو بن عتبة بن فَرْقَد ‹، وقالوا جميعا اذا كان علم الرجل حجازيّا وطاعته شاميّا وسخاؤه كوفيّا فقد كمل ✿

افتخار الكوفيّين والبصريّين

قال اجتمع عند ابى العبّاس امير المؤمنين عدّة من بنى علىّ وعدّة من بنى العبّاس وفيهم بصريّون وكوفيّون منهم ابو بكر الهُذَلىّ وكان بصريّا وابن عيّاش وكان كوفيّا فقال ابو العبّاس تناظروا حتى نعرف لمن الفضل منكم قال بعض بنى علىّ ان اهل البصرة قاتلوا عليّا يوم الجمل وشقّوا عصا المسلمين قال ابو العبّاس ما تقول يا ابا بكر قال[l] معاذَ الله ان يَتَجَهّل[m] اهل البصرة انما كانت شرذمة منها شذّت عن سُبُل المنهج واستحوذ[n] عليها الشيطان وفى كلّ قوم صالح وطالح فاما اهل البصرة فهم اكثر اموالا واولادا واطوع للسلطان واعرف برسوم الاسلام، قال ابن عيّاش نحن اعلم بالفتوح منكم نحن نفينا كسرى

---

a) B et S om. Cf. Ibn Doreid ٢١٣, 1. b) I وعمر. c) Jâc. I, ٣٣٦, 8 eum appellat سعد. d) Codd. اعلم. e) Codd. واحلمه et sic deinde (B et I واحلمه بجمالة). Obiit Iyâs anno 73. f) Codd. عبيد الله بن خالد. g) B عُبادة. h) I. e. الحريش بن هلال بن قدامة Ibn Dor. ١٥٧. i) B بُطّان. k) B واحلمه. l) B فقال. m) I تجهل. n) S c. ف.

عن البلاد وابرنا *a* جنوده واجنا ملكه وفتحنا الاقاليم وانما البصرة من العراق بمنزلة المثانة من الجسد ينتهى اليها الماء بعد تغييره *b* وفساده مضغوطة قبل ظهرها باخشن احجار الحجاز واقلّها *c* خيرا مضغوطة من فوقها ببطيحتها وان كانوا يستعذبون ماءهم ولولا ذلك ما انتفعوا بالعيش ومضغوطة بالبحر الاخضر من اسفلها ونحن قلّلناهم على وجه المَعْزاء *d* وبعثنا اليهم من جندنا ما كان منه قوامهم وانما اهل البصرة بمنزلة الرسل لنا ومحلّ الكوفة محلُّ اللهوات واللسان من الجسد وموضعها على صدور الارضين ينتهى اليها الماء ببرده وعذوبته ويتفرّق *e* فى بلادنا ويجوز *f* بالعذبةِ الزكيّةِ *g* الفرات ودجلة والبصرة من العراق بمنزلة المثانة من الجسد، قال ابو بكر انتم معا وصفت اكثر انبياء وما لنا الّا نبىٌّ واحد وهو محمّد صلّى الله عليه وعامّة انبيائكم الحاكة، فضحك ابو العبّاس حتى كاد يسقط عن السرير ثم قال لله درُّك يا ابا بكر فقال *h* ابو بكر وما رايت الانبياء مصلوبين الّا ببلاد الكوفة، فقال ابن عيّاش عيّرت اهل الكوفة بثلثة مجانين من السفلة ادّعوا النبوّة بالجنون *i* فصلبهم الله بالكوفة فمن يعيّر *k* به اهل البصرة من المدّعين للعقول والشرف والروايات للحديث كثيرا *l* كلّهم يزعم انه يهدى نفسه ويضلُّها والمتنبّىُ بالجنون ايسر خطبا من ادّعاء الصحيح هدى نفسه وضلالها فلقد ادّعوا الربوبيّة فى قول بعضهم، فقال *m* ابو العبّاس هذه بتلك *او اشدُّ *n* يا ابا بكر فاعترض عليهم بعض العلويّة وهو الحسن ابن زيد فقال يا ابا بكر ما قاتلتم عليّا يوم الجمل فقال بلى قاتله

---

a) B et I واثـرنا. *b*) Kazw. II, ١٦٦, 9 تغيره et sic *'Ikd* III, ٣٥٩, 5 a. f. *c*) Codd. واقله. Mox Codd. مضغوط. *d*) B المعزا, I الصغرا, S المعزا. *e*) S وينفرق. *f*) B وبحور, I وتحوز, S وتحوز. *g*) S s. p., B الركبة. *h*) S قال. *i*) Apogr. بالجنود, sed lapsus calami videtur. *k*) B et I تعيير, S تغيير. *l*) Addidi conj.; deinde I كل. *m*) I قال. *n*) S واشد.

شرذمة وكفّ الله عزّ وجلّ ايدينا وسلاحنا عن قتله نظرا منه لنا ثم رجع الى الكوفة فقتلوه وولده وولد ولده وبنى عمّه واخرجوا الحسن ابن علىّ بعد بيعتهم له حتى هرب منهم، فقال ابن عيّاش بل قصّر اللهُ ايديكم بطول ايدى الكوفة وبنصرتهم عليكم وكيف تعيّرنا بباطل رجل واحد منا يبلغ بباطله ما عجز عنه عامّتكم ولقد حدّثنى اشياخ من النَّخَع ان اهل الكوفة كانوا يوم الجمل تسعة آلاف رجل مع امير المؤمنين عم *a* وكان عليه ثلثون الفا مع طلحة والزبير وعائشة فلمّا التقوا لم يكن اهل البصرة الّا كرماد اشتدّت به الريح فى يوم عاصف، فقال ابو بكر ومتى كان اهل البصرة ثلثين الفا يقاتلون امير المؤمنين عم وقد اعتزلهم الاحنف بن قيس فى سَعْد والرِّباب وقد دخلنا بعد ذلك الكوفة فذبحنا بها ستّة آلاف رجل من اصحاب نبيّهم المُخْتار كما يذبح الحملان *b* سوى من هرب بعد ان جاء أَسْماء بن خارجة الفزارىُّ ومحمّد بن الاشعث الكندىُّ وشَبَث بن رِبْعىّ التميمىُّ واستعانوا باهل البصرة وشكوا اليهم المختار واصحابه وما قتل من رجالهم واستباح من حريمهم فخرجنا مع مُصْعَب بن الزُّبير حتى قتلنا نبيّهم المختار ومن قدرنا عليه من اصحابه واعتقناهم من الرّق فلنا الفضل على اهل الكوفة ولنا المنّة عليهم وعلى اعقابهم لو كانوا يشكرون *c*، قال ابن عيّاش اتاكم اهل الكوفة يوم الجمل مع علىّ فقتلوكم فارى اهل الكوفة غالبين ومغلوبين على الحقّ وارى اهل البصرة غالبين ومغلوبين على الباطل، فقال ابو العبّاس *يا ابا بكر دونك *d* فانى ارى ابن عيّاش مفوّها جدلا، قال ابو بكر ما لهم بنا طاقة، قال ابن عيّاش لسنا فى حرب فيُرى مغالبُنا وانما نحن فى كلام فاحسنُ الكلام اوضحه حجّةً، فقال الحسن بن زيد يا ابا بكر لا تُغالبْ اهلَ الكوفة ولا تفاخرهم فانهم اكثر

---

a) B كرم الله وجهه et sic deinde. *b*) I الجملان. *c*) I يشعرون. *d*) B inverso ordine.

فقهاء *a* واشرافا منكم، فقال ابو بكر معاذَ الله أَنَّى يكون هذا وما كان فيهم شريف الّا وفينا اشرف منه وما كان فى تميم الكوفة مثل الاحنف فى تميم البصرة ولا فى عبد القيس الكوفة مثل الحَكَم *b* بن الجارود فى عبد القيس البصرة ولا كان فى بكر الكوفة مثل مالك بن مِسْمَع فى بكر البصرة ولا كان فى قيس الكوفة مثل قُتَيبة بن مسلم فى قيس البصرة، قال ابن عيّاش زدنا *c* يا ابا بكر ان وجدتَ *d* مزيدا فعندنا اضعاف ما ذكرتَ ومن انت ذاكره ان شاء الله، قال ابو بكر كفى بهذا فخرا وعزّا وشرفا، فقال *e* ابن عيّاش قُطع بك يا ابا بكر انما اهل البصرة مثل نظام البعر *f* المستوى واسطته درّة فهى فيهم مشهورة واهل الكوفة مثل نظيم الدرّ فواسطتُه منه لها اشباهٌ كثيرة ذكرت الاحنف فى تميم البصرة وفى تميم الكوفة محمّد *بن عُمَير *g* بن عُطارد بن حاجب بن زُرَارة بن عُدُس رَهَنَ قوسَه *h* عن جميع العرب والنعمان ابن مقرّن صاحب النبىّ صلّى الله عليه *i* المقدَّم على جميع جيوش المسلمين ايّام عمر بن الخطّاب *k* وحسّان بن المنذر بن ضِرار من *l* بيت ضَبَّة وسيّدها عتّاب بن *m* وَرْقاء جواد العرب وشَبَث بن ربعىّ التميمىّ قائد اهل البصرة وسائقهم *n* مع مصعب بن الزبير وعكرمة بن ربعىّ التميمىّ الذى قيل فيه

وعِكْرِمَة الفَيّاض رَبّ الفضائل

فهؤلاء سادة تميم الكوفة والعجب لفخرك *o* بمالك بن مِسْمَع فى بكر بن

---

a) I et S فِقْهًا. *b*) Codd. الحكيم. Est الحكم بن المنذر بن الجارود, Ibn Kot. ١٧٢. *c*) S زد. *d*) Codd. وجدنا. *e*) B c. و. *f*) I et S البعره. *g*) Addidi. *h*) Sic quoque Ibn Dor. ١٤٥, 6 a f.; Ibn Hadjar *Içâba* I, ٥٥٨, 1 قومه. Subjectum verbi رهن, nimirum est حاجب. *i*) B add. وعلى اله, I واله, S وسلم. Addidi المقدم. *k*) B add. رضه. *l*) Addidi. Pro بيت S بنت, I s. p. *m*) Codd. addunt زياد بن. *n*) B وسابقهم. *o*) I بفخرك.

وائل على مَصْقَلة بن هبيرة وقد اقرّ بين يدى علىّ بن ابى طالب بشرفه وفضله ومنهم خالد بن مُعمَّر وشَقيق بن ثَوْر a السَّدُوسىّ وسُوَيد بن مَنْجُوف وحُرَيث b بن جابر والحُضَين c بن المنذر ومَحْدوج d المخزومىّ ويزيد بن رُوَيم الشيبانىّ والقَعْقاع بن شَوْر e الذهلىّ واما فخرك بقُتيبة بن مسلم فما انت وذاك انما هو رجل من باهلة صَنَعَه الحجّاجُ والشرف من قيس فى عامر بن صَعْصَعَة فى بنى لَبيد بن ربيعة الشاعرِ جاهليّا واسلاميّا وانما فخرتُ بواحد من مائة أَلَا انّى أُجْمِلُ لك اميرُنا علىُّ بن ابى طالب ومؤذّننا عبد الله بن مسعود وقاضينا شُرَيح فهات فى اهل البصرة واحدا من هؤلاء الثلثة، قال ابو بكر اميرنا عبد الله بن عبّاس، قال ابن عيّاش نحن بطانة عبد الله وظهارته وانصاره وجنده عليكم ونحن احقّ به منكم، فقال ابو بكر فان كان مؤذّنكم عبد الله بن مسعود فمنّا أَنَس بن مالك خادم النبىّ صلّى الله عليه، فقال ابن عيّاش واين انس من ابن مسعود فتقيسه f به ولقد نزل الكوفة سوى من سمَّيتُ لك سبعون رجلا من اصحاب رسول الله صلّى الله عليه فنُقيم g لك واحدا بأَنَس ثمّ نفاخر h عليك بتسعة وستّين باقين، فقال ابو بكر فان كان شُرَيح قاضيكم ففينا الحسن البصرىّ سيّد التابعين وابن سِيرِين فى فضلهما وفقههما، فقال ابن عيّاش ان عددتَ هذَيْن وباهيتَ بهما عددنا لك i أُوَيسا القَرَنىّ الذى يشفع k فى مثل ربيعة ومضر وربيع بن خُثَيْم والاسود بن يزيد وعَلْقَمة

---

a) Codd. مدر. Cf. Ibn Dor. ٢١٢. *b*) B وحرّيث. *c*) Codd. والحصين. *d*) B ومجروح, I ومخروج, S ومجروح. Conjectura edidi. Notum habeo مجدوح الذهلى e Banu Hanîfa, sed a nostro diversus esse videtur. *e*) B et S سوّار, I سُوار. *f*) B et S فنقيسه. *g*) B فيقيم, I فتقيم, S s. p. Deinde I له. *h*) B يفاخر, S دفاخر. *i*) In I superscribitur عليك. Deinde codd. اويس. *k*) Cf. Ibn Hadjar I, ٢٣٣ paen.

ومَسْروقا *a* وهُبَيرة بن يَريم واباb مَيْسَرة وسعيد بن جُبير والحارث الاعور صاحب علىّ بن ابى طالب وراويته واين انت عمن لم تر عينك مثله فى زمانه من اصحاب النبىّ صلّى الله عليه*c* ولا احفظ لما سمع ولا افقه فى الدين ولا اصدق فى الحديث ولا اعرف بمغازى النبىّ صلّى الله عليه وايّام العرب وحدود الاسلام والفرائض والغريب والشعر ولا اوصف لكلّ امر من عامر بن شراحيل الشَّعْبىّ فقال كلٌّ من حضر لقد كان كذلك وبالكوفة بيوتات العرب الاربعة فحاجب بن زُرارة بيت تميم وآل زيد بيت قيس وآل ذى الجَدَّيْن*d* بيت ربيعة وآل قيس ابن مَعْدى كَرِبَ الزُّبَيدىّ بيت اليمن وبالكوفة فرسان العرب الاربعة فى الجاهليّة والاسلام عمرو بن مَعْدِى كَرِبَ والعبّاس بن مِرْداس السُّلمىّ وطُلَيحة بن خُويلد الاسدىُّ وابو مِحْجَن الثقفىُّ واهل الكوفة جند سعد بن ابى وقّاص يومَ القادسيّة واصحاب الجَمَل وصفّين وخانقين وجَلُولاء ونهاوَنْد وفرسانهم المعدودون فى الاسلام مالك بن الحارث الأَشْتَر النخعىُّ وسعد بن قيس الهَمْدانىُّ وعُرْوة*e* بن زيد الطائىُّ صاحب وقعة الديلم وعبد الرحمان بن محمّد بن الاشعث الكندىُّ، فقال ابو بكر هذا الذى سلب الحسين بن علىّ*f* قطيفةً فسمّاه اهل الكوفة عبد الرحمان قطيفة*g* فقد كان ينبغى ان لا تذكره، فضحك ابو العبّاس من قول ابى بكر، فقال ابن عيّاش والذى سار تحت لوائه اهل الكوفة والبصرة*h* وجماعة اهل العراق وبالكوفة من احياء العرب باسرهم ما ليس بالبصرة منهم الّا اهل بيت واحد وهم الذين يقول فيهم علىٌّ بن ابى طالب لو كنتُ بوّابا على باب جنّة لقلت

a) Codd. ومسروق. *b*) I et S وابو. *c*) B add. وعلى اله, S وسلم. *d*) B الحدين, S s. p. Addidi ذى. Cf. Ibn Dor. ٣١٦, 3, IA, I, ٣٥٩, 13. *e*) Codd. وقيس. *f*) B add. رضهما, I et S صلوات الله عليه. *g*) Sic. Est vero قيس بن الاشعث بن قيس qui cognominabatur قيس قطيفة, Tab. II, ٣٦٦, 12. *h*) B واهل البصرة.

لهَمْدان ادخلى بسلام، فقال ابو بكر فهل فيمن سمّيت احد الّا *a* قاتَلَ الحسين بن علىّ *b* واهل بيته او خذلهم او سلبهم واوطأ الخيل صدورهم، فقال ابن عيّاش تركت الفخر واقبلت على التعيير انتم قتلتم اباه علىّ بن ابى طالب *b* فاما اهل الكوفة فكان منهم مع الحسين *b* يوم قُتل اربعون رجلا وانما كان معه سبعون رجلا فماتوا كلّهم دونه وقتل كلُّ واحد منهم عدوّه قبل ان يُقْتَل، فقال ابو بكر ان اهل الكوفة قطعوا الرحم ووصلوا المثانة كتبوا الى الحسين بن علىّ انّا معك مائة الف وغرّوه حتى اذا جاء خرجوا اليه فقتلوه واهل بيته صغيرهم وكبيرهم ثم ذهبوا يطلبون دمه فهل سمع السامعون بمثل هذا، فقال ابن عيّاش ومن اهل الكوفة ابو عبد الله الجَدَلىّ الذى صار ناصرا لبنى هاشم حين حَصَرهم ابن الزبير وكتب ابن الحَنَفيّة يستنصرهم فسار فى عدّة ممن كان مع ابن الزبير حتى صيّر الله بنى هاشم حيث احبّوا فهل كان فيهم بصرىّ، فنهض ابو العبّاس وهو يقول الكوفة *c* بلاد الادب ووجه العراق ومَبْزَغ *d* اهلّة وعليها الجحاش وهى غاية الطالب ومنزل خيار الصحابة واهل الشرف وان اهل البصرة لأشبهُ الناس بهم ثم قام ✿

ما جاء فى مسجد الكوفة

قال امير المؤمنين عم *e* لقد صلّى فى هذا البيت يعنى مسجد الكوفة تسعون نبيّا *f* والف وصىّ وفيه فار التنّور وخرجت منه السفينة *g* وفيه عصا موسى وخاتم سليمان بن داود والبركة منه على *h* اثنى عشر ميلا وهو احد المساجد الاربعة التى تُعظم ولأنْ اصلّى

---

a) Addidi. *b*) I et S add. عم. *c*) Bis in apogr. *d*) Codd. ومفرع. Deinde B et S اهله. *e*) In B كرم الله وجهه, deinde a lectore correctum ut rec. Infra idem. *f*) Jâc. IV, ٣٢٥, 13 الف نبى. *g*) Cf. Mokadd. ١٣٠, 4 sq. *h*) Jâc. l.l. 11 الى.

فيه ركعتين احبُّ اليَّ من ان اصلّى عشرا فى غيره الّا فى المسجدa الحرام ومسجد الرسولb ، وقال لَيْث بن ابى سُلَيمc بلغنى ان المكتوبة فى مسجد الكوفة تعدل حجّةً والتطوُّع يعدل عمرة ، وقال زادانفرُّوخ مسجد الكوفة تسعة اجربةd ، ويروى عن ابن عُيَينة قالe مرَّ ابراهيم عم بالقادسيّة فرأى زهرتها فقال قُدِّسْتِf وسمّيت القادسيّة ، ويقال ان امير المؤمنين عم قال ان بالكوفة اربع بقاع قُدُس مقدّسةg فيها اربع مساجد قيل سمّها يا امير المؤمنين قال احدها مسجد ظَفرh وهو مسجد السَّهْلة ان اطنابها من الارض لعلى ياقوتة خضراء ما بعث الله نبيّا الّا صورة وجهه فيها والثانى مسجد جُعْفىّ لا تذهب الايّام والليالى حتى تنبعi منه عين والثلث مسجد غَنىّ لا تذهب الليالى والايّامk حتى تنبعi منه عين وحولهl جنبنة والرابع مسجد الحمراء وهو فى موضع بستان لا تذهب الليالى والايّام حتى تنبعi منه عين تنطف ماءm حواليه وفيه قبر اخى يونس بن مَتّى ويقال ان مسجد السهلة مناخ الخَضِر وما اتاه مغموم الّا فرّج الله عنه ، قال ونحن نسمّى مسجد السهلة مسجد القُرى ☆

وبالكوفة الفُرات وهو نهر من انهار الجنّة وفى الخبر الفرات والنيل مؤمنان ودجلة وبرهوت كافران وقال عبد الملك بن عُمَيرn الفرات نهر من انهار الجنّة لولا ما يخالطه من الاذى ما تداوى به مريض الّا ابرأه الله فان عليه مَلَكا يذود عنه الادواء ، وقال سِماك بن حرب

---

a) B et I sine art. *b*) S رسول الله صلعم ; B add. عم. *c*) Obiit anno 138 (Abu'l-Mah. I, ٣٧۴). *d*) Jâc. l.l. 18. *e*) Jâc. IV, ٧, 12 sqq. *f*) Voc. in I; B قَدَّسْتَ. Deinde I سُمّيت. *g*) B قدّس مقدّسه ; I قُدُسْ, S sine voc. *h*) Codd. طفر. Voc. in B, sed S kesram habet. Alibi hoc nomen non inveni. De مسجد السهلة cf. Jâc. III, ٢٠٥, 9 sqq., Kazw. II, ١٦٦. *i*) B ينبع. *k*) B الايام والليالى. *l*) Sic. Forte l. حولها. *m*) Codd. ما. *n*) Jâc. III, ٨٦١, 9 sqq.

اصبت ببصرى فرايت ابراهيم عمّ فى منامى فقال ائت الفرات فاستقبلْ بعينيك جريةَ الماء ففعلتُ فردّ الله علىَّ بصرى، ومخرج الفرات من قاليقَلَا ويدور بتلك الجبال حتى يدخل ارض الروم ويجىء الى كَمْخ والى مَلَطية *ويجىء الى جبلتا وعيونها*a* حتى يبلغ سُمَيْساط فيحمل من هناك السفن ثم يصبّ*b* اليه الانهار الصغار نهر سَنْجَة ونهر كَيْسُوم ونهر دَيْصان والبَليخ ثم يجىء الى الرقّة ثم يتفرّق فيصير انهارا فمن انهاره نهر سُورَا وهو اكبرها ونهر المَلِك ونهر*c* صَرْصَر ونهر عيسى والصراتَيْن*d* ونهر الخَنْدَق*e* وكُوثَى وسوق أَسَد ونهر الكوفة والفرات العتيقة ✿

وقال المدائنىّ اجتمع اهل العراق عند يزيد بن عمر بن هُبَيرة فقال ابن هبيرة اىّ البلدين اطيب ثمرةً الكوفة ام البصرة فقال خالد ابن صَفْوان ثمرتنا اطيب ايّها الامير منها كذا ومنها كذا فقال عبد الرحمان بن بشير العِجْلىّ لستُ اشكّ ايّها الامير الّا وانكم قد اخترتم للخليفة ما تبعثون به اليه فقال اجل فقال قد رضينا بان تَحْكم لنا وعلينا فاىّ الرطب تحملون اليه قال المُشَان*f* قال فليس بالبصرة منه واحدة فاىّ التمر تحملون اليه قال النِرْسِيَان*g* قال وهذا فليس بالبصرة منه واحدة قال والهَيْرُون*h* والازاذ قال وهذا فليس بالبصرة منهما واحدة ثم قال فاىّ القسب تحملون اليه قال قسب العنبر قال

---

a) Nescio quid de his verbis, quae Jâc. III, ٨٦٠, 21 omisit, statuam. B جَبَلْتَا, I جِبِلّتا, S sine voc. (S om. يجىء). Cum جَبلْتا apud Hoffmann p. 188 componi non posse, vix opus est ut moneam. Ibn Serapion inter Malatiam et Somaisât ad Euphratem habet urbem هنزيط. *b*) I تصب, S ىصب. *c*) Male Jâc. ٨٦١, 2 وهو نهر. *d*) Pro والصراتان; codd. والصرانيق. *e*) S الخدف. Intelligi videtur خندق سابور. *f*) B et I المشار. *g*) B البَرْسِيان, I النَّرْسِيان, S sine voc. *h*) Codd. والهِيرون.

وهذا فليس بالبصرة منه واحدة قال افلستَ تعلم انها افضل من البصرة ☆

ذكر الخورنق *a*

قالوا ومن البناء المذكور الأَبْلَقُ الفَرْدُ وباليمن غُمْدان وهو قصر من اعجب ما بنته الملوك وقد ذكرنا خبره وقصر نِبَاج بناه الأَخْنَس بن شهاب *b* والهرَمَيْن بمصر والاسكندريّة ومنارتها ومَنْف مدينة فرعون وملعب فامِيَة *c* بحمص وتَدْمُر بالشام وايوان انوشَرْوان ومارب وشَبْدِيز والخَوَرْنَق بظهر الكوفة، وكان الذى بناه النعمان بن امرئ القيس وهو ابن الشَّقيقة *بنت ابى ربيعة بن ذُهْل بن شيبان *d* فارس حَليمة ملك ثمانين سنة وبنى الخَوَرْنَق فى ستّين سنة بناه له رجل رومىّ *e* يقال له سِنِمّار *f* وكان يبنى السنتين والثلثة ثم يغيب الخمس سنين فيُطْلَب فلا يوجد ثم يأتى فيبنى كذلك حتى اتت عليه *g* ستّون سنة وفرغ من الخورنق فصعده النعمان على دابّته *h* فنظر الى البحر تجاهه والبرّ خلفه ورأى الحُوت والضبّ والظبى والطير والظليم والنخل والزرع فقال ما رايت مثل هذا البناء قطّ فقال له سنمّار اما انى اعلم موضع آجرّة لو زالت زال هذا القصر كلّه فقال له النعمان ايعرفها *i* احد غيرك قال لا قال لا جَرَمَ لأَدَعَنَّها لا يعرفها احد ثم امر فقُذف سنمّار *k* من

---

a) Addidi titulum. *b*) Poëta, *Hamâsa* ٣٤٤ et Jâc. l.l. in indice. De hoc castello alibi mentionem factam esse non invenio. *c*) Codd. فامنة. Sequens بحمص significat »in provincia Himç", non igitur cum Sprenger, *Zeitschrift D. M. G.* X, 810 in ipsa urbe Emessa hoc amphitheatrum quaerendum est, sed in urbe Apamea. *d*) S om.; in B praecedit فارس حليمة quod iterum in I desideratur. Cf. Tabarî I, ٨٥٠, 15 sq. (Nöldeke, *Sasan.* p. 79). Sqq. apud Jâc. II, ٤٩١. *e*) B et I om.; Jâc. من الروم. *f*) B addit مثل طرمّاح. *g*) B et I له. Deinde codd. ستين. *h*) Jâc. فصعد النعمان على راسه. *i*) I ايعرفه. *k*) S بسنمار.

فوق القصر فتقطّع فضربت العرب به المثل فتقول *a* جازانى جزاء سنّمار فقال الشاعر

جَزَانى جزاه اللهُ شَرَّ جَزائه *b* جَزاءَ سِنِمّارٍ وما كان ذا ذَنْبِ
سِوَى رَمِّه *c* البُنْيان سِتّين حِجَّةً يُعَلّى *d* عليه بالقراميد *e* والسَّكْبِ
فلمّا رأى البُنْيانَ تَمَّ سُحُوقُه *f* وآضَ كمِثْل الطَّوْد ذى الباذخ *g* الصَّعْبِ
وظَنَّ سِنِمّارٌ به كلَّ حَبْرَة *h* وفَوْز *i* لَدَيْه بالمَوَدّة والقُرْبِ
فقال اقْذِفوا بالعِلْج من فَوْقِ رأسه فهذا لعَمْرُ اللّه من أعْجَبِ *k* الخَطْبِ

وكان النعمان غزا الشام مرارا واكثر المصائب فى اهلها وسباهم وكان من اشدّ الملوك نكاية فجلس ذات يوم فى مجلسه من *l* الخورنق فاشرف على النّجف وما يليه من البساتين والنخل والجنان والانهار ممّا يلى المغرب وعلى الفرات *m* ممّا يلى المشرق والخورنق قصر بحذاء الفرات يدور عليه فى عاقول كالخندق فاعجبه ما راى من الخضرة والنور والانهار والزهر فقال لوزيره رايتَ مثل هذا المنظر قال لا لو كان يدوم قال وما الذى يدوم قال ما عند الله فى الآخرة قال فبمَ يُنال قال بتركك *n* الدنيا وتعبد *o* الله وتلتمس ما عنده فترك ملكه من ليلته ولبس مسوحه وخرج هاربا لا يعلم به احد واصبح الناس لا يعلمون بحاله *p* فحضروا

---

a) Freytag, Prov. I, 279 sq. *b*) I in marg. ويروى جزتنا بنو نعمان بحسن فعالنا in quo نعمان est pro سعد. *c*) Tabarî ٨٥٢, 6 et *Aghânî* II, ٣٩, 4 رصّه, Jâc. دمّه, Bekrî ٣٢٨ وصّه et sic Zamakhscharî apud Freytag l.l. *d*) Sic quoque codd. Jâcût et *Aghânî*. Ceteri يَعلّ quae vera videtur lectio. *e*) Codd بالقرامد. *f*) B سُحوفه, I سُحوقه, S sine voc. Lectio سُحوقه quoque ap. Freyt. et Jâc. *g*) Codd. البارح, Jâc. والشامخ. *h*) Tabarî حبرة, Jâc. حبوة. *i*) Tab., Jâc. et Zamakhsch. وفاز. *k*) B اعظم ut Zamakhsch. *l*) Addidi e Tabarî I, ٨٥٣, 8. Jâc. habet فى. *m*) Codd. النخل. *n*) I بنترك. *o*) Quasi praecederet تترك. *p*) Addidi ex Tab.

بابه فلم يؤذن لهم ثلثة ايّام فلمّا ابطأ الاذن سألوا عنه فلم يجدوه ففى ذلك يقول عدىّ بن زيد a

وَتَبَيَّنْ رَبَّ الخَوَرْنَقِ اذْ أَشْرَفَ يَوْمًا وللهُدَى تَفْكِيرُ
سَرَّهُ حالُه وكَثْرَةُ ما يَمْلِكُ والبحرُ مُعْرِضًا والسَّدِيرُ
فَارْعَوَى قلبُه وقال وما غِبْطَةُ حَيٍّ الى المماتِ b يَصِيرُ
ثمّ صاروا كانّهم وَرَقٌ جَفَّ فأَلْوَتْ به الصَّبَا والدَّبُورُ

وسُمّى السَّدِيرُ سَدِيرًا لان العرب نظرت الى سواد النخل فسدرت اعينهم اى تحيّرت فقالوا ما هذا الّا سدير c ☆

وقال الكلبىّ d اوّل من بنى الخَوَرْنَق بَهْرام جُور بن يزدجرد بن سابور ذى الاكتاف وذلك ان يزدجرد كان لا يَبْقَى له ولد وكان بهرام اصابه جِنّ e فى صغره فسأل عن منزل مرىء صحيح من الادواء فقالت الاطبّاء لا يبرأ f حتى تُخرجه من ارضك الى بلاد العرب ويُسقى ابوال الابل والبانها فوجّهه يزدجرد الى النعمان وامر ببناء الخورنق مسكنا له ليعالج g فيه فعولج فبرأ h فكان بهرام يكرم العرب ويركب الابل وهو فى الصُّوَر التى تصوّرها i العجم فى اوانيها وبسطها وفرشها راكب بعيرا k ابدا ☆ وقال الهَيْثَم بن عدىّ لم يقدم الكوفة احد l الّا احدث فى هذا القصر شيئا يعنى الخورنق فلمّا قدمه الضحّاك m بناه وعمّره n فدخل عليه شُرَيح القاضى فقال ابا اميّة اريتَ o بناء قطّ احسن منه قال نعم قال كذبت واىّ بناء رايتَه احسنُ منه قال السماء

a) Cf. Wüstenfeld ad Jâc. ۴۶۲ et Tab. b) I وللممات. c) Jâc. III, ۶۰, 9 sq., 14 sq. d) Jâc. II, ۴۹۲, 22 ابن الكلبى. e) S حبّ. Jâc. علة تشبه الاستسقاء. f) B in textu ندرى, emend. in marg. primum تبرؤا, deinde يبرؤا, I تبرى, S نبرى. g) B فيعالج, I فتعالج sed ambo om. فعولج. h) I et S فبرى. i) I نصورنها. k) S بعير. l) Jâc. add. من الولاة. m) I. e. بن قيس. n) B et S وعمّره. o) B رايت.

قال وعن السماء سألتنك أُقسم لتنسبّنّ ابا تُراب قال لا افعل قال ولمَ قال لانّا نعظّم احياء قريش ولا نسبّ موتاها قال جزاك الله خيرا ۞

وأُنْشد لعليّ بن محمّد العلوىّ

كم وَقْفَةٍ لك بالخَوَرْ نَقِ لا تُوازَى بالمَواقِفْ
بين السَّدير الى الغَدير الى دِيَارات الأَساقِفْ
فمَدارِجِ الرُّهْبانِ فى أَطْمارِ خائفةٍ وخائفْ
دِمَنٌ كأنّ رُسُومَها[a] يُكْسَيْنَ اعلامَ المطارِفْ
وكأنّما غُدْرانُها منها[b] عُشورٌ من مصاحِفْ
وكأنّما انوارها[c] تَهْتَزّ بالرّيح العواصِفْ
يَلْقَى اواخِرُها أَوا ئلها بأَلْوان الرفارِفْ
بَحْرِيّةٌ شَتَواتُها بَرّيّةٌ منها المصايِفْ
دُرّيّةُ الحَصْباء[d] كا فُوريّةٌ منها المشارِفْ

قصّة الغَرِيَّيْن

وبها الغَرِيّان بناهما المنذر بن امرئ القيس *وهو ابن[e] ماء السماء وكان سبب ذلك انه كان له نديمان من بنى أَسَد خالد بن نَضْلة[f] وعمرو بن مسعود وانهما ثَمِلا من النبيذ ليلةً فرادّا الملك بعض الكلام فامر فحُفِر لهما حفيرتان[g] بجانب البئر[h] بظهر الكوفة فدُفنا فيه حيّيْن وفيهما يقول الشاعر[i]

الا بَكَرَ الناعى بخَيْبَرَى[k] بنى أَسَدْ بعَمْرو[l] بن مَسْعود وبالسّيّد الصَّمَدْ

---

a) Jâc. II, ٤٩٤, 3, ٦٤٣, 3 et Bekrî ٣٧٣ رياضها. b) Id. فيها. c) Id. اغصانها. d) B الحصا, Jâc. الصهباء. e) Jâc. III, ٧٩٢, 8 minus recte بن, nam Mâo 's-samâ erat mater al-Mondhiri.

f) *Aghânî* XIX, ٨٩ خالد بن المضلّل. Juxta appellantur *Hamâsa* ١١٩, Ibno'l-Athîr I, ٤٨١. g) I حفرتان. h) S s. p. i) Secundum Bekrî ٦٩٤ هند بنت معبد بن نضلة. In I et S haec inde a وفيهما ad نضلة desunt, nec habet Jâc. k) B بخبرى. *Agh.* ٨٨ ult. بخير. l) B لعمرو.

يعنى خالد بن نَضْلة وامر ببناء طِرْبالين عليهما وهما صومعتان وجعل لهما فى السنة يومين يوم بؤس ويوم نعيم فيذبح فى[a] يوم بؤسه كلّ من يلقاه ويغرو[b] بدمه الطربالين ما كان من[c] شىء آدمىّ او وحشىّ[d] وفى يوم بؤسه قتل عَبيد بن الأبرص الاسدىّ الشاعر وكان اوّل من اشرف عليه فى[e] يوم بؤسه فقال له المنذر هلّا كان الذبح لغيرك يا عَبيدُ فقال عبيد اتتك بحائنٍ رِجْلاه[f] فارسلها مثلا فقال المنذر أَجَلْ بلغ أَنَاه فقال له المنذر انشدْنى فقال حالَ الجَريضُ دونَ القَريض[g] وبلغ الحِزامُ الطُّبْيَيْن[h] فارسلهما مثلا[i] فقال المنذر اسمِعْنى فقال عَبيد المنايا على الحوايا[k] فارسلها مثلا فقال له بعض اصحاب الملك انشدْه هبلتك امُّك فقال عبيد وما قولُ قائل مقتول[l] فارسلها مثلا فقال له آخر ما اشدَّ جزعك من الموت قال لا يَرْحَل رَحْلَك مَن ليس معك[m] فارسلها مثلا اى لا تُدْخِل فى امرك مَن لا يهتمُّ بك قال المنذر قد امللتَنى فارِحْنى قال عَبيد مَن عَزَّ بَزَّ[n] فارسلها مثلا ثم قتله، وكان سببَ تركه لهذين اليومين رجل من طىّء يقال له حنظلة همّ بقتله فتكفّل به شريك بن عمرو بن شراحيل ابو[o] الحَوْفَزان على ان يرجع الى اهله ويصلح حالهم ثم يعود اليه فانقضت السنة ولم يرجع حنظلة فهمّ الملك بشريك فلمّا وضع السيف على عنق شريك فاذا بحنظلة[p] قد اقبل متحنّطا متكفّنا فلمّا رآه المنذر عجب من وفائهما فخلّى

---

a) Codd. فيه. *b*) Jâc. ويغرى. In *Agh.* ويغذى et sic ibid. in alia traditione. *c*) B ins. اى. *d*) S وحش. *e*) I om. *f*) Freytag *Prov.* I, 25. *g*) Freytag l.l. I, 340. *h*) Cf. Freytag l.l. I, 62 et 293 et Lane sub طبى. *i*) Jâc. مثلين. Contra *Agh.* فارسلها مثلا. *k*) Freytag l.l. I, 185 البلايا pro المنايا. *l*) Apud Freytag non invenio. B مقبول, S مقسول. *m*) Freytag II, 532. S habet يُرحّل. Apud Jâc. nonnulla exciderunt. *n*) Freytag II, 677. *o*) Codd. بن. Cf. *Agh.* l.l. ٨٧ et Wüstenf. Tab. B. *p*) B حنظلة.

عنهما وابطل السُّنّة وقال لا اكون الأم الثلثة ۞ *والغَرِىُّ فى اللغة ما يبس عليه الدم من صنم وغيره *a* ۞ ولمّا دخل معن بن زائدة الكوفة راى الغريّين قد انهدما فانشأ يقول

لو كان شىء مُقيمًا *b* لا يَبِيدُ على   طُول الزمان لَمَا باد الغَرِيّانِ
قد فرّق الدهرُ والايّامُ بينهما   وكلُّ الْفٍ الى بَيْنٍ وهِجْرانِ

قالوا وبالكوفة الحيرة البَيْضاء وكانت المُلوك تنزلها قبل ان بُنيت الكوفة لطيب هوائها وفضلها على سائر المواضع وانما سمّيت الحيرة لان تُبّعا لمّا سار الى موضع الحيرة *c* اخطأ الطريق وتحيّر هو واصحابه فسمّيت الحيرة، واوّل من نزل من العرب الحيرة جَذيمة الابرش ويقال بل اوّل ملوكها مالك بن فهم بن غَنْم *d* بن دَوْس من الازد، وقال ابن عُيَيْنة سمعتُ ابن شُبْرُمَة يقول يوم وليلة بالحيرة خير من دواء سنة، وكان ابن كُنَاسة ينشد

فانّ بها لو تعْلَمِينَ اصائلًا   ولَيْلًا رَقِيقا مثلَ حاشِيَةِ البُرْدِ

قال وكان اوّل من ملك منهم فى زمن ملوك الطوائف مالك بن فهم وكان منزله فيما يلى الانبار ثمّ مات فملك اخوه جَذيمة الابرش وكان من افضل ملوك العرب رايا وابعدهم مغارا *e* واشدّهم نكاية واظهرهم حزما وصار الملك من بعده فى ابن اخته *f* عمرو بن عدىّ وهو اوّل من اتّخذ الحيرة منزلا من ملوك العراق وهم ملوك آل *g* نَصْر اليه *h* ينسبون ثمّ غلب على الامر أرْدَشير *i* بن بابَك فى اهل فارس ۞

قالوا *k* وسوق يوسف بالحيرة نُسب الى يوسف بن عمر بن محمّد ابن الحكم بن عَقيل الثقفىّ ابن عمّ الحجّاج بن يوسف، وحمّام

---

a) Ex solo B. *b*) Addidi ex Kazw. II, ٢٨٩, 3 a. f.; Jâcût habet لهُ ان. *c*) Jâc. II, ٣٧٦, 6 sqq. Cf. Tabarî I, ٦٨٥, 4, ٦٨٦, 8. *d*) Cf. Tabarî I, ٧٤٦ ann. *d*. *e*) Aut مغازى; codd. مغازيا. Secutus sum Tabarî I, ٧٥٠, 9 et Jâc. II, ٣٧٨, 21. *f*) Codd. اخيه. *g*) B om. Pro نصر codd. قيصر. *h*) I الى. Deinde S ينتسبون. *i*) S ازدشير. *k*) Belâdh. ٢٨١.

أَعْيَن نُسب الى اعين مولى سعد بن ابى وقّاص، وشَهَار سُوج معناه شهار طاق بَجْلَة *a* بالكوفة نُسب الى قبيلة بَجْلَة *a* وهم ولد مالك بن تَعْلبة وبَجْلَة امُّهم وغالبتْهم على نسبهم ونُسبوا اليها وغلط النأسُ فقالوا بَجيلة *b*، وجبّانة عَرْزَم منسوبة الى رجل كان يلبّن فيها ولبنها ردىّ فيه قصب وخِرَق *c* فربّما اصابها شظيّة *d* من نار فاحترقت الحيطان، وزُرَارَة نُسبت الى زُرارة بن يزيد بن عمرو بن عُدَس من بنى البَكّاء وكانت منزله فاخذها معاوية بن ابى سفيان، ودار حُكَيم بالكوفة فى اصحاب الانماط نُسبت الى حُكَيم *بن سعد *e* بن ثَوْر البَكّائىّ، وقصر مقاتِل نُسب *f* الى مقاتل بن حسّان بن ثعلبة، والسَّوّاريّة *g* بالكوفة نُسبت الى سَوّار بن زيد العِبادىّ *h* الشاعر، وقرية ابى صَلَابة *i* التى على الفرات نُسبت الى ابى *k* صَلَابة بن مالك بن طارق العَبْدىّ، وأَقْساس *l* مالك تنسب الى مالك بن قيس، ودَيْر الاعور منسوب الى رجل من ايَاد *m* من بنى اميّة بن حُذَافة *n*، ودَيْر قُرّة ينسب الى قُرّة احد بنى اميّة بن حُذَافة *n* واليهم نُسب دَيْر السَّوَا والسَّوَا العَدْل، ودَيْر الجَمَاجم دير لاياد وكان بين حَيَّين *o* منهم قتال وهم بنو بَهْراء بن *p* الحاف بن قضاعة وبين بنى القَيْن بن

---

a) B male بُجَيْلَة, I et S بجَيْله s. بَحيْله; cf. praeter Belâdh., Jâc. III, ٣٣٨ ult. sq. *b*) B بُجَيْلَة, S بجَيْله. *c*) B وخَرَق. Apud Belâdh. ٢٨٣, 3 restituatur quod recepi pro وخرف. *d*) B شطبة, S شطيه. *e*) Addidi. *f*) Codd. نسبت. *g*) Sic codd. et mox سوّار ut rec. Vera lectio videtur esse السّوادية ut habet Belâdh. ٢٨٣, 1 et TA II, ٣٩٠, 11 a f. (ubi vir سوادة appellatur), sed Jâc. III, ١٨٠, 11 et ١٨١, 11 utramque lectionem, probabiliter e Belâdh. et e nostro, recepit. *h*) B العَبّادى, I et S sine voc. *i*) Vocatur quoque بوصلايا (Jâc. I, ٧٦٠, 2). *k*) Belâdh. et Jâc. om. *l*) Codd. واساس. *m*) Codd. ابان. *n*) Codd. حذافة. *o*) S جندين. *p*) Desideratur عمرو بن. Pro بهراء I et S ابهر.

جَسْر بن شَبيع *a* الله بن وَبَرَة فقُتل منهم خلق فلمّا انقضت الوقعة دفنوا قتلاهم *b* عند الدير فكان بعد ذلك اذا حفروا فيه لبعض امورهم وجدوا جماجم فيخرجونها فسمّى دير الجماجم، ويقال ايضا ان دَيْر كَعْب لاياد ايضا، ودَيْر هِنْد لامّ عمرو بن هند، ودار قُمَام نُسب الى قُمَام بنت الحارث بن هانئ الكندىّ وهو عند دار الاشعث بن قيس، وبيعَة عَدىّ نُسبت الى بنى عدىّ بن الذُّمَيل *c* من لَخْم، وكانت طيزَناباذ تُدعى ضَيْزَناباذ منسوبة الى ضَيْزَن بن معاوية بن العُبَيد السَّليحىّ، ومسجد سِمَاك *d* بالكوفة منسوب الى سِمَاك بن مَخْرَمَة بن حُمَين *e* الاسدىّ، وبها محلّة بنى شَيطان *f* منسوبة الى شَيْطان بن زُهَير *g* من زيد *h* مناة بن تميم، ورَحَا عُمَارة نُسبت الى عُمَارة بن عُقْبة بن ابى مُعَيط، وجَبّانة سالم نُسبت الى سالم بن عَمّار من بكر بن هوازن، وصَحْراء البَرْدَخْت نُسبت الى البردخت الشاعر الضبّىّ، ومسجد بنى عَنْز يُنسب الى بنى عَنْز بن وائل بن قاسط، ومسجد بنى جذيمة، وقصر العَدَسيّين *i* فى طرف الحيرة لبنى عمّار ابن عبد المسيح نسبوا الى جدّتهم عَدَسة بنت مالك بن عوف الكلبىّ، وسكّة البريد اليومَ بالكوفة كانت بيعة لامّ خالد بن عبد الله القَسْرىّ، ونهر الجامع من حفر خالد وقصر خالد معروف هناك، وسوق أَسَد منسوب الى اخيه أَسَد بن عبد الله القَسْرى، وقنطرة الكوفة احدثها عمر بن هبيرة واصلحها خالد بن عبد الله القسرىّ، وقصر يزيد بن عمر بن هبيرة بالقرب من جسر سُورا والمدينة الهاشميّة التى بناها ابو

---

a) Codd. سبع. *b*) I قُتَلاءهم. *c*) Codd. الرميل. *d*) B سَمّاك. *e*) Codd. حصين. *f*) B et I سنطار, S سنطان, mox codd. سنطار. Deinde codd. منسوب. *g*) Jâc. III, ٣٥٦, 12 زبير. *h*) Codd. om. Deinde B مياه. Codd. om. بن. *i*) Codd. العُدَسيين et mox عُدَسة.

العبّاس بحبالها وكان نزلها ثمّ اختار نزول الانبار فبنى فيها مدينتها المعروفة به *a* فلمّا استخلف المنصور نزل المدينة الهاشميّة بالكوفة واستتمّ بناءها وزاد فيها ثمّ تحوّل منها الى بغداد *b* فبنى مدينته ومصّر بغداد وسمّاها مدينة السلام وبنى المنصور بالكوفة الرُّصافة وامر ابا الخصيب مرزوقًا *c* مولاه فبنى له القصر المعروف بابى الخصيب على اساس قديم له ويقال بل بناه لنفسه، واما الخَوَرْنَق فقد اتمّ *d* بناءه النعمان لبهرام جُور، وجبّانة مَيْمُون نُسبت *e* الى ميمون مولى محمّد بن علىّ ابن عبد الله وهو ابو بشر بن ميمون صاحب الطاقات ببغداد بالقرب من باب الشام، وصَحْراء امّ سَلَمَة نُسبت الى امّ سَلَمَة بنت يعقوب ابن سَلَمَة بن عبد الله امرأة ابى العبّاس امير المؤمنين ۞

ما جاء فى ذمّ الكوفة

من ذلك غدرهم بامير المؤمنين *f* والحسن والحسين وشكايتهم للعمّال شكوا سعد بن ابى وقّاص فدعا عليهم الّا يُرضيهم اللهُ بوالٍ ولا يُرضى عليهم *g* واليا وشكوا عمّار بن ياسر فقالوا لا يعقل وشكوا المغيرة بن شعبة والوليد بن عقبة وسعيد بن العاص واخرجوه من الكوفة وغزّوا *h* زيد بن علىّ وخذلوا مسلم بن عَقيل وقبلوا المُختار بن ابى عُبيد، وقال عمر بن الخطّاب أَعْضَلَ بى اهل الكوفة *k* لا يرضون بامير ولا يرضاهم امير، وقال قوم من اهل الكوفة *للوليد بن عقبة *l* لمّا عُزل

---

a) Hoc hinc apud Belâdhorî ٢٨٧, 10 restituendum videtur. *b*) I saepe بغداد. *c*) Codd. بن ورقاء. Vid. Belâdh. ٢٨٧. *d*) Codd. ثمّ. *e*) Codd. نسب. *f*) B ins. على. *g*) Belâdh. ٢٧٨, *'Ikd*, III, ٣٦٩. et Kazw. II, ١٦٧ منهم. I واليا عليهم. *h*) Codd. وغزوا. Mentio Zaidi h. l. chronologiam pessumdat. Forte h. l. in libro Ibno 'l-Fakîhi al-Hosain locum obtinuit. *i*) Codd. وقتلوا.

k) Gloss. in B يعنى اشكل علىّ حال اهل الكوفة. *l*) Cognomen ابو وهب docet me haec recte addidisse, cf. e. g. Ibn Kotaiba ١٦٣, 3 a f.

عنهم جزاك الله خيرا يابا وهب فما رأينا بعدك خيرا منك قال لكنّى بحمد الله لم ار بعدكم شرّا منكم وان بغضكم لتلف وحبّكم لكلف ، وقال النَّجاشىّ *a*

اذا سَقَى اللهُ ارضًا *b* صَوْبَ غاديَةٍ   فلا سقى اللهُ اهل الكُوفة المَطَرا
التاركين على طُهْرٍ *c* نساءهُمُ   والنائكين بشَطَّىْ دِجْلَةَ البَقَرا
والسارقين اذا ما جَنَّ ليلُهُمُ   والدارسين اذا ما اصبحوا السُّوَرا
أَلْقَى *d* العداوةَ والبغضاء بينهمُ   حتّى يكونوا لِمَنْ عاداهمُ جَزَرا *e*

وقال ايضا

لَعَنَ اللّهُ ولا يَغْفِرْ لَهُمْ   ساكنى الكوفة من حَيَّىْ *f* مُضَرْ
واليَمانِيينَ فلا يَحْفَلْ بهم   فهمُ من شَرِّ *مَن فَوْقَ *g* الغُبَرْ
جَلَدُونى ثم قالوا قَدَرٌ   قَدَّرَ اللّهُ بهم سُوءَ القَدَرْ

وادّعى النبوّة من اهل الكوفة غير واحد منهم المختار بن ابى عبيد كتب الى الاحنف بن قيس بلغنى انكم تكذّبونى *h* وقد كُذِّبت الانبياء قبلى ولست خيرا من كثير منهم وكان منهم ابو منصور الخنّاق وكان يتولّى سبعة انبياء من بنى قريش *i* وسبعة من بنى عجل وكان منهم *k* راشد الهَجَرىّ وكانت منهم *l* هِنْدٌ *m* الافّاكة ، وقال مجاهد لمّا اوحى الله جلّ وعزّ الى الارض ايّام نُوح فقال *n* يا أَرْضُ ٱبْلَعِى ماءك *o* الآية كانت ارض كوفة آخرها ابتلاعا واشدّها تقعّسا فمن هناك سائر الارضين تُكْرَبُ على ثورين او حمارين وتُكْرَبُ هذه على ستّة ، وقالت امّ العَلاء مرّوا بزَيْد بن علىّ فى سوق كندة على حمار

---

a) Jâc. IV, ٣٢٦, 14 sqq. *b*) Jâc. قوما et sic Ibn Kotaiba in *Tabakât*. *c*) Sic reponatur apud Jâc. pro ظهر. *d*) Jâc. الف.
e) B جُزَرا. *f*) S s. p., I حى. *g*) B et I مرفوق. *h*) I et S تكذبونى. *i*) Sic B; I فراس (sic), S فرس. Schahrastânî ١٣٥ sq. hunc ابو منصور العجلى appellat. *k*) Addidi. *l*) Codd. فيهم. *m*) Sic. *n*) I om. Vid. Kor. 11 vs. 46. *o*) I add. ويا سماء اقلعى.

قد خُولف بوجهه فقاموا اليه يبكون فاقبل عليهم فقال *a* يا شرار حلق الله اسلمتمونى للقتل ثمّ جئتم تبكون، وقال امير المؤمنين لاهل الكوفة اللهمّ كلّما *b* نصحتُهم فغشّونى وأُتمنتُهم فخانونى فسلّطْ عليهم فتى ثقيف الذيّال الميّال يأكل خُضْرتها ويحكم فيها بحكم الجاهليّة، ولمّا قُتل مُصْعَب بن الزُّبير خرجت سكينة بنت الحسين بن علىّ فقال لها اهل الكوفة يا بنت رسول الله احسن اللهُ صحابتك فقالت يا اهل الكوفة لا احسن الله صحابتكم لقد قتلتم جدّى عليّا وعمّى الحسن كانت تنتقض جراحته *c* حتى مات وقتلتم ابى الحسين وقتلتم مصعبا والله لقد أيْتمتمونى صغيرة * وايّمتمونى كبيرة *d* فلا احسن اللهُ عليكم الخلافة ولا دفع عنكم السوء، وروى عن عمر *e* بن اوس قال لمّا قدم عمر بن الخطّاب ..... *f* بلغه عن الكوفة خصب وقيل له ما تقول فى الضبّ والحوت يُجْمع فى سفُّود فقال انكم لتنعتون *g* ارضا برّيّة بحريّة واعجبه الموضع وقال ما ارانى الّا سآتيهم فآمرهم بمعروف فكتب اليه كعب الحبر يا امير المؤمنين لا تعجل فانه بلغنى ان بها الداء العضال وبها تسعة اعشار الشرّ وبلغنى انه اذ كلّ شىء ينطق اجتمع ثمانية اشياء فى واد الايمان والحياء والهجرة والموت والغناء والعِىّ *h* والشقاء *i* والصحّة فقال بعضهم لبعض تعالوا نتفرّق فى الارض فتفرّقوا فى البلاد فقال الايمان انا الحق بارض اليمن فقال الحياء انا معك قال الهجرة انا الحق بالشام قال الموت انا معك قال الغناء انا الحق بارض العراق فانها ارض واسعة قال العىّ انا معك قالت الصحّة ما تركتم لى

---

a) O c. و. *b*) Ex conj.; codd. كما. *c*) B ينتقض جراحته. *d*) Restitui ex *'Ikd* III, ٣٣٦. et Kazw. II, ١٦٧ (ubi وارملتمونى); codd. وكبيرة. *e*) B عُمر, fort. l. عمرو coll. IA III, ٣٦٠.. *f*) Lacuna non indicata, forte excidit الشام. *g*) B et I لتبعثون. *h*) I والعَىّ et infra الغَىّ. *i*) Codd. hic et infra الشفاء. Cf. supra p. ٧٦, 2.

شيئا من البلاد ألّا وقد اخذتموه فانا لحق بالبرّيّة فقال الشقاء انا معك ۞

وقالوا a السَّدير ما بين نهر الحيرة الى النَّجف الى كَسْكَر من هذا الجانب، وعيون الطَّفّ b منها مثل عين الصَّيْد والقُطْقُطانة والرُّقَيمة وعين جَمَل c واراضى هذه العيون عشريّة، وبها عين الرَّحْبَة d وعلى فراسخ من هيت عيون العِرْق e ۞

القول فى البصرة

سُمّيت البَصْرَة لانه f كان فيها حجارة رخوة والبصرة الحجارة الرخوة تضرب الى البياض فاذا حذفوا الهاء قالوا بِصْر بكسر الباء وقالوا g فى النسبة الى البصرة بِصْرىّ وبَصْرىّ h والبصرة بينها وبين دجلة اربعة فراسخ فيها خليج يجرى فيه الماء i الى أَجَمَة قَصَب، وفتحها عُتْبة ابن غَزْوان فى اربعين رجلا منهم نافع بن الحارث بن كَلَدة وابو بَكْرة وزياد اخوه لامّه وكان فى اجمة البصرة ديادبة فلمّا راوهم هربوا وتركوا فى الاجمة مكتلين k فى احدهما تمر وفى الآخر ارزّ بقشره فلمّا دخلها عتبة واصحابه نظروا الى المكتلين فقال عتبة كلوا التمر وذروا هذا الآخر فانه سمّ قد اعدّه لكم العدوّ فلا تقربوه فاخرجنا التمر واكلنا منه فانّا لكذلك l اذ نحن بفرس قد قطع قياده واتى ذلك الارزّ فاكل منه فلقد رايتُنا m نسعى اليه بشفارنا لذبحه n مخافة ان يموت فقال صاحبه امسكوا عنه فانى احرسه الليل كلّه فان حَسَسْتُ بموته ذبحته فلمّا

---

a) Jâc. III, ٩١, 2 sq. *b*) Cf. Belâdh. ٢٩٨ et Jâc. III, ٥٣٩, 9 sq. *c*) Codd. جمل (S cum ح subscripto). Deinde B et I وارضى. *d*) Belâdh. ٢٩٩. *e*) B العَرِق, I العَرْق. *f*) I لان. *g*) I add. فى. Cf. Jâc. I, ٦٣٧, 11 sq. *h*) B inverso ordine. *i*) Addidi ex Jâc. l.l. 22 (ubi male بحرى pro يجرى). *k*) Codd. مكتلان. *l*) Codd. كذلك. Vid. Jâc. ٦٣٨, 21. *m*) Sic restitue apud Jâc. (Fl. propos. فلقد راينا ان). *n*) B بشفارة الذبحة.

اصبحنا اذا الفرس يروث ولا بأس عليه فقال اخى[a] انى سمعت ابى يقول ان السمّ اذا نضج لم يضرّ فاخذتُه وطبخته وجعلت اوقد تحته ثم تفضّى[b] عن حُبَيبة[c] حمراء فما زال يطبخه حتى اماط قشره فالقيناه فى الجفنة[d] فقال عتبة اذكروا اسم الله عليه وكلوا فاكلوا منه فاذا هو اطيب طعام، وساروا الى الأُبُلّة ففتحوها وغنموا الاموال وسمع الناس بالفتح فاقبلت اعاريب بنى تميم، فكان اوّل مولود وُلد بالبصرة عبد الرحمان بن ابى بَكْرة، ثم قدم عتبة على عمر فاخبره بالفتوح فارسل مكانه المغيرة بن شعبة ثم وجّه مكانه ابا موسى الاشعرىّ، واوّل من اختطّ البصرة عُتْبة بن غَزْوان فى خلافة عمر وكانت يومئذ تسمّى ارض الهِنْد فكتب عمر[e] الى سعد بن ابى وقّاص ان حُطّ[f] قيروانك بالكوفة وابعث بعتبة بن غزوان الى ارض الهند فان له من الاسلام مكانا وقد شهد بدرا فمضى عتبة فى ثمان مائة ونزل البصرة فى سنة ١٦ ومصّرها وبنى مسجدها من قصب وبنى دار امارتها دون المسجد فى الرحبة التى يقال لها رَحْبَة بنى هاشم وكانت تسمّى الدهناء وفيها الديوان والسجن وحمّام الامراء[g] فلمّا ولى ابو موسى نزع القصب وبنى المسجد بلبن وكذلك دار الامارة وبناه زياد بالآجرّ والجصّ وسقّفه بالساج"، قال الواقدىّ أُنشئت البصرة سنة ١٧ من التأريخ قبل الكوفة بستّة اشهر[h] وأُنشئت الكوفة سنة ١٨ من التاريخ وابو بَكْرة اوّل من غرس النخل بالبصرة"، وقال هشام بن الكلبىّ اوّل دار بُنيت بالبصرة دار نافع بن الحارث ثم دار مَعْقِل بن يَسار المُزَنىّ واوّل حمّام

a) Jâc. ٦٣٩, 1 فقالت اختى i. e. uxor Otbae (cf. Jâc. ٦٤٠, 1, Belâdh. ٣٤٣). Narrator est Nâfi'. *b*) Codd. s. p. Apud Jâc. pro من restitue عن. *c*) I et S s. p., B حبّته, Jâc. ut rec. *d*) B et I الجعبة. *e*) B add. بن الخطاب. Cf. Jâc. ٦٤١, 4 sqq. *f*) Codd. خط. Belâdh. ٣٥٠, 7 اضرب. *g*) Sec. Jâc. ٦٤٠, 19. Codd. الامراتين (I الامراتس). *h*) I et S بسنة واشهر.

اتُّخذ بالبصرة حمّام عبد الله بن عثمان بن ابى العاص[a] وهو موضع بستان سفيان بن معاوية الذى بالخُرَيبة ثمّ الثانى حمّام فِيل مولى زياد ثمّ الثالث حمّام مُسْلم بن ابى بكرة وحمّام مِنْجاب يُنسب الى مِنْجاب بن راشد الضبّىّ وقال[b] الشاعر

يا رُبَّ قائلةٍ يومًا وقد لَغِبَتْ[c] كَيْفَ الطريقُ الى حَمّام مِنْجابِ

وقصر أَنَس بالبصرة ينسب الى أَنَس بن مالك خادم رسول الله صلعم،، وقدم الاحنف بن قيس على عمر بن الخطّاب فقال يا امير المؤمنين انّ مفاتيح الخير بيد الله وان اخواننا من اهل الامصار نزلوا منازل الامم الخالية بين[d] المياه العذبة والجنان الملتفّة وانّا نزلنا ارضا نشّاشة[e] لا يجفّ ثراها ولا ينبت مرعاها ناحيتها من قبل المشرق البحر الاجاج ومن قبل المغرب الفلاة فليس لنا زرع ولا ضرع يأتينا[f] منافعنا وميرتنا فى مثل مرىء النعامة يخرج الرجل الضعيف فيستعذب الماء من فرسخين وتخرج المرأة كذلك فتربق[g] ولدها كما يربق العنز[h] تخاف بادرة العدوّ واكل السبع[i] فالّا تَرْفَعْ خسيستنا وتجبر فاقتنا نكن كقوم هلكوا فأَلْحَقَ عمر ذرارىّ اهل البصرة فى العطاء وكتب لهم الى ابى موسى يأمره ان يحفر لهم نهرا،، فحدث جماعة من اهل البصرة قالوا كان لدجلة[k] العوراء وهى دجلة البصرة خَوْر والخور طريق[l] للماء لم يحفره احد يجرى اليها *فيه ماء[m] الامطار ويتراجع ماؤها فيه عند المدّ وينضب فى الجزر[n] وكان طوله قدر فرسخ ونهر الاجّانة[o] احتفره ابو موسى وقاده ثلثة فراسخ حتى بلغ به[p] البصرة فكان[q]

---

a) Codd. العباس; vid. Belâdh. ٣٥٣. *b*) B sine و. *c*) Codd. لعبت; Belâdh. ٣٥٤. *d*) Codd. من. Vid. Belâdh. ٣٥٦. *e*) B et I بشاشة. *f*) I تاتينا. *g*) B فبريق et mox بريق; I et S دبرنق et فربق. *h*) Codd. العير. *i*) Codd. العدو. *k*) Codd. دجلة; vid. Belâdh. l.l. Pro خور codd. جوز. *l*) Codd. الطريق.

m) Addidi. *n*) Codd. وينصبّ فى الجوز. *o*) Codd. الاجابة. *p*) B add. الى. *q*) Belâdh. فصار.

طول نهر الابلّة اربعة فراسخ ثم انه انطمّ منه ما بين البصرة وبثق الحيرىّ *a* وذلك على قدر فرسخ من البصرة فلمّا شخص ابنُ عامر الى خراسان استخرج زياد *b* نهر ابى موسى فرجع ابن عامر وغضب عليه وتباعد ما *c* بينهما وقال انما اردتَ ان تذهب بذكر النهر دونى ✿

وكانت البصرة ايّام خالد بن عبد الله طولها فرسخين وعرضها فرسخين ✿

وتذاكروا *d* عند زياد البصرة والكوفة فقال زياد لو ضلّت البصرة لجعلتُ الكوفة لمن يدلّنى عليها، وقال ابن سِيرينَ كان الرجل منا يقول غَضِبَ اللهُ عليك كما غضب امير المؤمنين على المغيرة عزله عن البصرة وولّاه الكوفة، وقال ابو بكر الهُذَلىّ نحن اكثر منكم ساجا وعاجا وديباجا ونهرا عجّاجا وخراجا، وانشد لابن ابى عُيَينة فى البصرة

يا جَنّةً فاقتِ الجِنانَ فما يَبْلُغُها *e* قيمةٌ ولا ثَمَنُ
أَلِفْتُها فاتّخذتُها وَطَنًا إنّ فُؤادى لِحُسْنِها *f* وَطَنُ

وقالوا بالبصرة اربع بيوتات ليس بالكوفة مثلها بيت بنى المهلّب وبيت بنى مُسْلم بن عمرو الباهلىّ من قيس وبيت بنى مِسْمَع من بكر بن وائل وبيت آل الجارود من عبد القيس، ودخل فتى من اهل المدينة البصرة فلمّا انصرف قالوا كيف رايت البصرة قال خير بلاد الله للجائع والغريب والمفلس اما الجائع فياكل خبز الارزّ والصِّحْناء ولا ينفق فى الشهر الّا درهمين واما الغريب فيتزوّج بشقّ درهم واما المحتاج فلا عيلة عليه ما بقيت استُه بخرأ ويتبع *g*، وقالوا بالبصرة ستّة ليس *h* بالكوفة مثلهم الحسن البصرىّ والاحنف وطلحة بن عبد الله *i* وابن سيرينَ ومالك بن دينار والخليل بن احمد ✿

---

a) Codd. الخيرى. *b*) Addidi. Vid. Belâdh. ٣٥٧. *c*) Addidi. *d*) Jâc. I, ٦٤٨ ult. sqq. *e*) Jâc. يعدلها. *f*) Codd. بحسنها, Jâc. لمثلها. *g*) B et S ويبيع, I s. p. *h*) B add. لهم et habet امثال. *i*) Codd. عبيد الله.

وبنى زياد بالبصرة دار الرزق وحفر نهر الابلّة ونهر مَعْقِل وبنى داره وبنى البيضاء والحمراء فلم يضافا اليه وبنى سكّة فاسكنها اربعة آلاف من البُخاريّة *a* فقيل سكّة البخاريّة فاضيفت اليهم وبنى سبعة مساجد فلم يضف اليه شىء منها مسجد الاساورة ومسجد بنى عدىّ ومسجد بنى مجاشع ومسجد حُدّان *b* وكلّ مسجد بالبصرة كانت رحبته مستديرة فانه من بناء زياد وكلّما بنى فيها او صنع فانه نُسب الى غيره مثل مسنّاة مُصْعَب ونهر عدىّ *c* ونهر بُلْبُل وباب الاصفهانىّ وحفيرة مُطيع وقصر ابن عمّار وحمّام سِيّاه وحمّام فِيل وحمّام مِنْجاب وقصر اوس وباب عثمان ومقبرة حِصْن *d* ومقبرة بنى شَيْبان ونهر مُرّة ونهر بَشّار، وبنى عبيد الله بن زياد داره بها وفيها باب الى *e* السكّة التى تنفذ الى سكّة اصْطفانوس وباب آخر الى السكّة التى تعرف بالبُخاريّة، وبالبصرة دور كثيرة كانت لمواليهم فاضيفت الى دينارزاد ودينارَبَنْده ولهم دار عِجْلان ودار القَطَن ونهر وِلس ونهر شَيْطان ✿

ودخل بعض الدهاقين البصرة فراى ما اجتمع فيها فقال قاتَلَكِ الله فوالله ما صرتِ هكذا حتى اخربتِ بلادا وبلادا، وقال ابن الاهتم البصرىّ يأتيها ما يأتيها عفوا صفوا ولا يخرج منها الّا سائق *f* او ناعق او قائد، وقالوا ابعد الناس نجعة فى الكسب بصرىّ وخُوزىّ ومن دخل فَرْغانة القصوى والسوس الاقصى فلا بدّ من ان يُرَى بها بصرىّ او خُوزىّ او حِيرىّ *g*، واُهدى الى رسول الله صلعم طبق من تمر فجعل يأكل منه البَرْنىّ والقَرِيثاء ثمّ قال اللهمّ انك تعلم انى احبّهما فأنبِتْهما فى احبّ البلاد اليك واجعل عندهما آية بيّنة قال

---

a) B hic et deinde النجّارية, I et S s. p. Cf. Tab. II, ١٦٩ sq.

b) B جَدّان, I et S sine voc. *c*) H. l. B ins. وحمام سياه. *d*) Cf. Tab. III, ١٨٥٤, 3 et ١٨٥٣*c*. *e*) Addidi. *f*) B بسابق, I بسايق, S بسائق; cf. supra p. ١٦٤ l. 5. *g*) I حَبَرى. Loth proponit حميرى.

الحَسَنُ فوالله ما اعلمهما فى بلد اكثر منهما بالبصرة وقد جعل الله عزّ وجلّ عندها آية بيّنة المدّ والجزر ✡

وقال[a] علىّ بن محمّد المدائنىّ وفد خالد بن صَفْوان على عبد الملك بن مروان فوافق عنده وفد جميع الامصار وقد اتّخذ مَسْلَمَة مصانع له فسأل عبد الملك ان يأذن لهم[b] بالخروج معه الى تلك المصانع فاذن لهم فلمّا نظروا اليها اقبل مسلمة على وفد اهل مكّة فقال يا اهل مكّة هل فيكم مثلها قالوا لا الّا ان فينا بيت الله المستقبَل ثمّ قال لوفد المدينة هل فيكم مثل هذا قالوا لا الّا ان فينا قبر نبىّ الله المرسَل ثمّ اقبل على وفد الكوفة فقال هل فيكم مثلها فقالوا[c] لا الّا ان فينا تلاوة القرآن العظيم[d] ثمّ اقبل على وفد البصرة فقال هل فيكم مثل هذا فتكلّم خالد بن صَفْوان فقال اصلح الله الامير ان هؤلاء اقرّوا على بلادهم ولو ان عندك من له خبرة[e] ببلادهم لاجاب عنهم قال افعندك فى بلادك غير ما قالوا قال نعم اصف لك بلادنا قال هاتِ قال يغدو قانصانا[f] فيجىء هذا بالشبّوط[g] والشيم ويجىء هذا بالطيبر[h] والظليم ونحن اكثر الناس عاجا وساجا وخزّا وديباجا وبرذونا هِمْلاجا وخريدة مِغْناجا بيوتنا الذهب ونهرنا العجب، تمام هذا الخبر فى باب افتخار الشاميّين على البصريّين وفضل الحبلة على النخلة ✡

القول[i] فى فارس وكرمان ومُكْران وسجستان وبلاد الداور[k] والقول فى الجَبَل وبلدانها كقِرْماسين وهمَذان واصبهان خاصّة وان كانت من

---

a) Jâc. I, ٦٤٩, 10 sqq. S haec ad على النخلة om. b) Codd. hic et mox له. Jâc. للوفود et لهم. c) I قالـوا. d) Jâc. المرسل; B om. e) Codd. خَبَرُه. f) Jâc. قانصـنا. Cf. supra p. ١٢١, 8. g) B بالشيبوط. Deinde codd. والنسيم. h) Sic male codd. pro بالظبى. i) In I praecedit bismillah. k) Codd. الدوار.

المُفْرَدات والقول فى الرىّ وقزوين وأَبْهَر*a* وزَنْجان وآذربيجان ومدنها وارمينية وكورها واخبار الخَزَر والقول فى ياجوج وماجوج وخبر السدّ ومن بناه واخبار باب *b* الابواب ومن اسّسه وانشأه واخبار خراسان والقول فى طبرستان والرُّويان*c* والقول فى الترك واخبارهم واجناسهم واخبار ملوكهم واحكامهم*d* ومدنها، وقد كنا قدّمنا العذر فى اوّل الكتاب وانبأنا عن العلّة فى طول الكتاب فان وقع خَطَاء فى تنظيمه وتأليفه ووضع الشيء فى غير موضعه او ذكرنا البلد والاقليم*e* فى غير موضعه ومكانه سألنا من يتصفّحه ويقرأُه ان يغفر لنا زللا ان وقع فيه او خطاء ان وقف عليه لان الحكماء قالت من اراد صناعة الكتابة او تعاطى تأليف الكتب او وسم نفسه بقول الشعر ثم نظم خطبة او ألّف رسالة او قرض قصيدة فلا يدعوه العجب بها وبنفسه الى ان ينتحله او يدّعيه ولكن يعرضه على العلماء فى عُرض رسائل او اشعار او خُطَب *او اخبار*f* فان راى الاسماع تصغى اليه وراى من يطلبه ويستحسنه انتحله وادّعاه وان وجدتَ الاسماع منصرفة والقلوب لاهية فخذ فى غير تلك الصناعة واجعل رائدك الذى لا يُكْذَب جَزْمُهم*g* عليه فانى رايت الرجل متماسكا وفوق المتماسك حتى اذا صار الى رايه فى شعره او تأليفه كان متهافتا وفوق المتهافت *وقد قيل*h* من صنّف فقد استهدف فان احسن فقد استُحْصف*i* وان اساء فقد استُقْذف وقيل لا يزال المرء بخير ما لم يصنّف كتابا *او لم*k* يقل شعرا كان زُهَير ابن ابى سُلْمى وهو احد الثلثة المتقدّمين يسمّى اكثر قصائده الحوليّات المحكّكة وكان الحُطَيئة يقول خير الشعر الحولىّ المنقّح والكتاب شاهدٌ يخبر عن نفسه وينطق بحجّة صاحبه فيعرفه من لم يره ويحمده

---

a) B وأَبْهُر. *b*) B et I الباب. *c*) B et I والروبار, S والروذبار. *d*) S وحكامهم. *e*) I البلدان والاقاليم. *f*) I et S واخبار. *g*) B et I جرمهم, S حرمهم. *h*) B et I وقيل. *i*) I استحصف. *k*) I ولم, S او.

من لم يعرفه ويُطريه[a] من لم يكن[b] يذكره وينشر محاسنه غير ساكنى وطنه وللكتب محلٌّ من القلوب ومجال من الآذان فعلى قدر نقاء الكلام وعذوبة الفاظه وجودة معانيه يجذب القلوب اليه ويحرص الآذان على التقرّب منه ويفرش لهم الفَهْمُ جلابيب قَبوله ويعمل فى القلوب ما لا[c] يعمله الغيث بوشى الروض وعلى قدر سخافته تُصْغى[d] الاسماع اليه لان اللفظ الحسن والتاليف المتقن اجدى النفاثات فى العُقَد والكتب مرايا العقول بها تستنار وجوه الحِكَم ويعرف بها تجارب اهل القِدَم فاذا كان الكتاب متقن الصنعة حسن[e] النظم جيّد التاليف وكانت شوارده عذبة فتقت القلوب وشحذت الطبائع لان الكتاب يؤلّف بين الجواهر ويجمع بين النظائر وحسنُ التاليف وجودة النظم يكسوان الكتاب طلاوة ويحرسانه من معارضة الاستكانة ومناسبة الاعتراض ولذلك قال بعض الكتّاب لم ار كلاما احسن وصلا ولا امتن فَصْلا ولا امنع[f] انذارا ولا اقنع اعذارا[g] ولا ارأب لصدع ولا اشعب لجمع من كلام احمد بن يوسف، وكان آخر يقول كلام ابراهيم بن العبّاس نمط واحد قد سدّته القريحة ولحمته الغزارة فاتّصل اوّله بآخره ووارده بصادره، وكان احمد بن يوسف يقول فى رسائل عبد الحميد الفاظ[h] محكّكة وتجارب محنّكة، وذكر بعضهم ابن المقفّع فقال الفاظه معانٍ ومعانيه حِكَم فصلُ خطابه شفاءٌ وخصل[i] بيانه كفاءٌ، وسمع ابو العيناء[k] بعض كلام ابن المقفّع فقال كلامه صريح ولسانه فصيح وطبعه صحيح كأنّ بيانه لؤلؤ منثور ووشى منشور وروض ممطور، وقال جعفر بن يحيى عبد الحميد اصل وسهل بن هارون فرع وابن المقفّع ثمر واحمد بن يوسف زهر، ووصف جعفر كلاما فقال كانّما الفاظه قوالب لمعانيه[l]

---

a) B et I ويطربه, S s. p. *b*) B et I om. *c*) B om. *d*) B يصغى. *e*) B وحسن. *f*) B امتنع. *g*) B انذارا. *h*) B الفاظه. *i*) B وخصل. *k*) I العيثاء. Vid. Ibn Khallic. N. 654. *l*) I معانيه.

وسمع كلامَ متكلّم فقال كلامه يجتزى باوله ويكتفى باخراه يتحدّر على الاسماع تحدُّر الماء الزلال على الكبد الحرّى، ولمّا نظر المأمون فى كتاب الجاحظ فى العبّاسيّة وكان اليزيدىُّ ادخله عليه دعا بالجاحظ فقال يا عمرو قد كان من يُرْتَضى عقله ويصدّق خبره القى الىّ صفة هذا الكتاب فكنت ارى الصفة عيانا فلمّا حضر العيانُ أَرْبَى على الصفة ولمّا فُلى اربى الفلى على العيان كارباء العيان على الصفة وهو كتاب ينوب عن حضور الصاحب ويجلّ عن الحاجة الى المحتجّين له جامع لاستقصاء المعانى واستيفاء الحقوق بلفظ جزل ومخرج سهل سوقىّ ملوكىّ خاصّىّ عامّىّ قال الجاحظ فوالله لَما افدتُه من تعلّم صفة هذا الكتاب آثر عندى من الكتاب، وقرأ بعضهم كتابا فاستحسنه فتمثّل

يُفَصّلُ[a] فى نَظْم الكلام معانيا   كفَصْل العذارى فى النظام عقودَها

وقرأ آخر كتابا فقال

من كلّ معنًى يكادُ المَيْتُ يفهمه   حسنًا ويَعْبُدُه القرطاسُ والقَلَمُ

وقال يزيد بن المهلّب لابنه مخلّد حين استخلفه على خراسان ليكن الرسولُ بينى وبينك من يعقل عنى وعنك واذا كتبتَ كتابا فأكثر النظر فيه فان كتاب الرجل موضع عقله ورسوله موضع رايه، وانشدنى[b] اعرابىّ

الشعْرُ لُبُّ المَرْء يَعْرِضُه   والقولُ مثلُ نوافِذِ النَّبْلِ
منها المقصِّرُ عن رَوِيّته   ونوافِذٌ يذهَبْنَ بالخَصْلِ

وارجو ان يكون كتابنا هذا جامعا فى المعنى الذى طلبناه محيطا بالفنّ الذى اردناه ان شاء الله ✿

القول فى فارس

سمّيت فارس بفارس بن طَهُومَرْت[c] واليه ينسب الفُرْس لانهم من

---

a) I om. B et S يفصل et mox codd. كفصل. b) S وانشد.
c) Jâc. III, ٨٣٦, 7 طهمورث ut vulgo. Mas'ûdî III, 252 طهومرث.

ولده وكان ملكا عادلا [a] متحننا على رعيّته محتاطا على اهل عصره وكان له عشرة بنين [b] منهم جَمّ وشبيراز واصطخر وفَسَا وجَنَّابا وكَسْكَر وكَلْوَاذَى وقَرْقِيسِيَا [c] وعَقَرْقُوف ودارابجَرْد فاقطع كلّ واحد منهم البلد الذى سُمّى به ونُسب اليه وانما كانوا قبل ذلك يسكنون الخيام ويقال ان ملكه كان ثلثمائة سنة، وقال رسول الله صلعم اهل فارس عصبتنا، وروى انس بن مالك قال ان الله عزّ وجلّ خيّر بين خلقه فخيرته من العرب قريش وخيرته من العجم فارس، وقال رسول الله صلعم اسعد الناس بالاسلام اهل فارس واشقى العرب هذا الحىّ من بَهْراء وتَغْلِب، وقال ابن لَهيعة يقال ان فارس [d] قريش العجم، وروى عن وهب بن منبّه فى قول الله عزّ وجلّ [e] وَٱذْكُرُوا إِذْ أَنْتُمْ قَلِيلٌ مُسْتَضْعَفُونَ فِى ٱلْأَرْضِ تَخَافُونَ أَنْ يَتَخَطَّفَكُمُ ٱلنَّاسُ قال الناس اذذاك فارس والروم وفى قوله عزّ وجلّ [f] يَسْتَبْدِلْ قَوْمًا غَيْرَكُمْ *ثُمَّ لَا يَكُونُوا أَمْثَالَكُمْ [g] قال فارس، قال ولمّا هدم ابن الزبير البيت قال اطلبوا من العرب من يبنيه فلم يجدوا فقال ابن الزبير استعينوا باهل فارس فانهم من ولد ابراهيم ولن يرفع البيت الّا ولد ابراهيم، وقال رسول الله صلعم ابعد الناس من الاسلام الروم ولو كان معلّقا بالثريّا لتناولته فارس يعنى الاسلام، قال وذكر النبىّ صلعم كسرى انوشَرْوان فقال ويل امّه ما [h] احمق سلمه لو كان اسلم، وروى عن ابن عبّاس فى قول الله عزّ وجلّ [i] سَتُدْعَوْنَ إِلَى قَوْمٍ أُولِى بَأْسٍ شَدِيدٍ قال اهل فارس، وقال عم لا تسبّوا [k] فارس فانهم عصبتنا وقال عم ان لله جندا فى اهل فارس اذا غضب على قوم انتقم بهم، وكان كسرى انوشَرْوان اذا افرض يقدّم الفارسىّ على رجلين من الدَيْلَم وعلى خمسة من الاتراك وعلى عشرة

---

a) B et I عدلا. *b*) Codd. بنون. Pro منهم Jâc. ومو. *c*) B وقرقيسا. *d*) B add. والروم. *e*) Kor. 8 vs. 26. *f*) Kor. 47 vs. 40. *g*) B الاية. I et S om. قال. *h*) B add. كان. *i*) Kor. 48 vs. 16. *k*) Voc. in B et I.

من الروم وعلى خمسة عشر من العرب وعلى ثلثين من اهل الهند لانهم كانوا اشجع الناس *a* قلوبا واعزّهم نفوسا *b* واعظمهم ملكا واشدّهم بأسا وارجحهم عقولا واحسنهم تدبيرا واضحكهم وجوها واصحّهم جوابا واطلقهم ألْسُنًا ، وقال ابو البَخْتَرىّ *c* بلغنا ان اسحاق بن ابراهيم وَلَدَ ابنا *d* يقال له نَفيس فُولد لنفيس قبائل من فارس منهم اصطخْر وسابور واردشير *e* ، وكان ادريس بن عِمْران يقول *f* اهل اصطخر اكرم الناس احسابا ملوك ابناء *g* الانبياء ، وقال اردشير الارض اربعة اجزاء فجزوٌ منها ارض الترك ما بين مغارب الهند الى مشارق الروم وجزوٌ منها ارض المغرب ما بين مغارب الروم الى القبط والبرابر وجزوٌ منها *الى ارض كور السواد *h* ما بين البرابر الى الهند والجزوُ الرابع الارض التى تنسب الى فارس ما بين نهر بلخ الى مقطع آذربيجان وارمينية الفارسيّة الى الفرات ثم تربة العرب الى عمان ومكران والى كابُل وطخارستان فكان هذا الجزوُ صفوة الارض من الارضين بمنزلة الرأس والسُّرّة والسنام والبطن اما الرأس فان ملوك اقطار الارض منذ كان ايرج *i* بن افريذون كانت تدين بملوكنا *k* ويسمّونهم املاك الارض ويهدون لهم ويتحاكمون اليهم واما السرّة فان ارضنا وُضعت بين الارضين موضع السرّة من الجسد فى البسطة والكرم وفيما *l* جُمع لنا فأُعطينا فروسيّة الترك وفطنة الهند وصناعة الروم وأُعطينا فى كلّ شىء من ذلك الزيادة على ما اعطوا وأُعفينا من سمة فى الواننا ووصمة فى صُوَرنا والواننا وشعورنا كما شُوّهت سائر الامم بصنوف الشهرة

a) Ex conj.; codd. العرب. *b*) Ex conj.; codd. نفرا. *c*) B البُحْتُرى. *d*) Codd. ابن et B وُلد omisso يقال. *e*) S ut solet ازدشير. *f*) Jâc. I, ٣٠٠, 2 sq. *g*) S اولاد; Jâc. وابناء ملوك. *h*) Sic. Fort. leg. ارض السودان. *i*) B يَرَج. *k*) B بدين ملوكنا. *l*) I sine و.

من لون السواد وشدّة الجعودة والسبوطة وصِغَر العيون وقلّة اللحى وأُعطينا الاوساط من المحاسن والشعور والالوان والصور والاجسام واما السنام فان ارضنا على صغرها عند بقيّة الارضين هي اكثر منافعَ والين عيشا من جميع ما سواها واما البطن فان الارضين كلّها تُجْلَب اليها منافعُها من علمها ورفقها واطعمتها وادويتها وعطرها كما تُجْبَى a الاطعمة والاشربة الى البطن ۞

وكان اوّل من جمع فارس وملكها اردشير بن بابك بن ساسان وهو احد ملوك الطوائف وكان على اصطخر وهو من b احد اولاد الملوك المتقدّمين فراى انه وارث ملكهم فكتب الى من يقربه c من ملوك فارس ومن نأى عنه من ملوك الطوائف يخبرهم بالذى اجمع عليه من الطلب بالملك لما فيه من صلاح الرعيّة واقامة الدين فمنهم من اقرّ له بالطاعة ومنهم من لم يقرّ حتى قدم عليه ومنهم من عصاه فصار امره الى القتل حتى استوسق له امره وهو الذى افتتح الحَضْر d وهو بازاء مَسْكِن وكان ملك السواد متحصّنا فيه وكانت العرب تسمّيه الساطِرُون وهو اوّل من وضع السكك وحذف اذناب دوابّ البُرْد وبنى مدينة جُور e بفارس وكان موضعها صحراء فمرّ بها اردشير فامر ببنائها وسمّاها اردشير خُرّه وسمّتها العرب جُورَ وهى مبنيّة على صورة داراجرد f ونصب فيها بيت نار وبنى مدينة رام اردشير وبَهْمَن اردشير خُرّه وهى فرات البصرة g واستاراباذ h وهى كَرْخ مَيْسان وهى من كورة دجلة ومدينة سوق الاهواز ومدينة الابلّة وغير ذلك وكانت مدّة ملكه اربعة عشر سنة وستّة اشهر ۞

ومن مدينة سوق الاهواز الى مدينة ارّجان اوّل عمل فارس من

---

a) B يُجْبَأُ, I بحبا, S تجبا. *b*) B om. *c*) B يقربه, S بقربه. *d*) Codd. الخضراء. *e*) Jâc. II, ١٣٦, 20 sqq. *f*) Codd. h. l. داربجرد. *g*) Cf. Jâc. I, ٧٧٠, 20 sq. *h*) I fort. واسهاراباذ. Cf. Jâc. IV, ٢٥٧, 1 sq. ubi استراباذ. Tabarî I, ٧٢٠, 11 استاباذ.

هذا الوجه ٣١ فرسخا وأرّجان من بناء قُبَاذ بن فيروز لانه لمّا استرجع الملك من اخيه جاماسف غزا الروم فافتتح مدينتين[a] من مدن الجزيرة وامر فبُنيت بين حدّ فارس والاهواز مدينة سمّاها بَرْقُبَاذ[b] وهى التى تسمّى ارّجان وكوّرها كورة وضمّ اليها رساتيق من كورة[c] رامَهُرْمُز كورة سابور وكورة اردشير خُرّه وكورة اصبهان وبنى ايضا مدينة حُلْوان مما يلى الماهات وبنى مدينة يقال لها قُبَاذ خُرّه وكوّر[d] كورة اخرى بارض مَيْسان وسمّاها شاذَقُباذ[e] وهى التى تسمّى استان العال[f] ووضع لها اربعة طساسيج طسّوج فيروزسابور وهى الانبار وطسّوج فادُورَيَا[g] وطسّوج قَطْرَبُّل وطسّوج مَسْكِن وطساسيج كثيرة وامر فبُنيت مدينة شَهْرَزُور[h] وبنى بين *جُرْجان وايران شهر[i] مدينة سمّاها شَهْرَقُباذ ۞

وبأرّجان قنطرة كبيرة طولها[k] اكثر من ثلثمائة ذراع بالحجارة على وادى ارّجان ومن عجائب ارّجان[l] كهف فى جبل منها ينبع فيه[m] ماء فيستحيل فيصير مُومياى ابيض وهو المومياى الابيض وقد عُلّق[n] على باب الكهف باب حديد يفتح ذلك الباب من الحول الى الحول يوما واحدا بحضرة[o] المشايخ والصلحاء من اهل البلد ثم يتعرّى رجل ويدخله ويجمع ما هناك فى قارورة فيكون ما يجتمع فى جميع السنة مقدار مائة مثقال يزيد او ينقص الّا انه قلّ ما يزيد على المائة المثقال ثم يختم البابُ ويقفل عليه الى قابل من ذلك الوقت ويوجّه بتلك

---

a) Cf. Jâc. I, ١٩٤, 10; Tab. I, ٨٨٧, 19 مدينة. *b*) Jâc. l.l. et I, ٩٠, 21 ابزقباذ (cum var. l. بزقباذ in voce), sed Nöldeke, *Sasan.* p. 146 ann. 2 lectionem ابرقباذ pro vera habet. *c*) Codd. كور. *d*) B وكورها. *e*) Cf. Jâc. III, ٢٢٧, 21 sq. *f*) Codd. العالى. *g*) Pro بادوريا (B فادوربا, I قاذوريا, S قادوربا). Cf. Jâc. III, ٥٩٢, 17. *h*) I سهرور. *i*) Jâc. III, ٣٤٤, 14 ارجان وابرشهر. *k*) Codd. طوله. Deinde B اكبر. *l*) Cf. Jâc. I, ١٩٤, 16 sqq. (II, ٥٦٠, 19). *m*) Jâc. منه. *n*) I غُلِق. *o*) I يحضره.

القارورة مختومة بخاتم القاضى والوالى الى السلطان وخاصّيّته *a* لكلّ صدع او كسر عَظْم *b* يسقى منه مثل العدسة بالماء اذا شُرب فيذهب على المكان الى موضع الكسر او الوهن فيُصلحه ويُلحمه ✿

ومن أرّجان الى النُّوبَنْدَجان ٢٦ فرسخا وفيها *c* شِعْب بَوّان وفيه شجر الجوز والزيتون والفواكه ما *ينبت فى *d* الصخر ورُوى عن المبرّد انه قرأ على شعب بوّان هذه الابيات فى صخرة

اذا أَشْرف المكروب من رأس تَلْعَةٍ   على شِعْب بَوّانٍ افاق من الكَرْبِ
وأَلْهاه *e* بَطْنٌ كالحَرِيرة مَسُّه   ومُطَّرِدٌ يَجْرِى من البارِد العَذْبِ
وطِيبُ ثِمارٍ فى رِياضٍ أَرِيضَةٍ   على قُرْبِ اغصانٍ جَناها على قُرْبِ
فبالله يا ريحَ الجَنُوب تَحَمَّلِى   الى شِعْبِ بَوّانٍ سَلامَ فَتًى صَبِّ

واذا تحته مكتوب

لَيتَ شِعْرِى عن الّذين تَرَكْنا   خَلْفَنا بالعراق هل يَذْكُرونا
ام لعلّ المَدَى *f* تطاوَلَ حتّى   قَدُمَ العَهْدُ بَعْدَنا فنَسُونا

وكتب احمد بن الضحّاك التِّكَكىّ *g* الى صديق له يصف شعب بوّان كتبت اليك من شعب بوّان وله عندى يد بيضاء مذكوره، ومنّة غرّاء مشهوره، بما أَوْلانيه من منظر أَعْدَى *h* على الاحزان، واذال *i* من صروف الزمان، وسَرْح نَظِرٍ *k* فى جداول تطّرد بماء معين منسكب ارقّ من دموع العُشّاق، *من حَرَقِ *l* لَوْعة الفراق، وابرَد من ثغر *m* الاحباب، *على ظَمأ والتِثام *n*، كانّها حين جَرَى آذيُّها يترقرق،

---

a) I وخاصته. *b*) Codd. عظيم. *c*) Jâc. ١٩٥, 4 et vol, 13 وبينهما. *d*) Edidi sec. Jâc. وجميع الفواكه النابتة فى الصخر. B يَنْقى, I يبقى, S دمقى. Pro الصخر, S الصحرة. *e*) Jâc. melius والهاه. *f*) Sic reponatur apud Jâc. pro الذى. *g*) Jâc. vol٣, 5 الفَلَكى. *h*) B اغدى. *i*) Jâc. واقال. *k*) Jâc. وسرّح طرفى. *l*) Jâc. مرّرتها. *m*) Jâc. ثغور. *n*) Jâc. عند الالتثام والاكتئاب. In S optio est inter والنثام et والتثام.

ويتدافع *a* تيّارُها يتدفّق، ويرتجّ حَبابُها *b* ينكسّر في خلال رياض *c* ترنو بحدق تَوْلَب *d* قَصَبُ لُجَيْن في صفائح عِقْيان، وسُمُوط دُرّ بين زَبَرْجَد ومَرْجان، أَثَرٌ على حِكْمة صانعه شهيد، وعَلَمٌ على لُطْف خالقه دليل، الى ظلّ سَجْسَج احوى، وخَضِل أَلْمَى، قد غَنَّت عليه *e* اغصانٌ قَيْناته، وقُضُبٌ عَيْدانه، تشوّرت لها القدود المُهَفْهَفة *f* والخصور المرهفة مَيْلا والاعجاز المثقّلة حُلّلا والمعاصم الشطبة والابدان الرطبة والعيون النُّجْل والحدق المِرَاض والجآذر النواعم والحور الحسان والخُرُد الطراف فاقت فيه يوما لخيالك منادما ولتشوّقك *g* مسامرا وشربت لك بادكارا *h* واذا تفضّل الله باتمام السلامة الى ان اوافي شيراز كتبت اليك من خبري بما تقف عليه ان شاء الله ✿

ومن النوبندجان الى شيراز نيّف وعشرون فرسخا وهي من كورة *i* أَرْدَشير خُرّه ورساتيقها جُور ومِيمَنْد *k* وخَبْر *l* والصيمكان *m* والبرجان *n* والكَهْرجان *o* والخوارُوستان *p* وكير وكارَزين *q* وأَبْزَر *r* وسَميران *s* وتَوّج وكُرّان وسينيز *t* وسِيراف والرُّوَيْحان *u* وكام فَيْرُوز ✿

---

a) Jâc. melius (propter praec. جرى) وتدافع et mox وارتج. *b*) Codd. جنابها. *c*) Jâc. زهر ورياض. *d*) Sic repone ap. Jâc. pro تولّد. *e*) S انيه. Deinde B ut Jâc. اغصانُ فينانه (I et S اغصان قينانه sine voc.) et mox codd. وقَصَبُ عيدانه. Accepi emend. Fleischeri (Jac. V, 89). *f*) Hinc textus apud Jâc. paullo diversus est. *g*) S ولتشوفك, Jâc. ولشوقك. *h*) Jâc. تذكارا. *i*) Codd. كور. *k*) B et S وميمد, I ومنمد. *l*) Codd. وحبره. Cf. Istakhrî ١٠٥ et Jâc. I, ١٩٩, 11. *m*) Codd. والصيكان. *n*) Istakhrî الفرجان. *o*) Ex conj. coll. Ist. ١٠٦, 5; codd. et cod. Ibn Khord. p. 54 والكريحان, Edrîsî I, 392 كرنجان. *p*) Codd. والخوارو سبان (nisi quod in I inde a وسبان ad seq. وتوج desunt); cf. Ist. ١٠١o, ١٠٥, 3, ubi خورستان. Cod. Ibn Khord. الخواروستان, Edrîsî الخوان سبان. Deinde codd. وكيرا. *q*) Codd. وكازرون. *r*) Codd. وابون وابرن, cod. Ibn Khord. وادوره; cf. Ist. ١٠٦*l* et Mokadd. ٤٤٧*l*. *s*) Codd. وسران. *t*) I et S وسللسذ, B وسسسذ,

ومن سوق الاهواز الى الدَّوْرَق *a* فى الماء ١٨ فرسخا وعلى الظهر ٢٤ فرسخا *b* ✿

كورة *c* سابُور ومدينتها النُّوبَنْدَجان *d* ورساتيقها الخَشْن *e* والكيمَارَج *f* وكازَرُون وخُرَّه وبندرهمان *g* ودَشْت بارِين *h* والهِنْدِيجان *i* والدرخوند *k* وتَنْبُوك والخُوبَذان *l* والمَيْدان *m* وماهان *n* والجُنْبَذ *o* والرامجان *p* والشاهجان وموز *q* وداذين *r* والسادور *s* وجَنَّجان *t* والسياه مصّ *u* وانبوران *v* خُمَايجان السفلى خُمَايجان العليا تيرمَرْدان ✿

كورة *w* اصْطَخْر ورساتيقها مدينة البَيْضاء وبهران *x* وأُسْلان *y* وابرج *z*

---

cod. Ibn Khord. وسكير. Legi coll. Edrîsî l.l. *u*) Codd. الروبحان, cod. Ibn Khord. الروبحان; vid. Ist. ١٣٠; Edrîsî l.l. الروبجان. Locus sequens ab Ist. in provincia Sâbûr ponitur.

a) Codd. الدور. *b*) B haec om. inde ab الاهواز. Ea suo loco non esse patet. *c*) Codd. كور. *d*) Cf. Jâc. III, ٥, 17. *e*) B et I الحسكت, S الخشكت, cod. Ibn Khord. والحسب; cf. Ist. ١١٠. *f*) B واللكرج, I والكمارج, S والكيمارج, cod. Ibn Khord. والكيمارخ; cf. Jâc. IV, ٣٣٤, 10. Ist. الكمارج. *g*) Secutus sum Ist. ١١١ paen. (ubi vero est بندر هبان). Codd. وبندر همان, cod. Ibn Khord. وبندر همان. *h*) B وسب بارى, I et S وسد بارى. Ist. ponit in prov. Ardaschîr Chorra, Jâc. l.l. 22 ut noster. *i*) B et I والهدسحان, S والهدسمان. *k*) B والدرحوبو, I والدرحومه, cod. Ibn Khord. والدرحرند, Edrîsî الدارخوند; cf. Mokadd. ٤٥٣*l*. Nom. seq. in B et I s. p. *l*) Codd. والخرابذان. *m*) Sic codd. et Ibn Khord., Edrîsî المندارج. *n*) Edrîsî المامان; cf. Ist. المامغان p. ١١١, 1. *o*) Codd. والجنيد. *p*) Sive الزامجان ut edidi Ist. ١١٠. *q*) B ومُور, S ومَور, I sine voc. *r*) B et S ودادين, I ورادين. *s*) S والشاذور. Ibn Khord. والساورون; Edrîsî الشاه بوران. *t*) Codd. وبحبحان et cod. Ibn Khord. ودربحبحان. *u*) Codd. sine p. والسناه قص, nisi quod S والسباه, B قص habet. Ibn Khord. والسيله مصر. Alius locus nomine المص in Dârâbdjird jacet (Ist. ١٠٧). *v*) Codd. وابيوران, Ibn Khord. s. p. *w*) I كور. *x*) I s. p., Edrîsî بهواره, Ibn Khord. in edit. وبهران sed in cod. ونهران. Alibi non invenio. *y*) Codd. وأسْلد, Ibn Khord. واسان (cod. واسار); cf. Ist. ١٠٣ ult. et ann. Bibl. Geogr. IV, 390. *z*) Codd. واسرح.

وخَبْر اصطخر وكُورد[a] وأَبَرْقَوَيْه[b] والبودنجان[c] والمَيَان رُوذان[d] والكاسكان والهزار ✿

ومن شيراز الى مدينة فَسَا *٣٠ فرسخا ومن مدينة فسا[e] الى مدينة دارابجرد ١٨ فرسخا ورساتيقها كُرْم وجَهْرَم ونَبْرِيز[f] والفسنجان[g] والابجرد[h] والانديان[i] وجُوَيم ورساتيق كثيرة ✿

ومن شيراز الى مدينة جُور ٢٠ فرسخا ومنها الى بَيْضاء اصطخر ٦ فراسخ ومن النُّوبَنْدَجان الى شيراز ٢٣ فرسخا وبين شيراز وسابور ٢٠ فرسخا وبين شيراز واصطخر ١٢ فرسخا ✿

زموم الاكراد بفارس قال صاحب كتاب المسالك والممالك وهو عبد الله بن محمّد[k] بن خُرْداذْبَه محالّ الاكراد اربعة زموم بفارس خاصّةً زَمّ الحسين[l] بن جِيلَوَيْه يسمّى البازنجان[m] من شيراز على ١٤ فرسخا وزَمّ ارجام بن خوانجاه[n] من شيراز على ٢٦[o] فرسخا وزَمّ القاسم بن

---

a) B وبيورد, I et S ودمورد. *b*) B وابرخونه, S وابرحونه, I id. s. p. *c*) B والمراوحان, I والبرادحان, S والبرادحان, cod. Ibn Khord. والبرادحار|, Edrîsî النداناجان; cf. Ist. ١٠١ ult. *d*) B والمبادوران, I id. s. p., S والميادوران, Ibn Khord. والمياوان, Edrîsî المتاودان. Conjectura edidi. *e*) Addidi ex Ibn Khord. p. 55. *f*) B وبيرمند, I وبيرمر, S وبرمن, Cod. Ibn Khord. وسبز, Edr. p. 395 تبرين. *g*) Codd. والسيجان (B s. p.), Ibn Khord. وسحاف, Edr. والسحان. Cf. Ist. ١٠٧٥. *h*) Codd. والابجرد, cod. Ibn Khord. والاتحود, Edr. ut rec. *i*) S s. p., B والانديان, I والاندكان, Ibn Khord. والابديان, Edr. ايديان. *k*) Sic. Solet appellari عبيد الله بن عبد الله. *l*) S لحسن ut Jâc. II, ٨٣١, 2, cf. Ist. ٩٨c. Lectio variat inter رم et زم. *m*) Sic Jâcût; B البانجان, I et S النادنجان, Ibn Khord. الميانجان; Ist. الزميجان. *n*) S ut rec., sed habet ارحام; B خولجاه, I حولجاه, Ibn Khord. (cod. حواداه) اردمراى حواماه; Jâc. اردام بن جوانابه; Ist. رم اللولجان. *o*) Sec. Jâc. et Ibn Khord.; codd. ١٦.

شهريار يسمّى الكوريان *a* من شيراز على ٥٠ فرسخا وزمّ لحسين بن صالح يسمّى السُّوران *b* من شيراز على *c* ٧ فراسخ ☆

قال فصارت فارس خمس كور اصْطَخْر وسابور واردشير خُرّه ودارابْجَرْد وفَسَا وأَرّجان وفارس مائة وخمسون فرسخا فى مثلها ☆

وافتتحت عنوةً على يدى ابى موسى وعثمان بن ابى العاص ويقال ان ابراهيم صلعم من اصطخر ويقال بل كان من قرية يقال لها أَبَرْقُويَه ☆ وخراج فارس ثلثة وثلثون الف الف بالكفاية ويقال *d* خمسة وثلثون الف الف درهم وكان يجبى عمرو بن الليث فى ايّامه خراجها احد وثلثين الف الف درهم ويجبى ضياعها تسعة عشر الف الف درهم فجميعه خمسون الف الف درهم وكان يحمل منها فى كلّ سنة الى السلطان خمسة عشر الف الف درهم او دينار وجباها الناصر *e* فى سنة ٢٧٨ ستّين الف الف درهم ☆

ومن العجائب شجرة بشيراز تحمل التفّاحة نصفها حلوة *f* فى غاية الحلاوة ونصفها حامضة فى غاية الحموضة وليس بفارس كلّها من هذا النوع الّا هذه الشجرة الواحدة ولهم سابور وفيه *g* الادهان الكثيرة والروائح السنيّة وهذا معدوم فى شىء من البلدان الّا فيها لانهم زعموا جميعا ان من دخل سابورَ لم يزل يشتمّ روائح *h* طيّبة من غير علّة ولهم جُور وبها الماورد الجُورىّ ومنها يحمل الى جميع

---

a) B et I الكوربان, S et cod. Ibn Khord. s. p.; Ist. البازنجان. *b*) Cod. Ibn Khord. الموزان; Ist. الديوان, sed vid. ٩٨*g*. *c*) Sec. Jâc. et Ibn Khord.; codd. ستة. *d*) Cf. Jâc. III, ٨٣٨, 2. *e*) I. e. الموفق, frater Motamedi, qui titulo الناصر لدين الله ornatus fuit, post victoriam de صاحب الزنج. Vid. Elmacinus p. 172 ult. seq. et cf. Tabarî III, ٢١١٨, ٢١٤٧. Obiit hoc ipso anno 278. *f*) Supra p. ١١٨, 1 ut Jâc. حلو et حامض. *g*) Cf. Jâc. III, ٥ ult. seq. *h*) Codd. (ut saepe) روايحا, quod vitium in Jâc. irrepsit.

البلدان، وهم احذق امّة *a* بالمَرايا والمحامع وغير ذلك من الآلات *b* الحديد ☆

وقال الاصمعىّ الدنيا ثلثة عمان والابلّة وسيراف ☆

القول فى كَرْمان *c*

قال ابن الكلبىّ سمّيت كَرْمان بكرمان بن فلوج *من بنى *d* لَنْطَى ابن يافث بن نوح ويقال ان بعض ملوك الفرس اخذ قوما فلاسفة فحبسهم فى حبس له وقال لا يُدْخَل عليهم الّا الخبز وحده ويخيّرون الادام فى سائر الايّام فاختاروا الانرجّ فأُخبر الملك بذلك وباختيارهم الانرجّ *e* فقالوا اما قشره الظاهر فطيّبٌ نشتمّه واما داخله ففاكهة يُنتفع *f* به واما حُمّاضه *فانه خلّ *g* نافع طاهر واما حبّه فدهن ينتفع *h* به قال فلمّا اعيى الملك فيهم الحيلة قال هؤلاء قوم حكماء فامر بهم فأُسكنوا كرمان وكان لا يخرج ماؤها الّا على خمسين ذراعا فهندسوه هؤلاء الحكماء حتى اظهروه على وجه الارض ثم غرسوا فيها الاشجار فالتفّت كرمان كلّها بالشجر فاخذوا عنهم الهندسة فقال اسكنوهم الجبال فاسكنوهم الجبال فعملوا الفوّارات واظهروا الماء على وجه الارض على *i* رءوس الجبال فقال اسجنوهم فعملوا الكيمياء وقالوا هذا لا نُخرجه الى احد فعملوا ما اكتفوا به واحرقوا كتبهم وانقطع الكيمياء ☆

وقال بعض علماء الفرس كانت الاكاسرة تجبى السواد مائة الف الف وعشرين الف الف سوى ثلثة *k* آلاف الف من الوضائع لموائد الاكاسرة وكانوا يجبون فارس اربعين الف الف درهم وكانوا يجبون كرمان ستّين الف الف درهم لسعتها وهى ثمانون ومائة فرسخ فى مثلها وكانت كلّها

---

a) I et S الامة. *b*) I ءالات. *c*) B add. بنصب الكاف. *d*) Jâc. IV, ٣٦٣, 17 بن. *e*) Cf. Jâc. l.l. 21 sq. *f*) S ننتفع. *g*) S فخل. Seq. نافع ex solo I. Pro طاهر B et I ظاهر. *h*) S نسفع. *i*) I وعلى. *k*) Jâc. ٢١٥, 7 ثلاثين.

عامرة وبلغ من عمارتها ان القناة تجرى من مسيرة خمس ليال وكانت كرمان ذات اشجار وانهار وعيون ۞

ومن شيراز الى مدينة الشِيرَجان مدينة كرمان ٦٤ فرسخا وكرمان خمسة واربعون منبرا صغارا وكبارا ومن مدنها القُفْص والبارز *a* والمُراج *b* والبُلُوص *c* وجِيرُفْت * وهى مدينة سجستان *d* والشِيرَجان وماهان *e* وبَمّ *f* وهُرْموز *g* والرباط ۞

قال وبكرمان مدينة يقال لها دَمَنْدان *h* وهى مدينة كبيرة واسعة بها اكثر معادن الذهب والفضّة والحديد والنحاس والنوشاذر والصُفْر *i* ومعدنه بجبل يقال له دُنْباوَنْد جبل مرتفع شاهق فى الهواء ارتفاعه ثلثة فراسخ وهذا الجبل بالقرب *k* من مدينة يقال لها خُوَاش *l* والجبل من المدينة على سبع فراسخ وفى الجبل كهف عظيم يسمع منه دوىّ وخرير مثل خرير الماء ويرتفع منه بخار مثل الدخان *فيلصق حول الكهف والجبل *m* حتى اذا كثف وكثر خرج اليه اهل تلك المدينة *n* فيقلعونه *o* فى رأس كلّ شهر وقد وكّل السلطان به قوما حتى اذا

---

a) B et I والبادر, S والمادر. *b*) B et I والمراح et sic quoque Ibn Khord. p. 56 (voc. in B et S). *c*) Codd. والبلّوص. *d*) Sic false codd. Ibn Khord. وهى اعظم مدن كرمان. *e*) Ex conj.; codd. ومانكن. Quoque de ماسكان cogitari posset. *f*) Iterum ex conj.; codd. والمال. *g*) Rursus ex conj.; codd. وهزو. *h*) B et I دُمَيْدمان, S داميذمان. Vid. Jâc. II ٦٠٠, 13 sqq. (ibi quoque duo codd. دميدان) et Vullers in v. Non videtur differre ab urbe quam Mokadd. ٤٧٥ in Mokrân collocat. *i*) Kazwînî II, ١٢٩ et Jâc. add. والتوتيا cf. Mokadd. ٤٧٠. *k*) Addidi ex Jâc. *l*) Sic restituendum videtur apud Jâc. pro حواشير (جواشير). Cf. Mokadd. ٤٧٥ ult. *m*) Codd. (S s. p.) وحول الكهف والجبل قلتين. Jâc. فيلصق حواليه, Kazw. ويلتصق بحواليه. *n*) Codd. الثنية. *o*) B فتعلقوه, I فيعلقوه, S فعلقوه.

*اخذوا جميع *a* ما فيه اخذ السلطان من ذلك خُمْسَه ويحمل باقيه الى الآفاق *b* ✿

وبها مدينة يقال لها خَبِيص لم تُمْطَر داخلها *c* قطّ ويُمْطَر خارج المدينة ولا تُمْطَر المدينة حتى ان الرجل يُخرج يده من سور المدينة الى خارج فتبتلّ يده ولا يكون *d* فى المدينة قطرة واحدة ✿

وبها خشب لا تحرّقه النار *e* يخرج من النار صحيحا وقد موّه بهذا الخشب بعض النصارى فزعم انه من الخشب الذى صُلب عليه المسيح عمّ فكاد *f* ان يُفْتَنَ به الخلق من النصارى حتى فطن له بعض المتكلّمين فاتاهم بقطعة عود بكرمان فكان ابقى *g* على النار من صليبه، وقال المأمون لو أُخذ الطحلب فجُفّف فى الظلّ ثم طُرح فى النار لم يحترق، والسَمَنْدَل طير *h* يكون فى النار فلا يحترق ريشه، وزعم طُمْيات *i* الحكيم فى كتاب له فى الحيوان ان فى المشرق طيرا يقال له بناجس فى مدينة يقال لها مدينة الشمس ليس له انثى ولا شكل فى فعله واهل المدينة يعبدون الشمس وتسمّى المدينة اغفطوس قال فيطير هذا الطائر فيجمع بمنقاره *k* عيدان الدارصينى ثم يضطرب عليها بجناحيه حتى يشعل نارا من تلك العيدان فتأكله *l* حتى يصير رمادا ثم ينشؤ من ذلك الرماد دودة فلا تزال تنمى وتزيد حتى تكون طيرا كما كان وذلك فى خمس مائة عام، وبخراسان هوّة فى جبل تتّقد فيها *m* نار لا تطفى يكون فيه جرذان تخرج فاذا رات *n* انسانا خاضت النار فلا تحترق ✿

---

a) B et I اخذ وجمع. *b*) Sec. Jâc. et Kazw. addendum est وهو النوشاذر الجيّد. *c*) Ex Jâc. supplevi; Kazw. II, ١٢٥ باطنها. *d*) S s. p. *e*) Cf. Kazw. II, ١٦٤. *f*) I فكان. *g*) Codd. القى. *h*) I طاير. *i*) Themistius? Quae narrat fere consentiunt cum iis quae Tzetzes (*Chiliad.* V, 388 sq.) habet. *k*) I فى منقاره. *l*) Codd. فياكله. *m*) Codd. فيه. *n*) Codd. راوا.

ومن a كرمان الى سَجِسْتان ١٣٠ فرسخا ولها من المدن زالِقُ وكَرْكُويَه وهَيْسُوم b وزَرَنْج وهى مدينة سجستان وبُسْت c وباشترود d والقَرْنين e وبها اثر مَرْبَط فرس رُسْتَم، ونهرها الهندميذ f يقول اهل سجستان انه ينصبُّ فيه الف نهر فلا يتبيّن فيه الزيادة ويشقّ منه الف نهر فلا يتبيّن فيه النقصان ۞

وفى شرط اهل سجستان الّا يُقْتَل لهم قنفذ ولا يصاد وذلك ان افاعيها كثيرة وقلّ بيت لا يكون فيه قنفذ بمنزلة السنانير عندنا لكثرة افاعيها وهى بمنزلة النمس بمصر لكثرة ثعابينها ۞

ومنها الرُّخَّج وبلاد الدَّاوَر g وهى مملكة رُسْتَم الشديد ملّكه كَيْقاوُس ۞

ومن مدينة سجستان الى مدينة هراة ٨٠ فرسخا ومن شيراز الى نيسابور ١٢٠ فرسخا ومن شيراز الى دارابجرد h ٤٧ فرسخا ومن اصطخر الى الشيرَجان مدينة كرمان ٥٩ فرسخا ومن السُرْمَقان i وهو آخر عمل فارس الى الشيرجان ١٦ فرسخا ومن جِيرُفْت الى بَمّ ٢٠ فرسخا ومن جيرفت الى اوّل عمل مُكْران ٤١ فرسخا ومن اوّل عمل مكران الى منصورة السند ٣٥٨ فرسخا ومن زَرَنْج مدينة سجستان الى المولتان مسيرة شهرين ۞

---

a) Cf. Jâc. III, ٤٣, 9 sqq. et Ibn Khord. p. 56. *b*) B وهسوم, S s. p., cod. Ibn Khord. وهَيْشُوم. Belâdh. ٣٩٣, 8 هيسون. *c*) Jâc. male وروست et cod. Ibn Khord. وروسب. *d*) B et S وباسورد, I et cod. Ibn Khord. id. s. p. Cf. Index Bibl. geogr. sub نهر. Vera autem fortasse lectio est ناشترود, vid. Ist. ٢٤٣ Add. *e*) B والبرنين, I والبريلين, S والبرميتين, Ibn Khord. والقرنين. *f*) Cod. Ibn Khord. العندمد, Jâc. الهندمند. *g*) Codd. الدوار. Seq. وهى ad سجستان referendum est. *h*) B et S دارجرد. *i*) Codd. البرمان, Ibn Khord. p. 56 المرصان et المومان (cod.). Cf. Ist. ١٣١, ١٦٨.

القول فى الجبل

ويسمّى هذا الصقع بلاد البهلويين وهى همذان وماسبذان ومهرجانقذق وهى الصيمرة وقُمّ وماه البصرة[a] وماه الكوفة[b] وقرماسين وما ينسب الى الجبل وليس منه الرىّ واصبهان وقومس وطبرستان وجرجان وسجستان وكرمان وقزوين والديلم والببر[c] والطيلسان ۞

القول فى قرماسين[d]

قال ابو المنذر هشام بن السائب الكلبىّ لمّا ظفر قتيبة بن مسلم بفيروز بن كسرى[e] يزدجرد حيث افتتح خراسان اخذ ابنته شاهفرند[f] ومعها سفط فبعث بها الى الحجّاج بن يوسف فحملها الحجّاج الى الوليد بن عبد الملك فولدت له يزيد الناقص وفضّ الحجّاج السفط فاذا فيه كتاب بالفارسيّة فدعا زادان فرّوخ بن پيرى[g] الكسكرىّ فترجمه فاذا فيه بسم الله المصوّر ميّز قباذ بن فيروز اقليمه ووزن المياه والترب ليبنى لنفسه مدينة ينزلها فوجد انزه بقاع اقليمه بعد ان بدأ بالعراق التى هى سرّة الاقاليم ثلثة عشر موضعا المدائن والسّوس وجندى سابور[h] وتستر وسابور واصبهان والرىّ وبلخ وسمرقند وباورد[i] * وبطنا بنهاوند يسمّى روذراور[k] وماسبذان ومهرجانقذق وتلّ ماسترا[l]، ووجد ابرد بقاع اقليمه ستّة مواضع قاليقلا واردبيل[m]

a) In S subinscribitur نهاوند. b) B lac. In S subinscribitur دينور. c) I والبير, cod. Ibn Khord. p. 58 l. 9 (والسن) والببر. d) Cf. Mokadd. ٢٥٧ sq. e) Codd. ins. بن. f) Codd. (شاهفريذ(د. g) Codd. تيوى. Scripsi sec. *Fihrist* ٣٤٣, 13. h) In I et S ponitur post وسابور, sed Mokadd. ut B. i) Pro ابيورد. k) Mokadd. non habet et revera numerum 14 efficit. Pro بطنا codd. hic et infra بطن. l) S h. l. ماشتر, sed mox et infra ubi hic locus recurrit, ut rec., I h. l. et mox in بطن ماستر habet ماتستر, sed infra quoque ut rec.; Mokadd. وقرماسين. m) Mokadd. دبيل.

وهَمَذان وقَزْوين وجُوانق *a* بطنا بنهاوند وخوارزم ومرو *b*، ووجد اوبأ بقاع اقليمه ستّة مواضع البَنْدَنيجان *c* وبطن ماستر *d* وهو شابُورخواسْت وجرجان والخُوار بطنا بالرّى وبَرْذَعة وزَنْجان، ووجد اقحط بقاع اقليمه ثمانية مواضع مَيْسان *e* ودَسْتمَيْسان والكَلْتانيّة *f* وبادَرايا وباكُسايا وماسَبَذان والرّى واصبهان، ووجد انحل اهل اقليمه تسعة مواضع خراسان واصبهان وأَرْدَبيل وماسَبَذان وبادَرايا وباكُسايا واصْطَخر وشيراز وفَسا، واخصب بقاع اقليمه عشرة مواضع أَرْمينية وآذَرْبيْجان وجُور ومُكْران وكرمان ودَسْتَبَى وماه الكوفة *g* وماه البصرة وأَرَّجان ودَوْرَق، واكمل *h* بقاع اقليمه عشرة مواضع الحيرَة والمدائن وكَلْواذَى وسابور *i* واصطَخر وجَنّابا والرّى واصبهان وقُمّ والنَّشَوى، واعقل اهل اقليمه سبعة مواضع عُكْبَرا وقَطْرَبّل وعَقَرْقوف والرّى واصبهان وماسَبَذان ومِهْرجانقَذق، وافطن اهل اقليمه *k* ستّة مواضع اسْكاف العليا واسكاف السفلى *ونِفّر وسِمّرا *l* وكَسْكَر وعَبْدَسى، واحسد اهل اقليمه خمسة مواضع جَرْجَرايا وحُلْوان وسحاران *m* وماسَبَذان وهَمَذان، واعلم اهل اقليمه بالسلاح اربعة مواضع هَمَذان وحُلْوان واصبهان وشَهْرَزور، ووجد اخفّ مياه اقليمه مياه عشرة مواضع دِجْلة والفُرات وماء جندَى سابور

---

a) B et I وثوانق, S وثوابق, sed infra in capite نهاوند I et S ut rec., B خوابق; Mokadd. cod. B وجرابق pro quo male edidi وجرباذقان. In capite اصبهان codd. فرانق. *b*) Om. Mokadd. et revera numerum 7 efficit. *c*) B البندىحان, I البنديجان, S البندىحان. Abû No'aim al-Ispahânî MS. 568 f. 22 v. النوبندجان. *d*) I ما تستر et hinc Mokadd. (cod. C) تستر. Abû No'aim non habet. B ماسّتر. *e*) I ميشان; Mokadd. بيسان male ut vid.; Abû No'aim ut rec. *f*) Codd. والكلبانية ut saepius in codd. scribitur. Abû No'aim والكلانية. *g*) Subinscribitur in B et S دينور et sub nomine seq. نهاوند. *h*) Mokadd. اجمل. *i*) Abu No'aim ونيسابور. *k*) Mokadd. واقنطم male ut vid. *l*) Mokadd. ومرو والرى. *m*) Sic.

وماسَبَذان وبلخ وسمرقند وقزوين وماء سُورَا[a] عين بقِرْماسين وماء ذات[b] المطامير وماء فنجانى[c] قرية الثلج بماسبذان، ووجد امكر اهل اقليمه احد عشر موضعا خراسان واصبهان والرىّ وهمذان وارمينية وآذربيجان وماسبذان ومِهْرِجانْقَذَق وتُسْتَر والمَذَار[d] وارْتَوى[e]، واسرى[f] فواكه اقليمه سبعة مواضع المدائن وسابور[g] وارَّجان والرىّ ونهاوند وماسبذان وحُلْوان الجبل، ووجد اقلّ اهل اقليمه نظرا فى العواقب ثمانية مواضع البَنْدَنِيجَان[h] وماسبذان ومهرجانقذق وارشيرخُرَّه[i] ورامَهُرْمُز وارمينية وآذربيجان وبحروف[k] وقرية من قرى قُمّ خرج منها اربعة آلاف رجل مع كلّ رجل خادم وسائس وخبّاز وطبّاخ لقتال العرب فقُتلوا كلُّهم عن آخرهم بالاِسْفِيذَهَان لم يرجع احد منهم الّا رجل واحد، ووجد اسفل اهل اقليمه ستّة مواضع البندنيجان[l] وبادَرايا وباكُسَايا وبَهَنْدِف[m] وقَهْقُور بطنا بماسبذان وجرود بطنا بنهاوند، ولم يجد ما بين المدائن الى نهر بلخ بقعة على الجادّة انزه ولا اعذب ماء ولا الذّ نسيما من[n] قرماسين الى عقبة همذان فانشأ قرماسين وبنى لنفسه بناء معمّدا على الف كَرْم فقِرْماسين كلمة بالفارسيّة يعنى كرمان شاه وبنى الاكاسرة من المدائن الى عقبة همذان وقصر شيرين

---

a) B شورى (codd. وما). Abû No'aim وماء سوران. Explicatio apud hunc et Mokadd. deëst. b) Sic repone ap. Mokadd. pro آب. c) Abû No'aim هفنجانى, Mokadd. فنجواى male ut ex explicatione seq. patet. d) Codd. والمزار. e) Sic. Mokadd. ex uno cod. وارتون. f) Sic reponatur ap. Mokadd. pro شر. Abû No'aim ut noster. g) Abû No'aim ونيسابور. h) I البندبحان, S البندبخان. Mok. النوبندجان. i) Mok. وسيراف. k) I et S وبحروف, B وبحروف. Copula seq. delenda videtur, non dubito enim intelligi locum provinciae Komm qui infra لبجروف appellatur. In textum non recipio quia orthographia hujus quoque nominis tantum nititur nostris codd. l) Mok. iterum النوبندجان, sed Abû No'aim البنديجان. m) Sic restitue ap. Mok. pro ووبهند. Pro بطنا codd. bis بطن. n) Abû No'aim accuratius مما بين.

ثم نقل قباذ الاشراف من فارس وخراسان من اهل الشرف والجمال والادب والفروسيّة فاسكنهم حافتى دجلة وانزل من كان دون هؤلاء فى الشرف النهروانات وانزل اصحاب الصناعات بطن جُوخَى وانزل الحاكة *السوس وتستر *a* والحجّامين بادرايا وباكسايا وانزل التجّار الاهواز وانزل الاطبّاء السِّيبِرْوان *b* قرية بماسبذان *c*، فلمّا ميّز قُباذ اقليمه وعرف اهل البقاع ومَسَح *d* البلاد وعرف الحدود وعدّ الفراسخ اختار للنزول المَدائن لقرب الروم وكانت الانبار روميّةً ثم انكمش فى بناء المدائن فكان كلّما ارتفع شىء من حائط القصر هبّت ريح فاقتلعته فبعث الى بلبناس المطلسم الرومىّ وكان قد عُمّر فامره ان يطلسم مواضع آفات اقليمه وقال له ابدأ بالمدائن وجعل له على كلّ طلسم اربعة آلاف درهم فاتّخذ له فى الايوان طلسما كبيرا وحوله احد عشر طلسما فاما الكبير فللريح التى كانت تقتلع الحائط فسكنت وتمّ البناء وطلسم للعقارب فقلّت بها واخرى للحمّى فقلّت الحمّى بها وآخر للجرّارات *e* فقلّت وآخر للاسد فقلّت وآخر للرّبع *f* وآخر للبراغيث وآخر لاجتماع كلمة اهلها شهدوا او غابوا ما دام الملك فيهم وآخر ليطيع اهلها ملوكهم ما بقوا وآخر لملوك الاقليم ان يهابوا لملوك العراق وليس منها طلسم الّا على يمينه على اربعين ذراعا منه كنز وعلى يساره على اربعين ذراعا منه كنز وكذلك من خلفه وبين يديه، وقالوا ما بناء بالجصّ والآجرّ ابهى من ايوان كسرى بالمدائن وقال البُحْتُرىّ *g*

وكأنّ الايوانَ من عَجَبِ الصَّنْعَةِ جَوْبٌ *h* فى جَنْبِ أَرْعَنَ جِلْسِ
مُشْمَخِرٌّ تَعْلُو له شُرُفاتٌ رُفِعَتْ فى رُؤوس رَضْوَى وقُدْسِ
لَيْسَ يُدْرَى أَصُنْعُ إِنْسٍ لِجِنٍّ سَكَنُوهُ ام صُنْعُ جِنٍّ لِانْسِ

---

a) Supplevi ex Abû No'aim. *b*) Ex conj.; B سيبى, I سيبون, S سيبور. Abû No'aim جنديسابور. *c*) H. l. B titulum habet الطلسمات. *d*) Addidi copulam. *e*) Codd. s. p. *f*) B et I للربع. Addidi voc. *g*) *Diwân* p. ١٠٩, Jâc. I, ٤٢٨. *h*) Jâc. جُوبٌ.

وانشدنى ابن *a* الحاجب لنفسه فى ايوان كسرى

إنْ خانَنى زَمَنٌ فمَنْ هٰذا الذى لم تَسْتَبِحْه *b* خِيانةُ الأزْمان
أُخْنَى على عادٍ واهلك تُبَّعًا وخَنَا بكَلْكَله *c* على النُّعمان
وازال مُلْكَ الفُرْس بعد ثُبُوته وسَطَا بكِسْراها أنُوشَرْوان
آثارُهم تُنْبِيك عن اخبارهم نَصًّا ولبس مُغَيَّبٌ كعِيان
هل أُسْمِعَتْ اذناك مثلَ حديثهم او عايَنَتْ عيناك كالايوان
قَصْرٌ يكاد يَرُدُّ حُسْن بنائه بُصَراءَ *d* عنه نواظرَ العُمْيان
وكأنّها فى وَسْط كلّ دُجُنّةٍ نارٌ تُشَبُّ لعابد الرُّهْبان
او فتيةٍ *e* شرِبُوا فأحْدث فيهمِ فِعْلُ الشراب مَخيلةَ النَّشْوان
وَضَعُوا الاكُفّ على الخُصُور ورَفّعوا فوق الرؤوس اكِلّةَ المَرْجان
مُصْطَفّةٌ كبنات نَعْشٍ من ذُرَى عالى السُّموك موثَّق البُنْيان
ومُعَسْكَران لكلّ حَرْبٍ منهما رَجْلٌ أمامَ مواقف الفُرْسان
جَيْشانِ لو وقع التناجُزُ منهما *f* لم يَبْقَ من جَمْعَيْهما رَجُلان
لولا وقوع البأس *g* من حَرَكاتهم لظننت انهما سيَقْتَتِلان

قال ابو المنذر طلسمات ايران شهر ظاهرة وعند كلّ طلسم منها على اربعين ذراعا علامة اما صخرة او تمثال، ثم وجّهه الى ناحية الجبل فلمّا انتهى الى طرارستان *h* عمل بازاء القنطرة طلسما للغرق *i* فسلم اهلها منه وآخر خلف القنطرة فاستتمّ بناؤها وآخر عن يمين القنطرة حتى جرى ذلك الماء الذى على القنطرة وآخر عن يسار القنطرة حتى سلمت من الشاجر *k*، وعمل بالبَنْدَنيجين طلسما للغرق فامنوه وآخر

---

a) B et I om.; Jâc. ۴۲۹, 20 ut rec. Hic quatuor alios versus ex eodem poëmate dat. Est Mohammed ibn Ahmed as-Solamî (Jâc. IV, ۹۸۸, 19 sq., I, ۸۳۰, 21). *b*) B يستبحه, S دستبحه. *c*) S s. p., B بكلكه, I تَكَلُّكُهُ. *d*) B بَصُوا, I بُصَرَآ. *e*) B قينة. *f*) B بينهما. *g*) B الناس. *h*) Codd. طرازستان. *i*) I للغرف, S للغزو. *k*) I s. p., B et S الشاحر.

للمنارة فنُصبت لولا ذلك لم يُمْكِنْ احدًا a ان يشرب من ذلك الماء وعمل آخر فوقه على فرسخ للنفّاطة حتى نُصبت لولا ذلك لافسد ماءهم وعمل على يسار البندنيجين طلسما للزنابير والذِئبة b فسلموا منها وكانت اكثر بلاد الله ذئبة وزنابير، واتّخذ بماسبذان بقرية بها تسمّى ترمان حَمّة c تخيّل الى الانسان ان النار يتّقد فيها d تعمل فى الشتاء ولا تعمل فى الصيف وحمّة ترمان شظيّة من حمّة ماء e الكوفة، ومن عجائب قِرْماسين ان الريح كانت لا تهبّ فيها ايّام الصيف بالليل فامر قباذ بليناس ان يطلسمها ففعل فلا بدّ من ان تهبّ فيها بعد غروب الشمس الريح، وبقربها قرية يقال لها كِرْكان f يقوم بها فى كلّ سنة سوق عظيمة فكان فى كلّ سنة يموت عالم من الناس g لكثرة عقاربها فطلسمها فلا تدبّ على قريتها عقرب الّا مات ومن اخذ من طينها ليلة الميلاد فطيّن h به داره او بيته لم يقربها عقرب الى قابل ذلك الوقت ✿

حديث شَبْدِيز i

ومن عجائبها وهو k احد عجائب الدنيا صورة شبديز ومصوّره فَطُّوس ابن سِنِمّار l الرومىّ وسنمّار بانى الخورنق بالكوفة وكان سبب صورته ان شبديزَ كان من m اذكى الدوابّ واعظمها خلقا واظهرها n خلقا واصبرها على طول الركض اهداه اليه o ملك الهند مؤدّبا فكان لا يبول ولا

a) Codd. احدٌ. b) B والذئبة, I والذيبه, S والديبه. Mox B ذُبْيَةً, I et S ذيبةً. c) B (et h. l. quoque I et S) جُمّة. d) Codd. منها. e) B مآ, I ما, S ماء. f) Voc. in B. Cf. Jâc. IV, ٢٦١, 9 sq. Pro بها codd. لها. g) S الفرس. h) S c. و. Deinde codd. بها. i) S om. titulum. k) B et I فهو. Cf. Jâc. III, ٢٥٠, 22 sqq. l) B in marg., I in textu مشدّد الميم مكسور السين والنون مثل طِرِمّاح. Pro فطوس Jâc. قطوس, Kazw. II, ٢٣٠ فطرس. m) B om. n) Codd. s. p. o) Jâc. الى الملك ابرويز.

يروث ما دام عليه سرجه ولجامه ولا ينخر ولا يُزْبِدُ وكانت استدارة حافره تزيد على ستّة اشبار فلمّا نفق امر الملك قَطُّوس بتصويره فلمّا فرغ منه جاء فوقف عليه فلمّا تأمّله استعبر باكيا وقال لشدّ *a* ما نعى هذا التمثال الينا انفسنا وذكّرنا ما نصير اليه من فساد حالنا فى كلام طويل له، ومن عجائبه انه لم يُرَ مثل صورته صورة ولقد سمعتُ كثيرا من حَمَلَة العلم والفقه يقولون ليس شِبْديز من صنعة العباد وقال لى بعض الفقهاء لو ان رجلا خرج من فرغانة القُصْوى وآخر من السوس الاقصى قاصدَيْن الى شبديز حتى ينظرا اليه ما عُنّفا على ذلك، وهو اعجب تصوير فى الدنيا لانه فى الموضع الذى يحتاج فيه الى الحمرة احمر وفى موضع حاجته الى الغبرة اغبر وموضع حاجته الى السواد اسود وموضع حاجته الى البياض ابيض والجبل فى نفسه اغبر فتبارك الله احسن الخالقين، وقال لى ابو علىّ محمّد بن هارون بن زياد وكان حكيما فيلسوفا وقد تجارينا ذكر شبديز فوصلنا الى هذا الفصل فقال محال ان يكون حجر واحد *b* بجميع هذه الالوان ولكنه لمّا فرغ من الصورة دهّنها *c* بالدهن الصينىّ، وانشد ابو محمّد العبدىُّ لنفسه

مَنْ ناظِرٌ مُعْتَبِرٌ *d* أَبْصَرْتُ ... مُقْلَتُه صورةَ شِبْدِيزِ
تأمّلَ الدنيا وآثارَها ... فى مَلِكِ الدنيا أَبَرْوِيزِ
يُوقِنُ أَنَّ الدهر لا يأتَلِى ... يُلْحِقُ مَوْطُودًا *e* بمَهْزُوزِ
أبَعْدَ كِسْرَى اعتاض من مُلْكه ... مَحَطَّ رَسْمٍ منه *f* مَرْمُوزِ
تَغْبَطُ جيرانًا على عَيْشَةٍ ... رَنْقٍ يُعانُوها بتَمْزِيزِ
خَلِّ عن الدنيا فلا طائلٌ ... فيها لذى لُبٍّ وتَمْييزِ
نُعْمَى وبُوسَى أَعْقَبَتْ *g* هذه ... تيك فذو العِزِّ كمَعْزُوزِ

---

a) I et S اشدّ. *b*) I et S حجرا واحدا. *c*) Codd. الصور دهنه. *d*) S معتبرٍ. *e*) B et S موطونا, I موطورا. *f*) Jâc. ثمّ. *g*) I عقيب.

وانشد لاحمد بن محمّد

بوسْتانَ *a* طاقٌ ليس فى الارض مثلُه وفيه تصاويرُ من الصخر مُحْكَمُ
وبَرْويزُ فيه والمَرازِبُ حولَه وشيرينُ *b* تَسْقيهم وشَيْخٌ مُزَمْزِمُ *c*
وبَهْرامُ جُورٍ والمقاوِلُ مُثَّلٌ وشَرْوِينُ فيهم قاعدٌ متعمِّمُ
وخُرِّينُ *d* قد أَجْرَى وأَوْمى بسَهْمِه الى طفلةٍ حسّانةٍ لا تَكَلَّمُ
ومُوبَذُهم فى الطاق صُوِّرَ غُبْرَةً *e* وهِرْبِذُهم بالجَهْل والجَوْر يَحْكُمُ
وكَثٌّ *f* يَحُوزُ الماءَ فى النهر واقفٌ ليَقْسِمَ فيما بينهم ليس يَظْلِمُ
وأَسْرابُ عِينٍ والكلابُ تَحُوشُها وطِرْفٌ عليه المَرْزُبانُ المكرَّمُ
وصُوِّرَ فيه كلُّ وَحْشٍ وطائرٍ من الطَّيْرِ والعَنْقاءِ ما اللهُ اعلَمُ
وأُسْدٌ وصِيرانٌ وشاءٌ وأَعْنُزٌ وحيتانُ بحرٍ فى السَّفِينِ تُعَوِّمُ
وما دَبَّ من ذَرٍّ ونَمْلٍ وعَقْرَبٍ وفيلٌ وفَيّالٌ عليه يُدَمْدِمُ
وقَبْجٌ ودُرّاجٌ وظَبْيٌ وأَرْنَبٌ وبازٌ وصَقْرٌ قد يَصِيدُ وقَشْعَمُ
ومَكْتَبُ صِبْيانٍ وتأديبُ غِلْمَةٍ وشَيْخٌ عَدِيمٌ قيل هذا مُعَلِّمُ
وصَوَّرَ فَطُّوسٌ على الطاق نفسَه عليه جناحا طائرٍ لا يُحَوِّمُ
فسُبْحانَ رَبٍّ سَخَّرَ الصخرَ عَنْوَةً فَصَوَّرَ *g* فيه كلَّ شىءٍ مُقَوَّمُ
لقد أَبْدَعَ الرُّومىُّ فى الطاق بدعةً اقرَّ له بالحِذْقِ عُرْبٌ وأَعْجَمُ

وانشد *h*

كاد شَبْدِيزُ ان يُحَمْحِمَ لمّا خُلِّقَ الوجهُ منه بالزعفران
فكأَنَّ *i* الهُمامَ كِسْرَى وشيرينَ أَوِ *k* الشيخَ مُوبَذَ المُوبَذان
من خَلُوقٍ *عَمْدًا أُرِيقَ عليهم *l* أَصْبَحُوا فى قطائف *m* الارجوان

---

a) Subinscribitur in B اسم قرية; I برستان. *b*) I وسيرين. *c*) B مُزَمْزَمِ, I وزمزم. *d*) B وخُرِينُ, I وحَزِّين, S وخرِّيز. *e*) I et S عبرة. *f*) Gloss. B باغبان *hortulanus*. B et I وكث, S ut vid. وكف. Deinde B et S يجوز. *g*) B فصُوِّر. *h*) Jâc. l.l. ٢٥٣, 5 sqq. *i*) S et Jâc. c. و. *k*) Jâc. مع. *l*) Jâc. قد ضمخوهم جميعا. *m*) Jâc. مطارف.

وبقرماسين الدُّكّان الذى اجتمع عليه ملوك الارض فَغْفُور[a] ملك الصين وخاقان ملك الترك وداهر[b] ملك الهند وقيصر ملك الروم وكسرى ابرويز وهو دكّان من حجارة مربّع[c] قد هندموه وسمّروه بمسامير الحديد حتى لا يتبيّن فيه خرق بين حجرين ويتوهّم من رآه انه قطعة واحدة وانشد لاحمد بن محمّد فيه

بَيْنَ القناطِرِ والدُّكّان ابنيةٌ فاقت على كلّ آثار وبُنْيان
دُكّانُ صَخْرٍ على تلّ بَنَوْه فما نَدْرِى[d] لجنٍّ بَنَوْه ام لانْسان
لانّها صَخْرَةٌ مَلْسا مُلَمْلَمَةٌ عجيبةُ الشأن فيها كلُّ أَلْوان
قد هَنْدَسُوه فأَوْفَوْه على عُمُدٍ وهَنْدَمُوه فما يَخْفَى على جان
قالوا بأَنَّ ملوك الارض اجْتَمَعُوا عليه عند أَبْرَوِيز بن ساسان

وبقصر اللُّصوص[e] بناءٌ عجيب واساطين محكمة ✿

القول فى هَمَذان

قال[f] الكلبىُّ سمّيت همذان بهمذان بن الفَلوج بن سام بن نوح وهمذان واصبهان اخوان احدهما بنى همذان والآخر اصبهان وذكر لى بعض الفُرْس ان همذان مقلوبة انما هى نادمه ومعناها[g] انها المحبوبة، وروى عن شُعْبَة انه قال الجبال عسكر وهمذان مَعْمَعَتُها وهى اعذبها ماءً واطيبها هواءً، وقال ربيعة بن عثمان كان فتح همذان فى جمادى الاولى على رأس ستّة اشهر من مقتل عمر بن الخطّاب وكان اميرها[h] المغيرة بن شعبة فى سنة ٢٤ من الهجرة وفى خبر آخر قال وجّه المغيرة

a) I بغبور, S نعبور. Cf. Jâc. IV, ٧٠, 1 sqq., Kazw. II, ٣٩٠. b) Codd. زاهر. c) Codd. مربعة. d) I يدرى. e) Subinscribitur et insuper post محكمة in textu additur in B كَنْكَوَر. f) Jâc. IV, ٩٨١ sqq. g) S ومعناه. Etymologiam non capio. Cf. Neubauer, *la Géographie du Talmud*, p. 376 ann. 5. h) Jâc. الذى فتحها.

ابن شعبة وهو عامل عمر على الكوفة بعد عزل عمّار بن ياسر جريرَ بن عبد الله البَجَلىّ الى همذان وذلك فى سنة ٢٣ فقاتله اهلها فأُصيبت[a] عينه بسهم فقال احتسبُها عند الله الذى زيّن بها وجهى ونوّر لى ما شاء ثم سلبنيها فى سبيله ثم انه فتح همذان على مثل صلح نهاوند وكان ذلك فى آخر سنة ٢٣ وغلب على ارضها فاخذها قسرا، وقال بعض علماء الفُرْس كانت همذان اكبر مدينة بالجبل وكانت اربعة فراسخ فى مثلها فيقال ان بُخْتَ نَصّر لمّا غلب على الارض واخرب بيت المقدّس وانصرف الى بابل وجّه الى همذان قائدا يقال له صُقْلاب[b] فى خمس مائة الف رجل فاناخ عليها وبقى يحارب اهلها فلم يقدر عليها فلمّا اعيَتْه الحيلة فيها وعزم على الانصراف كتب الى بخت نصّر اما بعد فانى قدمتُ على مدينة حصينة كثيرة الاهل واسعة الاقطار حصينة منيعة واسعة الانهار وقد رمتُ فتحها فلم اقدر عليها وقد ضجر اصحابى بالمقام وضاقت عليهم الميرة، فلمّا ورد الكتاب على بخت نصّر كتب اليه اما بعد فقد فهمتُ كتابك وما وصفت فيه من حال المدينة وقد رايت ان تصوّر لى المدينة بجبالها وعيونها وطُرُقها وقراها ومنبع مياهها ومُنْفَذها الىّ حتى يأتيك امرى فى ذلك ان شاء الله، فلمّا ورد الكتاب امتثل ما امره ووجّه اليه بالصورة فلمّا وصلت اليه جمع الحكماء فقال احتالوا فى فتح هذه فاجمعوا كلّهم ان تسدّ[c] عيونها حولا كاملا ثم يفتح السدّ ويرسل الماء على المدينة حتى تغرق فكتب بخت نصّر الى صُقْلاب[d] بذلك ففعل فلمّا كان عند تجرُّم الحول فتح الماء وارسله على المدينة فغرق الماء اكثر المدينة ودخلها وقتل من اهلها مقتلة عظيمة واقام[e] بها فوقع فيه وفى اصحابه الوباء فمات عامّة من كان معه

a) Codd. فاصيب; Belâdh. ٣٠٩ et Jâc. ut rec. *b*) Voc. in B.
c) Codd. يسدّ; Jâc. تحبس et sic Mokadd. ٣٩٣, 7 et Kazw. II, ٣٢٤.
d) I h. . سقلاب. *e*) I c. ف.

حتى لم يبق معه الّا النفر اليسير ودُفنوا فى احواض من خَزَف فقبورهم تبين الى الساعة فى السكك والمحالّ، فلم تزل همذان خرابا حتى كان[a] حرب دارا بن دارا والاسكندر فلمّا همّ بمحاربته استشار اصحابه فاشاروا عليه ان يحرز امواله وخزائنه بجبال بوراء ارض الماهَيْن شبيهة بالسُدّ[b] وقالوا هناك رسم مدينة عظيمة قد خربت وباد[c] اهلها يقال لها همذان فالراى للملك ان يبعث الى ذلك المكان ويأمر ببناء المدينة ويبنى فى وسطها حصنا يكون لحُرَم الملك وعياله وخزائنه ويبنى حول الحصن دورا لعيال قوّاده وخاصّته ومرازبته ثم يوكّل الملك بالمدينة اثنى عشر الف رجل يحمونها ويقاتلون عنها ان رام ذلك احد، فامر الملك ببناء همذان وبنى فى وسطها قصرا عظيما مشرفا له ثلثة اوجه وسمّاه ساروقًا[d] واستعجلوا الفعلة فى بنائها وصيّروا فى القصر ثلثمائة مخبأة[e] لخزائنه وامواله وعلّق[f] عليها ثمانية ابواب حديد مصراعَيْن كلّ مصراع[g] فى ارتفاع اثنى عشر ذراعا ثم حوّل امواله وخزائنه[h] وعياله الى المدينة فأُسكنوها[i] واسكن خاصّة حُرَمه القصر الذى سمّاه الساروق واحرز امواله وخزائنه[h] فى تلك المخبآت[k] ووكّل بالمدينة اثنى عشر الف رجل وجعلهم حرّاسا عليها ☆

وذكر بعض الرواة ان همذان اعتق مدينة بالجبل وان سليمان بن داود النبىّ صلّعم مرّ بطاق من طيقانها وهو الى الساعة مبنىٌّ فراى غرابا قد سقط على الطاق فكان فيما زعموا يعيش الغراب الف سنة فقال له سليمان مذ كم انت هاهنا فقال اخبرنى ابى عن جدّى انه جاء الى هذا المكان وهذا الطاق مبنىٌّ ☆ قال وانت اذا تفقّدت

---

a) I كانب, S كاد, Jâc. كانت. *b*) Apud Jâc. in بالسند corruptum. *c*) S ومات, Jâc. وبارت وهلك. *d*) I et S شاروقا et infra الشاروق. *e*) Jâc. الف مخبأ. *f*) Teschdîd in B; I وغلق, Jâc. واغلق. *g*) B et I مصراعين; Jâc. باب. *h*) B وخزانته. *i*) I فاسكنها, S واسكنها. *k*) I المخبيات, Jâc. المخابى.

طين المدينة فى البناء وجدته مختلفا من بين احمر وابيض واسود *a* وغير ذلك لان دارا بن دارا وظّف على اهل البلدان نقلَ الطين لبناء المدينة ☆

حديث المياه ومدح الماء البارد *b*

وقال جعفر بن محمّد *c* ان بأرْوَنْد عين من عيون الجنّة وأرْوَنْد جبل همذان والناس يزعمون ان التحمّة *d* التى على القُلّة هى التى قالوا انها من عيون الجنّة وذلك انه يخرج ماؤها فى وقت معلوم من اوقات السنة يخرج من شِقّ صخرة وهو ماء عذب طيّب *e* شديد البرودة خفيف *f* يشرب الرجل منه فى اليوم والليلة مائة رطل اقلّ واكثر *g* لا يَرْوَى منه ولا يضرّه كثرة شربه بل ينفعه ذلك ثم ينقطع ذلك *f* الماء اذا ذهب اوانه ووقته الى قابل من ذلك الوقت وانشد لمحمّد ابن بشّار يذكر طيب ماء أرْوَنْد وعذوبته فى طويلة له *h*

ولقد اقولُ * تَرَفَّعِى فتيامَنِى، لتُواصِلِى *i* دِيَمًا *k* على هَمَذانِ
بَلَدٌ نَبَاتُ الزعفران تُرابُه وشَرابُه عَسَلٌ بماء قَنانِ *l*

والماء البارد مزاج الروح وصَفاء *m* النفس وقوام الابدان من الناس والحيوان بمجانسته لها ومغازلته اياها ومن فضيلته ان كلّ شراب وان رقّ وصفا وعذب وحلا فليس بعِوَضٍ *n* منه ولا مُغْنٍ *o* عنه بل يطيب

---

a) B واسود وابيض. *b*) S om. inscriptionem. In I male praecedit seq. وقال جعفر بن محمد. *c*) I. e. جعفر الصادق, Jâc. I, ٢٢٥, 19 sqq. *d*) B البُحمّة, I الحمّة, S التحمّة ح, Jâc. الجَمّة, sed 3 codd. الحمّة. Ex seqq. patet legendum esse uti rec. *e*) B اطيب. *f*) B om. *g*) I او اكثر. *h*) Jâc. IV, ٩٨٣, 21 sqq., Kazwînî II, ٣٢٤. *i*) Jâc. et Kazw. تيامنى وتشاءمى وتواصلى. Codd. ترفّعى فتيامُنى لتواصُلى, nisi quod I لتُوَاصلى. *k*) I دَيْما, Jâc. رَيْما. *l*) I بماكنان, S قنانى. *m*) B et S وصفى. *n*) S s. p. *o*) Codd. مغنى, B cum voc. مَغْنَى.

بمزاجه *a* ويعذب بمخالطته حتى يجرى فى العروق بلطافته وينساب فى المفاصل برقّته مع خاصّته فى رىّ الظما، واطفائه ضرام نار الحشا،، ولولاه ما عُرف فضلُ البستان على الجنان، ولكان وغيره سيّان،، ولقد جعلته العرب مثلا لها قال القُطامىّ

فهُنَّ يَنْبِذْنَ من قولٍ يُصِبْنَ به   مواقعَ الماء من ذى الغُلّة الصادِ *b*

آخر

أَمانىَّ من سُعْدَى عِذابٍ *c* كانّها   سَقَتْك بها سُعْدَى على ظَمَا بَرْدَا

وكان الموفَّق بالله لمّا خرج الى ناحية الجَبَل حُمل معه مِن ماء دجلة الف خُمَيْسيَّة فوُصف له ماء همذان فلمّا وافاها شربها فاستطابها فترك ماء دجلة وجعل يشرب من ماء همذان *d*،، ومدَّ الشَّعْبىُّ يده وهو على مائدة قُتَيبة بن مسلم يلتمس الشراب فلم يَدْر صاحبُه اشرابَ اللبن ام العسل ام الماء ام بعضَ الاشربة فقال اىَّ الاشربة تريد فقال *e* اعزَّها مفقودا واهونها موجودا فسقاه الماء،، وكان ابو العتاهِيَة عند بعض الملوك اذ شرب منهم رجل ماء فقال

بَرُدَ الماءُ وطابا

فقال ابو العتاهية   حَبَّذا الماءُ شَرَابا

وقال الله عزّ وجلّ فى تفخيم الماء وتعظيمه *f* لَتُسْأَلُنَّ يَوْمَئِذٍ عَنِ ٱلنَّعِيمِ قال عن الماء البارد وقال عزّ وجلّ *g* هٰذَا عَذْبٌ فُرَاتٌ وَٱللّٰهُ خَلَقَ كُلَّ دَابَّةٍ مِنْ مَاءٍ وَجَعَلْنَا مِنَ ٱلْمَاءِ كُلَّ شَىْءٍ حَىٍّ ويقال انه ليس شىء الّا وفيه ماء او قد اصابه ماء او خُلق من ماء والنطفة

---

a) B مزاجه. *b*) S الصادى. Versus laudatur in *Asâs* sub نبذ. *c*) I عذاب. *d*) Abû No'aim f. 22 v. de aqua Ispahânî: ان الموفق كان ينقل اليه الماء مطبوخا من زرنرود اصبهان لمّا عُزل عن اصبهان الى بغداد الى ان مات. *e*) S قل. *f*) Kor. 102 vs. 8. *g*) Kor. 25 vs. 55 aut 35 vs. 13, deinde 24 vs. 44 et 21 vs. 31 (hic locus in B desideratur).

تسمّى ماء والماء يسمّى نطفة وقال الله عزّ وجلّ[a] وَأَنْزَلْنَا مِنَ ٱلسَّمَاءِ مَاءً مُبَارَكًا فَأَنْبَتْنَا بِهِ جَنَّاتٍ وَحَبَّ الْحَصِيدِ، وفى بعض الخبر قال من كان به مرض فليأخذ درهمًا حَلَالًا فليشترى به عسلا ثمّ ليشربه بماء سماء فانه يبرأ باذن الله[b] وقال عدىّ بن زيد[c]

لَوْ بغَيْرِ الماء حَلْقِى شَرِقٌ كُنْتُ كالغَصّانِ بالماء اعْتِصارى

وحين اجتهدوا فى تسمية المرأة بالجمال والصفاء والرقّة والبياض قالوا ابنة[d] ماء السماء والمنذر بن ماء السماء ويقال له طلاوة وماء وفلان ليس فى وجهه ماء ووجهى بمائه قال الشاعر

ماء الحَيَاء يَجُولُ فى وَجَنَاتِه

والماء يُشْرَب صرفا وممزوجا والاشربة لا تشرب صرفا ولا يُنْتفع بها[e] الّا بممازجة الماء وهو بعدُ طَهُور الابدان وغَسُول الادران وقال النبىّ عم الماء لا ينجّسه شىء ومن الماء يكون[f] الجليد والثلج والبَرَدُ وهو يُجْمَع الى برده وعذوبته كَرَمٌ فى البياض وحسنٌ فى المنظر ولطف الموقع من النفس، ومن فضل الجَبَل على العراق انك لو قلت لمريض ناقه ببغداذ او بناحية الكوفة والبصرة ما تشتهى *لَقال اشتهى[g] شربة ماء بارد او قطعة ثلج او جليد، وقد اقسموا بالماء قال الشاعر

غَضْبَى[h] فلا واللّٰه يا أَهْلَها لا أَشْرَبُ البارِدَ او تَرْضَى

ومن الماء زَمْزَمُ وهو شفاء للادواء ❀

وبهَمَذان حمّاتٌ كثيرة نافعة من الادواء الغليظة مثل النقرس والرياح المُزْمِنة وغير ذلك من الادواء الغليظة فينفعها ذلك منها

---

a) Kor. 50 vs. 9, ubi وَنَزَّلْنَا. *b*) S add تعالى. *c*) Laudatur versus a Djauharío sub عصر et in TA sub غص. *d*) S بنت. *e*) Addidi (I تنتفع). *f*) B ins. والبخ و, sed om. والبرد. *g*) B om. sed in marg. suppletur قال cum صح. I لاشتهى. *h*) B غَضْبِى, I غَضْبى, S غضى.

ماء حمّة أَرْونْد وماء لوندان وحمّة دار فين[a] وحمّة دار نبهان[b] وماء آستن[c] وعبد الله اباذ وماء بزين[d] وماء سامير وغير ذلك ۞

وقيل احسن الاشياء صفو هواء وعذوبة ماء وخضرة كلاء والماء حيوة كلّ شيء وهو احد الاركان الاربعة *النار والهواء والماء والارض[e]، قالوا وافضل المياه ماء السماء الذى يؤخذ فى ثوب نظيف ثمّ ما وقع منه على جبل فيجتمع على صخرة ثمّ ماء الانهار العظام *ثمّ الماء[f] المستنقع فى الصحارى اذا لم يكن عشب فيه ثمّ ماء القناة ثمّ ماء الحوض الكبير العمق ثمّ ماء العيون وما كان مجراه على الصخور، وقال تَيَاذُوس[g] الماء حيوة كلّ شيء *وهلاك كلّ شيء[h] وغضارة كلّ شيء وكاسف بال كلّ شيء فاما قوله حيوة كلّ شيء فبه[i] يحيا الانسان الذى لم يخلق الله اشرف صيغةً منه والحيوان والنبات والشجر وكلُّ مأكول من الثمر[k] وغيره *وهو غضارة[l] هذه الاشياء ونضرتها واما كسوف بال كلّ شيء فاذا عدم الماء واما هلاك كلّ شيء فان الغرق منه وكثرة شربه تورث الادواء كما ان الاقتصاد فيه يُذهب كلّ داء، وانشد لابى صالح الحذّاء فى طويلة له كتب بها الى ابنه وهو غائب يذكّره طيب هواء همذان وحسنها ونزهتها ويصف له عذوبة مائها ويشوّقه اليها

فارْحَلْ الينا رِحْلَةً تَنْجَلِى   مِنّا غَيَايَاتٌ[m] لمَحْزُونِ
فقد هَدَتْ[n] سَوْرَةُ ايّامنا   وانسَلَخَتْ ايّامُ تِشْرِينِ[o]
وجاءنا الشهرُ الذى صُفِّدَتْ   فيه عَفارِيتُ الشياطينِ
وطاب للسارِينَ وجهُ السُّرَى   فى جادّةِ الرَّيِّ وقَزْوِينِ

---

a) I دارفين, S دانقين. *b*) S s. p., I بنهار. *c*) S است, I اشْتْ. *d*) I بُذين. *e*) S om. *f*) Addidi. *g*) B تيادوس et add. voc. *h*) B om. *i*) Codd. فيه. *k*) S الثمره. *l*) B وغضارة. *m*) Codd. غيابات. *n*) Pro هدأت. *o*) Codd. تَشْرِين.

والـدهـر فى تـقـويـم ساعاتـه   كـدرهـم ابـيـض مـوزون
هٰذا وبنتُ الكَرْم قد أُكْمِلَتْ *a*   عـدّتـهـا فى الـقـار والطين
عَـذْراءُ من خـابـيَـةٍ أُبْرِزَتْ   تُخْطَبُ *b* من خِدْرِ الدهاقين
قَـوْمٌ *c* تَـرَاهـم فـتُـرَى انّـهـم   تُـجّارُ عِطْرٍ فى الـدكـاكـيـن
والطَّيْرُ قد حنّتْ الى عُشّها   بـكـلّ أَلْـوانِ الـتـزايـيـن
قـد أَقْـبَـلَـتْ واردةً ارضَـنـا   يَـقْـدُمُـهـا سِـرْبُ الشَّفانين
من بَـعْـدِ ان أَفْحَمَها عُجْمَةٌ   غَنَّتْ بلَحْنٍ غـيـرِ مَلْحُون
ترنَّمَتْ فى الـجَـوّ قُمْريُّهـا *d*   تَتْرَى بتَرْجيعِ الـوَرَاشِـيـن
والـوُرْقُ من ذِكْـرِ فَوَاخِيتها *e*   تَسْفِدُهـا خُـضْـرُ الوَرَاشين
تَـبْـكـى عـلى فُرْقَةِ أُلّافِـهـا   شَجْوًا بدَمْعٍ غيـر مَهْتُون
وقد بَدَى أَرْوَنْدُ يُبْدى لـنـا   من سَفْحه وَجْهَ التَّحاسين *f*
تـزيّـنـت غُـرّةُ اقْـبـالـه   بوَشْيِه احـسـنَ تَزْيين
وحَسَرَتْ منه *g* رووسُ الـرُّبى   عن ناضرٍ أَخْضَرَ مَشْحُونِ
والقَبْجُ من حـافـاتـه اردفَتْ   فراخَـهـا *h* خَوْفَ الشواهين
ولـلـمَـهـا سِـرْبٌ اذا اقـبـلَـتْ   من فَـجّـه كالـخُـرَّدِ الـعـيـنِ
والشاءُ تَـحْـدُو نَـحْـوَ حِمْلانها   مُـتْـعَـبَـةً خـوف السَّراحين *i*
والماءُ يَجْرِى من مُتُون الصَّفَا   على الـخُـزَامَى والـرَّيـاحـيـنِ
تَشُمُّها عـنـد هُـبُـوب الصَّبَا   اطيبَ من نَـفْـحَـةِ نَـسْـرِيـن
والـلّٰـهُ يَسْقِى الـرّىَّ *k* غَيْثًا به   مَنْ كان من سُكّـان رايين *l*
إنَّ لـهم من فَـرْطِ شُكْرى بما   صانُوك أَجْرًا غيرَ مَـمْـنُـونِ

---

a) B أَكْمَلَتْ, S sine voc. *b*) B يخطب, S بخطب. *c*) I قوما. *d*) S قمرتها. *e*) Pro فواختها. B et S فواختَيها. *f*) B et I النخّاسين. *g*) Codd. عنه. *h*) Codd. فراخُها. *i*) B السماحين. *k*) B الرَىّ, I et S sine voc. *l*) Forte = رايان, Jâc. II, ٧۴۴ ult. sq.

أَجْرَ الأُلَى صانوا امامَ الهُدَى   أَغْنى عَلِيًّا يَوْمَ صِفِّينِ
فهاكها مكنونةً a صُغْتُها   حَلْيًا لِعِرْضٍ لك مَكْنونِ
ابكارُ أَلْفاظٍ وما بِكْرُ ما   يُهْدَى مِنَ الالفاظِ كالعُونِ
تَمَّتْ ثمانينَ وتأريخُها   فى سنةِ الاحْدَى وسَبْعِينِ

وقالوا كلّ جبل فى الدنيا الّا القليل فماؤه من اسفله ومنابعه من سفوحه الّا أَرْوَنْد فانّ ماءه من اعلاه ومنابعه فى ذروته وانشد b

تَذَكَّرْتُ أَرْوَنْدًا وطِيبَ c نَسِيمِهِ   فقلتُ بِقَلْبٍ d للفِراقِ سَلِيمِ
سَقَى اللّٰهُ أَرْوَنْدًا ومَن فى جِوارِهِ e   ومن حَلَّهُ من ظاعِنٍ ومُقِيمِ
وأَيَّامَنا اذْ نحن فى الدهر جِيرَةٌ f   نَطُوفُ بِرَبْعٍ g لِلوِصالِ قَدِيمِ

وقال آخر

سَقْيًا لِأَرْوَنْدَ ما أَهْنَا المَصِيفَ به   ظِلٌّ ظَلِيلٌ وماءٌ يَنْقَعُ الكَبِدَا
وتُرْبَةٌ كَسَحِيقِ المِسْكِ نَكْهَتُها   وجِيرَةٌ كَبُحُورٍ تَقْذِفُ الزَّبَدَا

وقال آخر

قالوا تَرَى النِّيلَ فى مِصْرٍ فنأْلَفُهُ   اذا تَرامَى على آذِيِّهِ الزَّبَدُ
فقلتُ احسنُ من نِيلٍ بمِصْرِكُمُ   ماءُ العيونِ على الرَّضْراضِ يَطَّرِدُ
فى جانِبَيْهِ رياضُ الزَّهْرِ زَيَّنَها   نَسِيمُ نُوَّارِها والطائرُ الغَرِدُ
تَرَى الخُزامَى يُناغى الأُقْحُوانَ بها   عند الغُدُوِّ كما ناغَى أَبًا وَلَدُ

وانشد لوَهْبٍ الهَمَذانىّ

أَلْقَى الربيعُ على أَرْوَنْدِنا خِلَعًا   خُضْرًا وخِلْعَتُهُ البيضاءُ قد نُزِعا
كَساهُ ثَوْبًا كثيرَ الوَشْىِ زَيَّنَهُ   حدائقٌ نُضَّعٌ من فاقِعٍ لَمَعا
مُلَاءَةً نَسَجَتْها دِيمَةٌ فلها   بَدائعٌ جَمَّةٌ قد فاقَتِ البِدَعا

---

a) Voc. in B et I; S مكنونه. *b*) Cf. Jâc. I, ٢٢٥, 8 sqq. *c*) Jâc. من اروند طيب. *d*) Jâc. لقلب (ex emend. Fleischeri). *e*) Jâc. وروض شعابه. *f*) B حَبْرَةٌ, I جِيرَةً, S جيرُه. *g*) B بزيْغ. Jâc. واذ دهرنا بالوصل غير ذميم.

لها رقائقُ[a] حُسْنٍ ليس يفْهمُها ما ذا[b] جواهرُها الّا الذى صَنَعا
صُفْرٌ وخُضْرٌ وحُمْرٌ[c] ليس يُشْبِهُ ذا هٰذا ولا ذاك هٰذا عند ما طَلَعا
للماء فيه خَرِيرٌ رَجْعُ نَغْمَتِه فى الرَّوض تَرْجِيعُ نَشْوانٍ اذا سَجَعا
تَرَى حدائقَها كالبِيضِ لامعةً بين الأَقاحى فصاءًا فى الرياض مَعا
اذا بَكَتْ مُزْنَةٌ من فوقها ضَحِكَتْ شقائقٌ اخرجَتْ من بطنها خِلَعا
فلو رايتَ اذا ما الشمسُ صبَّحها رايتَ ما لم يَرَى[d] خَلْقٌ ولا سَمِعا
طَوْدًا مُنِيفًا عليه شَمْلَةٌ نُسِجَتْ خضراء فارتفعَتْ فيه كما ارتفعا
اذا الشمالُ عليه جرَّ أَذْيلَه حَسِبْتَه سُوقَ عِطْرٍ بينها وُضِعا
فانظُرْ الى بطن أَرْوَنْدَ البَهِىِّ تَرَى بابًا اليه من الفِرْدَوْس قد شُرِعا
واسمَعْ اذا قَرْقَرَتْ قُمْرِيَّةٌ طَرَبًا وهاج وِرْشانُه فى سَفْحه ودعا
والناغياتُ بها تَدْعو هوالعَها فكُلُّ ناغيةٍ قد ارقَدَتْ هَلَعا
مَنْ لم يكن فى ذُرَى أَرْوَنْدَ مُعْتَكِفًا فذاك عن صُحْبة اللَّذّات قد خُدِعا

آخر لغيره[e]

أَوْدَى الشتاء وهاج كلُّ مُغَرِّدِ وبَدَتْ معالمُ للربيع الأَحْمَدِ
عَكَفَتْ على أَرْوَنْدَ عيرُ[f] سَحابةٍ سَوْداء مُظْلِمَةٌ كلَوْن الاثْمِدِ
تَبْكِى بمَدْمَعها ويَضْحَكُ ثَغْرُها عن ساطعٍ كالكوكب المتوقّدِ
هَمَلَتْ بما حَمَلَتْ فأَلْبَسَتِ[g] الثَّرَى من نَسْجِها حُلَلًا وان لم تُعْقَدِ
من كلّ اخضرَ كالحرير وفاقعٍ نَضِرٍ واحمرَ ساطعٍ متوقّدِ
شَمِلَتْ عصابةُ نَوْره لهُمُ الثَّرَى فتعمَّمَتْ منها هضابُ الفَدْفَدِ[h]
صارتْ عيونٌ[i] للثَّرَى لمّا بَكَتْ فيها السحابُ بأَعْيُنٍ لم تَجْمُدِ
وكأنّها قَمَرٌ وقد طلعتْ ..[k] شمْسُ الضُّحَى من جَوْهَرٍ مُتَبَدِّدِ
حَسُنَتْ فحسَّنَتِ الثرى بمحاسنٍ حَسَرَتْ مَساوِىَ للشتاء الأَنْكَدِ

---

a) I دقايق. *b*) I et S ذى. *c*) I وحمر وخضر. *d*) Pro بير.
e) S ولاخر غيره. *f*) B غبير. *g*) S c. و. *h*) I et S الـفَـرْقد.
i) B et S عيونا. *k*) Vox bisyllaba desideratur.

شَرِبَتْ مِنَ الوَسْمِىّ اوّلَ صَوْبِهِ ومِنَ الزلالِ البارِدِ المتطرِّدِ
وكانّما لَبِسَ البقاعُ مُعَصْفَرًا منها ووُشِّحَ صَدْرُهُ a بمورَّدِ
نَفَتِ الصَّبَا عنه القَذَى بنَسيمها فكانّه لَمَعانُ مَتْنِ مُهَنَّدِ

وقالوا شتاء بغداد وربيع الرىّ وخريف همذان ومصيف اصبهان وقالت الحكماء b احسن الارض مخلوقةً الرىّ ولها السُّنُّ c والسَّرْبان، واحسنها مصنوعةً جُرْجان، واحسنها مفروقةً d طبرستان، واحسنها مستخرجةً نَيْسابُور واحسن الارض قديمةً وحديثةً جُنْدَى سابور ولها حسن الآبان e، ومَرْو ولها الرَّزِيق f والماجان، والغُوطة ولها الزاربان g، ونَصيبين ولها الهِرْماس والصَّيْمَرة ولها الحَصْنان، والبصرة ولها النَّهْرَوان، وبفارس شِعْب بَوّان، ومستشرف شَهْرَزُور وباقَرْحَى h ولها من هاهنا بستان ومن هاهنا بستان، ونهرٌ فى الميان، والمدائنُ والسُّوس وتُسْتَر وهى بين اربعة اودية دُجَيل والمَسْرُقان وماعينان i ونروبان k، وبلخ ونهاوند واصبهان واقبال همذان ✿

مُجاراة عبد القاهر والحسين بن ابى سَرْح فى مدح همذان والعراق وذمّهما l

وكان عبد القاهر بن حمزة الواسطىّ والحسين بن ابى سَرْح كثيرا ما يلتقيان عند محمّد بن اسحاق يتجاريان الآداب ويتذاكران العلوم والاسباب m وكان ابن ابى سرح يذمّ العراق وكان عبد القاهر يذمّ

a) Codd. ووَشّح صدَرَه. b) Mokadd. ٢٥٩, 2 sqq. c) Codd. السن (B الْسُنُ) et sic Ibn Khord. p. 123; cf. Jâc. III, ٩٧, 8 sq. Deinde codd. والسريان. d) Mok. et cod. Ibn Khord. معروفة. e) Addidi meddam. Cf. Mok. ann. f. Ibn Khord. الاشجار. f) B النزردق, I et S الزرمق, cod. Ibn Khord. الريتون. g) Codd. s. p., Ibn Khord. الواديان. h) In cod. Ibn Khord. وباكوخا. Infra codd. باكرخى. i) Ibn Khord. وماهان. k) B ونرويان, codd. Ibn Khord. وسوريان (in edit. بوريان). l) Cf. Jâc. IV, ٩٨٤, 9 sqq. m) B الانساب, I والاسيار, S والاسباب.

الجبل ويمدح العراق فالتقيا يوما فى شتاء فى يوم شاتٍ صادق البرد فلمّا دخل الواسطىّ وسلّم قال لعن الله الجبل ولعن ساكنيه وخصّ الله همذان منها باوفر اللعن فما اكدر هواءها واشدّ بردها واكثر مُؤنتها *a* واقلّ خيرها قد سلّط الله عليها الزمهرير الذى يعذّب الله به اهل جهنّم مع ما يحتاج فيها من المُؤن المجحفة من الدثار الكثير *b* والحطب الجَزْل وغيره فوجوهكم يا اهل همذان متشقّقة *c* وانوفكم سائلة واطرافكم خصرة *d* وثيابكم متّسخة وروائحكم قذرة وثيابكم متقطّعة والفقر فى طلبكم اظهر والستر عندكم اهتك لان الشتاء يهدم الحيطان ويُبْرز الحِصان ويُفْسد الطُرُق ويشعّث الآطام ويخرّب الديار ويجعل الارض وَحِلة نَفِسة قَذِرة تتهافت *e* فيها الدوابّ وتقذّرُ *f* فيها الثياب وتحطّمُ *g* الابل والحمير ولا تَطْهُرُ *h* فيه الصلوات وتنخسف فيه الآبار وتُوكِف *i* فيه السطوح وتهيج فيه الرياح العواصف وتكون فيه الزلازل والخسوف والرعد والبروق *k* والدَّمَق والثلوج ويكثر فيه المدود والسيول والناس فيه فى جَبَل *l* انفسهم يتوقّعون العذاب ويخافون السخطة والعقاب وهم مع ذلك يسمّونه العدوّ الحاضر *m* والكلب الكَلِب ولذلك كتب عمر بن الخطّاب الى بعض عمّاله انه قد اظلّكم الشتاء وهو العدوّ الحاضر فاعِدّوا له الفراء والخفاف المنعّلة ثم فيكم اخلاق الفرس

a) S موونتها. *b*) B الكبير. *c*) Jâc. مايلة, sed cf. Mokadd. ٣٨٤, 13 et Kazw. II, ٣٢٥, 2. *d*) Male Fleischer et ego apud Jâc. jussimus legere خصرة. Vid. quoque Kazw. l.l. et Mokadd. qui habet مخصرّة. *e*) B بنهافت, S بتهافت. *f*) B وبَقْذَرُ, S وبقذر. *g*) B ويَحْطِمُ, I وتُحطِّم, S ut rec. sine voc.; Jâc. وتحطّم. *h*) I تُطَهِّرُ. *i*) Jâc. وتكف. *k*) B والبرق. *l*) B حبَل, I حِيك, S حبل s. جبل; cf. Jâc. ٩٨٥, 3. *m*) Jâc. hic et mox الحاصر; cf. Kazw. ٣٢٥, 5.

وجفاء العلوج وبُخْل اهل اصبهان وزقاعة[a] اهل الرىّ وفدامة اهل نهاوند وغِلَظ طبع اهل همذان على ان بلدكم هذا اشدّ البلدان بردا واكثرها[b] ثلجا واضيقها طرقا واوعرها مسلكا واغلظها مؤونة[c] ولذلك قالوا ابرد البلدان ثلثة همذان وقاليقلا وخوارزم وقد روى ثقاتكم عن عبد الله بن المبارك انه لمّا قدم همذان جعل توقد[d] بين يديه النار فكان اذا سخن باطنُ يده اصاب ظاهرها البردُ واذا سخن ظاهرها اصاب باطنها البرد فانشأ يقول

اقولُ لها ونحن على صِلاءٍ   أمَّا للنار عندكِ حَرُّ نارِ
لئنْ خُيِّرتْ فى البُلْدان يوما   لَمَا[e] هَمَذانُ عندى بالخِيارِ

ثمّ التفت الى ابن ابى سَرْح وقال[f] يا ابا عبد الله وهذا والدك الذى يقول[g]

النارُ فى هَمَذانَ يَبْرُدُ حَرُّها   والبَرْدُ فى هَمَذانَ داءٌ مُسْقِمُ
والفَقْرُ يُكْتَمُ فى بلادٍ غيرِها   والفَقْرُ فى هَمَذانَ ما لا يُكْتَمُ
قد قال كِسْرَى حينَ أَبْصَرَ بَلْدَكُمْ[h]   هَمَذانُ فانْصَرِفُوا فتلكَ جَهَنَّمُ

والدليل على هذا ان الاكاسرة كانت لا تدخل همذان لان بناءهم متّصل من المدائن الى آزَرْميذُخْت من أَسَداباذ ولم يجوزوا[i] عقبة اسداباذ وان كسرى أَبَرْويز همّ بان يدخلها فلمّا بلغ موضعا يقال له دُوزَخ در ومعناه بالعربيّة باب جهنّم او كهف جهنّم قال انطلقوا[k] فلا حاجة لنا فى دخول مدينة فيها ذكر جهنّم وقال شاعركم وهو وهب[l] الهمذانىّ

أمَا آنَ من هَمَذانَ الرَّحيلُ   من البَلْدَة الجَدْبَةِ[m] الجامِدَهْ

a) Jâc. ووقاحة. *b*) Codd. واكثره et sic deinde. *c*) S موونة. *d*) I يوقد. *e*) S ut Jâc. لما. *f*) B et I قال. *g*) Vid. praeter Jâc. quoque Mokadd. ٣٩٢ sq. *h*) Pro بَلَدكم ut habent codd., sed lectio falsa esse videtur; cf. Mokadd. ٣٩٣ ann. *a*. *i*) B add. من. *k*) B فانطلقوا. *l*) Jâc. add. بن شاذان. *m*) B الجذبة, S الجلده, Jâc. الحزنة.

فما فى البلاد ولا اهلها من الخَيْرِ من خَصْلَة واحدَهْ
يَشيبُ الشَبابُ ولم يَهْرَموا بها من ضَبابتها الراكدَهْ
سَأَلْتُهُمْ اينَ اقصى الشتاء ومُسْتَقْبَلُ السَنَة الواردَهْ
فقالوا الى الجَمْرَة المُنْتَهَى فقد سَقَطَتْ جَمْرَةٌ جامدَهْ *a*

وقال ايضا وهب

يومٌ من الزَمْهَرِيرِ مَقْرُورْ عليْه جَيْبُ *b* الضَبَابِ مَزْرُورْ
كانّما حَشْوُ جَوِّه ابَرٌ *b* وأَرْضُه وَجْهُها قَوارِير
وشَمْسُهُ *c* حُرَّةٌ مُخَدَّرَةٌ *تَسَلَّبَتْ حينَ حُمَّ مَقْدُور *d*
تُخالُ بالوَجْه من ضَبابتها *e* اذْ أَخَذَتْ جِلْدَهُ زَنانيرُ *f*
ترى *g* البصيرَ الحَديدَ نَظْرَتُه فيها *h* لاجفانه سَمادِيرُ

وسأل عمر بن الخطّاب رجلا فقال من اين انت قال من الجَبَل قال من اىّ مدينة قال من همذان فقال انها مدينة هَمّ وأَنَّى يَجْمُدُ قلوب اهلها كما يجمد ماؤها، وسُئل اعرابىٌّ كان دخل همذان عنها فقال اما نهارها فرقّاص واما ليلهم فحمّال يعنى انهم يرقصون بالنهار لخَصَر اطرافهم وبالليل يتدثّرون ويحملون الثياب، ولقد سمعتُ بعض علمائكم ومشايخكم يقول يَرْبَحُ اهل همذان اذا كان يوم شمس فى الشتاء مائة الف درهم لانهم لا يحتاجون فيه الى الوقود، وقيل لابنة الخُسّ *i* ايُّما اشدُّ الشتاء ام الصيف فقالت من يجعل الأَذَى كالزَّمانة، وقيل لاعرابىّ ما غاية البرد عندكم فقال اذا كانت السماء نقيّة والارض نديّة والريح

---

a) B خامده ut legere proposuit Fleischer ad Jâc. Hic vero non bene explicavit locum, nam الجمرة est prima gradus caloris, vid. Lane ex TA et Mas'ûdî III, 410. *b*) Sic restituatur ap. Jâc. *c*) I وشَمْسَة. Deinde codd. حَرُّها. *d*) Addidi ex Jâc., in codd. lac. *e*) B صبابتها. *f*) S زنابير. Fleischer ad Jâc. emendat زنابير, sed lectio recepta optime defendi potest. *g*) Jâc. يرمى. Codd. البصيرُ. *h*) B et I فيه, Jâc. منها. *i*) Jâc. ٩٨٧, 10 male الحسن; vid. TA sub خس.

شامّيّة فلا تَسْألْ[a] عن اهل البليّة[b]، وانتم تَرْوون فى الخبر همذان تخرب لقلّة الحطب، ودخل بعض الاعراب همذان فلمّا راى هواءكم[c] وسمع كلامكم ذكر بلاده وانشأ يقول

وكيف أُجيبُ داعيكم ودُونى جبالُ الثَّلْجِ مُشْرِقَةُ الرِعانِ
بلادٌ شَكْلُها من غير شَكْلى وأَلْسُنها مخالِفَةٌ لسانى
وأَسْماءُ النِساءِ بها زَنانٌ وأَقْرِبْ بالزَّنانِ من الزَّوانى

ودخل بعض الاعراب الجبل فى الشتاء فجعل انفه يَرْعَمُ فرفع يده ووجأه فقال لا والذى جلّ وعلا ما رايت عضوًا انتن منك اذا جمد كلُّ شىء فانت تذوب واذا ذاب كلُّ شىء فانت تجمد ابيتَ الّا خلافا، وقال شاعركم وهو احمد بن بشّار فى ذمّ همذان وشدّة بردها وغلظ طبائع اهلها وما يحتاجون فيها من المؤن المجحفة الغليظة

قد آنَ من هَمَذانَ السيرُ فانْطَلِق[d] وارحَلْ على شَعْث[e] شَمْلٍ غيرِ مُتَّفِقِ
بِئْسَ اعْتياضُ الفتى ارضَ[f] الجبال له من العراق وبابُ الرِزْقِ لم يَضِقِ
امّا الملوك فقد أَوْدَتْ سَراتُهُمُ والغابرون بها فى شيمَةِ السُّوَقِ
فلا مُقامَ على عَيْشٍ ترنّقهُ أَيدى الخُطوبِ وكيف[g] العيشُ ذو الرَّنَقِ
قد كنتُ أَذْكُرُ[h] شيئًا من محاسنها ايّامَ لى فَنَنٌ كاسٍ من الوَرَقِ
فاليَوْمَ لا بُدَّ من نَعْتى مَساوِيَها كَيْما يَغُصّ بها الثاوى[i] على شَرَقِ
لا خَيْرَ فيها ولا فى ان تُقيمَ[k] بها ولو تَقَلَّبْتَ بين النِبْرِ والوَرَقِ
ارضٌ يعذِّبُ اهلوها ثمانيَةً من الشهور كما عُذِّبْتَ بالدَّهَقِ
ثُلْثَىْ حَياتك ما تُهْنَا[l] بنافِعَةٍ الّا كما انتفع المَجْرُوض بالرَّمَقِ

---

a) B et I يسهل. *b*) Jâc. البربية. *c*) In I correctum in هواؤكم et mox كلامكم. *d*) Codd. فانطلقى. *e*) Jâc. ٩٨٩ et Kazw. ٣٢٥ شعب. *f*) Codd. ارضُ. *g*) Jâc. وشرّ. *h*) S اىكر. *i*) B الناوى. *k*) Codd. يقيم et mox تقلَّبتْ. *l*) Jâc. تبنى ex تهنى corruptum; ibique ثلثى et بالرمق reponenda sunt.

فانْ رَضيتَ بثُلْثِ a العَيْش فارْضَ به — على شرائطِ مَن يَقْنَعْ بها يَمُقِ b
اذا ذَوِى البَقْلُ هاجتْ فى بلادِهمِ — بَرْدٌ وغُلِّقَتْ الابوابُ بالغَلَقِ c
امّا الغَنِىُّ فمَحْصُورٌ يكابِدُها — طُولَ الشتاء مَعَ اليَرْبوعِ فى نَفَقِ
يقول أَطْبِقْ وأَسْبِلْ يا غلامُ فقد — خَشِيتُ أَجْمُدُ من بَرْدٍ ومن دَمَقِ d
وأَوْقَدوا فى تَنانيرٍ تُذَكِّرُهم — نارَ الجَحيمِ بها من يَصْلَ يَحْتَرِقِ
والمُمْلِقونَ بها سُبْحانَ رَبِّهِمِ — ما ان يقاسونَ طُولَ اللَّيْلِ من أَرَقِ
تَنْسَدُّ ابوابُهم بالثَّلْجِ فهو لهم — دونَ الرِتاجِ رِتاجٌ غيرُ مُنْطَبِقِ
والارضُ تُصْبِحُ والدنيا e لها طَبَقٌ f — تَحارُ فيه عيونُ الناس فى الطُّرُقِ
حتّى اذا استحكمتْ بَرْدًا غَدا طَبَقٌ — مِنَ الضَبابِ فقد أَوْفَى على طَبَقِ
يَنْهَلُّ g منها عليهم دائبًا دِيَمًا — بالزَمْهَريرِ عَذابًا صُبَّ من أُفُقِ
فوَيْلُ مَن كان فى حِيطانِهِ قِصَرٌ — ولم يُحَصِّنْ h رِتاجَ الباب بالغَلَقِ
يَدْعو الثُّبُورَ i على صِبْيانه فَرَقًا — بَعْدَ العشاء ويَدْعوه من الفَرَقِ k
اما الصَّلوةُ فوَدِّعْها سِوَى طَلَلٍ — أَقْوَى وأَقْفَرَ من سَلْمَى بذى العَمَقِ l
تُمْسى وتُصْبِحُ m والشيطانُ فى قَرَنٍ — مُسْتَمْسِكًا من حبالِ الكُفْرِ بالرِّبَقِ
والماء كالمِلْحِ n والانهارُ جامدةٌ — والارضُ اضراسُها تَلْقاك فى دَمَقِ o

---

a) I بنكث. Pro العيش Jâc. et Kazw. العمر. *b*) Fleischer propos. يَمِقِ (quia Jâc. بما), sed lectionem confirmat Kazwînî habens وقد تُعَدّ اذا من اجهل الحمق. *c*) Hoc hemist. male hic collocatum est; Jâc. (coll. Kazw.) من جربياء نشافة العرق et addit 7 versus. *d*) I بَمَق sic. Hemist. apud Jâc. aliter audit. *e*) B فالدنيا. *f*) Codd. طبقا. Deinde I et S تحار. *g*) B تنهل. *h*) Jâc. يخصّ, sed videtur legendum يحصن. *i*) Cf. Kor. 25 vs. 14. *k*) I. e. mane. *l*) Allusio ad versum Amri ibn Madikarib Jâc. III, ٧٢٧, 14. *m*) Ex emend. Fleischeri; codd. يمسى ويصبح, Jâc. male كالشيطان et الله (pro الكفر). *n*) Jâc. كالثلج, Kazw. كالصخر. *o*) Jâc. بالدمق (Fleischer propos. بالدبق). Kazw. والارض عضاضة بالضرس فى الطرق.

حتّى كأنّ قُرونَ العُفْرِ نابتةٌ a تَحْتَ المَواطِئِ والأقدامِ فى الطُّرُقِ
والناسُ بِيضُ اللُّحَى تَهْمِى أُنوفُهُم فَوْقَ الشوارب كالمَصْدوم ذى البَلَقِ
تِسْعِينَ يَوْمًا وعَشْرًا أَكْمَلتْ مائةً يَدْعُونَ لَيْلَةَ تَمَّتْ ليلةَ السَّدَقِ b
كأنّهم عَسْكَرٌ هاجَ الحَرِيقُ بهم فهم يَمُوجُونَ والضَّوْضاءُ فى فَرَقِ c
كأنّهم حينَ أَفْضَوْا فى ثِيابِهِم خَلْفَ الغَرابيلِ اوهاها d من الخَرَقِ
فما ترى بَعْدَها يَلْقَوْنَ من عَذَبٍ من الوُحُولِ التى طَمَّتْ على اللَّثَقِ
والمَشْيِ e شهرَيْن بالمِيزان قد زَهِقَتْ نُفُوسُهم فَرَقًا f من خَشْيَةِ الزَّلَقِ

فى طويلة له، فلمّا بلغ عبد القاهر هذا المكان التفت اليه ابن ابى سَرْح فقال قد اكثرتَ المقال واسرفت فى الذمّ واطلتَ الثَّلْبَ وطوّلت الخطبة ولولا ما جريتَ اليه من سوء المقال وكثرة الهذيان لكنّا عن مجاوبتك بمعزل g وعن محاورتك فى شغل فهما كان فينا يا ابا علىّ اكرمك الله وفى هوائنا وارضنا وبلدنا وصُقْعنا فليس فينا جفاء h النبط وعجرفيّة اهل السواد واخلاق الخُوز وغدرُ اهل الكوفة ودقّة نَظَر اهل البصرة وبُخْل اهل الاهواز وسوء معاشرة اهل بغداذ وجفاء اهل الجزيرة وغِلَظ طبع اهل الشام وجهلهم واهل الجبل قد i سَلِموا من شدّة حرّ البصرة ومن وبائها ومن كثرة براغيث بغداذ وذبّانها k ومن نَتْن البطائح وتغيُّر هواء مصر وثعابينها ومن جرّارات l الاهواز وسمائمها ومن عقارب نصيبين وافاعى سجستان وهل للخصب والخير والنعمة والدعة والاكل والشرب

---

a) Fleischer propos. العُفْرِ نائتةٌ. *b*) B et S السدق. *c*) Voc. in B. Seq. versus in I desideratur. *d*) Sic B; S اوهاهًا, sed prior ه expunctus esse videtur, ut foret اواهًا et de legendo أُوّاهٌ cogitari posset, nam accus. pro nom. in codd. saepius ponitur. *e*) B والمشىُ, I والمشىَ, S sine voc. *f*) I فَزَعًا. *g*) B بمعزول. *h*) B حفظ. *i*) I et S فقد. *k*) B وذبابها, S وذدادها. *l*) I et S s. p.

الّا عندنا فى الشتاء الذى تغيب a فيه الهوامّ وتنجحر الحشرات ويموت فيه الذباب ويهلك فيه البعوض ويبرد فيه الماء ويسخن الجوّ ويطيب فيه العِناق ويظهر فيه الفرش والكسوة والنعمة والملوكيّة والسَّرْو والمروّة واذا سبرتَ b الاقاليم صقعا صقعا وبلدا بلدا وكورة كورة علمتَ انه لا يخلو بلد c من البلدان ولا اقليم من الاقاليم فى شرق الارض ولا d غربها وبرّها وبحرها وسهلها وجبلها من حرّ او برد اربعة اشهر ولذلك قال ابو دُلَف e

انّى امرؤٌ كِسْرَوِىُّ الفعالِ   أَصيفُ الجبالَ وأَشْتو العراقا
وأَلْبَسُ للحرب اثوابَها   وأَعْتَنِقُ الدارعين اعتناقا

فاختار بفضل رايه ان يصيف الجبال ليسلم من سمائم العراق وذبابه وهوامّه وحشراته وسخونة مائه وهوائه وكان يشتو بالعراق ليسلم من زمهرير الجبال وكثرة رياحه واندائه ووحوله واقذاره وقال ابو دلف ايضا

الم تَرَنى حين حال الزمانُ   أَصيفُ العراقَ وأَشْتو الجبالا
سُمُومُ المَصيف f وبَرْدُ الشتاء   حَنانَيْك حالا ازالتك g حالا
فصَبْرًا على حَدَث النائبات   تأَبّى الحوادثُ الّا انتقالا

فاذا صحّ لك ما قلنا وتبيّن لك ما حكينا ثم ميّزتَ وتفكّرتَ علمتَ ان العيش عيشنا والنعمة نعمتنا لان البرد اصلح من الحرّ لانك اذا اضفتَ البرد الى ما يقاسيه اهل عمان واهل البصرة وسيراف والعراق من اذى السمائم القاتلة والى ما يعانونه من الهواء الكدر الغليظ والماء السخن الزعاق وكثرة الذبّان والجعلان والخنافس والحيّات والعقارب والجرادات والنمل والبعوض والبَقّ والجِرْجِس h وذوات السموم القاتلة

---

a) B يغيب et وينجحر, S نغيب et وننجحر. b) B سَبَّرْتَ, I سُبِّرَت. c) Codd. بلدا et mox اقليما. d) B add. فى. e) Jâc. II, ١٦, 4 sqq. f) B المُصيف, I الصيف. g) S ازالك; Jâc. ازاليك. h) B والجَرْجَس, I et S sine voc.

والحشرات *a*، وملوك الجَبَل لا يعُدّون العيش عيشا ولا النعمة نعمة الّا فى ايّام الشتاء لانهم يفرشون من الفُرُش اسراها ويلبسون من الثياب احسنها وادفأها ويلبسون *b* الثعالبَ البيض والسود والفَنَك والسمّور والقاقُم والحواصل والوَشَق *c* والدَّلَق ويفرشون الخزّ والأرْمَنىّ والديباج والمرعزىّ وغير ذلك من الخزّ والبزّ ولهم المطارِمُ والمطارق والمضارب والابنية والستارات والسرادقات والقباب التركيّة واثواب عَدَن وثياب نَيْسابُور ومَرْو واصبهان والنعمة عندنا فى الشتاء اظهر والخير اكثر ولولا الشتاء وثلجه وبرده وريحه ومطره لما نبت لنا فى الصيف زرع ولا درّ لنا ضرع ولا اثمر لنا شجر ولا اخضرّ لنا عود ولذلك قال بعض الشعراء

لولا الشِتاء ولولا *d* قُبْحُ مَنْظَره   لَمَا رُوِى من رَبيعٍ مَنْظَرٌ حَسَنُ

وفى الشتاء يستلذّ فيه *e* الملوك شربَ المدام لطول الليل وقلّة الهوامّ الذى هو صديق النفس وحيوة الابدان والسبب الى الزيادة فى الاعمار وصحّة الاجسام وله اتّخذت القصور المشيّدة والمجالس المنجّدة والنمارق الممهّدة هذا فى الشتاء فاذا جاء الربيع فلنا الجنان المتّصلة والرياض الخضرة والانوار الحسنة والامياء *f* المطّردة والارواح الطيّبة والمواضع النزهة ثم لنا من الانوار والزهر والرياض والغُدْران ما لا يكون فى بلادكم ولا يعرف عندكم حتى لقد جهد ملوككم وكُتّابكم وذوو النعمة منكم ان يُنبتوه عندهم فى جنانهم وبساتينهم فلم ينبت منها شئ مثل الزعفران والزَرْدَلال والجاولال والكُسْتَنج *g* والسُّحالة *h* والكَرْكَبييس *i* والنَسْتَر والندير *k* والسُّوسَن آزاذ وغير ذلك من الانوار الجبليّة التى لا تكون الّا فى بلادنا ولنا الريباس خاصّة الذى يتداوون به وانواع الفواكه مما اذا حمل اليكم تتفاخرون به وتتهادونه كالكمثرى النهاوندىّ والصينىّ *l*

---

a) Apodosis desideratur. *b*) S ويلبسوا من. *c*) B et I والوسق. *d*) B ولا. *e*) Desiderari posset. *f*) B والامياه. *g*) B والكسح, I والكسبج. *h*) Voc. in S. *i*) I s. p. *k*) I s. p., B والمدير, S والندر. Quomodo legendum sit haereo. *l*) B والصبنى.

والتفّاح الشبيرىّ *a* ولنا ايضا ما يتّخذ *b* من الالبان ويُتمنّى عندكم منها *c* ولقد سئل جُلّة كُتّاب اهل العراق عن همذان فكان يقول اذا جاءك حنطة أَزْناوه *d* وخبز المِهْروَان ولحم الشَّراهَيْن فأَمْسِكْ وحسبك فضيلة بشىء ينادى على الخبز بالحَرَمَيْن مكّة والمدينة فى ايّام الموسم والناس مجتمعون من كلّ فجّ عميق المِهْرَوانىّ المِهْرَوانىّ ولمّا ميّز قُبَاذ اقليمه وجد انزه بقاع اقليمه ثلثة عشر موضعا المدائن والسُّوس وجُنْدَىْ سابور وتُسْتَر وسابور *e* واصبهان والرىّ وبلخ وسمرقند وباوَرْد وماسبذان ومِهْرِجانْقَذَق وتلّ ماستر *f* وبطنا بنهاوند يسمّى رُوذَراوَر *g* وهى ثلثة فراسخ فيها ثلث وتسعون قرية متّصلة وجنان متّسقة وانهار مطّردة حشيشها الزعفران وفواكهها العنب والرمّان *والجوز واللوز والتفّاح والكمثرى وغير ذلك من انواع الثمار *h* ولقد قال لى بعض الدمَشْقيّين ممّن قد جال الآفاق ودار البلدان دخلتُ غُوطة دمشق وأُبُلّة البصرة واسكندريّة مصر وصنعاء اليمن ورايت خَوَرْنَق الكوفة وحافتى دجلة والفرات وبغداذ العراق وشَبْدِيز قِرْماسين وزَرَنْرُوذ اصبهان وجُنْدَىْ سابور الاهواز وشعب بَوَّان فارس وسُرّ وسَرْبَان *i* الرىّ ومستشرف باكَرْخَى *k* وسابور فارس ورايت اقبال همذان وسمرقند الصُّغْد وبلخ خراسان والزَّرِيق والماجان بمَرْو فما رايتُ بلدا اطيب هواء ولا اعذب ماء ولا اكثر خيرا من رُوذَراوَر وما ظنُّك ببلد حشيشه الريحان *l* والزعفران وشرابه العسل *والسِمْنان وثمره العنب *m* والرمّان قال الشاعر *n*

بَلَدٌ نَباتُ الزعفران ترابُه   وشَرابُه عَسَلٌ بماء قَنانِ

فلمّا بلغ هذا الموضع حضرت الصلوة وقاموا فانشأ ابن ابى سَرْح يقول

---

a) Codd. الشبرى. *b*) I نتخذ. *c*) I منها عندكم. *d*) Codd. ازنارد. *e*) B وشابور. *f*) Cf. supra p. ٢٠٩, 16 sq. Deinde codd. بطن. *g*) Cf. Jâc. II, ٨٣٢, 2 sqq. *h*) Ex solo B. *i*) Codd. وشن وسربان (وسربان S). *k*) Cf. supra p. ٢٢٧, 10 et *h*. *l*) B om. cum و seq. *m*) B iterum om. *n*) Cf. supra p. ٢٢٠, 14.

إِنْ عادتِ العَقْرَبُ عُدْنا لها   وكانتِ النَّعْلُ لها حاضِرَهْ

وقال بعض الشعراء

وبالقَوْس لمّا حلّتِ الشمسُ أظْلَمتْ   وأُطْبِقَ أرْوَنْدٌ على هَمَذانِ
وهَبّتْ رياحُ الزَّمْهَرِيرِ فأحْرَقَتْ   بها كلَّ ذى جِنْسٍ من الحَيَوانِ
فما إِنْ ترى شيئًا بها غيرَ جامدٍ   مع النِفْط والنَّفّاط والقَطِرانِ
ترى الناسَ بين السوق والدور جُمَّدًا   عَداهم عن التَّرْداد والجَوَلانِ
فطُرْقُهُمْ والدورُ مطموسةٌ بهم   يزيدُهُمُ a طَمْسًا وليس بفانى
ترى الطيرَ فى جوّ السماء معلّقا   من البَرْد ممنوعا من الطَّيَرانِ
وتَنْجُمُدُ b بين الحائطَيْن كلابُهم   وكانت تُبارِى الخيلَ يومَ الرِهانِ c
وليس يَقِى من بَرْدها جِلْدُ ثَعْلَبٍ   بخُوارَزْمَ مَدْبوغٌ بغَيْر تَوانى
ولا جِلْدُ سَمُّورٍ ولا الفَنَكُ الذى   يُوَقِّى d به المَقْرورُ حَرَّ عُمانِ
وليس يَقيهم منه لَفْحُ جَهَنَّمٍ   وما لَهُمُ بالزَّمْهَرِيرِ يَدانِ
أَمَا مَهْرَبًا من ذا العذارِ فقد وَهَتْ   عِظامى ولا يَشْعُرُ e به القَدَمانِ
الى الكَرَجِ الحَسْناء دارِ اميرنا   فنُوسِعُها حَمْدًا بكلّ لسانِ
مبارَكةٌ حُفَّتْ بخِصْبٍ ونِعْمةٍ   بماء عيونٍ عَذْبةٍ وجِنانِ
فاهلُ التُّقَى والبِرّ والفَضْل اهلُها   وليس لهم فى المَشْرِقَيْن مُدانِ

ذكر حُبّ الاوطان f

ولولا ان الله تعالى وتقدّس جَبَلَ هذا العالم على حبّ الاوطان ورضّى كلّ حزب منهم ببلده وحبّب اليهم تربتهم وارضهم لَمَا فضّل قائل هذا الشعر الكَرَج مع ضِيقها وقَذَرها وقلّة خيرها وشدّة بردها على همذان ولكن الله قد خالف بين طبائع الناس ولولا اختلاف طبائع الناس وعِلَلهم لَمَا اختاروا من الاسماء الّا احسنها ومن البلاد الّا اغذاها ومن الامصار الّا اوسطها ولو كانوا كذلك لتناحروا على الواسطة

a) S يزيد بهم. b) B et I ويجمد. c) I et S رهان. d) S توقى. e) Pro يشعُرُ, nisi legendum sit ولم, S تَشعر. f) S om. titulum.

ولنتشاحّوا *a* على بلاد الغذاء وقد قيل فى الامثال عَمَّرَ اللهُ البلدان بحبّ الاوطان وقال عبد الله بن الزبير ليس *b* الناس بشىء من اقسامهم اقنع منهم باوطانهم وقال الله جلّ وعزّ *c* وَلَوْ أَنَّا كَتَبْنَا عَلَيْهِمْ أَنِ ٱقْتُلُوا أَنْفُسَكُمْ أَوِ ٱخْرُجُوا مِنْ دِيَارِكُمْ مَا فَعَلُوهُ إِلَّا قَلِيلٌ مِنْهُمْ فقرن *d* الضنّ منهم بالاوطان الى الضنّ منهم بالابدان، وزوّجت اعرابيّة فى الحضر وأُسْكنت مصرا فحنّتْ الى البدو فقالت

لَلُبْسُ عباءةٍ وتقرُّ عَيْنِى   أَحَبُّ الىّ من لُبْس الشُّفُوفِ
وبَيْتٌ تَخْفِقُ الارواحُ فيه   احبُّ الىّ من قَصْرٍ مُنِيفِ

ولذلك قالوا من لُطْف النفس ان تكون الى مَوْلدها مشتاقة والى مسقط رأسها توّاقة، وقال آخر حُرْمة بلدك عليك كحرمة ابويك اذ كان غذاؤك منهما وغذاؤهما منه، وقالوا اولى البلدان بالحنين اليه بلد شربت ماءه وطعمت غذاءه، وقالوا ارض الرجل ظئره وداره مهده، وقال ابقراط *e* فطرة الانسان معجونة بحبّ الوطن وكان ايضا يقول يُغْذَى *f* كلّ عليل باطعمة ارضه فان النفس تطّلع الى غذائها، وقال آخر امارة العاقل الْفه لاخوانه وحنينه الى اوطانه، وانشدنى صديق *g*

كَفَى حَزَنًا أَنِّى ببغداذَ نازل   وقَلْبِى باكناف الحجاز رَهِينُ
اذا عَنَّ رَكْبٌ للحجازِ استفزّنى   الى مَن باكناف الحجاز حَنِينُ
وبالله ما فارقْتُهم قاليًا لهم   ولكنّ ما يُقْضَى فسوف يَكُونُ

قالوا ان اردتَ ان تعلم وفاء الرجل ودوام عهده فانظر الى حنينه الى اوطانه وتشوّقه الى اخوانه وبكائه على ما مضى من زمانه، وهذا الباب ان مررنا فيه طال وكثر وفى بعض ما مرّ مقنع ان شاء الله *h* ❁

---

a) S وتشاحوا. *b*) B أَشَرُّ, I أَسَرُّ, S اسر et hic bis habet اسر الناس. *c*) Kor. 4 vs. 69. *d*) B فقرّن. *e*) B بقراط. *f*) I يغذّا. *g*) Cf. Jâc. II, ٢٠٧, 12 sqq. *h*) I add. تعالى.

قال وقبّل[a] عبيد الله بن سليمان فى سنة ٢٨٤ همذان من الثنّائين بمائة وسبعين الف دينار بالكفاية على ألّا مؤونة على السلطان، وهى اربعة وعشرون رستاقا قُبّل منها اثنا عشر رستاقا همذان فَرَاوار[b] وفوهيباباذ[c] وانارمرج[d] وسفسان[e] شَرّاه[f] الاعلى شَرّاه الميانج الاسْفيذجان[g] الاجَمْ[h] الاعلى والفَراهان[i] رُوذَه وساوَه وكان منها نَسَا[k] وسَلْقانروذ[l] وخَرّقان فنُقلت الى قزوين، وهى *سبع مائة وخمسة[m] وستّون قرية وعَمَلُها من باب الكَرَج الى سِيسَر طولا وعرضا من عقبة اسداباذ الى ساوه ٭

قال[n] وسمّيت سِيسَر لانها فى انخفاض من الارض بين رءوس آكام ثلثين فقيل ثلثون رأسا وكانت سيسر تُدْعَى صَدْخانِيَه اى ثلثون رأسا ومائة عين لكثرة عيونها ومنابعها ولم تزل سيسر وما والاها مراعى لمواشى الاكراد وغيرهم وان المهدىّ امير المؤمنين بعث اليها مولى له يقال له سليمان بن قيراط صاحب صَحْراء قيراط بمدينة السلام وشريك معه يقال له سَلامْ الطَّيْفُورِىُّ وكان[o] طيفور مولى المنصور فلمّا كثر الصعاليك والدعّار وانتشروا فى الجبل فى خلافة المهدىّ جعلوا هذه الناحية ملجأً لهم فكانوا يقطعون ويأوون اليها فلا يُطْلبون لانها من حدّ همذان والدِينَوَر وأذربيجان فكتب سليمان وشريكه الى المهدىّ بذلك فوجّه اليهما جيشا عظيما وكتب اليهما يأمرهما ببناء مدينة يأويان اليها مع اغنامهما ورعاتهما[p] ويحصّنان فيها الدوابّ والاغنام

---

a) B وقَبِل. Cf. Jâc. IV, ٩٨٨, 2 sqq. *b*) Jâc. فرواز. *c*) Sec. Jâc.; B وفوهناباذ, I وفوهناباد, S وفوهماباذ. *d*) S وانارمرج. Jâc. وانامو ج. *e*) Jâc. وسبيسار. Forte leg. سفسار = وسبسار. *f*) Jâc. male شراة; III, ٣٦٩, 17 habet شَرّا. *g*) Deinde 5 nomina exciderunt. *h*) Sic B; I et S الاحمر, Jâc. وانعلم. *i*) Jâc. non habet h. l. sed 5 alia nomina dat. Scribitur quoque فَرْهان. *k*) Jâc. بسا, sed cf. IV, ٧٧٨, 7. *l*) Jâc. وسلفانروذ. *m*) Jâc. ستمائة. *n*) Belâdh. ٣١٠, 2 sqq., Jâc. III, ٢١٩, 9 sqq. *o*) I et S c. ف. *p*) B et I ورعائهما. Praecedens اغنامهما corruptum est ex اعوانهما.

ممن خافه عليها[a] فبنيا مدينة سيسر وحصّناها[b] واسكناها الناس وضمّ اليها رستاق مايئمرج[c] من الدينور ورستاق الجوذمّة من آذربيجان من كورة بَرْزة[d] وولّاها عاملا مفردا كان خراجها يؤدّى اليه ثمّ ان الصعاليك كثروا فى خلافة الرشيد وشعّثوا[e] سيسر فامر ببنائها وتحصينها ورتّب فيها الف رجل من اصحاب خاقان الخادم[f] السُّغْدىّ وفيها اليوم قوم من اولادهم ثمّ لمّا كان فى آخر ايّام الرشيد توجّه مُرّة بن ابى مرّة الرُّدَيْنىُّ العِجْلىُّ على سيسر فحاول عثمان الاودىُّ[g] مغالبته عليها فلم يقدر[h] عليه وعلى ما كان فى يده من آذربيجان ولم يزل مرّة بن ابى مرّة يؤدّى الخراج عن سيسر فى ايّام محمّد بن الرشيد على مقاطعة معلومة الى ان وقعت الفتنة فلمّا ان استقرّ الامر للمأمون اخذت من عاصم بن مرّة وأُخرجت من يده فرجعت الى ضياع الخلافة ۞

الاسد بهمذان[i]

ومن عجائب همذان الاسد الذى من حجارة على باب المدينة يقال انه طلسم للبَرْد وهو من عمل بَلِيناس الرومىّ صاحب الطلسمات وجّهه قُباذ الاكبر لمّا اراد ان يطلسم آفات بلاده وكان الفارس من قبلُ يغرق فيها فى الثلج لكثرة ثلوجه فعمل بها الاسد وهى صورة اسد عظيم من حجارة بحذاء أَرْوَنْد جبلها المظلّ عليها فقلّ ثلجها وبردها ثمّ عمل عن يمين الاسد طلسما للحيّات فقلّت وآخر للعقارب فقلّت وطلسما للغرق فأَمنوه وآخر خلفه للبراغيث فقلّت وآخر للصالِب فقلّ بها واستهان اهلها ببليناس فاتّخذ على اروند طلسما مشرفا على اهلها

---

a) Codd. عليه (B et S quoque supra فيه). *b*) Codd. وحصناه. *c*) S s. p., B ماينمرج, I ماينمزج, codd. Belâdh. ماسهرج, Jâc. ماينهرج. *d*) B بُوزَه. Deinde nonnulla omissa sunt. *e*) Codd. وشعبوا. *f*) Belâdh. الخادم. Deinde I السعدى. *g*) I الامدى. *h*) Codd. يقدروا. *i*) S om. titulum.

ففيهم الجفاء[a] وطلسما بازاء سارُوقها يطأه الناس فغدروا بملكهم فحوّلت الاكاسرة اسلحتهم منها وطلسما للحرب والعساكر فلا تخلو من عسكر او حرب، وانشدنى محمّد بن احمد الحاجب لنفسه فى الاسد

أَلَا ايُّها اللَّيْثُ الطَّوِيلُ مُقامُهُ ⁂ على نُوَبِ الأَيّام والحَدَثانِ
اقمتَ فما تَنْوِى البَراحَ بحيلة ⁂ كانّك بوّابٌ على هَمَذانِ
أَراك على الايّام تَزْداد جِدَّةً ⁂ كانّك منها آخذٌ بأَمانِ
اَقَبْلَكَ كان الدهرُ ام كنتَ قَبْلَه ⁂ فنَعْلَمَ[b] ام رُبّيتُما بلِبانِ
وهل أَنْتُما ضِدّانِ كلٌّ تفرّدَتْ ⁂ به نِسْبَةٌ ام انتما أَخَوانِ
فلو كنتَ ذا نُطْقٍ[c] جلستَ مُحَدِّثًا ⁂ فحدَّثْتَنا عن اهل كلّ زمانِ
ولو كنتَ ذا رُوحٍ تطالبُ مأْكَلًا ⁂ لَأَفْنَيْتَ أَكْلًا سائرَ الحَيَوانِ
فلا هَرِمًا تَخْشَى ولا الموتَ تتّقى ⁂ بمَضْرَبِ سَيْفٍ او شَباةِ سِنانِ
وعمّا قليلٍ سوف تَلْحَقُ[d] مَنْ مَضَى ⁂ وجِسْمُكَ أَبْقَى من حِرًى[e] وأَبانِ

وانشدنى ابو محمّد عبد الله بن محمّد بن زَنْجُوَيْة[f] لنفسه يذكر فيها الاسد وكلّ صورة مشهورة فى الارض

أَأَرِقْتَ للبَرْقِ اللَّمُوعِ اللّامعِ[g] ⁂ وحَمائمٍ فوق الغُصُون نوائحِ[h]
ام شاقك الطَّيْفُ المُلِمُّ ببَيْنِه ⁂ فظَلِلْتَ تَرْعَى كلَّ نَجْمٍ لائحِ
ام[i] قد ذَهَلْتَ بلَيْثِ غابٍ رائعٍ[k] ⁂ مُذْ كان عن هَمَذانَ ليس بنازحِ
مُوفٍ على صُمِّ الصُّخُور كانّه ⁂ يَبْغِى الوُثوبَ على[l] الغَزالِ السانحِ[m]

a) Cum his et seqq. cf. Jâc. IV, ٩٨٨, 17 sqq. b) Sic recte B, I et Kazw. nam cohaeret cum ابنْ لى (Jâc. ٩٨٨ ult.). S et Jâc. فتعلم. c) Codd. بَطْن. d) S يلْحَق; Jâc. يُلْحَق ما بقى (Fleischer emend. يَلْحَق) cum var. l. تلحق. e) Pro حراء. f) I زنحويه. Cf. ad sqq. Kazw. II, ٣٣٧. g) Kazw. اللايح. h) Idem صوادح. i) Kazw. بل. k) B راتع, S رابع, Kazw. دايبا cum var. l. دابها. l) Codd. الى. m) I السايح.

فى الصَّيْف تُحْرِقُه السَّمُومُ وبعدها … بَرْدُ الشتاء بزَمْهَرِيرٍ لافِحِ
واذا الرياحُ عَصَفْنَ من أَرْوَنْدنا … خلْتَ الهَرِيرَ[a] بمثل تُرْسِ الرامحِ
واذا الرُّعُودُ تتابَعَتْ بسَحابَةٍ … لَقِىَ الزماهرَ بالمِجَنِّ الكالحِ
واذا الربيعُ تتابَعَتْ أَنْواؤُه … وتنفَّسَتْ انوارُه بروائحِ
أَلْفَيْتَه مُتَبَسِّمًا لنَسِيمها … ومُحَيِّيًا أَرْوَنْدَ فِعْلَ مصافحِ
لو كان يَفْهَمُ عنك خَبَّرَ بالذى … أَفْنَى الدُّهُورَ[b] وكُلَّ امرٍ فادِحِ
ولَقالَ انَّ المرء يُنْقِذُه التُّقَى … ونَجاتُه قَصْدُ الطريق الواضحِ
تَمْضى[c] الدُّهُورُ وما يَرُومُ فريسةً … فِعْلَ الطِمِرِّ الكِسْرَوِىِّ القارحِ
شَبْدِيزَ اذ هو واقفٌ فى طاقه … يَعْلُوه بَرْوِيزٌ بحُسْنٍ واضحِ
ما انْ تراه عليه فى غُلَوائه … يَوْمَ الهِيَاجِ ولا الطِمِرَّ بسابحِ[d]
بَرْوِيزُ عن شَبْدِيزَ ليس ببارِحٍ[e] … والليثُ عن هَمَذانَ ليس ببارِحٍ[f]
وكذا بتَدْمُرَ صوربان تَعانَقا[g] … فى الحُسْنِ أَشْبَهتَا بِنْتَىْ ضارِحٍ[h]
لا يَسْأَمانِ من القِيام وطال ما … صَبَرَا على صَرْفِ الزمان الكادحِ[i]
وبأَرْضِ عادٍ[k] فارِسٌ يَسْقيهم … بالعَيْنِ عَذْبًا كالفُرات السائحِ[l]
فاذا انقضى الشهرُ الحرامُ وطَفَحَتْ … تلك الحِياضُ[m] تجفُّ عَيْنُ الرامحِ
وبأرض وادى الرَّمْلِ بين مَهامِهٍ … يَلْقاك قبل الحَتْفِ نُصْحُ الناصحِ
طِرْفٌ هنالك باسِطٌ بيمينه … أَنْ ليس بَعْدِى مَسْلَكٌ للسائحِ[n]
وبفارِسٍ سابورُ صُوِّرَ عِبْرَةً … فكأنّه يُصْغِى لِمَدْحِ المادحِ
خُذْها اليك وقُلْ مقالةَ عادلٍ[o] … ليس الضَّنِينُ بعلمه كمُسامحِ
قد كنتُ قلتُ قصيدةً سَوَّغْتُها … من رابها بتجالُدٍ وتكافُحِ

---

a) B الحرير. *b*) Voc. in codd. *c*) B et S يمضى. *d*) Gloss. in B اى بجارٍ. *e*) S s. p., I بنارح. *f*) S s. p., I بنازح ut Kazw. Gloss. in B اى بزايل. *g*) Kazw. تناهيا. Cf. Jâc. I, ٨٣٠, 16 من الفئة وعناق. *h*) Kazw. ببدر لايح. Quae sint بنتا ضارح nescio. *i*) Kazw. الكالح. *k*) B et I غار. *l*) B et I السابح. *m*) Ex Kazw.; codd. الخيام. *n*) S للسابح. *o*) B عاذل.

سينيّةً فجعلتها حائيّةً   فيها عجائبُ من صحيحٍ فائحِ
فاذا أَبَيْتَ *a* جعلتُها صاديّةً   من جَوْهريّةٍ ما تُجِنُّ جَوانحى

وقد كان *b* المكتفى بالله همّ بحمل الاسد الى مدينة السلام وكتب الى حَمْد بن محمّد العامل بها فى حمله فاجتمع اليه اهل البلد وقالوا ان هذا طلسم بلدنا ولا يجوز حمله فكتب الى الوزير بذلك فكتب اليه الوزير ان قدّرْ ما يحتاج اليه لحمله فانّا نوجّه اليك بالفيلة لتحمله على عَجَل فاستشار حَمْدٌ بعض الحكماء فقال *c* ليس يُمكن حمله من طريق العقاب لا سيّما فى الحُدُور *d* فكتب اليه ان امسِكْ عن حمله ✿

وبهمذان صخرة عظيمة بموضع يقال له تَبْنَابَر *e* من دار نبهان *f* فى سفح الجبل قد حُفر فيها طاقان مربّعان على قامتين وبسطة *g* من الارض وقد نُقر فى كلّ طاق *h* كهيئة الالواح ثلثة طولا فى كلّ لوح منها عشرون سطرا وهى كتابة يقال لها الكشتج *i* فيقال ان الاسكندر مرّ بهمذان فراى هذه الصخرة فامر بقراءتها فقُرئت وكانت *k* الصِدْق ميزان الله الذى يدور عليه العدل والكذب مكيال الشيطان الذى يدور عليه الجور وهما يتعالجان ويتعانقان ويتعاوران فى العباد والبلاد فاذا رجح الصدق بالكذب رجح العدل بالجور واذا مال الكذب بالصدق مال الجور بالعدل فاطبقت الارض ذنوبا فقولوا الصدق ولو بمقياس شَعَرة فانه نور من نور *l* الله جلّ وعلا واجتنبوا الكذب ولو بمقياس شعرة فانه عُدّة من عُدَد الشيطان واصدقوا من صدقكم يُولِد الصدقُ صدقا

---

a) B et I اتيبت, S ابيبت. *b*) Cf. Jâc. IV, ٩٨٩, 10 sqq. *c*) I فقالوا. *d*) Sic restitue Jâc. l. 13 pro المدور. *e*) Sic B hic et bis infra; I يَنْبابر, S بنبابر, infra primum corrupte, deinde I بنيابر, S بنيابر. *f*) Sic supra p. ٢٢٣ l. 1; h. l. B داذِ بَنَهان, I داد مهان, S دادمهان. *g*) B وسطة, S وسطةً. *h*) I طاقة. *i*) B الكشتج, I et S الكسج. Vid. ann. Flügel ad *Fihrist* p. ١٣ et ٢٣٩. *k*) B c. ف. *l*) I انوار, S om.

ولا تكذبوا من كذبكم فيبولد الكذب كذبا فان لهما من طبائعهما وجنسهما مجالا *a* فكونوا ايّها الحكماء صدّيقين يمتلئ *b* افواهكم نورا ولا تكونوا كذّابين فيغلب على السنتكم اللعنة فانى افتتحتُ بالله كلاما كنت به صادقا فمشيت على الماء وافتتحت بالشيطان كلاما كنت به كاذبا فهويت فى الظلم فجعلتُ توبتى من تلك الكذبة عِظتى فى هذه الصخرة ليتّعظ متّعظ فخذوا هذه الحكمة الناطقة عن هذه الصخرة الصامتة، ووقفتُ انا وعبد الله بن محمّد بن زَنْجُويَة بن مِهْران وهو من بُنْك دهاقنة همذان واصحاب ساروق وحصنها فقرأت عليه خبر الاسكندر فانشدنى لنفسه

قَدْكَ عن القَهْوَة والخُمورِ ‏ ‏ لستَ مع الشَّيْب بمَعْذورِ
تَقْدِمَةُ المَوْتِ مَشيبٌ فهل ‏ ‏ أَنْتَ عنِ اللَّهْو بمَزْجورِ
كم لكَ يا عاقلُ من عِبْرة ‏ ‏ لو نَفَعَ الحَذْرُ لمَحْذورِ
كِتابةٌ فى سفحِ أَرْوَنْدنا ‏ ‏ فى صَخْرة من عَهْد سابورِ
الصِدْقُ ميزانُ الجواد الذى ‏ ‏ باليُسْر يأتى بعد مَعْسورِ
والمَيْنُ مِكْيال اللَّعين الذى ‏ ‏ اخرجَنا من معدن الحُورِ
يا ايُّها الناطقُ صِدْقا لقد ‏ ‏ مُلِّئَ به فُوكَ من النُّورِ
وايُّها الشاهدُ زُورًا لقد ‏ ‏ هَوِيتَ فى هُوَّة دُرْدُورِ
انّى افتتحتُ القولَ بالله كَىْ ‏ ‏ أَمْشِى على ساحلِ مَمْخُورِ *c*
فظِلْتُ فوقَ الماء والبحرُ لى ‏ ‏ والمَوْجُ فى طاعة مأمورِ
وقلتُ بالشيطان قولا به ‏ ‏ ظَلِلْتُ فى ظُلْمة دَيْجُورِ
كَفاكَ أَنّى تائبٌ *d* واعظٌ ‏ ‏ فى الحَجَر الصَلْد عن الزُّورِ
خُذْ هذه الحكمةَ عن صَخْرة ‏ ‏ تَبْقَى الى النَّفْخة فى الصورِ

وقال بعض الحكماء وجدنا الناسَ قبلنا كانوا اعظم اجساما واعظم من

---

a) B مُحالا. *b*) I تمتلى et mox فتغلب. *c*) Codd. منخور. Conj. scripsi habens pro epitheto maris quod sulcant naves. *d*) Codd. ثابت.

اجسامهم احلاما واشدّ قوّة واشدّ من قوّتهم امتحانا واطول اعمارا واطول باعمارهم للامور اختبارا *a* فكان صاحب الدين منهم ابلغ فى امر الدين علما وعملا منا وصاحب الدنيا كذلك ووجدناهم لم يرضوا بما خُصُّوا به من الفضل حتى اشركونا معهم بانفسهم فيما ابتغوا من علم الآخرة والاولى فكتبوا به الكتب الباقية وبلغ اغتنامهم بذلك ان الرجل منهم كان يُفْتَح له باب من الحكمة وهو بالبلد غير المأهول فيكتب فى صخرة صمّاء ضنًّا منه بذلك وكراهية ان يسقط ذلك على من بعدهم فكتبوا الكتب الباقية من العلم فكان صنيعهم فى ذلك كصنيع الوالد المشفق على ولده الرحيم وكانوا يعمدون الى المواضع المشهورة والاماكن المعروفة التى هى اجدر ان تبقى على وجه الدهر وابعد من الدروس فيجعلون فيه الكتاب كما كتبوا على قبّة غُمْدان وعلى عمود مارد وعلى ركن المشقّر وعلى الابلق الفرد وعلى النيل بمصر وعلى باب كنيسة الرُّها وعلى باب القيروان وعلى باب سمرقند وعلى الصخرة بتَبَنابَر *b* بهَمَذان ❁

المملحة بفراهان *c*

قالوا ومن عجائبنا المَمْلَحَة التى برستاق الفراهان وهى شبه بُحَيرة تكون اربعة فراسخ *طولا فى عرض فرسخ *d* اقلّ واكثر *e* اذا كان ايّام الخريف واستغنى اهل الرستاق عن الماء للزراعة أُلْقِىَ جميع امياه *f* الرستاق الى هذه البحيرة فلا يزال ينصبُّ اليها الماء الخريفَ وصول الشتاء حتى اذا جاء الربيع واحتيج الى *g* الماء قُطع الماء عن البحيرة فصار ذلك الماء كلّه مِلْحًا فتحمله الاكراد والجابادَق *h* الى جميع بلدان

---

a) I et S احتيارا. *b*) In marg. B corrigitur صخرةِ تبنابر; I ببنايه, S دمماده. Deinde I et S همذان. *c*) S om. titulum. Cf. Jâcût III, ٨٨٧, 19 sqq. (ubi فَرْهان), Kazw. II, ٢٨٨. *d*) Kazw. فى اربعة, Jâc. فى مثلها. *e*) B او اكثر. *f*) Antea in I امياء. *g*) B et I om. *h*) B والجابارَق, I والجابارق, S والجارناق.

الجبل *a* وزعم الكلبى ان هذه البحيرة طَلْسَمَ عليها *b* بليناس ما دام لا يُحْظَرُ عليها فاذا حُظر عليها جفّت ✿

وفى هذا الرستاق قرية يقال لها الفُرْدُجان *c* وفيها بيت نار عتيق وهى احد النيران التى غَلَتْ فيها المجوس مثل نار آذرخُرّه *d* ونار جمّ الشيذ *e* وهى الاولى ونار ما جُشْنَسْف *f* وهى نار كَيْخُسْرَوْ *g* وكان المجوس غَلَتْ فى هذه النيران الثلث غلوّا لا تضبطه العقول فقالت كان مع زَرْدُهُشْت *h* مَلَكٌ يشهد له عند كُشْتاسف انه رسول ثم عاد نارا واما نار جمّ الشيذ *i* فهى آذَرْخُرّه كانت بخوارزم فنقلها انوشروان الى الكارِيان *k* فلمّا ملكت العرب خافت المجوس ان تطفأ فصيّروها جزوين جزوٌ بالكاريان *l* وجزوٌ حُمل الى فَسَا *m* وقالوا ان طُفئت واحدة بقيت الاخرى واما آذرجُشْنَسْف *n* نار كَيْخُسْرَوْ *o* فانها كانت بآذربيجان فنقلها أَنُوشَرْوان الى الشيز واما نار زَرْدُهُشْت فهى بناحية نيسابور ولم تحوّل وهى احد الاصول من نيرانهم ومما غلت فيه المجوس نار آذرجُشْنَسْف *p* وهى النار

---

a) B الجبال. *b*) In marg. I عملها cum صح. *c*) Jâc. I, ٥٤٠, 13 ايضا (l. فردجان) فروجان — ويقال لها براهان, sed III, ٨٧٠, 6 فَرْدَجان — من ناحية جرا (l. بَرَا) ويقال لها براهان. Vocales melius infra in codd. Cf. Ibn abî Oseibia II, ٦, 17, ١٩, 6. *d*) Cf. Hoffmann, *Auszüge* p. 286 sq. *e*) I et S جم الشيذ; in marg. B جمشيذ. *f*) B ماحسيسف, I et S ماخسيسف. Cf. Hoffmann p. 289 ann. 2249*a*. *g*) I كَيْخُرم, S كبحره; cf. Hoffmann p. 251. Deinde codd. ولان. *h*) Hic et mox B زَرْهِشْت, I et S ذرهشت. *i*) S الجَم; I الشيذ. *k*) B الكاربان, I انكاربان. *l*) B et I بالكاربان. *m*) Mas'ûdî IV, 76 نسا. *n*) B اذرحَسيسَف, I et S اذرخسيسف. *o*) I et S كيخسر sic. *p*) B اذرحسيسف, I et S اذرخسيسف. Quomodo inter duo nomina distinguendum sit nescio; in codd. quoque infra eodem modo scribuntur nisi ultimo loco ut indicabo.

التى بالفراهان قال المُتَوَكّلىّ *a* فحدّثنى بعض المجوس ممن رآها ان مَزْدَق لمّا غلب على قباذ قال ينبغى ان تُبْطَل النيران كلّها الّا الثلث الاوائل ففعل فذكر ان نار آذرجُشْنَسْف خرجت حتى صارت الى آذرجشنسف بآذربيجان فاختلطت معها فكانوا اذا اضرموها ظهر نار آذرجشنسف حمراء وتظهر *b* نار آذرجشنسف *c* بيضاء فلمّا قُتل مَزْدَق ردّ الناس النيران الى اماكنها فافتقدوها بآذربيجان فلم يزالوا يَقْفون اثرها حتى وَقَفوا انها قد رجعت الى الفُرْدُجان فلم تزل فى هذا البيت فى هذه القرية الى ان كان فى سنة ٢٨٣ فصار اليها برونُ *d* التركىّ وكان يتولّى قُمّ فنصب عليها المجانيق *e* والعرّادات حتى افتتحها واخرب سور القرية وقلع البيت واطفأ النار وحمل الكانون الى مدينة قمّ وبطلت النار منذ يومئذ، وزرذُشْت هذا شدّد *f* عليهم فى الوعيد لما *g* راى من برد بلادهم فلذلك امرهم بعبادة النيران ۞

وقالوا فى بعض رساتيق همذان عيون ماء تنبع واذا *h* خرجت من اماكنها وزالت عن مواضع منابعها تحجّرت وقالوا فى الشبّ اليمانى انه ماء ينقطر من جبل شاهق فاذا صار فى قعره تحجّر وهو الشبّ وكذلك النوشاذر ومعدنه بكرمان فى شعب هناك فاذا اجتمع تحجّر ۞

ذات الحوافر *i*

وبها ذات الحوافر وهى منارة عظيمة *k* مبنيّة من حوافر حُمُر الوحش

---

a) I et S المتوكل. Deinde I حدثنى. *b*) B et I ويظهر, S وىظهر. *c*) H. l. I اذنىحشنسف, S id. s. p. Videtur esse آذينحشنسف (cf. Nöldeke, *Sasan.* p. 276). *d*) S s. p., Tabarî III, ١٩٣٦, 11 et ٢٢٠٩, 1 ابرون. Erat frater noti كيغلغ. *e*) I المناجنيق. *f*) B شدّة, I et S شده. *g*) B لمّا. *h*) B فاذا. *i*) Titulus in S desideratur. Cf. Jâc. IV, ٦٤٥ et Kazwînî II, ١٩٥. *k*) B om., I ponit post مبنية; Jâc. et Kazw. عالية.

مسمّرة بمسامير حديد برستاق يقال له وَنْجَر *a* بقرية يقال لها خُشْفنجين *b* وكان *السبب فى *c* بنائها ان سابور بن اردشير قال له منجّموه ان ملكك سيزول وانك تَشْقَى اعواما كثيرة حتى تصير فى حدّ المسكنة والفقر ثمّ يعود ملكك اليك فاختر ان تلقى ذلك فى شبيبتك او بعد كِبَرك قال فما علامة رجوع ملكى التّى قال اذا اكلتَ خبز الذهب على مائدة حديد فذاك علامة رجوع ملكك فاختار ان يكون ذلك فى شبابه فاعتزل ملكه واخذ تاجه ومقرعته وقبيصه فجعله فى جراب *d* له ثمّ خرج ترفعه ارض وتخفضه اخرى الى ان صار الى هذه القرية فآجر نفسه من عظيم القرية فاودعه سابور الجراب فكان يحرث النهار كلّه ويعمل حتى اذا جنّه الليل وجّهه الى طرد الوحوش *e* فبقى على ذلك حولا كاملا فراى الرجل منه ثقة وامانة فرغب فيه الرجل فاسترجحه فزوّجه بعض بناته فلمّا حوّلها اليه كان سابور يعتزل عنها ولا يقربها فلمّا اتى لذلك شهر شكت الى امّها فاختلعها منه وبقى سابور يعمل معه ثمّ ان الرجل سأله ان يتزوّج ابنته الوسطى ووصف له جمالها وكمالها وعقلها فتزوّجها فلمّا حُوّلت اليه كان سابور يعتزل عنها ولا يقربها فلمّا اتى لذلك شهر شكت الى امّها فاختلعها منه وبقى سابور يعمل معه ثمّ ان الرجل سأله ان يتزوّج ابنته الصغرى ووصف له جمالها وكمالها وعقلها فتزوّجها فلمّا حوّلت اليه كان سابور يعتزل عنها ولا يقربها فلمّا تمّ لها من تحويلها شهر دخلت امُّها يوما *على ابنتها *f* فسألتها عن حالها مع زوجها فاخبرتها انها باحسن حال واسرّه وانّ سابور لمّا راى صبر المرأة عليه *g* استفرشها وعلقت منه وولدت له ابنا فلمّا اتى على سابور اربع سنين اتّفق يوما من الايّام ان عُرْسا كان فى القرية ما بقى احد من اهل القرية الّا حضره من

---

a) Sec. Jâc.; codd. ونجى. *b*) Voc. in I; S خشفنجين; Jâc. et Kazw. اسفنجين. *c*) S سبب. *d*) S مجلاف. *e*) S الوحش. *f*) S عليها. *g*) Codd. عليها.

الرجال والنساء وكانت امرأة سابور فيمن حضر[a] العُرْس وسابور فى الصحراء فبقى يومه ذلك لا يُحْمَل اليه شىء من الطعام لاشتغالهم كان[b] بالعرس ثم ان امرأة سابور ذكرت زوجها بعد العصر وانها لم تحمل اليه شيئا من الطعام فدخلت المنزل وطلبت ما تحمل اليه فلم تجد الّا رغيف جاوَرْس فحملته اليه وسابور يَسْقى وكانت بينهما ساقية فلم يمكنها[c] ان تصير اليه فناولها المَرَّ الذى كان يسقى[d] به فوضعت عليه الرغيف فلمّا وضع سابور المَرَّ بين يديه وكسر الرغيف ووجده[e] اصفر شديد الصفرة ووجده على الحديد ذكر ما كان قال له المنجّمون فقال قد تمّ امرى وباد شقائى فلمّا انصرفت عنه المرأة قام فاغتسل فى الساقية وصار الى منزله وامر اهله ان تُخْرِجَ اليه الجراب فاخرجته[f] اليه فاخرج[g] منه التاج والقميص ولبس ثياب ملكه فلمّا رآه ابو الجارية كفّر له وسجد وحيّاه بتحيّة الملوك فاخرج سابور مقرعته ودفعه الى ابى الجارية وقال علّقْها[h] على باب القرية واصعد السور وانظر ما ذا[i] ترى ففعل ما امره به[k] ثم انصرف فقال ايّها الملك ارى الخيل واردة فلم يكن باسرعَ من ان اقبلت الخيل شَماطيطَ فى طلبه فكان الفارس اذا راى المقرعة نزل عن دابّته وسجد حتى اجتمعت ثم قعد سابور فحدّث وزراءه وعظماء قومه بما لقى من الجهد فقال بعض الوزراء أُسْعِدْتَ[l] ايّها الملك وعمّرك الله طويلا اخبِرْنا ما الذى استفدت فى طول هذه المدّة قال ما استفدتُ الّا بقرة واحدة ثم امر باخراجها اليهم قال هى هذه فمن اراد كرامتى فليُكْرِم هذه فاقبل الناس عليها من كلّ وجه يُلقون عليها الحلىّ والحُلَل والدراهم والدنانير حتى اجتمع من

---

a) B et S حضرت. *b*) S om. *c*) S يقدر. *d*) Jâc. يعمل. *e*) Addidi copulam. *f*) Codd. فاخرجت. *g*) B فخرّج, S واخرج. *h*) Codd. علقه. *i*) B et I om. *k*) B om. *l*) B et S أُسْعَدْتَ.

ذلك ما لا يحصى عدده ولا يبلغ مقداره ثم قال لابى المرأة دونك هذا المال كلّه فخذه لابنتك ثم رجع الملك الى حديثه فقال له وزير آخر ايّها الملك المظفّر ما اشدّ شىء مرّ عليك قال طرد الوحوش عن الزروع *a* بالليل فانها اتعبتنى واسهرتنى وابلغت الىّ فمن اراد كرامتى فليصدْ لى منها ما امكن لأَبنى من حوافرها بنيانا يبقى ذكره لنا على غابر الدهر وعلى مرّ الليالى والايّام فتفرّق الناس فى صيدها فصيد منها ما لا يحصى كثرةً ثم امر بقطع ايديها وارجلها واخذ حوافرها واحضر البنّائين فبنوا له منارة عظيمة تكون ثلثين ذراعا فى عرض عشرين ذراعا وبناها مُصَمَّتَةً *b* بالكلس والحجارة ثم رُكّب *c* فيها الحوافر وسُمّر بمسامير حديد *d* فصارت كانها منارة من حوافر فلمّا فرغ منها قعد يتأمّلها فاستحسن ذلك واستظرفه *e* فقال للذى بناها وهو عليها بعدُ هل بنيتَ مثلها لاحد *f* قال لا قال وان *g* امرك احد ان تبنى له مثلها هل كنت تقدر على ذلك قال نعم وعلى احسن منها قال والله لاتركنّك لا تبنى لاحد بعدى مثلها ثم ضرب رأس دابّته ومضى فقال ايها الملك فان كنت لا بدّ قاتلى فلى الى الملك حاجة قال هات قال يأمر الملك ان أُعْطى خشبا لأَسْوى لنفسى قبّة *h* اكون فيها حتى يأتينى الموت لان لا تمزّقنى النسور والعقبان قال اعطوه ما يسئل فأُعطى *i* خشبا فسوّى لنفسه اجنحة من ذلك الخشب فلمّا كان فى بعض الليل شدّها على بدنه ثم حمل نفسه فوقع الى الارض ولم يصبه شىء فهرب على وجهه وطُلب فلم يُقدر عليه فلمّا بلغ سابورَ الخبر قال قاتله الله ما كان احكمه واصنع كفّيه ثم انصرف الى دار مملكته فالمنارة باقية الى يومنا هذا وفى ذلك يقول بعضهم

---

a) S الزرع. *b*) Sic codd. (I مصمّتة ut Jâc.). *c*) I رَكّب. *d*) I الحديد. *e*) B واستطرفه. *f*) I add. بعد. *g*) S فان. *h*) B et S فيه. *i*) B فاعطاه.

رايتُ بِناءَ الناس فى كلّ بَلْدة   فلم ار بُنْيانا كـذات الحوافر

بناءً عجيبا لم يرَ الناس مثلَه   ولا سمعوه فى الدهور الغوابر

ذكر ما خصّ الله تعالى كلّ بلدة بشىء من الامتعة دون غيرها[a]

ولولا ان الله عزّ وجلّ خصّ بلطفه كلّ بلد من البلدان واعطى كلّ اقليم من الاقاليم بشىء منعه غيرهم لبطلت التجارات وذهبت الصناعات ولَمَا[b] تغرّب احد ولا سافر رجل ولتركوا التهادى[c] وذهب الشرى والبيع والاخذ والاعطاء الّا ان الله عزّ وجلّ اعطى كلّ صقع فى كلّ حين نوعا من الخيرات ومنع الآخرين ليسافر هذا الى بلد هذا ويستمتع قوم بامتعة قوم ليعتدل القسم وينتظم التدبير قال الله عزّ وجلّ[d] نَحْنُ قَسَمْنَا بَيْنَهُمْ مَعِيشَتَهُمْ فِى ٱلْحَيَوةِ ٱلدُّنْيَا وَرَفَعْنَا[e] بَعْضَهُمْ فَوْقَ بَعْضٍ دَرَجَاتٍ لِيَتَّخِذَ بَعْضُهُمْ بَعْضًا سُخْرِيًّا وفى قول الله عزّ وجلّ[f] وَقَدَّرَ فِيهَا أَقْوَاتَهَا قال الكاغذ بسمرقند والقراطيس بمصر ولذلك[g] خصّ الله *جلّ وعزّ بلاد السند والهند[h] بانواع الطيب والجواهر كاليواقيت والالماس وغير ذلك من الحجارة الثمينة والكَرْكَدَن والفيل والطاوس والاعواد والعنبر والقرنفل والسنبل والخُولَنْجان والدارصينى والنارجيل والهليلج والتوتياء والقَنَى والخَيْزُران والبقّم والصندل والساج والفُلْفُل وعجائب كثيرة، وخصّ اهل الصين بالصناعات واعطاهم ما لم يعط احدا فلهم الحرير الصينىّ والغضائر والسُّرُج وغير ذلك من الآلات المحكمة العجيبة الصنعة المتقنة العمل ولهم ايضا مسك الّا انه ليس بجيّد وقالوا انما يتغيّر فى البحر لطول المسافة، ثم الروم وما قد خصّها الله عزّ وجلّ به من العلوم والآداب والفلسفة والاحكام

---

a) S om. titulum. *b*) I ولا. *c*) B الهادى. *d*) Kor. 43 vs. 31. *e*) B et I وجعلنا. *f*) Kor. 41 vs. 9. *g*) S وكذلك. *h*) S تعالى بلاد الهند والسند.

والهندسة والحذق بالابنية والمصانع والقلاع والحصون والمطامير وعقد الجسور والقناطر وعمل الكيمياء ولهم من الديباج الرومىّ والبزيون وفى بلادهم المبعة والمصطكى، ثم هذه البلدة وما خُصّت به من الرمى فهم رماة الحَدَق a ولهم الخيل العجيبة والافراس السابقة وفى بلادهم معدن الزبرجد والذهب وزيُّهم شبيه بزىّ العرب كانها قطعة من بلاد اليمن، ولاهل المغرب البغال البربريّة والجوارى b الاندلسيّة والنمور الزنجيّة ثم ما قد خُصّ به اهل مصر من النيل وعجائب ما فيه من السمك والخيل والتماسيح ولهم السمك الرعّاد والاسقنقور ولهم الثياب الدّبيقيّة c والشَطويّة والقصب الموزون والمسيّر وغير ذلك من انواع ثياب الكتّان والصوف من الاكسية ولهم البغال المصريّة والحمر المَريسيّة والثياب التنّيسيّة d والاسكندرانيّة، ولاهل اليمن الحلل اليمانية والثياب السعيديّة والعدنيّة وفى بلادهم الورس والكندر ولهم النجائب المهريّة والسيوف اليمانية وفى بلادهم القردة e والنسناس وغير ذلك من انواع العجائب، ثم العراق قلب الارض وخزانة الملك الاعظم وما قد خصّ الله جلّ وعلا به اهل الكوفة خاصّةً من عمل الوشى والخزّ وغير ذلك من انواع الفواكه والتمور والقسوب ما قد عَدِمَ مثله بالبصرة والاهواز وبغداد والحجاز مثل الهَبْرون f والمُشان g وقسب العَنْبَر والنِرسيان h ولهم الادهان الطيّبة الكثيرة ثم قُلْ فى عجائب بغداد *ما شئت i التى قد اجتمع فيها *ما هو k متفرّق فى جميع الاقاليم من انواع التجارات والصناعات ولهم الذى لا يشركهم فيه احد الثياب البيض المَرْويّة والزجاج المحكم من الاقداح والاقحاف والكاسات والطاسات والغضائر الحَجَريّة ولهم الدّارِش l والكّاء

---

a) B et I الحذق. *b*) Codd. والجوار. *c*) Codd. الربيعية. *d*) B الميسنه, I الميسنيه, S المسسه. *e*) S والقرود. *f*) B et S الهيرون, I sine voc. *g*) Codd. والمشار. *h*) B والنَرْسان. *i*) Addidi. *k*) Codd. وهو. *l*) B et S الدارِشن, I الدارشى hic et infra.

خاصّة وفيهما اعجوبة وذلك ان الدارش يتّخذ من هذا الجانب واللكّاء من ذلك الجانب فلو جهد صاحب الدارش ان يتّخذ من جانب صاحب اللكّاء لأعوزه وكذلك لو جهد صاحب اللكّاء ان يتّخذ فى جانب صاحب الدارش لتعذّر عليه ذلك على انهم قد امتحنوا ذلك وجرّبوه ففسد وتعذّر عليهم وقد حمل المعتصم بالله صُنّاع القراطيس الى سرّ من راى مع تربتها ومائها وامرهم باتّخاذه هناك فلم يخرج منه الّا الخشن الذى ينكسّر[a]، ولاهل كورة دجلة والسواد ومَيْسان ونَسْتَ مِيسان من عمل الستور والبُسُط وعمل المَيْسانىّ والحرير والدّرانك والدُّورَنْك[b] وغير ذلك من انواع الفُرُش والبُسُط ما ليس لاحد، ولاهل البصرة من النخيل وانواع التمور ما عدم مثله فى جميع كور النخل وذكر الجاحظ انهم احصوا اصناف نخل البصرة دون نخل المدينة ودون مصر واليمامة والبحرين وعمان وفارس وكرمان ودون الكوفة وسوادها وخيبر وذواتها والاهواز وما بها ايّامَ المعتصم واذا[c] ثلثمائة وستّون ضربا من مُغِلّ معروف وخارجىّ موصوف وبديع غريب مع طيب عجيب، ولاهل الاهواز انواع من السكّر والتمور ولاهل السوس خاصّةً وجُنْدَيْسابور[d] حذق فى اتّخاذ انواع ثياب الحرير والديباج وكذلك لاهل تستر، ثمّ الجَبَل وعجائبها وما قد أُعطوا من الفواكه السريّة الكثيرة والزعفران والاقطان واتّخاذ طرائف الالبان[e] كالجُبْن والسلّور[f] ولاهل همذان خاصّةً حِذْق باتّخاذ المرايا والملاعق والمجامر والطبول المذهّبة التى قد فاقوا *بها وباتّخاذها[g] جميع اهل الارض، ولاهل الرىّ الاطباق المدهّنة[h] والحرير وآلات كثيرة يتّخذونها من الخشب من الامشاط وغير ذلك من الممالح والمغارف ولهم الاكسية

---

a) B ينكسر. *b*) In I corrigitur in والدُّرْنوك. (B والدّوْرَنْك). *c*) S فاذا. *d*) I وجندى سابور. Pro حذق, quod conj. scripsi, codd. وخاصة. *e*) B et I الالوان. *f*) B et I اللوز. *g*) B فيها وباتخاذه, S فيه وباتخاذه, I به وباتخاذه. *h*) I المذهبة.

البيض الطرازيّة والطيالسة البيض السريّة والثياب المنيّرة، ثم بغداذ الثانية اعنى اصبهان وما أُعطى اهلها من طيب الهواء وعذوبة الماء والحذق بانواع الصناعات فلهم الثياب المَرْويّة والعَتّابيّة والملاحم العجيبة والحلل الابريسميّة المنسوجة وغير المنسوجة والثياب السعيديّة، ولفارس فضل فى اتّخاذ الآلات الظريفة المحكمة من الحديد حتى لقد قال بعض الحكماء لمّا وقف على اشياء ظريفة عند بعض الملوك من آلات فارس لقد الان اللهُ عزّ وجلّ a لهؤلاء القوم الحديدَ وسخّره b لهم حتى عملوا منه ما ارادوا فهم احذق الامّة بالجوامع c والاقفال والمرايا وتطبيع السيوف والدروع والجواشن ولهم الثياب الجُبّائيّة d والسّينيزيّة e ولهم الماورد f الجُورىّ والطين السيرافىّ والاكسية الفَسَويّة والادهان السابوريّة والثياب اللَازَرونيّة، ولاهل سجستان عمل المشارب السجزيّة والكيزان وآلات كثيرة من الشَبَه والصفر، ولاهل طبرستان والدَّيْلَم وقزوين حظٌّ من عمل الاكسية الرُّويانيّة g والآمُليّة واتّخاذ الشُسْتانك h والمناديل واشياء كثيرة من انواع ثياب القطن والصوف والابريسم والكتّان، ولاهل جرجان من الابريسم ما ليس عند غيرهم ومنها يُحمل الى جميع البلدان ولهم حذق باتّخاذ الديباج والمقانع والثياب والستور وغير ذلك، ولاهل نيسابور الثياب الملحمة والطاهريّة i ولهم الناخْتَج k والراخْتَج وليس هذا الّا لهم، ولاهل مَرْو الثياب المَرْوَزيّة والملاحم الفائقة التى هى اعلى الملاحم، ولخراسان فواكه كثيرة سريّة واعناب طيّبة ولهم الزبيب الكُشْمهانىّ والكِشْمِش وبطّيخ يقدّد وقد كان فيما مضى يُحمل

---

a) B جل وعلا. *b*) Codd. وسخّر. *c*) I وبالاغلال; in B subinscribitur اغلال. *d*) I s. p., B et S الجبابيه. *e*) S والشنيزيه. *f*) S الما الورد. *g*) B et I الروبانية, S الرونانية. *h*) B الشَشْتانك, I الشبستانك, S السبشانك indist. Cf. شستجه apud Vullers sub شسته. *i*) S والظاهرية. *k*) I القاخنج, S القاختج.

بطّيخها الى الخلفاء فى قدورa نحاس لشدّة حلاوتها ولذّتها وطيبها ولهم الأُشْتُرْغاز والأنْجُذان والغُوشَنَة والكيلَكَانb والرَّخْبين والمَلْبَن وبها معدن الفيروزج واللازورد ولهم الفَنْجَهيرc معدن الفضّة ولهم الحزم الغَرْجيّةd والجبل البُخاريّة والرُكب المَرْويّة والثياب السمرقنديّة ولهم الاشكَنّe والخَلَنْج وبها الخُتُوf وبالترك السمّور والفَنَك وبالتبّت المسك التُبّتىّ والدرق التبّتيّة وزعموا ان كلّ من دخلها لم يزل ضاحكا مسرورا فسبحان من اعطى كلّ بلد نوعا من الخيرات وجنسا من الصناعات، ثم لاهل المغرب ومصر وبلاد الجبل وخراسان عجائب لا تكون بغيرها مثل منارة الاسكندريّة وعمود عَيْن شَمْسg والهَرَمان وجسر آذَنَة وقنطرة سَنْجَة وكنيسة الرُّها والابلق الفرد والمشقّر وغُمْدان وبَرَهُوت وبَلَهُوت والتمساح والرعّاد والاشقنقور والفرس النهرىّ بمصر والفرس الذىh فى اقصى المغرب وايوان المدائن وتخت شَبْدِيز وبهِسْتُون واساطينi قصر اللصوص وعمل الدُكّان والاسد الذى بهمذان وطاق تَبَنابَرk بها والسمكة والثور بنهاوند وعجائب رُومية ونيل روميةl ومنارة ذات الحوافر بهمذان وغير ذلك من العجائب التى لا تحصى فتبارك الله احسن الخالقين ۞

قصر بهرام جُور وناووس الظبيةm

وبهمذان على ثلثة فراسخ منها ناووس الظَبْية وقصر بهرام جور بقرية

---

a) S قدر. *b*) Codd. والكيلكان. *c*) Pro البنجهير. B الفهجير, I العجهر, S الفهجمر. *d*) Codd. العرجية. *e*) Sic codd. (voc. ex B). Cogitavi de legendo الاشكزّ. Pro والخلنج legendum est والخدنج. *f*) B الختق, I et S الخنق. Idem الختو restituendum videtur apud Jâc. III, ۴۴۷, 5 pro الحبق, sed quid ex حيوة effici debeat nondum video. *g*) B et I الشمس. *h*) I التى. *i*) I واساتين. *k*) I دنيابر, S بنيابر. Addidi voc., vid. supra p. ۲۴۳, 9. *l*) Sic. B et S bis روميّة. *m*) S om. titulum. Cf. Jâc. IV, ۱۱۰, 6 sqq. et ۷۳۳, 7 sqq.

يقال لها جُوهَسْتَه *a* والقصر كلّه حجر واحد منقور وفيه كتابة بالفارسيّة من اوّله الى آخره يقرأها *b* من يفهم الفارسيّة كلّ خبرٍ *c* وكلّ امر عجيب وفى كلّ ركن من اركانه صورة جارية فان كانوا هندموه ولاحكوا بينه حتى لا يتبيّن فيه مجمع حجرين فهذا عجب وان كان حجرا واحدا ومُحالٌ *d* ذلك فنقرته الرجال بالمناقير حتى خرقوا فيه تلك المخارق إنّ هذا لاعجب *e* وعلى مقدار نصف فرسخ من هذا القصر الناووس على تلّ مشرف وكان السبب فى ذلك ان بهرام جور خرج يتصيّد ومعه جارية له وكانت من احبّ جواريه اليه واحظاهن *f* عنده فلمّا فرغ من صيده نزل فى هذا القصر وجلس يشرب مع الجارية فلمّا اخذتهما الشراب التفت الى الجارية فقال تَشَهَّىْ علىّ شهوة فنظرت الجارية الى ظبية ترعى على ذروة جُبَيل هناك فقالت اريد ان ترمى هذه الظبية فتصل ظلفها مع اذنها مع قرنها بسهم واحد فورد على بهرام امر بقى فيه متحيّرا ثمّ قال ان انا لم افعل ذلك عيّرنى الناس بأنى لم أُعط امرأة شهوتها ثمّ اخذ الجُلاهق فرمى الظبية ببندقة فاصاب *g* اذنها فرفعت ظلفها لتحكّ اذنها فانتزع سهما فخاط ظلفها مع اذنها مع قرنها ثمّ قام الى الجارية فذبحها ودفنها مع الظبية وبنى عليهما *h* ناووسا من حجارة وكتب عليها بالفارسيّة خبرها فالناووس باقٍ الى يومنا هذا انشدنى بعضهم فيه

عَجِبْتُ لِبَهْرامٍ ومن ذات ظَبْيَةٍ   تَجُوبُ وتَغْدو بين قَفْرِ السباسب
وبهرامُ مَعْ حَوْراءَ عينٍ *i* كأنّها   أَيا الشمسِ أَصْبَتْ بين عُشْبِ المغارب
فقالت له لحوراء دونك فارْمِها   وصكّ بسهم من سهامِ الشصائب *k*

---

a) Sic Jâc. et Kazw. II, ٢٣٩. Codd. جوهسنه. *b*) B يقروه, I يقرأه, S يقراوه. *c*) Codd. كلّ خبرٍ. *d*) S فمحال. *e*) B et S الاعجب. *f*) Codd. واحظام. *g*) I فاصابت. *h*) I عليها. *i*) B حُور اعين. *k*) Subinscribitur in B الشدايد.

مَجامعَ اذنَيْها واسفلَ ظِلْفِها — فلا عُذْرَ ان خالفتَ يا ابنَ الاشاهب
فأرْسَلَ سهما صَكَّ منها الذى بَغَتْ a — وقام اليها مُغْضَبًا بالقواضب

وقال آخر فى طويلة له

ولا رأى مَلِكًا تَجْبُو الملوكُ له — بالسند والهند والمعمور بالصين
ولا رأى اردشيرُ الفارسىُّ ولا — كِسْرى شَهَنْشاهُ ان يَلْهو بشبرين
اذ قالت القَيْنةُ b الوَرْهاءُ ان نَظَرَتْ — الى غزالٍ تناغى رَبْرَبَ العينِ
ما دونَ جَمْعِكَ ظِلْفَيْها بنافذة — سَكًّا الى قرنه بهرامُ يُرْضِينى
فذُعِرَ المَلْكُ وارْتَجّت فرائصُهُ — من قول صَنّاجة c قالت بتَهْجين d
فراصَدَ الظَّبْىَ حتّى حكّ سامعَه — منه بظِلْف على قرن وأُذْنَيْنِ
فسكّ ظِلْفَيْه بالمِدْرَى وسامعَه — بذى غرارٍ e طَرِيرِ النَّصْل مَسْنونِ

وقال عبد الرحمان بن الازهر سمعت عمر بن الخطّاب f يقول اللهمّ لا تُدْرِكْنى ابناء الهمذانيّات والاصطخريّات وعدّ قرى من قرى فارس الذين معهم قلوب العجم والسنة العرب، فزعموا ان همذان الذى ذكره عمر g قرية من قرى اصطخر وليس بهمذان الجَبَل، وعن كعب h قال انّا نجد فى الكتب ان الارض كلّها لتُخْرَبُ قبل الشام باربعين سنة فمكّة يخرّبها i الحبشة والمدينة الجوع والبصرة الغرق والكوفة التُّرْك k والجبال تُخْرَب l بالصواعق والرواجف وخراسان باصناف العذاب والرىّ يغلب m عليها الديلميّة والطبريّة واما ارمينية وآذربيجان فيهلكان بسنابك الخيل من الجيوش وبالصواعق والرواجف ويلقون من الشدّة

---

a) Codd. نَعَتْ. *b*) I et S الفتية. *c*) Codd. صيّاحة. *d*) B بتفحين. *e*) B عذار. *f*) B add. رضه. *g*) S add. بن الخطاب. *h*) In opere *Adjâib al-Malkût*, cod. Leid. 538 (Cat. IV, 268) cap. 60 nomine الضحاك بن مزاحم haec dantur ut commentarius ad Kor. 17 vs. 60. In partem conferri potest Makrîzî I, ٣٣٤. *i*) I تخربها, S يخربها. *k*) Voc. adscripsi sec. *Adjâib al-Malkût*; B et S النُرْك. *l*) Supplevi. *m*) I تغلب, S بغلب.

ما لا يلقاه غيرهم واما حلوان فتهلك بهلاك زَوْراء ويُصْبح اهلها قردة وخنازير نسأل الله العافية واما الكوفة فانه يصير اليها رجل يقال له عَنْبسة a من بنى ابى سفيان فيخرّبها ويأخذ جارية شابّة ورجلا صالحا من آل علىّ جميعا فيقتلهما ويجعل العيدان فى ادبارهما ويصلبهما ويقول هذه فاطمة وهذا علىّ ثمّ يخرج رجل من جُهَينة يقال له ناجِيَة * فيدخل مصر b فويل لاهل مصر منه ولا يدخل بيت المقدّس يمنعه الله بحوله وقوّته وويل لاهل دمشق وافريقية واما سجستان فرياح تعصف عليهم ايّاما مُظْلمةً شدّة مع هدّة تأتيهم واما كرمان واصبهان وفارس فصَيْحة تأتيهم واكثر خرابها الجراد c والسلطان وخراب السند من قبل الهند وخراب خراسان من قبل التبّت وخراب التبّت من قبل الصين وخراب الشام من قبل الملحمة d الكبيرة قال فاذا e كان ذلك فُتحت قسطنطينيّة على يدى رجل من بنى هاشم وخراب همذان من قبل جيوش اهل الديلم يدخلونها فيخرّبونها فلا همذان بعدها ۞

القول فى نهاوَنْد

قال الكلبىّ سُمّيت نَهاوَنْد لانهم وجدوها كما هى f ويقال انها من بناء نُوح عم وانما هى نُوح آوَنْد وهى اعتق مدينة بالجبل وفُتحت نهاوند يوم الاربعاء فى سنة ١٩ ويقال فى سنة ٢٠ ويقال g ان سِماك بن عُبَيد العَبْسىّ تبع رجلا منهم ذات يوم فقتله وجعل لا يبرز له رجل الّا قتله حتى لم يبق غير رجل واحد فاستسلم e والقى سلاحه

---

a) *Adjâib al-Malkût* عـنـبـس. b) Addidi ex opere laudato. c) In *Adjâib al-Malkût* hoc de Jemen dicitur وقد قيل ان خراب اليمن بالجراد. d) B المُلْجَمة, I المملحة, S الملحه; *Adjâib al-Malkût* الملحمة الكبرى التى فيها تنفتح القسطنطينية. e) B c. و. f) Sic quoque unus cod. Jâc. vid. ann. ad IV, ٨٢٧, 5, ubi in textu نهى. g) Cf. Belâdh. ٣٠٥ paen. sqq.

فأُخذ اسيرا وتكلّم بالفارسيّة فدُعى له بترجمان وذهبوا به الى حُذيفة فصالحه على الخراج والجزية وآمن اهل مدينة نهاوند على اموالهم وحيطانهم ومنازلهم فسُمّيت نهاوند ماه دِينار، وقالوا نهاوند من فتوح اهل الكوفة والدينَوَر من فتوح اهل البصرة فلمّا كثر المسلمون بالكوفة احتاجوا الى ان يُزادوا فى النواحى التى كان خراجها قد صولح اهلها عليه ليتوفّر فيهم فصُيّرت لهم الدينور وعُوّض اهل البصرة نهاوند لانها قريبة من اصبهان فصار فضلُ ما بين خراج الدينور ونهاوند لاهل الكوفة فسمّيت نهاوند ماه البصرة والدينور ماه الكوفة وذلك فى ايّام معاوية بن ابى سفيان ❁

وعلى ايزا*a* جبل نهاوند*b* طلسمان سمكة وثور من ثلج لا يذوبان فى شتاء ولا صيف ويُنْظر اليهما من المدينة صُوّر ثور قائم فصبح*c* وسمكة فصيحة تتبع السمكة الثور ويقال انهما للماء أَلّا*d* يقلّ بها، وبها*e* قصب الذريرة وهو الحَنُوط فما دام بنهاوند فهو والخَشَبُ بمنزلة لا رائحة له حتى يجاز به ثنيّة الركاب فاذا جيز*f* به الثنيّة ورُدّ*g* الى نهاوند فاحت رائحته وحُمل الى البلدان، وبنهاوند موضع يقال له * وازواز البلّاعة*h* فى رستاق الاسْفِيذْهان وفيه حجر يفور منه الماء فى كلّ يوم مرّة او مرّتين فيخرج وله خرير فيسقى تلك الاراضى ثم يتراجع قال الكلبىّ وهو مطلسم*i* بسبب الماء أَلّا*k* ينقص ولا يزيد وذلك ان الاكّار يجىء وقت الحاجة ومعه المَرّ فيقف عند الحجر

---

a) B انزا et ibi subinscribitur اسم جبل. Apud Jâc. I. 19 et I, ٢٧٦, 10 nomen desideratur. *b*) B بنهاوند. Deinde codd. طلسمين. *c*) B et S فصح. *d*) B ان لا. *e*) Cf. supra p. ١١٧, 16 sqq. *f*) B اجيز. *g*) Codd. ورُدّتْ. *h*) Sec. Jâc. IV, ٨٨١, 11 sqq., Kazw. II, ٣١٥ (ubi وازوان). B وذان. وإنّ الماء, I وَانْ المملحة, S وان كان المملحة. *i*) B et I طُلسم. *k*) B ان لا. Apud S in لا corr.

فيُسْمَع فى الحجر وقع مثل وقع ابواب الحمامات ثمّ يخرج a الماء فاذا استغنى عنه نقص وتراجع، وبها حَجَرٌ يقال له كيلان b وثَمَّ صخرة عظيمة وفيها الاعجوبة وذلك ان من اراد ان يتعرّف حال غائب له او آبق او سرقة جاء الى عند الصخرة فينام عندها فيرى فى النوم جميع ما يحتاج اليه ويرى غائبه وآبقه فى الحالة التى هو c بها، ويوجد على حافتى نهرها طين d اسود كالقار يصلح للختم وهو اجود ما يكون من الطين ويقول اهل نهاوند ان السراطين تحمله فتلقيه على حافتى هذا النهر e وزعموا انهم لو حفروا فى جوف النهر عشرة اذرع على ان يجدوا فيه شيئا من هذا الطين لم يصيبوه الّا ما تحمله السراطين، وفى رستاق جُوَانَق f من كورة g نهاوند فى قرية يقال لها كَنَخُواست h صورة فرس من حشيش يراه الناس اخضر فى الشتاء والصيف يقال انه طلسم للكلاء والحشيش فهى اكثر بلاد الله حشيشا ❁

وقال لى بعضهم رايتُ بنهاوند فتًى من الكُتّاب فقلت له كيف حالك فانشدنى

يا طُولَ لَيْلى بنهاوَنْد مُفَكِّرًا فى البَثّ i والوَجْد
فمَرَّةً آخُذُ فى مُنْيَة لا تَجْلُبُ الخَيْرَ ولا تُجْدى
ومَرَّةً أَشْدُو بصَوْت اذا غَنَّيْتُه يَصْدَعُ من كَبِدى
فجالَ k هٰذا الدهرُ بى جَوْلَةً فصِرْتُ منها بِبَرُوجِرْد
الحمد للّه على كلّ ما l قَدَّرَ من قَبْلى ومن بَعْدى m

a) B ins. منه. b) S s. p. c) Addidi. d) Codd. طينا. e) In codd. sequitur من هذا الطين. f) B خوابق cum vocal. Cf. supra p. ٢١٠, 1. g) Codd. رستاق. h) Voc. in B; Kazw. II, ٣٠٢ ليجواست. i) B مفكر فى البيت. k) B et S فحال. Jâc. تمّت حبال (حيال) الدهر فى جولة. l) I et S كُلّما. m) Jâcût قبل ومن بعد.

القول فى اصبهان a

قالَ الكلبىُّ سُمّيت اصبهان باصبهان بن الفلّوج بن سام بن نوح b وهى صلحيّة لان عمر بن الخطّاب وجّه عبد الله بن بُدَيل بن ورقاء اليها سنة ٢٣ ويقال بل كتب الى ابى موسى الاشعرىّ يأمره بتوجيه جيش الى اصبهان فوجّه عبد الله بن بديل ففتحها صلحا على ان يؤدّى اهلها الخراج والجزية ووجّه عبد الله بن بُديل الاحنفَ بن قيس وكان فى جيشه الى اليهوديّة فصالحه اهلها على مثل ذلك الصلح وغلب ابن بُدَيل على ارض اصبهان ثم ولّاها عثمانُ بعده السائبَ بن الاقرع وكان فتحها فى سنة ٢٣ و ٢٤ ✿

وقال الكلبىُّ c وكان جدُّ ابى دُلَف القاسم بن عيسى بن ادريس ابن مَعْقِل العِجْلىُّ يعالج العِطْرَ ويَجْلب الغَنَم فقدم الجَبَلَ فى عدّة من اهله فنزلوا قرية من قرى همذان فأَثْروا d واتّخذوا الضياع ووثب ادريس بن معقل على رجل من التُجّار كان له عليه مال e فخنقه واخذ ماله فحُمِل الى الكوفة وحُبس بها فى ولاية يوسف بن عمر الثقفىّ العراقَ فى زمن هشام بن عبد الملك ثم ان عيسى بن ادريس نزل الكَرَج وغلب عليها وبنى حصنها وقويت حال ابى دُلَف وعظم شأنه عند السلطان فكبّر الحصن وزاد فيه f وسمّاها الكَرَج فقيل كَرَج ابى دُلَف فالكرج اليوم مصر من الامصار وكانت من قبل من رستاق اصبهان فهى اليوم مفردة برأسها تسمّى الايغارَيْن g ✿

ولمّا h ارتحلت اليهود من بيت المقدس هاربين من بُخْتَ نَصَّر حملوا معهم من ماء بيت المقدس وترابها فكانوا لا ينزلون منزلا ولا

a) S اصفهان. b) Cf. Jâc. I, ٢٩٢, 17. Ad sqq. cf. Belâdh. ٣١٢ sqq. c) Belâdh. ٣١٤. B et S كان. d) I فاثمروا. e) Codd. مالا. f) S فيها. g) Cf. Jâc. I, ٤٢٠, 2 sqq. h) Cf. Jâc. IV, ١٠٤٥ sqq.

يحلّون مدينة الّا وزنوا ماءها وترابها فلم يزالوا كذلك حتى دخلوا مدينة اصبهان فنزلوا بموضع منها يقال له بنجنا[a] ومعنى هذه الكلمة انزلوا فقد اصبنتم الموضع وهى بالعبرانيّة فنزلوا ذلك المكان ووزنوا الماء والطين فكانا[b] جميعا كماء ببيت المقدس وطينها فنزلوها[c] واخذوا فى العمارات وتوالدوا وتناسلوا وموضعهم الآن يسمّى اليهوديّة فاما مدينتهم فتسمّى جَىّ وبناها الاسكندر على مَجَرِّ[d] حَيّة لانه بناها مرارا كثيرةً مربّعة ومدوّرة فكانت تتساقط فآلى على نفسه ألّا يبرح منها او يبنيها فراى فى بعض الايّام حيّة خرجت من جُحْرها فدارت حول المدينة بسرعة ثم رجعت الى جحرها * فامر الاسكندر اصحابه ان يُبْنَى المدينة على مجرّها[e] فبنوها على ذلك فالبناء قائم الى يومنا هذا معرّج ☆

واصبهان صحيحة التربة طيّبة الهواء عذبة الماء قال ابن عيينة سمعتُ ابن شُبْرُمة يقول يوم وليلة بالحيرة خير من دواء سنتين قال وقال[f] سعيد بن المسيّب لو انى لم اكن من قريش لاحببتُ ان اكون من اهل فارس ثم احببت ان اكون من[g] اصبهان، وقال الشَعْبىّ لمّا انهزم يَزْدَجِرْدُ من المدائن صار[h] الى نهاوند فلمّا انهزم منها انتخب من عسكره الف اسوار والف صنّاجة والف خبّاز والف صاحب حلواء ثم مضى حتى نزل مَرْوَ فلمّا قُتل خرجت الاساورة الى بلخ والصنّاجات الى هراة واقام الخبّازون بمرو فلهم ضروب من الخبز وخرج اصحاب الحلواء الى اصبهان فهم احذق خلق الله باتّخاذه ☆

وقال[i] الهَيْثم بن عدىّ لم يكن بفارس كورة اهلها اقوى من اهل كورتين كورة سهليّة وهى كَسْكَر وكورة جبليّة وهى اصبهان وكان خراج

---

a) Ex conj.; B بلمحنا, I et S بلمحما, Jâc. بنجار. b) Codd. فكانتا. c) I فنزلوا. d) S حجر l. جحر. e) I om. Pro مجرها B et S جحرها. f) B ins. سمعت. g) B ins. اهل. h) Codd. وصار. i) B قال. Cf. Jâc. I, ٢٩٤, 3 sqq.

كلّ كورة مائتى الف درهم *a* وكانت مساحة اصبهان ثمانين فرسخا فى ثمانين فرسخا وهى سبعة *b* عشر رستاقا فى كلّ رستاق منها ثلثمائة وستّون قرية قديمة سوى الحديثة وخراجها فى هذا الوقت سبعة آلاف الف درهم وهى واسعة الارض كثيرة العمارات صحيحة التربة قليلة الهوامّ ورساتيقها جىّ ومارْبين *c* والنّجان *d* وبَرآءان *e* وبُرْخُوار *f* وروِيدَشْت *g* وأَرْدِسْتان وكَرْوان *h* وبُرزاوند *i* والدارك *k* وفريدين *l* وقِهِسْتان والقامدار *m* وجَرْم قاسان وسَرْد قاسان *n* وأرزنان *o* والتّيمَرة *p* الصغرى والكبرى ☆

قُمّ *q*

ويقال ان الذى بنى قُمّ قسار *r* وروى ابو موسى الاشعرىّ قال سألت

---

a) Jâc. اثنى عشر الف الف مثقال ذهب. *b*) Jâc. ستة. *c*) Codd. ومارس. Male apud Jâc. ٣٩۴, 7 correctum est in ماربانان. Lectionem confirmant Belâdhorî ٣١۴, Abû No'aim, Ibn Rosteh MS. Mus. Brit. f. 177 r. et Jakûbî ٥١. Quod apud hunc cod. habet ميربن bonum videtur. Alia enim forma apud Abû No'aim (I, f. 9 r.) est مهربن. *d*) B والنجار, I et S والنحار. Jâc. ut rec. Ibn Rosteh الانجان. Idem esse videtur nomen quod لنجان, Jâc. IV, ٢٥٩, 5, et cujus locus خان لنجان in itinerariis memoratur (Bibl. Geogr Ind.). *e*) B et I وبزالن, S ونرالن. *f*) I s. p., B ونرحوان, S وبرجوان. *g*) Codd. (S دشت) ورونددست; cf. de duplice د Jâc. II, ٨٣١ ult. In codd. sequitur واردست (S واردشت) e dittographia ortum, ut videtur. *h*) Codd. وكرزان. Secutus sum Ibn Rosteh et Jâc. *i*) Scripsi sec. Ibn Rosteh (voc. e Jâc.); codd. (I ند) وبرزارند. Jâc. برزاباذان. *k*) I et S والدارن, Jâc. ورازان, Ibn Rosteh والراز. Voc. sec. Abû No'aim. *l*) B وقرسس, S وقرس, I وقريتين. Forte non differt a فرسان. Jâc. ut rec., Jakûbî فرندين, Ibn Rosteh وفرنذين et فرنذين. *m*) B ولرمذان, I والرمذان, S ولذمذان; Jâc. وقامندار, Jak. العامدان. Abû No'aim I f. 21 r. القمدار, Ibn Rosteh والقمدان et in ann. marg. قمران. *n*) S et Jâc. male قاشان. *o*) Codd. واروان, Ibn Rosteh واران. Conject. edidi. *p*) Codd. والنيموس. *q*) Addidi titulum. *r*) I s. p., S قشار, in B legi posset قساد.

امير المؤمنين علىّ بن ابى طالب عن اسلم الارض وخير المواضع عند نزول الفتنة واظهار البلاء قال اسلم المواضع يومئذ ارض الجبل فاذا اضطربت خراسان a ووقعت الحرب بين جرجان وطبرستان وخرب سائر سجستان * فاخرج يومئذ الى الجبل b فاسلم المواضع يومئذ قصبة قُمّ تلك التى يخرج منها انصار خير الناس ابًا وامًّا وجدًّا وجدّةً وعمًّا وعمّةً تلك التى تسمّى الزهْراء ان بها موضع قَدَم جبرئيل عم يوم نزل الى قوم لوط وهو الموضع الذى ينبع منه الماء الذى مَن شرب منه أمِنَ الداء من ذلك الماء عُجن الطين الذى عُمل منه كهيئة الطير ومنه يغتسل الرضا ومن ذلك الموضع خرج كبش c ابراهيم وعصا موسى وخاتم سليمان، والجزيرة d اعظم المدن شأنا يُسْتَرون اهلها بالامن والخصب والخير والعزّ والسطوة والظفر وصحّة الاهواء وطيب الهواء ✿

واخبرنى محمّد بن ابى مَرْيَم قال مبلغ وظيفة الخراج بكورة قُمّ مع ما فى ذلك من الاحتسابات وما على آل عِجْل ومن فى ناحيتهم وعلى اهل الاطراف من الورق ثلثة آلاف الف ومائتا الف وثلثون الف درهم وما على الضياع المنقولة الى هذه الكورة مائتا الف وعشرون الفا وثلثمائة وثلثون درهما فجميع ذلك ثلثة آلاف الف واربع مائة الف وخمسون e الفا وثلثمائة وثلثون درهما قيمتها على صرف سبعة عشر بدينار مائتا الف والفان وخمس مائة وتسعة واربعون دينارا، وطساسيجها طسّوج ليجَرُود وطسّوج f الرُوذبار طسّوج ابرسيجان g وسحاران h طسّوج

a) Codd. h. l. ins. ووقع .... (lac.) فاخرج يومئذ الى (I et S om.) الجبل فاذا اضطربت خراسان. b) Haec h. l. inserui. c) I add. اسماعيل. d) Sic (S والجزيرة). Probabile est aut nomen urbis Kommi primariae, aut e nomine ejus corruptum. Jakûbî ٤٩ sq. eam appellat ممححان (editor scripsit مينجان). e) I et S وثلثة واربعين. f) S sine cop. g) S ابرسحان. h) I وسماران. Cf. supra p. ٢١٠, 14.

سراحة *a* طسّوج واركروذ *b* رستاق الجبل ساوه *c* وسَبَا وجَرّى *d* سو ميلادجَرْد *e* وكور اخرى كثيرة ۞

ولمّا امر قباذ بليناس الرومىّ ان يطلسم آفات اقليمه مضى الى قمّ فاتّخذ آبارا بازاء شجرة الملّاحة *f* طلسما لتجرى عين الملّاحة فحظر عليها فاذا مُنع منها الناس جفّت وطلسما آخر ليخفى معدن ذهبها وفضّتها وطلسما آخر فوق منارات للحيّات *g* فانحازت الى جبل فهى *h* فيه ثمّ مضى *i* الى الفَرَاهان وفيها سبخة تقطع البعيرَ بحمله والفرس براكبه واتّخذ *k* حولها طلسمين فاستراح اهلها منها ۞

ولمّا ملك طَهْمورث *l* بنى بارض اصبهان فى رستاق مارَبين ورُوَيْدَشْت *m* ۞

وفى مُلْك فَيْرُوز بن يزدجرد بن بهرام لم يمطر الناس سبع سنين فمات رجل بجُوانق *n* فوجّه فيروز الى ذلك الرجل فوُجد له ثلث خزائن حنطة فأُخبر الملك بذلك فاعطى الذى بشّره اربعة آلاف درهم ثمّ قال الحمد لله الذى ثمّ يُمطر فى ملكى سبع سنين فلم يمت احد جوعا وكانت جُوانق ماهيّة وكانت نقوم لهم اخطار فسألوا فيروزَ ان يصيّره *o* جُوانق الى اصبهان ففعل ذلك ثمّ مُطر الناس ماه فروردين * فى روزآبان *p* فصبّوا الماء بعضهم على بعض لطول عهدهم به فصارت تلك سُنّة الى اليوم فى ماه وهمذان واصبهان والدينور وما حولها ۞

---

a) Jakûbî ٥٠ sec. cod. براحه. *b*) B وانكروذ, I et S واركرود. *c*) Fort. idem qui apud Jakûbî ستاره appellatur. *d*) I وحرّا, S وحرى. Vid. Jâc. II, ٦٨ ult. *e*) B ميلانجرد, S ملادجرد. *f*) Cf. Jakûbî l.l. *g*) I للحيات. *h*) I وهى. *i*) B يمضى, I تمضى, S ىمضى. *k*) S c. ف. *l*) Codd. طهمرث. *m*) Codd. مارس وروندست (S وونندسب). *n*) Codd. hic et infra فرانق habent; vid. supra p. ٢١٠ ann. *a*. Nomen apud Tabarî (cf. Nöldeke 118 sq.) non memoratur. *o*) B يصيره, I تصيره, S s. p. *p*) Codd. وروزآبان. Cf. Bêrûnî ٢٢٤ et ٢٢٨.

وواد بها يسمّى زَرِّنْرُوذ ويخرج من قرية يقال لها بناكان *a* ويسقى رساتيق اصبهان ثمّ يغور فى رمل فى آخرها ويظهر بكرمان على ستّين فرسخا من الموضع الذى غار فيه فيسقى ارض كرمان ثمّ يصبّ فى البحر المشرقىّ وعُرف انه بكرمان يخرج بقصيب كُتب عليه وطُرح فيه فخرج القصيب بكرمان، وأُنشد فى عذوبة ماء اصبهان *b*

لستُ آسى من اصبهان على شى * سِوَى مائها الرَّحيق الزُّلالِ
ونَسيمِ الصَّبَا ومُخْتَرَقِ الرِّيح وجَوٍّ صافٍ على كلّ حالِ
ولها الزعفرانُ والعَسَلُ الماذِىُّ والصافناتُ تحت الجِلالِ

ويقال ان بليناس الرومىّ لمّا اراد دخول اصبهان ليطلسم آفات مدينتها مرّ برستاق قد اضرّ الماء بزرعهم فاتّخذ لهم طلسما فى جوف بئر اذا احتاجوا الى الماء فاضت البئر *c* بماء غزير *d* ليسقى اراضيهم *e* ثم يتراجع بقيّة الماء الى البئر ثمّ دخل مدينة اصبهان فاتّخذ فيها طلسما للهوامّ فقلّت واتّخذ بُرُوذَدَشْت طلسما لان ينصب *f* ماؤها فى الصيف فلا ينتفع به ويغيض فى الشتاء فيؤذيهم وذلك ان اهلها اغضبوه *g* وطلسما تحت باب من ابواب المدينة يقال له *h* طيره مردوم فكلّما فُتح ذلك الباب وقع الوباء فى اهلها وطلسما تحت شجرة على فرسخ من المدينة فاذا طَفَتْ *i* تلك الشجرة وفُتح ذلك الباب ارتفع الوباء وطلسما للفجور والفجور فيها ظاهر واتّخذ فى كلّ طريق منها طلسما للخوف ولها سبع طرق فطُرُقهم مخوفة ابدا ۞

---

a) Scripsi sec. Jâc. II, ٩٢٧, 15 et Kazw. II, ١٩٨, 4 a f. Codd. باكان (S s. p.). Ibn Khord. p. 126 nomen non habet. *b*) Jâc. I, ٣٩٤, 13 sqq. *c*) Ex conj.; codd. الماء. *d*) I غزيرًا. *e*) B ارضيهم. *f*) Codd. ينصبّ. *g*) B غضّبوه. *h*) Codd. لها. Una e portis appellabatur باب تيره. Abu No'aim f. 9 v. ثم علق من غد الباب الثالث وسماه ديردر (l. تيرير) ومعناه باب عطارد وهو المسمى باب تيره. Ibn Rosteh f. 185 r. et Abû No'aim I f. 191 v. scribunt باب طيره. *i*) Voc. in B.

ويقال ما بُنى بالجصّ والآجرّ ابهى من ايوان كسرى بالمدائن ولا بناء بالحجارة احسن من قصر شيرين ولا اساطين اعجب من اساطين قصر اللصوص ولا طاق اعجب من طاق شبديز ولا بناء باللبن والطين ابهى ولا احسن من بناء نِميوَرَ *a* رستاق باصبهان وفى ذلك البناء عجائب من التصاوير والانباء والعِبَر، وباصبهان قرية يقال لها انبارجى *b* عند اهلها خَرَزة خضراء آسمانْجُونيّة وفيها عروق بيض وصفر يزعمون انها طلسم للبرد فاذا كان ايّام الربيع وخافوا على زروعهم وثمارهم البرد اخرجوا تلك الخرزة فنصبوها على قناة الى موضع عيد لهم معروف وفى يوم من السنة معروف *c* فيسمع من جوفها دوىٌّ كدوىّ النحل قالوا فانّ البرد ليجىء فى صحاريهم فلا يضرّ بالعامر ولا يصيبه شيئًا ويصيب الغامر ۞

وانشد لمنصور بن باذان *d*

فما انا من مدينة اهلِ جَيٍّ ولا من قرية القوم اليَهُودِ
وما انا عن رجالهمُ براضٍ ولا لنسائهم بالمُسْتَزِيدِ *e*

وذكر *f* بعض الرواة ممن قد جال البلدان انه لم ير مدينة اكثر زانيا ويهوديّا ويهوديّة وحائكا وحائكة من اهل اصبهان، وانشد ابو محمّد العبدىّ لنفسه

لِمَنْ طَلَلٌ تعاجَمَ عن جَوَابى لقد فَضَحَتْ دموعُك بانْسكاب
قِفِ العَبَرات انّ دَمًا ودَمْعًا يَصوبُ بِرَبْعهم *g* فمن الصواب *h*
الم يَحْزُنْك من وَلَعانِ دَهْرٍ تَعَنُّتُه بأطْلال الرُّباب

---

a) Voc. in B. *b*) S انمارحى. Abû No'aim loquitur de hac خرزة quam مُهرَه بذرك appellari dicit, sed nomen pagi non habet. Ibn Rosteh (Ms. Mus. Brit. f. 184 r.) nomen pagi non dat, sed dicit eum esse برستاق رويدشت. *c*) Addidi. *d*) Jâc. I, ٢٩٥, 9 sqq. *e*) B et I بالمستزيد. *f*) Cf. Jâc. l.l. 21 sqq. *g*) S بدمعهم. *h*) I الصوابى.

لَيالِىَ مَنْ أُحِبُّ اذا الليالى   بقُرْبِهِمْ[a] كأيّام الشباب
فأَبْدَلَنى النَّوَى من حُسْن ليلى   ليالِىَ مثل ايّام الكُلاب[b]
على بَلَدِ أَصْبهانَ وساكِنيها   لَعائنُ والدَّمارُ على الكِلاب
ولا صَبَّ الصَّبَا يومًا اليها   ليَسْحَبَ ذَيْلَ غادِيَةِ السَّحاب
احاوِلُ دهرَها بالسيف طَوْرًا   وطَوْرًا بالبَلاغة والحِساب
فلا فى ذاك يُفْلِحُ قَدْحُ[c] نُجْحٍ   ولا فى دَيْنٍ يُغْنَمُ باكتساب
وكيف ينال مِثْلِى النُّجْحَ فيها   وقد شُحِنَتْ باولاد القِحاب

وفى الحديث ان آدم لمّا[d] أُهبط بالهند على جبل سَرَنْديبَ وأُهبطت حوّاء بجُدّة وابليس اللعين بمَيْسان والحيّة باصبهان ومنها يخرج الدجّال ۞ وهى صحيحة التربة عذبة الماء طيّبة الهواء قليلة الهوامّ تبقى بها الحبوب اضعاف ما تبقى فى غيرها من البلدان والله اعلم واحكم[e] ۞

القول فى الرىّ ودُنْبَاوَنْد

قال[f] ابن الكلبىّ سمّيت الرىُّ بِرَوَى[g] من بنى بيلان[h] بن اصبهان ابن فلوج بن سام بن نوح وكان فى موضع المدينة بستان فخرجت بنت رَوَى الى البستان فاذا دُرّاجة تأكل تينا فقالت بُور أَنْجِير[i] يعنى إنّ الدرّاجة تأكل تينا فاسم[k] المدينة بُورَانْجير ويغيّره اهل الرىّ فيقولون بهرزير[l] ۞

قال[m] وكتب عمر بن الخطّاب الى عمّار بن ياسر وكان عامله على الكوفة

---

a) B يقرّبهم. *b*) Codd. in marg. يوم من ايام العرب. *c*) B قَرْحَ, S فرح. *d*) Delendum videtur. *e*) S om. *f*) B et I om. Habent autem codd. قال ante سميت. Ad sqq. cf. Jâc. II, ٨٩٥, 1 sqq. *g*) Jâc. برى et sic infra رى pro روى. Voc. in I. *h*) S s. p., Jâc. شيلان. *i*) Codd. (I ند) بورانجيذ hic et mox. *k*) B et S واسم. *l*) Codd. (I ند) بهرزيذ, Jâc. بَهُورند. *m*) Cf. Belâdh. ٣١٧.

بعد شهرين من وقعة نهاوند يأمره ان يبعث عروة بن زيد الخيل الطائىّ الى الرىّ ودَسْتَبَى فى ثمانية آلاف ففعل وسار عروة فجمعت له الديلم وامدّهم اهل الرىّ فقاتلوه فاظهره الله عليهم فقتّلهم واستباحهم، قال *a* وبنى مسجدها المهدىّ فى خلافة المنصور وبنى مدينتها ايضا وخندق حولها وجرى ذلك على يدى عمّار *b* بن ابى الخصيب وكُتب اسمه على حائط جامعها فاتمّ *c* بناءها سنة ١٥٨ وجعل لها فصيلا يطيف به فارقين وسمّاها المحمّديّة فاهل الرىّ يدعون المدينة الداخلة المدينة ويسمّون الفصيل المدينة الخارجة وحصن الزينبدى *d* فى داخل المدينة وكان المهدىّ امر بمرمّته ونزله وهو مطلّ على مسجد الجامع ودار الامارة وقد كان جُعل بعد ذلك سجنا ثم خرّب وعمّره بعد ذلك رافع بن هَرْثَمة فى سنة ٢٧٨ وخرّبه *e* * اهل الرىّ *f* بعد خروج رافع عنها، وبالرىّ اهل بيت يقال لهم الحَرِيش نزلوا بعد بناء المدينة، قالوا وكانت مدينة الرىّ تدعى فى الجاهليّة أَزارِى *g* فيقال انه خُسف بها وهى على اثنى عشر فرسخا *h* من الرىّ على طريق الخُوار وبناؤها قائم الى يومنا هذا، وقلعة الفَرُّخان هو الدزّ *i* الذى بالسُّرّ *k* حَبْسُ الجرائم ۞ وبالرىّ دُفن عمرو بن مَعْدِيكَرِبَ ومحمّد بن الحسن الفقيه وعنه اخذوا الفقه وعلىّ بن حمزة الكسائىّ والحجّاج بن أَرْطاة النَخَعىُّ وكان الكسائىّ شخص مع الرشيد والحجّاج مع المهدىّ ويُكْنى ابا ارطاة، وبها قبرا محمّد واحمد ابنى خالد بن يزيد بن مَزْيَد *l* الشيبانىّ فمات احمد فى ولاية موسى بن بُغَا ومات محمّد فى

---

a) Cf. Belâdh. ٣١٩. *b*) B et S عمارة. *c*) S c. و. *d*) Codd. الزُّبَيْدى. Cf. Belâdh. ٣١٧ ult. et ann. *f*. *e*) B add. بعد ذلك. *f*) I et S ponunt post عنها; Jâc. ut rec. *g*) I ازادى. Apud Belâdh. recepi ارازى, sed Jâc. habet ازارى. *h*) Belâdh. et Jâc. ستة فراسخ. *i*) I الذُزْ. *k*) B بالسُّن, I et S id. sine voc. *l*) Codd. مرثد.

خلافة المعتضد فى مقام المكتفى بالرىّ ۞ وقصر جابر بدَسْتَبَى منسوب[a] الى جابر احد[b] بنى زِمّان[c] بن تيم الله بن ثعلبة ۞ ولم تنزل وظيفة الرىّ اثنى عشر الف الف درهم حتى مرّ بها المأمون منصرفَه من[d] خراسان يريد مدينة السلام فاسقط من وظيفتها الفى الف درهم واسجل بذلك لاهلها ۞

وروى[e] بعضهم انه مكتوب فى التورية[f] الرىُّ باب من ابواب الارض واليها متَّجر الخلق، وقال محمّد بن اسحاق الرىُّ طيّبة الهواء عجيبة البناء باب التُجّار ومأوى الفُجّار فهى عروس الارض وسكّة الدنيا وواسطة خراسان وجرجان والعراق وطبرستان وهى احسن الارض مخلوقةً ولها السُرُّ[g] والسَّرْبان واليها تقع تجارات ارمينية وآذربيجان وخراسان والخَزَر وبلاد بُرْجان لانّ تجّار البحر[h] يسافرون من المشرق الى المغرب ومن المغرب الى المشرق فيحملون الديباج والخزّ الفائق من فِرَنْجة الى الفَرَما ويركبون البحر من[i] القلزم فيحملون ذلك الى الصين ويحملون الدارصينى والماميران ومتاع الصين كلّه حتى يصيرون بالقلزم ثم يتحوّلون الى الفَرَما وهم التجّار اليهود الذين يقال لهم الرَّاهْدانيّة[k] يتكلّمون بالفارسيّة والروميّة والعربيّة والافرنجيّة ويخرجون من الفَرَما فيبيعون المسك والعود وجميع ما معهم من ملك فرنجة[l] فيجيئون الى انطاكيَة ثم يصيرون الى بغداذ[m] ثم الى الابلّة، فاما تجّار الصقالبة فيحملون جلود الثعالب وجلود الخزّ من اقصى صقلبة فيجيئون الى

---

a) Codd. منسوبة. *b*) Codd. بن احمد. Cf. praeter Belâdh., Jâc. IV, ١١٠, 15, ٤٥٣, 4. *c*) Codd. مازن. *d*) I et S عن.
e) Cf. Jâc. ٨٩٦, 9 sqq. *f*) I بالتوراة. *g*) Codd. السُنّ.
h) Cum seqq. cf. Ibn Khord. p. 115 sqq. *i*) Codd. الى. *k*) B الرهدانية, Ibn Khord. الرادانية. Cf. Gloss. Geogr. p. 251. *l*) S افرنجة. Hic nonnulla excidisse probabile est; cf. Ibn Khord.
m) Codd. الابلة et deinde بغداذ pro الابلة.

البحر الرومىّ فيعشرهم صاحب الروم ثم يجيئون فى البحر الى سَمكوش a اليهود ثم يتحوّلون الى الصقالبة او b يأخذون من بحر الصقالبة *فى هذا النهر الذى يقال له نهر الصقالبة c حتى يجيئون الى خليج الخَزَر فيعشرهم صاحب الخزر ثم يصيرون الى البحر الخراسانىّ فربّما خرجوا بجرجان فباعوا جميع ما معهم فيقع جميع ذلك الى الرىّ' واعجب من هذا انها فرضة الدنيا ولذلك قال عمر بن سعد بن ابى وقّاص حين خُيّر بين قتل الحسين بن علىّ صلعم d وولاية الرىّ e فانشأ يقول

أَأَتْرُكُ مُلْكَ الرىّ والرىُّ رَغْبَةٌ   ام أَرْجِعُ مذمومًا بقَتْلِ حُسَيْنِ
وفى قَتْلِه النارُ التى ليس دونها   حِجابٌ ومُلْكُ الرىّ قُرَّةُ عَيْنِ

وقال ابن كَرْبويةf الرازىُّ وكان احد اصحاب الحسين بن احمد العلوىّ g بقزوين

يا مُنْيَةً هَيَّجَتْ شَوْقى وأَحْزانى   لا تُبْعِدينى فبُعْدُ الدار أَضْنانى
انّى أُعيذُك بالأَجْفان يا سَكَنى h   ان تَتْرُكينى اخا شَجْوٍ وأَشْجان
اذا بَعُدْتِ يكاد الشوقُ يَقْتُلُنى   حتّى اذا طاف طَيْفٌ منكِ أَحْيانى

---

a) Littera و in S quoque ر s. د legi posset et incertum est utrum ultima littera sit ش an س. Urbs in peninsula Taman jacuisse videtur. Lectio سمكرس commendatur eo quod in nova redactione epistolae principis Khazarorum quam Firkowitsch anno 1869 reperit, urbs סמכרץ appellatur, quae a nostra non diversa esse videtur. Cf. Harkavy »Altjüdische Denkmälern aus der Krim" 1876 in Mém. de l'Acad. des sciences de St. P. VIIe série, t. XXIV, n. 1, p. 284 ad p. 140 ann. 2. b) Codd. ثم quod sensum non dat. Emendatio mea confirmatur ab Ibn Khord. qui habet وان شاءوا ساروا. c) Haec in codd. male posita sunt post البحر الخراسانى. d) B رضهما. e) Jâc. ins. والقعود et talequid inseri debet. f) I et S كرنونه. g) Cognomine الكوكبى, vid. Tab. III, ١٦٤٣, 14 sqq., ١٦٨٦, 2, ١٦٠٣, 11. h) B ساكنى.

يا جَفْوَةً من حَبيب أَقْرَحَتْ *a* كَبِدى   فَلَا رَثَيتِ لِنَاءِى الـدارِ حَيْرانِ *b*
دامى الجُفُونِ نَحيلِ الجسم مُخْتَرِقٍ   صَبٍّ أَسِيفٍ قَرِيحِ القَلْبِ حَرّانِ
أَمْسَى بقَزْوِين مسلوبًا عزيمتَه   مقسَّمًا بين أَشْجانٍ وأَحْزانِ
اقولُ يومَ تلاقَيْنا وقد سَجَعَتْ   حَمامتانِ على غُصْنَيْنِ من بانِ
الآن اعلَمُ ان الغصنَ لى غُصَصٌ   وانّما البانُ بَيْنٌ عاجِلٌ دانِ
وقُمْتُ تَخْفِضُنى ارضٌ وتَرْفَعُنى   أُخْرَى وهَدَّ مَسِيرُ الليل أَرْكانى
ما لى أُنادِى فيأبَى ان يُجِيبَ فَتًى   لو كان بالرَّىِّ لَبّانى وفَدّانى
يا نفسِ لا تَجْزَعِى من ذاك واشْتَمِلى   ثوبَ العَزاء فان الغائبَ الجانى
انا الّذى غَرَّه بيتانِ قالهما *c*   مُضَلِّلٌ ما له فى جهله ثانِ
لا يَمْنَعَنَّكَ خَفْضَ العَيْش فى بَلَدٍ   نُزُوعُ نَفْسٍ الى اهلٍ واوطانِ
تَلْقَى بكلّ بلادٍ انت ساكنُها   اهلًا باهلٍ وجيرانًا بجيرانِ
حتّى تركتُ لذيذَ العَيْش فى بلدى   فناء *d* دارى *عن اهلى *e* واخْوانى
وشاقنى نحوَ قَزْوِينٍ مُنًى بَطَلَتْ   نَفَتْ رُقادِى وأَذْرَتْ دمعَ اجفانى
فيا لها حَسْرَةً اذ عَزَّ *f* مَطْلَبُها   لم تُبْقِ منّى على رُوحٍ وجُثْمانِ
انا النَّذِيرُ لكم يا قومِ فاستمعوا   منى مَقالةَ نُصْحٍ غيرِ خَوّانِ
لَلْمَوْتُ بالرَّىّ خيرٌ للمقيم بها   من الحَيٰوة بقَزْوِينٍ وزَنْجانِ
أَنَّى لها كجِنانٍ فى شوارعها   يَطْفَحْنَ فى كلّ بُسْتانٍ ومَيْدانِ
او كالمدينة شَطّاها وشارعُها   من المُصَلَّى الى صحراء أَزْدانِ
وهات كالسَّرَبانِ *g* اليومَ مُرْتَبَعًا   من باب حَرْبٍ الى ساحات عَفّانِ
انهارُها أَرْبَعٌ مَكْفُوفَةٌ زُهُرٌ *h*   يَحارُ فيهنّ عَيْنا كلّ انسانِ

---

a) B et S افرحت. *b*) B حيرانى, I جيران. *c*) Cf. supra p. ٤٨, 8 sq. *d*) Codd. فنأى. *e*) I باهلى. *f*) S غر. *g*) Codd. كالسِرْبان (voc. in B). Jâc. effert سَرْبان et sic alibi edidi. Idem esse videtur سارْبانان apud Ist. ٢٠٧ sq. et Ibn Haukal p. ٣٦٩ ult., ٢٧٠, 5. *h*) B زُهُرٌ.

وشارِعُ السُّرّ[a] يُمْناه ويُسْرَتُهُ مُحَفَّفانِ بانهارٍ واغصانِ
وقَصْرُ اسْحاقَ من فُولادَ[b] مُنْحَدِرًا على الشِراك الى دَرْب القَليسانِ[c]
وكم بِرُوذَةَ من مُسْتَشْرِفٍ حَسَنٍ الى المَصيفِ بها من باب باطانِ[d]
وكم بناهكٍ من دارٍ كَلِفْتُ بها وظَبْيَةٍ تَرْتَعِى فى سَفْحِ غُدْرانِ
وشادنٍ غَنِجٍ كالبَدْرِ صورتُه يَميسُ فى حُلَلٍ تَلْهو[e] بفَتّانِ
يا رَىُّ صَلَّى عليكِ اللّهُ من بَلَدٍ ولا أَغَبَّكِ دارُّ[f] القَطْرِ هَتّانِ
حَىَّ الديارَ بها والساكنين بها من النساء ومن شِيبٍ وشُبّانِ
الّا بقايا بُغاةٍ[g] الارض قد جحدوا دِينَ المُهَيْمِنِ من كُفْرٍ وعُدْوانِ
كُم حَلَّ عَرْصَةَ نَصْراباذَ قاطبةً من ابن زانيةٍ مَحْضٍ وكَشْخانِ
وكم بسكّةِ ساسانٍ اذا ذُكروا من ابن فاجرةٍ نَصٍّ وقَرْنانِ
هُمُ الأُلَى مَنَعُونى قُرْبَ دارِهِمِ وباعَدُونى عن اهلى وخُلّانى
وشَرَّدُونى عن صَحْبى وعن وَلَدى حتّى لَجَأْتُ الى اجبال قَصْرانِ

وفى اخبار آل محمّد عمّ[h] الرىّ ملعونة وهى على بحر عجّاج وتربتها تربة دَيْلَمِيّة يأبى ان تقبل الحقّ، وانشد لآدم بن عبد العزيز[i]

ما لى وللرىّ واكنافها يا قَوْمِ بين التُّرْكِ والدَّيْلَمِ
ارضٌ بها الاعجَمُ ذو مَنْطِقٍ والمرءُ ذو المَنْطِقِ كالاعجَمِ

وكان هارون الرشيد يقول الدنيا اربعة منازل قد نزلتُ منها ثلثة احدها دمشق والآخر رقّة والثالث[k] الرىّ ولم ار فى هذه المواضع موضعا احسن من الشَّرْبان[l] شارعًا فى مدينة الرىّ فى وسطه نهر وعن جنبَتَيْه اشجار ملتفّة متّصلة وفيما بينها[m] سوق والمنزل الرابع سمرقند ه

a) Codd. السُّنّ et sic alibi. *b*) B et I فولارد. *c*) I الغلبسان. Apud Ist. l.l. et Ibn Haukal edidi بليسان. *d*) Hinc patet apud Ist. ۱۰۷, 7 et Ibn Hauk. l.l. 14 male receptum fuisse باب طاق et باطاق. *e*) B يلهو. *f*) Codd. دانِ. *g*) I بغات, S بغاث.

h) S om. Cf. Jâc. II, ۸۹۱, 18 sqq. *i*) Memoratur hic poëta *Aghânî* XIV, ۹۰ sqq. *k*) I et S والاخر. *l*) Codd. السريان. Locum descripsit Jâc. III, ۹۷, 9 sqq. *m*) Codd. بينهما.

ولمّا وجّه قباذ بلبيناس الروميَّ الى الرىّ اتّخذ بها طلسما للغرق فأمنوه وذلك انها على بحرٍ عجّاجٍ وآذاه اهلُ الرىّ فاتّخذ بها طلسما للنزول فليس يُقبل احد من خراسان الّا نزلها وطلسما للغلاء فهو فيها ثابت ثمّ كتب بلبيناس الى قباذ يخبره بما قد طلسم ويستأذنه فى المصير الى خراسان فكتب اليه قباذ ان قباذ الاكبر قد طلسم ما وراء الرىّ الى نهر بلخ وخراسان وجرجان وسجستان مائتين وخمسين طلسما وليس ما وراء النهر شىء، وقال الشاعر

ألرَّيُّ اغلى بلدةٍ اسعارا … لا درهما تُبْقِى ولا دينارا
تَدَعُ *a* الغريبَ مُتَحَيِّرًا فى سُوقها *b* … قد تاه يَنْظُرُ هائمًا خَوَّارا
فى كُلِّ يومٍ ينبغى لغدائه … ان كان يملك للغدا قِنْطارا
وبها أُناسٌ شَرُّ ناسٍ *c* باعةً … لا يَحْفَظُون من الغريبِ جِوارا
سِيمُوا بكلّ قبيحةٍ فتراهمُ … أَدْهَى واخبثَ مَنْ تَحَلَّى العارا
لا يَصْدُقون وصِدْقُ قولٍ فيهمِ … عارٌ وكلٌّ يُبْغِضُ الابرارا
إِنْ جئتَ تسألُهم لتُسْقَى شُرْبَةً … قالوا اليك تَجَنَّبِ الاشرارا
فلقد لَبِسْنا العارَ حتّى ما لنا … الّا الفضائحَ مَلْبَسًا وازارا

والرىُّ سبعة عشر رستاقا ومنها الخُوارُ ودُنْباوَنْد *d* ووِيمَة وشَلَنْبَة هذه التى فيها المنابر،

وفى اخبار الفرس ان أَفْرِيذُون لمّا اقبل بالبَيْوَرَاسف من المغرب نحو المشرق ليسجنه مرّ بكورة اصبهان فطلب قوما يُمسكونه عليه ريث ما يتغدّى فلم يجد فجمع علما من الناس فلم يقدروا على ذلك فاوثقه باساطين وسلاسل وادار سلاسله على جبل وتوثّق منه وجلس يتغدّى فاجتذب البيوارسف سلاسله مع تلك الاساطين والجبل وطيّر به فى الهواء فتبعه افريذون فلحقه بمدينة بهرزير *e* وهى الرىُّ فلمّا لحقه قمعه بمقامع

a) Codd. يَدَعُ. Deinde B الغريبُ. *b*) B متحيرا فى سقوفها. *c*) B الناس. *d*) B ودونباوند. *e*) Vid. supra p. ٢٦٨, 17; B h. l. بَهْرَزِيذ, I et S بهرزند.

من حديد كانت بيده فسقط مغشيًّا عليه ورسا ذلك الجبل *المنقول من اصبهان بمدينة الرىّ مطلّا*a* عليه فلعن افريذون ذلك الجبل*b* ودعا الله ان لا*c* يُنبت عليه شيًّا فاجاب الله دعوته ثمّ سار به نحو دنباوند فسجنه فى جبل قرية لحدّادين ووَكل به أُرْمائيل ومثّل بين يديه فى القُلّة الجوفاء صورة افريذون وطلسم عليه طلسما وبنى حوله حوانيت ورتّب فيها*d* قوما حدّادين يضربون مطارقهم بالنوائب على سنداناتهم ليلا ونهارا شتاء وصيفًا لا يفترون عنها ومضى افريذون الى مملكته ووكّل أُرمائيل بحفظ البيوارسف وغذائه فكان يذبح له فى كلّ يوم نسمتين يتغذّى*e* بدماغهما فكان ارمائيل يتحوّب من ذبح الناس فتلطّف*f* فى استنقاذهم ويحتسب الاجر فى اطلاقهم من القتل فمضى الى قرية تسمّى مَنْدان*g* فبنى على الجبل الشرقىّ منها قصرا فيه*h* بساتين ومنازل شريفة وعيون تجرى فى صحون تلك الدور والبساتين وبنى فى تلك الدور بيتا بخشب الساج والآبنوس بتصاوير فلم يكن لاحد فى المشرق*i* بيت اشرف منه ارتفاعا وحسنا فما زال ذلك البناء قائما حتى استنزل المهدىُّ ابنَ المَصْمُغان من قُلّة العَبْرِيْن*k* بالامان فلمّا وافوا به الرىَّ والمهدىُّ نازلٌ بها امر بضرب عنقه فلمّا استخلف الرشيد ووافى الرىَّ خُبّر بذلك المكان والبنيان فصار اليه حتى وقف عليه وامر بنقضه وحمله الى مدينة السلام، وكان أُرْمائيل يطلق الاسارى ويسكنهم

---

a) I مظلا. *b*) B om. *c*) I الا. *d*) Codd. فيه. *e*) B يتغدى, S يتعدى. *f*) I فيلطف. *g*) Voc. in B. Forte nomen non differt a دمندان (perperam explicato per ده مندان), etsi unâ cum Donbâwand a nostro in Kirmân collocatus sit hic locus. *h*) B et I فيها. *i*) B الشرق, I et S المشرف. Deinde codd. بيتا. *k*) Voc. in B. Appellatur a Jâcût استوناوند s. استناباذ et جرهد. Forte comparari debet nomen عاريں quod teste Belâdh. ٣١٨, 1 habuit حصن النزينبدى. Codd. solent scribere المُصْمِغان.

الجبل الغربىّ من قرية مَنْدان *a*) فبقى على ذلك من احواله *b*) ثلثين حولا يعتق الاسارى، وقرية مَنْدان على جبلين بينهما وادٍ فيه ماء عذب غزير لا ينقطع شتاء ولا صيفا وعلى حافتى الوادى عيون تنصبّ اليه وشجر مثمر فكان كلّما اعتق اسيرا اعطاه دارا واسكنه الجبل الغربىّ وامره ان يبنى لنفسه بنيانا ففعل ذلك وقيّض اللهُ لأَرْمائيل مُطَلْسِما اتاه فقال إنّ انا طلسمت الطعام الذى تُغذّى *c*) به هذا الملعون وحبستُه فى جوفه الى انقضاء مدّته ليتغلغل فى جوفه ويرتفع الى صدره ويجرى فى لهواته فاذا همّ بقذفه منعتُه من ذلك ما انت صانع بى قال سل ما احببت قال ان اتتك رياسة الناحية اشركتنى فى رياستك ونعمتك وعقدت بيننا قرابة لا تنقطع فضمن ارمائيل له ذلك فطلسم مأكول الملعون ومشروبه فى جوفه فهو يتغلغل فى صدره الى انقضاء ايّامه *d*)، وتناهى خبر الاسراء الى افريذون فسُرّ بذلك سرورا شديدا ومضى نحو الجبل وتقرّر عنده فعل ارمائيل فحباه وعقد له التاج ورفع درجته وسمّاه المَصْمُغان وقال له بالفارسيّة وَسْ مانا كَتَه آزاذ كَرْدِى *e*) اى كم من اهل بيت قد اعتقتَهم فاهل المَصْمُغان معروفون الى يومنا هذا بتلك الناحية، وكان اتّفق لافريذون ان سجن البيوارسف فى النصف من ماه مِهْر وروز مهر فلمّا اصبح جعله عيد المِهْرجان ويقال كان طول افريذون تسعة ارماح والرمح بباعه ثلثة ابواع وحجزه ثلثة ارماح وعرض صدره اربعة ارماح ووسطه رمحين، وقال محمّد بن ابراهيم كنت مقيما بطبرستان فى خدمة موسى بن حفص الطبرىّ فى ايّام المأمون اذ ورد عليه قائد من قوّاد المأمون يأمره بالشخوص مع موسى بن حفص الى موضع البيوراسف

---

a) I h. l. منذان. *b*) C حاله. *c*) Voc. in I; B et S تغذّى. *d*) I مدته وايامه. *e*) In his وس est pro بس, كته pro كده.

بقرية الحدّادة فى سنة ٢١٧ والوقوف على امره وتعريف *a* صحّة الخبر قال فوافينا قرية الحدّادة فلمّا قربنا من الجبل الذى فيه البيبوراسف اذا نحن بذئبة فى عظم البغال وطيور امثال النعام فى خلق الفِصْلان واذا قلّة الجبل *b* مغشّاة بالثلج ودود عظام كانها جذوع تنحطّ *c* عن هذا الثلج الى القرار فتعدو عليها تلك الطيور فتبتلعها فلم نهتدِ الى قلّة الجبل ولم نعرفه فبينا *d* نحن كذلك اذا شيخ قد اتانا فسائلنا *e* عما قدمنا له فعرّفناه الخبر واذا على الجبل حوانيت كثيرة فيها قوم من الحدّادين حول تلك القلّة عليهم نوائب يضربون مطارقهم على سنداناتهم ساعةً بعد ساعة ويتكلّمون بكلام يهجسون به موزونٍ *f* عند ضربهم لا يفترون لحظةً فسألنا الشيخ عن هذه الحوانيت فقال هؤلاء الحدّادون طلسم على البيبوراسف لئلّا ينحلّ *g* من وثاقه وانه لدائبا يَلْحَسُ وثاقه وسلاسله فاذا ضُربت هذه المطارق عادت الى ما كانت *h* عليه من الغلظ فان احببتم الوقوف عليه وعلى هذا الحيوان المحبوس اريتُكم برهان ذلك فقال له القائد ما جئتُ لغير هذا الذى وصفت فاخرج لهم الشيخ سلّما مَخْروزا من الصَّرْم وسِكَك حديد وجمع شبّان القرية حتى صعد منهم مَن صعد ذلك السلّم من قرار القلّة انى مقدار مائة ذراع فى الجبل ثم ارانا من الناحية الشرقيّة *i* فى القلّة عند مطلع الشمس جَوْبَةً عظيمة وعليها اسكُفّة باب حديد عليه مسامير من حديد مذهّبة مكتوب عليها بالفارسيّة على كلّ مسمار ما أُنْفق *k* عليه وفوق الاسكفّة كتابة تخبر ان على القلّة سبعة ابواب من حديد مصاريع على كلّ مصراع اربعة اقفال قد كتب على كلّ عضادة منها له امدٌ يجرى الى غايته ونهاية لا يعدوها فلا يعرض

---

a) S وتعريفه. *b*) B الجبال. *c*) I تنمطّ. *d*) I فبينما.
e) B يسائلنا. *f*) I et S مُوَّرون. *g*) B ينخلّ. *h*) B et S كان.
i) Codd. الشرقى. *k*) I et S ادعق, B ut vid. اتفق.

خلق لفتح شىء منها فيهجم من هذا الحيوان على الاقليم آفة لا تُدْفَع لكم a عنها ولا حيلة لكم فى صرفها فقال موسى بن حفص ويحكم فحيوان منذ آلاف سنين يبقى بغير قوت فقال الشيخ طعامه القديم الذى تغذّى b به مطلسم فى جوفه فهو يتغلغل فى صدره ويرتفع الى لهواته حتى يمتلئ منه قد مُنع من اخراجه فذلك غذاؤه، فانصرفوا ولم يحدثوا شيأً وكتب بخبره الى المأمون فكتب الآ c يعرض له،

وعن رجل من كلب قال كان الضحّاك غيورا فركب الى انصيد فجاء افريذون فى خيله فاحتوى على داره فلمّا انصرف الضحّاك نظر الى افريذون فى داره ومع نسائه فادركته الغيرة وغُشى عليه وسقط عن دابّته فوثب عليه افريذون فاوثقه ثم تتبّع عُمّاله فاوثقهم وذلك ماه مهر وروز مهر فصيّره يوم المهرجان واخذ المَصْمُغان فقال d انك كنت شرّ عمّاله وكنت صاحب الذبح فاذبحك كما ذبحتهم فقال ان لى بَلاء قال وما هو قال امرنى بذبح اثنين فكنت اعتق واحدا فى كلّ يوم قال واين هم قال اركبْ حتى اريكهم فركب معه وسار e حتى اشرف على جبال الديلم والشِرِز f وقد توالدوا وتناسلوا فقال هؤلاء كلّهم عتاقى فقال افريذون وَسْ مانا كنه ازاذ كردى قد ملّكتُك عليهم فاعطاه مملكة دُنْباوَنْد فلم يزل الضحّاك عنده موثقا ستّة اشهر ثم قتله يومَ النيروز فقالت الاعاجم اِمْرُوز نو كُروز اى استقبلنا الدهر بيوم جديد فاتّخذوه d عيدا، وعن القاسم بن سليمان g قال ابجد وهوز وحطى h وكلمن وسعفص وقرشت كانوا ملوكا جبابرة فتفكّر قرشت يوما فقال تبارك الله احسن الخالقين فخلقه i ازْدَهَا k فله سبعة رءوس وهو بدنباوند محبوس،

---

a) B et I يدفع عنكم. Pro عنها I منها. *b*) B تغدّى, I يُغذّا, S كان تغدى. *c*) S لا. *d*) S c. و. *e*) S وسار. *f*) Codd. s. p. et voc. (B والسِرَز). *g*) Apud Tab. I, ٢٠٣, 12 receptum est سلمان. *h*) Deest in codd. *i*) Tab. فمسخه الله فجعله. *k*) Sic B; I et L ازدها.

وزعم بعض المحدّثين ان المحبوس بدنباوند صَخْر الجنّيّ الذى اخذ خاتم سليمان بن داود فلمّا ردّ الله جلّ وعزّ على سليمان ملكه حبسه فى جبل دنباوند ‹‹ وانشد للطائيّ a

ما نال ما قد نال فِرْعَوْنٌ ولا هامانُ فى الدنيا ولا قارونُ
بل كان كالضحّاك فى سَطَواته b بالعالَمين وانت c افريذونُ

وذكر علىّ بن رَبَّن d انه وجّه الى هذا الجبل من يتعرّف خبره من الديالمة والطبريّة فذكروا انهم صعدوه فى يومين وليلتين وبعض اليوم الثالث فوجدوا قلّته مساحةً نحوا من ثلثين جريب e ارضٍ على انها من بعيد ترى بمنزلة قبّة منخرطة فى راى العين وان عليها رملا تغيب فيه الاقدام وانهم لم يروا عليها دابّة ولا يبلغها طائر ولا حيوان من شدّة البرد وعواصف الرياح وانهم وجدوا فى قلّتها ثلثين نقبة يخرج منها الدخان الكبريتىّ وراوا على طرف تلك النقب f كبريتا اصفر كانه الذهب g وحملوا منه الينا جُرُبا وزعموا انهم راوا الجبال حوله مثل التلال وانهم نظروا الى البحر فحزروه نهرا صغيرا وبين البحر والجبل زيادة على عشرين فرسخا ✿

القول فى قَزْوِين وزَنْجان وأَبْهَر h

قال بكر بن الهيثم i كان حصن قزوين يسمّى k بالفارسيّة كَشْوِين l ومعناه الحدّ المحفوظ وبينه وبين الدَيْلَم جبل ولم يزل m فيه لاهل

---

a) Tab. l.l. ٢٠١, 14 sq., Diwân p. ١٦٥. b) B et I سطوته. c) Codd. فات sic. d) B وَبَّن, I et S وبن, Jâc. II, ٦٠٨, 18 زبن. Cf. Tabarî III, ١٢٧٦, 7 et ann. c. e) Codd. جريبا. f) Codd. النقبة. g) B ذهب. h) B وابْهر. i) Belâdh. ٣٢١. k) Addidi. l) Male apud Jâc. IV, ٨٨, 7 كشرين receptum est, nam وين est pro بين et urbis nomen quoque قزبين scribitur. Item infra in nomine سروين. m) I تزل.

فارس مقاتلة من الاساورة يرابطون فيه فيدفعون الديلم اذا لم يكن بينهم هدنة، ويقال انهم نزلوا قرية يقال لها سَسبين فقالوا جَشْ اين ثم دخلوا قرية يقال لها فاسقين فقالوا بَسْ اين ثم دخلوا قرية سَرْوِين فانذر صاحب الجيش قال سَرْوِين، وكانت دَسْتَبَى مقسومة بين الرى وهمذان فقسمٌ منها يدعى دستبى الرىّ وهو مقدار كذا وكذا a قرية ومنها ما قد حازه السلطان اعزّه الله فى هذا الوقت لنفسه واستخلصه b وكان سبب حيزه دخول اذكوتكين بن ساتكين التركىّ قزوين وتغلّبه عليها واسره محمّد بن الفضل وقبض هذه الضياع عنه وقسمٌ منها يدعى الهمذانىّ وكانت c جبايتها الى همذان حتى كُوّرت قزوين وكان العدل بقزوين من جهة طاهر بن الحسين والجور بهمذان من قبل موالى المعتصم بالله امير المؤمنين فتظلّم رجل يقال له محمّد بن ميسرة من d رجل آخر من اهل قزوين يدعى احمد بن النضر e بن سعيد فوجّه وَفْدَه الى نيسابور يسأل الكُتّاب فى نقل رستاق نَسَا وسَلْقانروذ f الى قزوين فكتب صاحب خراسان بذلك فنُقلت الى قزوين ✿

وكان المغيرة بن شعبة والى الكوفة وجرير بن عبد الله والى همذان والبَرَاء بن عازب والى قزوين ولّاه جرير بن عبد الله g وامره ان يسير اليها فان فتحها الله على يده غزا الديلم منها وانما كان مغزاهم قبل ذلك من دَسْتَبَى ولم يكن بقزوين موضع بناء الّا مدينتها الداخلة فانها كانت من بناء *سابور ذى الاكتاف فى h هذا الذى قد وصفناه

a) B et S كذى وكذى. Jâc. II, ٥٧٣, 8 يقارب التسعين.
b) Codd. واستخلصها. Ad seqq. cf. Tab. III, ١٩٣٦. c) B et I وكان.
d) Addidi; sed I ورجل habet. e) Codd. النصر. Est homo notus النضر بن سعيد الحرشى. f) Cf. supra p. ٢٣٩, 5. B نسا, S وسلقابروذ. g) Cf. Belâdh. ٣٢١, 9. h) Haec inserui, coll. Jâc. ٨٨, 6, Kazw. II, ٢٩١, quia sensus requirere videtur. Narratio vero ad quam relegat in compendio nostro desideratur.

من مصيره *a* الى قزوين فسار البَرَآء بن عازب ومعه حنظلة بن زيد الخيل حتى اتيا أَبْهَرَ *b* فاقام على حصنها وهو حصن بناه سابور ذو الاكتاف وانه بنى مدينة قزوين فكان بناؤه لمدينة ابهر على عيون سدّها بجلود البقر والصوف واتّخذ عليها دكّة وانشأ الحصن عليها فقاتله اهل ابهر ثمّ طلبوا الامان على مثل ما آمن عليه حذيفة اهل نهاوند ثمّ غزا اهل حصن قزوين فاناخ عليها فلمّا راوا ذلك طلبوا الصلح فعرض عليهم مثل ما اعطى اهل ابهر فنفروا من الجزية واظهروا الاسلام فقيل انهم نزلوا على ما نزل عليه اساورة البصرة من الاسلام على ان يكونوا مع من شاءوا *c* فنزلوا الكوفة وحالفوا زُهْرَةَ بن حَوِيّة فسُمّوا حمراء الديلم وقيل انهم اسلموا واقاموا مكانهم فصارت ارضوهم عُشْرِيّة كما *d* اشترطوا فرتّب البَراء بن عازب طُلَيحة بن خُوَيلد الاسدىّ مع خمس مائة فارس على دستبى وقزوين فتناسلوا هناك فاولادهم واولاد اولادهم الى اليوم فيها قد توارثوا الضياع وكانت قبالةٌ من السلطان فى ايديهم لخمسين السنة والاقلّ والاكثر اذ كانت ارضين وضياعا *e* لا حقّ لاحد فيها وهم عمروها واجروا انهارها فسُمّوا تُنّاءها منقبّلين لانهم تقبّلوا بضياعهم من السلطان، وانشد رجل من اهل قزوين يحثّ *f* ابنه وكان غازيا مع البراء *بن عازب *g*

قد تَعْلَمُ الدَّيْلَمُ *h* اذ تُحارِبُ *i* أَنْ *k* قد اتى فى جيشه ابنُ عازبْ
وإنّ *l* ظنّ المُشْرِكين كاذبْ

---

a) B مصر, I مصوه, S مصره. *b*) B ابَهْرَ. *c*) B et S شاء. *d*) Codd. لما (B لمّا). *e*) Codd. وضياع; cf. Jâc. ٨٨, 15. *f*) I باحر, S درث. Belâdh. ٣٢٢, 3 ابيه لجدّ. *g*) S om. *h*) B نعلم, Jâc. يعلم, Belâdh. علم. *i*) B تحارب. *k*) B إنْ; Jâc. لمّا, Belâdh. حين. *l*) I وأنّ, S فان; Jâc. et Bel. بان.

ثم غزا البراء الديلم حتى ادّوا اليه الاتاوة وغزا الجيل والببرa والطَّيْلسان وفتح زَنْجان عنوة، ووُلّى الوليد بن عقبة بن ابى مُعَيْط الكوفة لعثمان بن عفّان فغزا الديلم مما يلى قزوين وغزا آذربيجان وجِيلان ومُوقان والبَبْر والطَّيْلَسان ثم انصرف، ووُلّى سعيد بن العاص ابن سعيد بن العاص بن اميّة بعد الوليد فغزا الديلم ومصّر قزوين، وكان موسى الهادى لمّا صار الى الرىّ اتى قزوين فامر ببناء مدينة بازائها فهى تعرف بمدينة موسى وابتاعb رُسْتَم أَبادَ ووقفها على مصالح المدينة وكان عمرو الرومىّ يتولّاها ثم تولّاها ابنه محمّد بن عمرو، وبنى المُبارك التركىّ بها مدينةc فهى منسوبة اليه، ودخلها الرشيد وقتَ اجتيازه الى خراسان فنظر الى غزوهم ومجاهدتهم للعدوّ فبنى فيها مسجد جامعها ووقف عليهd حوانيت ومستغلّات وحطّ عنهم خراج القصبة وجعلهاe عشرة آلاف درهم، وكان القاسم بن الرشيدf وُلّى جرجان وطبرستان وقزوين فألجأ اليه اهل زنجان ضياعهم تقرّبا اليه ودفعا لمكروه الصعاليك والعُمّال عنهم فكتبوا له عليها الأَشْرِبَة وصاروا مزارعين له وهى اليوم من الضياع، وكان القافِزان عشريّا لان اهله اسلموا عليه واحيوه بعد الاسلام فالجأوهg ايضا الى القاسم على ان يجعلوا له عُشْرا ثانيا سوى عشر بيت المال فصار فى الضياع، *ولم تزلh تَسْتَبى على قسمَيْهاi بعضها الى الرىّ وبعضها الى همذان الى ان سعىk رجل من ساكنى قزوين تميمىّ من بنى رياح يقال له حنظلة بن خالد ابو مالك

---

a) I والبير hic et infra. Pro الجيل codd. الجبل. *b*) Codd. ووقف عليها. Vid. Belâdh. et Jâc. *c*) Var. lect. in B et I حصنا, quod S habet in textu. Recepi مدينة propter فهى et quia appellatur مدينة المبارك. *d*) B عليها; cf. Jâc. ٨٩, 9. *e*) Nempe الوظيفة, cf. Jâc. l. 14. *f*) Codd. الوليد; vid. Belâdh. ٣٢٣. *g*) S c. و. *h*) Codd. ثم ترك, sed ut rec. habent Belâdh. e quo noster et Jâc. (II, ٥٧٣) qui e nostro descripsit. *i*) Codd. قسمتها. *k*) B يسعى, I سعا.

فى امرها حتى صُيّرت كلُّها الى قزوين فسمعه رجل من اهل بلده وهو يقول كوّرتُها وانا ابو مالك فقال بل افسدتها وانت ابو هالك ❁

وروى ابو مجالد a الصنعانىّ قال قزوين وعسقلان احدى b العروسين وشهداؤها تُزَفّ يوم القيامة الى الله زفّا، وروى ابو هريرة وابن عبّاس قالا كنّا عند رسول الله صلعم فرفع بصره الى السماء كانه يتوقّع شيئًا ثم بكى حتى جرى دموعه c على خدّه وجعل يقطر من اطراف لحيته d وهو يقول رحم الله اخوانى بقزوين ثلث مرّات قلنا يا رسول الله ومَن اخوانك بقزوين الذين رققت e لذكرهم فقال اخوانى بقزوين وهى من ارض الديلم وستُفْتَح على امّتى فى آخر الزمان فتكون رباطا لطوائف من امّتى فمن ادرك ذلك الزمان فليأخذ بنصيبه من فضل رباط قزوين فانه يستشهد منها قوم يعدلون شهداء بَدْرٍ ❁

وبعث الحجّاج بن يوسف الى وفد الدَّيْلَم فدعاهم الى ان يسلموا او يقرّوا بالجزية فابوا فامر ان تصوّر له الديلم سهلها وجبلها وعقابها وغياضها فصوّرت له فدعا من قبله من الديلم فقال ان بلادكم قد صُوّرت لى فرايتُ فيها مَطْمَعًا فاقرّوا لى بما دعوتُكم اليه قبل ان أُغْزيكم الجنود فاخرب البلادَ واقتل المقاتلة واسبى الذرّيّة فقالوا ارنا هذه الصورة التى اطمعتك فينا وفى بلادنا فدعا بالصورة فنظروا فيها فقالوا قد صدقوك عن بلادنا هذه صورتُها غير انهم لم يصوّروا فرسانها الذين يمنعون هذه العقاب والجبال وستعلم ذلك لو قد تكلّفتَه فاغزاهم الجنود وعليهم محمّد بن الحجّاج فلم يصنعوا شيئًا وانصرفوا الى قزوين فابتنى لاهلها مسجدا ونصب لهم منبرا وهو مسجد التُّوث f الذى على باب دار قوم يعرفون بالجُنَيديّة، وحكى ان عُمّال خالد بن عبد الله

---

a) B مخالد. b) Codd. احد. Forte l. او عسقلان. c) Videtur legendum دمعه. d) B لحيبيه. e) B رفقت الذى. f) I النوت; Jâc. ٨٩, 22 الثور cum var. l. النور et الثغور.

القَسْرىّ لعنوا علىّ بن ابى طالب[a] على المنبر فقام حُبَيش بن عبد الله وهو من موالى الجُنَيد او بنى عمّه فاخترط[b] سيفه وارتفع الى العامل فقتله وقال لا نحتملكم على لعن علىّ بن ابى طالب فانقطع بعد ذلك اللعن عنه رضوان الله عليه[c] ✿

القول فى آذَرْبَيْجان

قال[d] ابن المقفّع آذربيجان[e] آذرباذ بن ايران بن الاسود بن سام ابن نوح ويقال آذرباذ بن بيوراسف، وافتتحها المغيرة بن شعبة فى سنة ٢٢ عنوة ووضع عليها الخراج[f]، واخبرنى[g] واقد ان العرب لمّا نزلت آذربيجان نزعت اليها عشائرها من المصريّين[h] والشاميّين وغلب كلّ قوم على ما امكنهم فصار اهلها مزارعين لهم فكانت وَرْثانُ منظرة فبناها مروان بن محمّد بن مروان بن الحكم واحيا ارضها وحصّنها فصارت ضيعةً ثم قُبضت[i] عن بنى اميّة فصارت لامّ جعفر زُبَيدة بنت *جعفر بن[k] المنصور وكان الوَرْثانىّ من مواليها، وكانت بَرْزَنْد قرية فعسكر بها الافشين ايّام محاربته بابك فحصّنها وبناها، وكانت المَرَاغة تدعى أَفْراهَرُوذ[l] وكانت موضع متمرّغ لدوابّ مروان بن محمّد والى ارمينية ودوابّ اصحابه فكانوا يسمّونها قرية المراغة ثم حذف الناس قرية فقالوا المَرَاغَة وكان اهلها الجئوها الى مروان فقُبضت مع ضياع بنى اميّة وصارت لبعض بنات الرشيد فلمّا عاث الوَجْناء الازدىّ وصَدَقَة ابن علىّ مولى الازد وافسدوا وُلّى خزيمة بن خازم ارمينية وآذربيجان

---

a) B add. صلوات الله عليه, I رضى الله [عنه] ولعن مبغضيه. b) Codd. فاخرط. c) I add. وعلى اولاده, S وعلى ولده. d) Cf. Jâc. I, ١٧٣, 12 sqq. e) Jâc. ins. مسماة ب. f) Belâdh. ٣٢٦, 11 sq. g) Ib. ٣٢٩. h) I. e. اهل المصرين. i) B et I قرضت. k) Addidi. l) Sic quoque legendum videtur Belâdh. ٣٣٠, 2. Jâc. IV, ٤٧٦, 4 افرازهروذ.

فى خلافة الرشيد فبنى سورها وحصّنها ومصّرها وانزلها جندا كثيفا فلمّا ظهر بابك بارمينية لجأ الناس اليها فنزلوها وتحصّنوا بها، واما مَرَنْد فكانت قرية صغيرة فحصّنها ابو البَعِيث *a* * ثمّ حصّنها البعيث *b* ثمّ من بعده محمّد ابنه وبنى بها قصرا، واما أُرْمِيَة فمدينة قديمة يزعم المجوس ان زَرَدُشْت صاحبهم منها وكان صَدَقة بن علىّ مولى الازد غلب عليها وبنى بها قصورا، واما تَبْرِيز فنزلها الرَّوّاد الازدىّ ثمّ الوَجْناء بن الروّاد وبنوا بها وحصّنوها بسور فنزلها الناس معه، واما المَيَانج وجيلباياc فنازل الهَمْدانيّين *d*، واما كورة بَرْزَة *e* فللأَوْدِيّين، واما نَرِيز *f* فكانت قرية لها قصر قديم متشعّث فنزلها مُرّ بن عمرو الموصلىّ الطائىّ فبنى بها وسكنها وولده فصاروا يتولّونه دون عامل آذربيجان، واما سَراة ففيها جماعة من كندة من ولد مَن كان مع الاشعث ابن قيس ۞

وروى مكحول الشامىّ قال اسرع الارض خرابا ارمينية قيل وما يخربها قال سنابك الخيل كانى انظر الى خلاخيل نساء قيس تضطرب فدار فيها الخيل ۞

وحدّ آذربيجان من حدّ بَرْذَعة الى حدّ زَنْجان *g* ومن مدنها بَرْكَرِى وسَلَماس ومُوقان وخُوَىّ ووَرْثان والبَيْلَقان والمَراغة ونَريز *h* وتَبْرِيز ويتّصل الحدّ الثانى من الجانب الشرقىّ ببلاد الديلم والطَّرْم وجِيلان ومن مدنهم بَرْزَة وسابُرْخاست *i* والخُونَج والمَيَانج ومَرَنْد

a) B البُعَيث, I et S sine voc. *b*) Addidi. *c*) B وجيلبابا. Belâdh. ٣٣١, 5 خلباثا. *d*) B الهَمْدانين, I et S الهمذانيين. *e*) B et I بروة, S اوده. Deinde codd. فللازديين. *f*) Codd. نرنر sic. *g*) Jâc. I, ١٧٢, 17 ارزنجان. *h*) Codd. iterum ونرنر. *i*) B وساير خواست, S وساير خاست, Ibn Khord. p. 96 l. 11 in cod. وسار خاست, sed 97 l. 2 خوسب pro خواست. Edrîsî II, 170 شابر خاست. Apud Mokaddasî ٣٨٣, 3 prior pars nominis corrupta est.

وخُوَىّ وكُولسره وبَرْزَنْد وكانت خرابا فمدّنها الافشين ونزلها، والطريق من برزند الى وَرْثان وهى آخر عمل آذربيجان ١٢ فرسخا، ومنها جَنْزَة *a* وجابْرَوان وأُرْمِيَة مدينة *b* زَرْدُشْت والشيز وبها بيت نار آذرجُشْنَس *c* وهو عظيم القدر عند المجوس ورستاق السَّلَق *d* ورستاق سِنْدَبايا والبَذّ *e* ورستاق ماينهرج *f* ورساتيق أُرْم، وخراج آذربيجان الفا الف درهم، وورْثان آخر عمل آذربيجان من ذلك الوجه ۞

القول فى ارمينية

قال ابو المنذر هشام بن محمّد بن السائب الكلبىّ سمّيت ارمينية بارمينى بن لَنْطى *g* وهو ابن *h* يونان بن يافث ۞

وحدّ ارمينية من بَرْذَعة الى الباب والابواب والى حدّ الروم من ذلك الوجه والى جبل القَبْق ومُلْك السَّرير وملك اللَّكْز ومن آخر عمل آذربيجان وهو ورثان الى اوّل عمل ارمينية *i* ٨ سكك ومن برذعة الى تَفْليس ١٠ سكك وارمينية الاولى هى السِّيسَجان واَرّان *k* وتَفْليس وافتتحها حبيب بن مَسْلَمَة *l* ومنها بَرْذَعة وبناها قباذ الاكبر وبنى الباب والابواب وبناها قصورا وانما سمّيت ابوابا لانها بُنيت على طُرُق فى الجبل وهى ثلثمائة وستّون قصرا الى باب اللّان مائة قصر وعشرة قصور فى ايدى المسلمين الى ارض طَبَرَسْران *m* وباقى القصور فى ارض

---

a) B et S s. p., I حيرة. *b*) Codd. ومدينة. Deinde B وررست, I et S درست. *c*) Codd. آذرخس; cf. supra p. ٢٤٩. *d*) B السَّلْق. Vid. Belâdh. ٣٣٦, 8. *e*) B et S والبه, I والبد. *f*) Codd. مسهرج, Ibn Khord. in cod. ملبهوج. Supra p. ٢٤٠, 2 sic restituendum videtur pro ماينمرج. *g*) I لبطى, S ليطى. Cf. Jâc. I, ٣٢٠, 10. *h*) B et I ابو. *i*) Sc. برذعة. Cf. Ibn Khord. p. 97 paen. *k*) B in textu, S in marg. add. وهى جنزة. *l*) Codd. مسلم. *m*) Codd. طبرستان.

فيلان a وصاحب السرير الى باب اللّان، وكان منازل الاتراك مدينة الباب فحاربهم سَلْمان b بن ربيعة فاستشهد هو واصحابه وهم اربعة آلاف فقال عبد الرحمان c الباهلىّ يذكر سلمان d بن ربيعة ودفنه خلف نهر بَلَنْجَر من الباب والابواب

وانّ لنا قَبْرَيْن قبرُ بَلَنْجَرٍ وقَبْرٌ بصِينِ آسْتانَ e يا لك من قَبْرِ
فامّا الذى بالصين f عمّت فُتُوحُه وهٰذا الذى يُسْقَى به سَبَلُ القَطْرِ

ومن ارمينية الاولى البَيْلَقان وقَبَلة وشَرْوان، وارمينية الثانية جُرْزان g وصُغْدَبيل وباب فَيْرُوز قُبَاذ واللَّكْز، وارمينية الثالثة البُسْفُرّجان ودَبيل وسِراج طَير وبَغْرَوَنْد والنَّشَوَى، وارمينية الرابعة وفيها قبر صَفْوان بن المعطّل السُّلَمىّ صاحب رسول الله صلعم بينها h وبين حصن زياد عليه i شجرة لا يُعْرَف k ما هى حملها l يشبه اللوز وطعمه اطيب من الشهد شِمْشَاط m وخِلاط وقاليقَلا n وأرْجِيش o وباجُنَيْس، وكانت * كور ارّان p والسيسجان فى مملكة الخزر ✿

وفى قصّة موسى q أَرَأَيْتَ اذْ أَوَيْنَا الَى الصَّخْرَةِ قال الصخرة صخرة شَرْوان والبحر بحر جيلان والقرية باجَرْوان ✿

وبنى قُبَاذ مدينة البَيْلَقان ايضا ومدينة بَرْذَعَة ومدينة قَبَلَة وبنى سُدّ اللبن وبنى على سدّ اللبن ثلثمائة وستّين مدينة خربت بعد

---

a) Codd. جيلان. Cf. quae annotavit Dorn, *Mél. asiat.* in Bulletin de l'Acad. imp. des sciences de St. Pétersbourg VI, p. 634 ann. 28. *b*) B فجاورهم. Cf. Jâc. I, ۴۴۰ ult. وتجاوز. *c*) Codd. عبد الملك. Est ابن جُمانة. *d*) B et S سليمن. *e*) B et I بطبرستان, S بصبيراستان. *f*) I فى الصين. *g*) Codd. خَزَران. *h*) Codd. بينه. Intelligitur شمشاط; cf. Belâdh. ١٨٤. *i*) Codd. عليها. Cf. Jâcut I, ٢٣٠, 17. *k*) Codd. تعرف. *l*) Codd. حمله. *m*) In codd. praecedit و. B وسبيساط. *n*) In codd. sine cop. *o*) Codd. وارجيس. *p*) Codd. وكوزاران. Belâdh. ١٩٤, 6 (Jâc. ٢٢١, 11) جرزان واران. *q*) B add. عم. Kor. 18 vs. 62. Cf. Mokadd. ۴٦, 16 sq. et Jâc. III, ٢٨٢, 9 sqq.

بناء الباب والابواب ثم ملك بعده ابنه كسرى انوشروان فبنى مدينة الشابران ومدينة مَسْقَط ومدينة كَرْكَرَة[a] ثم بنى مدينة الباب والابواب وانما سُمّيت ابوابا لانها بُنيت على طُرُق فى الجبل وبنى بارض أَرّان ابواب شَكّى وابواب الدُّودانيّة وهم امّة يزعمون انهم من بنى دُودَان ابن أَسَد بن خزيمة وبنى الدُّرْزُوقيّة[b] وهى اثنا عشر بابا كلّ باب منها فيه[c] قصر من حجارة وبنى بارض جُرْزان[d] مدينة يقال لها سُغْدَبِيل *وانزلها قوما من السغد وابناء[e] فارس وجعلها مسلحة وبنى باب اللان وباب سَمْسَخِى[f] وبنى قلعة الجَرْدَمان[g] وقلعة سَمْشُلْدَى[h] وبنى بَلَنْجَر وسَمَنْدَر وخَزَرَان[i] وشَكّى وفتح جميع البلاد[k] ما كان فى ايدى الروم وعمر مدينة دَبيل وحصّنها وبنى مدينة النَّشَوَى وهى مدينة كورة البُسْفُرّجان وبنى حصن وَيْص وقلاعا بارض السِيسَجان منها قلعة الكِلاب وشاهبوش[l] واسكنها من سِيَاسِيجِيّته[m] ذوى البأس والنجدة وبنى الحائط بينه وبين الخَزَر بالصخر والرصاص وعرضه ثلثمائة ذراع حتى الحقه برؤوس الجبال ثم قاده فى البحر وجعل عليه ابواب حديد[n] فكان يحرسه مائة رجل بعد ان كان يحتاج الى خمسين الف رجل ✿

---

a) Jâcût in v. كركر. Cf. Dorn l.l. p. 356 et 636. *b*) B الدرزوينة, I et S الدردونيّة. *c*) B قُبّة. Belâdh. om., Jâcût habet على كل. *d*) Codd. خَزَران. *e*) Pro his codd. وبنى. *f*) Codd. سميسحى. *g*) Codd. الحرماز (S forte الحرمان). *h*) Codd. سمسارى. *i*) Codd. وحران (I وحرّان). Cf. Ibn Hauk. ٢٧٨, 8, ٢٨١, 14. *k*) Apud Belâdh. et Jâc. non est. *l*) B وشاهموس, I شاهيوش, S وشاعبوس. Jâc. ٢٢٣, 7 والشاهَبُوش, Belâdh. ١٩٥, 9 ساهيونس. *m*) B بشاسحمه, I يشاسحمه, S بساسحيمه. Cf. Belâdh. ١٩٤ *f* et praeterea IA I, ٣١٩ ann. 1; Jâcût I, ٤٤٠, 15 والانشاستكين, pro quo infra B الاسنايسكى, I الاسنادسكى, S الاسنايسكنى. *n*) B ابوابا حديدا.

وفى اخبار الفرس a ان انوشروان لمّا فرغ من سدّ ثغر بَلَنْجَر وقيّد b الفِنْد فى البحر واحكمه سُرَّ بذلك سرورا شديدا فامر ان ينصب له على الفند سرير c من ذهب ثم رقى اليه فحمد الله واثنى عليه وقال يا ربّ الارباب الهمتَنى سدّ هذا الثغر ودفع العدوّ فلك الحمد فأحسنْ مثوبتى وردُّ غربتى الى وطنى d ثم ركع وسجد ثم استوى واستلقى على فراشه واغفى اغفاءةً فطلع طالع من البحر سدّ الافق لطوله e وارتفعت معه غمامة سترت الضوء واهوى نحو الفند فبادر الاساورة الى قسيّهم وانتبه الملك فزعا فقال ما شأنكم فقيل له f فقال امسكوا عن سلاحكم فلم يكن الله جلّ وعزّ ليلهمنى الشخوص عن وطنى اثنى عشر حولا حتى اسدّ ثغرا يكون موفقا لعباده وراحة لاهل اقليمه ثم يسلّط علىّ بهيمة من بهائم البحر فتنحّى الاساورة واقبل الطالع نحو الفند حتى علاه ثم قال ايُّها الملك انا ساكن من سكّان هذا البحر وقد رايت هذا الثغر مسدودا سبع مرّات وخرابا سبع مرّات واوحى الله جلّ وعزّ الينا معاشر سكّان البحر ان ملكا عصره عصرك وصورته صورتك يبعثه الله لسدّ هذا الثغر فيسدُّه الى الابد وانت ذلك الملك فاحسن الله مثوبتك وعلى البرّ g معونتك واطال مدّتك وسكّن يومَ الفزع الاكبر h روعتك ثم غاص فى البحر ۞ وكذلك بنى مدينة شَرْوان فاما بَلَنْجَر داخل ارض الخَزَر فبناها بلنجر بن يافث ۞

ولمّا فرغ انوشروان من الفند الذى فى البحر سأل عن ذلك البحر فقيل ايُّها الملك هذا البحر يسمّى بكردبيل i وهو ثلثمائة فرسخ فى

a) Cf. Kazw. I, ١٣٩ et Jâcût I, ٤٤٠, 9. *b*) Codd. وفند (B وفند). Intelligitur pars muri quae procurrit in mare شبه انف طولانىّ (Istakhrî ١٨٥ ann. l. 1). Kazw. (II, ٣٤١, 5 a f.) habet القيد pro الفند. *c*) B سرايرا, I et S سريرا. *d*) B دنى. *e*) Kazw. بطوله. Deinde I et S فارتفعت. *f*) Kazw. ins. الذى ترى. B om. فقال. *g*) Kazw. البرية. *h*) B et S om. *i*) I et S بكردمل. Cf. Dorn. l.l. 638 ann. 52.

مثله وبيننا وبين بَيْضاء الخَزَر[a] مسيرة اربعة اشهر على هذا الساحل ومن[b] ببيضاء الخزر الى السدّ الذى سدّه أَسْفَنْديار[c] بالحديد مسيرة شهرين، قال انوشروان لا بُدَّ من الوقوف عليه قالوا فليس اليه طريق يُسْلك وفيه موضع يقال له تَهان شِير وفيه دُرْدُور لا يُطْمَع فيه ولا فى سلوكه ولا تنجو سفينة منه فقال لا بدّ من ركوبه والاشراف على هذا الدردور والنظر الى هذا السدّ فقالوا ايُّها الملك اتّق الله فى نفسك ومن معك فابى وقال ان الذى نجّانى من الخارج علينا من البحر لقادر ان ينجّينا من دردوره فهُيّئت له سفن وركب معه عدّة من الزُهّاد والعُبّاد ولجّجوا فى البحر ايّاما حتى اذا وافوا موضع الدردور بقوا متحيّرين لا يرون عَلَما يجعلوه منارا لهم ولا جبلا يقيموه[d] امارةً لمُنْصَرَفهم فرجعوا على الملك باللوم فقال انوشروان اخلِصوا لله نيّاتكم واضرعوا اليه وابتهلوا الى الله عزّ وجلّ ونذر انوشروان لئن نجّاه الله ليصدّقنّ خراجَ[e] سبع سنين فى اهل الفاقة من مملكته فبينما[f] هم كذلك اذ رُفعت لهم جزيرة تعلوه الامواج وفوق الجزيرة تمثال اسد فى عظم جبل يدخل الماء فى مؤخّره وينحطّ من فيه الى ذلك الدردور فبينا[g] هم كذلك اذ بعث الله جلّ وعزّ بقرش[h] سمكة اعظم من التنّين ينساب على الماء فطفرت فى فم الاسد وسكن الدردور ونفذت السفن حتى وصل الى ما اراد وانصرف الى جرجان وقضى نذره ☆

وذكر احمد[i] بن واضح الاصبهانىّ انه اطال المقام ببلاد ارمينية وانه كتب لعدّة من ملوكها وعمّالها وانه لم ير بلدا اكثر خيرا ولا

---

a) Codd. h. l. الجزيرة, infra I الخزرم, S الخزوم. Vid. Dorn ann. 53 et Indic. Bibl. Geogr. *b*) Codd. sine و. *c*) B اسفندياذ, I اسفيذباذ, S اسفندباذ. Cf. Dorn ann. 54. *d*) S يقيمونه melius, sed supra quoque يجعلوه. *e*) S بخراج. *f*) B فبينا. *g*) I فبينما. *h*) Sic S; B et I وتقدس. *i*) I محمد. Cf. Jâc. I, ٣٢٣, 9 sqq.

اعظم حيوانا منها وذكر ان عدّة ممالكها مائة وثلث عشرة *a* مملكة منها *b* مملكة صاحب السرير *c* بين اللان وباب الابواب وليس اليها الّا مسلكان *d* مسلك الى بلاد الخزر ومسلك الى بلاد ارمينية وهى ثمانية عشر الف قرية وأرّان *e* اوّل مملكة *f* بارمينية فيها اربعة آلاف قرية واكثرها *قرى صاحب *g* السرير، وذكر ان الباب والابواب حائط بناه انوشروان وان طرفا *h* منه فى البحر قد أُخرج ركنه من البحر الى حيث لا يتهيّأ الحيلة فيه ومُدّ سبعة فراسخ الى موضع اشب *i* وجبل وعر لا يتهيّأ سلوكه وهو مبنىّ بالحجارة المنقورة المربّعة لا يقلّ الحجر الواحد منها خمسون رجلا وقد بقيت هذه الحجارة وأُنفذ *k* بعضها الى بعض بالمسامير وجعل فى هذه السبعة الفراسخ سبعة مسالك على كلّ مسلك منها مدينة قد رُتّب فيها قوم من المقاتلة من الفُرْس يقال لهم السِيبَاسيكين *l* وذكر ان على اهل ارمينية وظائف رجال لحراسة ذلك السور والابواب وعُلّق *m* على كلّ مسلك باب وعرض السور فى اعلاه ما يسير عليه عشرون فارسا لا يتزاحمون، وان بمدينة الباب على باب الجهاد فوق الحائط اسطوانتين من حجر على كلّ اسطوانة صورة اسد من حجارة بيض واسفل منهما حجران عليهما صورة سَبُعَيْن *n* وقربَ الباب صورة رجل من حجر *ما بين *o* رجليه صورة ثعلب فى فمه عنقود من عنب وبجنب المدينة صهريج يعرف بصِهْرِيج معروف *p* له درجة

---

a) Codd., ut solent peccare in talibus, وثلثة عشر. Jâc. وثمان عشرة. *b*) Deest. *c*) B hic et deinde السرير. *d*) Codd. et Jâc. مسلكين. *e*) Codd. وانّ. *f*) Jâc. مملكته. *g*) Jâc. لصاحب. *h*) B طرقا. Cf. Jâc. I, ٤٤٠, 11 sqq. *i*) Sic Kazw. II, ٣٤١, 10 a f. et deinde وهو جبل. Codd. habent اسد. *k*) Jâc. احكمت. *l*) Pro السياسجين; Cf. supra p. ٢٨٨ ann. *m*. *m*) I وغلق. *n*) Jâc. لبوتين. *o*) Jâc. وبين. *p*) I معنوف, S معتوف. Jâc. صهريج معقود. Nomen propr. inesse videtur.

ينزل بها *a* الى الصهريج اذا قلّ الماء على جنبتى الدرجة *b* اسدان من حجارة وعلى احدهما صورة رجل من حجارة وعلى باب الامارة صورة اسدين ايضا من حجارة خارج من الحائط يذكر اهل الباب انهما طلسما *c* الحائط ✿

وقاليقلا *d* امرأة بنت مدينة قاليقلا فنُسبت اليها ومعنى ذلك احسان قالى *e* ، واما بُحيرة الطِرِّيخ *f* فلم تزل مباحة حتى ولى محمّد ابن مروان بن الحكم الجزيرة وارمينية فحوى صيدها ثم صارت لمروان ابن محمّد فقُبضت عنه ✿

وفتح حبيب بن مَسْلَمَة لعثمان بن عفّان من ارمينية مدنا كثيرة وولى عبد الله بن حاتم بن النعمان بن عمرو الباهلىّ من قبل معاوية ثم وليها ابنه *g* عبد العزيز فبنى مدينة تَبيل الى مدينة بَرْذَعَة ومدن *h* كثيرة ، ففتح حبيب بن مسلمة لعثمان بن عفّان من ارمينية جُراخ *i* وكَسْفَر *k* وكِسَال *l* وخُتنان *m* وسَمْسَتَخِى *n* والجَرْدَمان وكسفى بيس *o* وشَوْشيت *p* وبازَليت *q* صلحا على ان يؤدّوا اتاوة عن رؤوسهم واراضيهم *r* وصالح الصَّنارِيّة *s* واهل قَلَرْجِيت *t* والدُّودانيّة على اتاوة ،

---

a) B om., I et S بـه. *b*) S الـدرج. Deinde codd. اسديين. *c*) Codd. طلسمين, Jâc. طلسمان. *d*) Male pro قالى. Cf. Belâdh. ١٩٧, 6 sqq. *e*) Addidi. *f*) B et S الطرنح, I الطرنج. Cf. Belâdh. ٢٠٠, 3 sq. *g*) Belâdh. ٢٠٥, 7 اخوه. *h*) B ومدنا. *i*) Cf. Belâdh. ٢٠٢, 3 a f. ubi حوارح. (S جراح). *k*) Belâdh. كسفر بيس. *l*) S وكُسال, B et I sine voc. *m*) B وحبان, I et S s. p. *n*) I وسماجى, B et S وسماحى. *o*) I تيبس, S بيس; cf. ann. *k*. Belâdh. h. l. كستسجى, quod pro كشتسفى legendum videtur. *p*) Codd. وسرسيب. *q*) B ونارليت, I et S s. p. *r*) B وارضيهم. *s*) B صاريه, S الصنّارية et infra الصُنّارية, I sine voc. *t*) B فلرحبب, I فلرْحمت, S فلوحمت.

وكانت a شَمْكُور مدينة قديمة فوجّه b اليها سَلْمان بن ربيعة مَن فتحها فلم تزل مسكونة حتى اخربها الساوَرْدِيَّة c قوم تجمّعوا ايّام انصراف يزيد بن أُسَيد d عن ارمينية فغلظ امرهم وكثرت نوائبهم e ثمّ ان بُغَا مولى المعتصم بالله عمرها وحصّنها ونقل اليها التجّار وسمّاها المتوكّليّة، وفتح سَلْمان بن ربيعة مدينة البَيْلَقان صلحا ووجّه خيله ففتحت سيسَر f والمسقوان g وأُوذ والمصريان h والمهرجليان i وهي رساتيق عامرة وفتح غيرها من ارّان، ودعا اكراد البلاسجان الى الاسلام فقاتلوه فظفر بهم فاقرّ بعضهم بالجزية وادّى بعضهم الصدقة، ثمّ سار سلمان الى مجمع الكُرّ والرّسّ خلف بَرْدِيج فعبر الكُرّ ففتح قَبَلَة وصالحه شَكّن k والقَمِيبَرَان وخَيْزان l وملك شَرْوان وسائر ملوك الجبال واهل مَسْقَط والشابران ومدينة الباب ثمّ اغلقت هذه بعده، ولقيه خاقان فى خيوله خلف نهر بلنجر فقُتل رحمه فى اربعة آلاف من المسلمين وكان سلمان اوّل من استُقْضى بالكوفة اقام اربعين يوما لا يأتيه خصم وقد روى عن عمر بن الخطّاب، قالوا ولمّا فتح حبيب ما فتح من ارض ارمينية كتب بذلك الى عثمان فوافاه كتاب نعىّ سلمان فهمّ بان يولّيه ثمّ راى ان يجعله غازيا لثغور الشام والجزيرة فولّى ثغر ارمينية حُذَيفة بن اليَمَان العَبْسىّ ثمّ عزله وسار حبيب راجعا الى الشام فكان يغزو الروم ونزل حمص فنقله معاوية الى دمشق فتوفّى بها،

---

a) Codd. (I تزل) ولم يزل. Vid. Belâdh. ٢٠٣. *b*) Codd. وجه. *c*) B البـاوردية, I et S id. s. p., IA III, ٦٦ et Jâc. III, ٣٢٢, 7 السَّنَاوردية, Mas'ûdî II, 75 السياوردية. Cf. locos Istakhrîi in Indice Bibl. Geogr. laudatos. *d*) Codd. أسد. *e*) Jâc. بوائقهم. *f*) I سلسر. Lectio falsa est. Belâdh. شفشين. *g*) I s. p., S والمسقوى. Belâdh. والمسفوان. *h*) Sic ut quoque Belâdh. *i*) B s. p., I والمهرجلمان, S والمهرحليان, Belâdh. والهرحليان. *k*) Codd. s. p. Alibi شكى. Deinde codd. والعمبران (S والعيثران). *l*) I et S s. p., B وجنزان.

وولّى ارمينية المغيرة بن شعبة ثمّ عزله وولّى القاسم بن ربيعة الثقفىّ وولّى الاشعث بن قيس لعلىّ بن ابى طالب ارمينية وآذربيجان ثمّ وليها غير واحد الى ان وليها مروان بن محمّد ففتح بلاد الخزر وامعن فيهم ثمّ جاءت الدولة العبّاسيّة فولى ابو جعفر الجزيرة وارمينية فى خلافة اخيه ابى العبّاس ثمّ استخلف وولى يزيد بن أُسيد a السلمىّ وفتح باب اللان ورتّب فيه رابطة من اهل الديوان ودوّخ الصّناريّة b حتى ادّوا الخراج ثمّ ان اهل ارمينية استعصوا فى ولاية الحسن c بن قحطبة الطائىّ بعد عزل يزيد بن أُسيد a فبعث المنصور بالامداد وعليهم عامر بن اسماعيل فاوقع الحسن d بمُوشايل e وكان رئيسهم وفرّق جمعه واستتبّ له الامر وهو الذى نُسب f اليه نهر الحَسَن d بالبَيْلَقان وباغ الحسن d ببَرْذَعة والصباغ g المعروفة بالحَسَنيّة ثم ولى بعد الحسن d عثمان بن عُمارة ثم رَوْح بن حاتم المهلّبىّ ثم خُزَيمة بن خازم ثم *يزيد بن مَزْيَد h الشيبانىّ ثم عبيد الله بن المهدىّ ثم الفضل بن يحيى ثم i سعيد بن سلم k ثم محمّد بن يزيد بن مَزْيَد وكان خزيمة اشدّهم ولاية وهو الذى سنّ المساحة l بدَبيل ونَشَوى m ولم يكن قبل ذلك، ثم وليهم خالد بن يزيد بن مزيد فى ولاية المأمون ثم ولّى المعتصم بالله الحسن بن علىّ الباذغيسىّ n المعروف بالمأمونىّ o الذى واصل بطارقة ارمينية ولان لهم حتى خرجوا عليه، ثم لم يزل يتولّى ارمينية عُمّالٌ كانوا يرضون اليسيرَ من اهلها حتى ولى المتوكّل فبعث اليها يوسف بن محمّد p بن يوسف المروزىّ لسنتين q من خلافته ☆

---

a) Codd. اسد. *b*) Codd. الصُنَارية (S الصُّنَاريّة). *c*) I et S الحسين (I ex corr.). *d*) S الحسين s. p. *e*) Codd. بنو شايل; cf. Belâdh. ٢١٠ ann. *a*. *f*) I ينسب. *g*) Deest. *h*) Codd. زياد بن مدرك. *i*) Codd. بن. *k*) Codd. مسلم. *l*) I المسّاحة. *m*) Sub دبيل in B scribitur دون (l. دوين) et نخجوان sub نشوى. *n*) Codd. بن عيسى. *o*) Codd. بالمامون. *p*) Codd. بيوسف. *q*) Cf. Belâdh. ٢١١; I et S لسنين et codd. addunt مضت.

وقالوا اعظم حيوان ارمينية الشاء *a* والثيران والكلاب وبراذينها صغار وكذلك جمالها صغار تكاد صدورها تصيب الارض تُشْبه *b* ابل الترك، وجبل القَبْق *c* فيه اثنان وسبعون لسانا كلُّ * انسان لا يعرف لغة *d* صاحبه الّا بترجمان وطوله خمس مائة فرسخ وهو متّصل ببلاد الروم الى حدّ الخَزَر واللان ويتّصل ببلاد الصقالبة وفيه ايضا جنس من الصقالبة والباقون *e* أرْمن وقالوا *f* ان هذا الجبل جبل العَرْج الذى بين المدينة ومكّة يمضى الى الشام ويتّصل بلُبْنان من حمص وسَنير من دمشق ثم يمضى فيتّصل بجبال انطاكية والمصّيصة *g* ويسمّى هناك اللُّكام ثم يتّصل بجبال مَلَطية وشِمْشاط *h* وقاليقلا الى بحر الخزر وفيه الباب والابواب ويسمّى هناك القَبْق ۞

قالوا *i* ومن العجائب *k* بيت بقاليقلا فى بيعة للنصارى *l* اذا كان ليلة الشعانين يخرج من موضع من البيت تراب ابيض الى الصباح فاذا كان الصباح انضمّ موضعه الى قابل من ذلك الوقت فيأخذه الرهبان فيدفعونه الى الناس وخاصّيّته للسموم والعقارب والحيّات يداف منه وزن دانق بماء ويشربه الملدوغ والملسوع فيسكن على المكان، وفيه اعجوبة اخرى وذلك انه ان بيع هذا التراب وأُخذ عليه شىء من عرض الدنيا لم ينتفع صاحبه ولم يُبْرِئه *m* من وجعه ۞

ومن عجائب ارمينية بُحَيرة خِلاط *n* فانها عشرة اشهر لا يرى فيها ضفدع ولا سرطان ولا سمكة ثم يظهر *o* السمك بعد ذلك شهرين وسمكه كلّه مُسْترات *p* ۞

a) B et I النِسآ, S النسا cum altero puncto supra س. *b*) B بشبه. *c*) Cf. Jâc. IV, ٣١, 11 sqq. *d*) Codd. لسان لا يعرف له. Cf. autem supra p. ٢٥, 12. *e*) Codd. والباقين. *f*) Vid. supra p. ٢٥, 8 sqq.; Cf. quoque Ibn Khord. p. 126, Mas'ûdî II, 71. *g*) Jâc. male وسميساط. *h*) B وسميشاط. *i*) Cf. Jâc. IV, ٢٠, 7 sqq. *k*) I العجب. *l*) B النصارى. *m*) B يبرءه, I et S يبره. *n*) Cf. Jâc. I, ٥١٣, 5 sqq. *o*) I تظهر. Deinde I et S السمكه. *p*) S مستدرات.

وقال ابو المنذر اتّخذ الطلسمات كُوش بن حام بن نوح والضحّاك ذو الحَيَّتَيْن وذو القرنين ويوسف بن يعقوب وموسى بن عمران وحُلْوان العمليقىّ وبليناس الرومىّ a وقانبوس b ۞

وحدّ آذربيجان الى الرّسّ والكُرّ بارمينية ومخرج الرسّ من قاليقلا ويمرّ باران فيصبّ *فيه نهر اران c ثم يمرّ بورثان ويمرّ بالمجمع فيجتمع هو والكرّ وبينهما مدينة البيلقان ويمرّان جميعا فيصبّان فى بحر جرجان والرسّ واد عجيب وفيه انواع من السمك وفيه يكون الشورماهى d ولا يكون الّا فى هذا الوادى ويجىء فى كلّ سنة فى وقت معلوم كمثل اصناف حيتان البحر وقواطع السمك فانها تجىء فى اوقات معلومة كالاسْنُور e والجراف f والبَرَسْتُوج g فان هذه الانواع تأتى البصرة من اقاصى البحار تستعذب الماء فى ذلك h الابّان ألّا انّ i البَرَسْتُوج يُقْبل اليهم من الزنج يستعذب k الماء من دجلة البصرة يعرف ذلك جميع البحريّة وهم يزعمون ان الذى بين البصرة وعمان ابعد ما بين البصرة والزنج وانما غلط الناس فزعموا l ان الصين ابعد لان بحر الزنج حفيرة واحدة عميقة m واسعة وامواجه عظام ولذلك البحر ريح تهبّ قويّة ومن عمان الى جهة الزنج شهران فلمّا كان البحر عميقا والريح قويّة والامواج عظيمة والخيرات ببلاد الزنج قليلة وكان الشراع لا

---

a) I et S om. *b*) I وقابنوس, S وفانبوس. *c*) Codd. فيها نهران. Vid. Ibn Khord. p. 125 l. 2 et cf. Jâc. II, ٧٧٩, 21 sqq. *d*) B السورماهى hic et infra. *e*) Kazw. I, ١١٩, 7 a f. et 4 a f. الاسيور s. الاسبور, Mokadd. ١٣٠.*p* الاسبول. *f*) Codd. والجوان (I sine voc.), Mokadd. الجراف. Secutus sum Kazw. *g*) B البَرَسْتُوج. *h*) Codd. تلك. Deinde S الابان. *i*) Codd. الّا آنّ. *k*) B ويستعذب. *l*) B c. و. Haec verba obscuriora sunt, probabiliter manca. Forte legendum: ان الذى بين الصين وعمان ابعد مما بين البصرة والزنج وانما غلط الناس فزعموا ان ما بين عمان والصين ابعد لان الخ. *m*) Codd. hic et mox غميقة ut interdum alibi.

تُحَطُّ *a* وكان سَيْرُهُمْ مع الوَتَر ولم يكن مع القوس ولا يعرفون *الكَنَب والمَكَا *b* صارت الأيّام التى تسير *c* فيها قسمةَ *d* الزنج اقرب، فالبَرَسْتُوج يقطع امواج البحر ويسبح *e* من الزنج الى البصرة ثم يعود ما فضل عن صيد الناس الى بلاده فتبارك الله احسن الخالقين، وانما عُرف الشورماهى فى هذا النهر من بين السمك لطيبه *f* ولذّته وكثرة دسمه ورطوبة لحمه ❀

قالوا ولنا المنّ الكثير وهو الترنجبين *g*، ولنا القِرْمِز الذى ليس يُشركنا فيه احد وهى دودة حمراء تظهر أيّام الربيع فتلتقط ثم تطبخ ويُصْبَغ بها الصوف، والأَشْقَ *h* دابّة تكون بارمينية شبه السنّور ليّنة المفاصل وَبِرَة الجلد ويبلغ الثوب جُمْلَةً وانيابها جيّدة *i* للمحبّة يؤخذ انيابها ومخاليبها فتُجفّف *k* وتَسْقيه من تحبّ فانه يحبّك حبًّا شديدا، ولنا الفوّة الكثيرة، وبها معدن الزيبق والقَلْقَنْد والقُلْقُطار والاسرب *l*، ولهم الثيران الارمينيّة *m* والشاه بلّوط والخَلَنْج الكثير ويتّخذون منه عجائب وتقطع هذه من غيضة ملتفّة *n* بناحية برذعة كثيرة الشجر والنبات تتّصل بالخزر وتمرّ الى ناحية خوارزم تسمّى غيضة الرحمان ❀

وتقرير *o* ارمينية الفا الف وثلثة وثلثون الفا وتسع مائة وخمسة وثمانون درهما ❀

وخارج الباب ملك سُورَ *p* واللّكز وملك اللان وملك فيلان *q* وملك

---

a) B et I يَحُطُّ. *b*) Addidi voc.; pro الكنب codd. الحب (B الحبّ). *c*) I يسير, S تسير. *d*) Codd. القسمة. *e*) B وتسبح, I ويسبح, S وتسبح. *f*) I من طيبه. *g*) I الجُرَنْجبين, S الجرنخمين. *h*) B والاسق. Vulgo وَسَق. *i*) I جيّد, S جيد. *k*) B فيجفّف, S فيجفف. *l*) I et S sine س. *m*) B الارمنية. *n*) Cf. Jâc. I, ١٩٧, 21 sq. *o*) S وتقدير. *p*) Incertum. Voc. in B. Non probabile est intelligi سوار. Dorn. l.l. p. 649 ann. 83 proponit = صول Tzour, Djora, Tζουρ, et Ibn Khord. p. 98 unum e castellis Caucasi باب صول appellat. *q*) Codd. جيلان ut supra p ٢٨٧ l. 1. Utroque loco quoque de legendo خيزان quaestio esse posset.

المَسْقَط *a* وصاحب السَّرير *b* ومدينة سَمَنْدَر *c*، ومن جُرْجان الى خليج الخَزَر اذا كانت الريح طيّبة ثمانية ايّام والخَزَر كلّهم يَهُود وانّما هُوِّدت من قريب، ومن بلاد الخَزَر الى موضع السدّ شهران قال الله جلّ وعزّ فى سورة الكهف *d* *وَيَسْأَلُونَكَ عَنْ ذِى الْقَرْنَيْنِ قُلْ سَأَتْلُو عَلَيْكُمْ مِنْهُ ذِكْرًا اِنَّا مَكَّنَّا لَهُ فِى الْأَرْضِ وَآتَيْنَاهُ مِنْ كُلِّ شىءٍ سَبَبًا فَاتَّبَعَ سَبَبًا *e* حَتَّى اِذَا بَلَغَ مَغْرِبَ الشَّمْسِ وَجَدَهَا تَغْرُبُ فِى عَيْنٍ حَمِئَةٍ *f* الى قوله اِنَّ يَاجُوجَ وَمَاجُوجَ مُفْسِدُونَ فى الْأَرْضِ قال كانوا يخرجون ايّام الربيع الى ارضيهم *g* فلا يدعون شيئًا اخضر الّا اكلوه ولا شيئًا يابسا الّا احتملوه فقال *h* ما مَكَّنِّى فِيهِ رَبِّى خَيْرٌ فَأَعِينُونِى بِقُوَّةٍ أَجْعَلْ بَيْنَكُمْ وَبَيْنَهُمْ رَدْمًا قالوا ما الذى تريد قال زُبَرَ الْحَدِيدِ يعنى قِطَع الحديد ثمّ امر بالحديد فضرب منه لَبِنًا عظاما واذاب النحاس ثمّ جعل مِلَاطَ اللبن النحاسَ وبنى به الفجَّ وسوّاه مع قلّتى الجبل فلمّا فرغ منه امر بالنحاس فأُذيب *i* وأُفرغ عليه من فوقه فصار شبيها بالمُصْمَت *k* فلمّا فرغ منه جاز تلك الارض فقطعها فى اربعة اشهر منصرفا، وفى الخبر *l* انه لمّا انتهى الى موضع السدّ اجتمع اليه خلق كثير فقالوا له يا ايّها الملك المظفّر ان خلف هذا الجبل اممًا لا يحصيهم الّا الله جلّ وعزّ وقد اخربوا علينا بلادنا وزروعنا قال وما صفتُهم قالوا *m* هم قوم قصار صلع عراض الوجوه قال وكم صنف هم قالوا هم امم كثيرة لا يحصيهم الّا الله قال وما اساميهم قالوا اما مَن قرب منا فهم ستّ قبائل ياجوج وماجوج وتاويل وتاريس

---

a) Codd. السقط. *b*) B ut solet السَّرْبَر. *c*) B مميدر, I ممتدر, S ممندر. *d*) Kor. 18 vs. 82 sqq. *e*) I et S haec om., sed add. وانباء ذى (واتيا ذو .I) القرنين. *f*) B h. l. ins. ووجد عندها قوما لا يكادون يفقهون قولا. *g*) I اراضيهم. *h*) Kor. ib. vs. 94. *i*) S c. و. *k*) Cf. Jâc. III, ٥٤, 1 sq. *l*) Cf. Jâc. l.l. ٥٣, 12 sqq. *m*) Codd. قال.

ومَنْسَك *a* وكُمارى *b* وكلّ قبيلة من هولاء مثل جميع اهل *c* الارض فاما من كان فى البعد منا فانّا لا نعرف قبائلهم وليس لهم الينا منفذ الّا من هذا الوجه وهذا الفجّ فهل نجعل لك خَرْجًا *d* على ان تسدّه عليهم وتكفينا امورهم قال فما طعامهم قالوا يقذف البحر اليهم فى كلّ عام سمكتين مسيرة عشرة ايّام كلّ سمكة منهما قال فبنى هذا السدّ، وفى الخبر قال *e* السدّ طريقة حمراء من نحاس وطريقة سوداء من حديد وياجوج وماجوج اربع *f* وعشرون قبيلة فكانت قبيلة منهم فى الغزو وهم التُّرك فردم ذو القرنين السدّ على ثلثة وعشرين قبيلة قال مقاتل بن سليمان وانما سمّوا الترك لانهم تُركوا خلف الردم، قالوا واذا نزل عيسى *g* صلعم وقتل الدجّال الملعون ظهر ياجوج وماجوج فيقوم عيسى فى المسلمين خطيبا فيحمد الله ويثنى عليه ويقول اللهمّ انصر القليل فى طاعتك على الكثير فى معصيتك فينصر الله المؤمنين عليهم، وفى خبر عن وهب بن منبّه قال هم قوم طول احدهم مثل نصف الرجل المربوع منا لهم مخاليب فى مواضع الاظفار فى ايدينا ولهم اضراس وانياب كالسباع ولهم آذان عظام يفترشون الاحدى *h* ويلتحفون بالاخرى *i* وليس منهم ذكر ولا انثى الّا وقد عرف اجله وذلك انه لا تموت الانثى حتى يخرج من رحمها الف ولد وكذلك الرجال منهم وهم يُرْزَقون التنّين فى الربيع ويستمطرونه لحينه كما يُستمطر الغيث لحينه وهم يتداعون تداعى الحمام ويعوون عُواء الذئب *k* ويتسافدون حيث

---

a) S s. p., sed Jâc., Kazw. II, ٤١٦, 6 a f. et Abu'l-Mahâsin I, ٣٣, 7 ut rec. Cf. supra p. ٣ ann. *k*. *b*) Voc. in Jâc. et I, ubi vero كمارى. Kazw. كمادى, sed est גֹּמֶר, ut تاويل (I ياويل) est pro תֵּבֵל et تاريس pro תִּירָס. *c*) Addidi. *d*) Cf. Kor. 18 vs. 93. *e*) Cf. Jâc. III, ٥٤, 2 sqq. *f*) Jâc. اثنتان. *g*) I add. بن مريم. *h*) B et I الاخرى, S احدهما; cf. Jâc. l. 9 sqq. *i*) B بالاخر. *k*) I عوى الذياب.

ما التقوا كتسافد *a* البهائم ولمّا عاين ذو القرنين ذلك منهم انصرف الى ما بين الصَّدَفَيْن فقاس *b* ما بينهما وهو منقطع ارض *c* الترك ممّا يلى المشرق فوجد بُعْدَ ما بينهما فرسخا *d* وهو ثلثة اميال فحُفر له اساسٌ حتى بلغ الماء ثم جعل عرضه ميلا *e* وجعل حشوه زبر الحديد امثال الصخور وطينه النحاس يذاب فيُصَبّ عليه فصار كانه عرق من جبل تحت الارض ثم علّاه وشرّفه بزبر الحديد والنحاس المذاب وجعل خلاله عرقا من نحاس اصفر فكانه بُرْد محبّر من صفرة النحاس وحمرته وسواد الحديد فلمّا فرغ منه *واحكمه انصرف *f* راجعا*، وقال ابن عبّاس الارض ستّة اجزاء فياجوج وماجوج منها *g* خمسة اجزاء وسائر الخلق فى جزء واحد، وقال *h* المعلّى بن هلال الكوفىّ كنتُ بالمصّيصة فسمعتهم يتحدّثون ان البحر ربما مكث ايّاما وليالى لا يصفق *i* امواجُه ويُسمع له دوىّ شديد فيقولون ما هذا الّا لشىء قد آذى دوابّ البحر *فهى تضجّ الى الله تعالى قال فتقبل سحابة حتى تغيب فى البحر *k* ثم تقبل اخرى واخرى حتى عدّ سبع سحائب *l* ثم ترتفع الى جانب آخر تنهزم تتبعها التى تليها والريح تصفقها ثم يرتفعن جميعا فى السماء وقد اخرجن شيئا يرون انه التنّين حتى يغيب عنا ونحن نراه ورأسه فى السحاب وذنبه يضطرب فيطرحه الى ياجوج وماجوج فيسكن البحر لذلك، وقال المنصورىّ ان السحاب الموكّل بالتنّين يخطفه حيث ما وجده كما يخطف حجر المغناطيس *m* الحديد

---

a) S ut Jâc. تسافد. *b*) B فقاسم et deinde codd. فيما. *c*) Addidi. *d*) B et I فرسخ sed adeo saepe codd. in talibus peccant, ut non sit causa opinandi excidisse مائة quod habet Jâcût, sed quod verba sqq. non tolerare videntur. *e*) Jâc. خمسين فرسخا. *f*) Codd. tantum احكمه. *g*) Forte addendum est فى. *h*) Cf. Jâc. ٥٥, 9 sqq. *i*) S s. p.; Jâc. تصطفق sine لا. *k*) B haec om. *l*) S et Jâc. سحابات. *m*) B et I المغاناطيس.

حتى صار لا يطلع رأسه خوفا من السحاب ولا يخرج رأسه الّا فى الفرد اذا صَحَتِ السماء وربما احتمله السحاب فانفلت منه ووقع فى البحر فتجىء السحابة بهدّة ورعد وبرق فتدخل فى البحر فتستخرجه ثانية فربما مرّ فى طريقه بالشجر العاديّة فيقتلعها والصخرة العظيمة فيرفعها وكان فى بعض زمان حكيم يقال له بُقْراطِيس *a* فشا الموتُ فى قرى هناك ففحص عنه بقراطيس هذا فاذا بتنّين قد اخرجه السحاب وانفلت منه فوقع ونتن فابلغ ذلك الى اهل القرى فذهب بقراطيس فجمع الدراهم وجبى اهل القرى واشترى بها ملحا فالقاه *b* عليه حتى سكن ذلك النتن واسلم الله اهل البلاد قال بقراطيس فذهبتُ اليه لانظر ما هو فوجدت طوله فرسخين وعرضه اذرع كثيرة وجسمه مستديرٍ ولونه *مثل لون النمر *c* مفلّس كفلوس السمك وله جناحان عظيمان كاجنحة السمك بالقرب من رأسه الذى *d* ينتشعّب منه *e* الرءوس وهذا الرأس على خلقة رأس الانسان مثل التلّ العظيم وله اذنان طويلتان *f* عريضتان كآذان الفيل وينتشعّب من ذلك الرأس ستّة اعناق طول العنق عشرة اذرع على كلّ عنق رأس شبيه *g* برأس الحيّة *

وحدث سلّام الترجمان ان الواثق بالله الخ *h* —— قال سلّام فخرجنا من سرّ من راى من عند الواثق ورجعنا اليه بعد خروجنا بثمانية وعشرين شهرا ۞

القول فى طبرستان

قالوا سمّيت طبرستان لان قوما من جيلان دخلوها وكان بها شجر كثير فكانوا لا يرون الارض لكثرة الشجر والتفافه فقالوا لو قطعنا

---

a) Codd. بقراطين, Jâc. l. 22 بقراط, sed in uno cod. ut rec. *b*) I c. و. *c*) Addidi e Jâc. ٥٩, 6. *d*) I et S التى, B الى ان. *e*) I فيه. *f*) Codd. ins. واذنان. *g*) B يشبه. *h*) Textus brevior est quam apud Mokaddasî ٣٦٣ sqq., varias lectiones alicujus momenti non offert. Dico igitur cum Jâcût (III, ٥٩, 11) تركه اولى.

هذا الشجر بالفؤوس ونزلناها وعمرناها ففعلوا ذلك فسمّيت على كلامهم طبرستان من طريق الفؤوس، وقال البَبْر a والطَّيْلسان والطالقان والديلم وخراسان الّا اهل خوارزم b من ولد اشبق c بن ابراهيم عمّ، ويقال انه اجتمع عند كسرى فى حبوسه d خلق كثير لم يرَ ان يقتلهم فشاور فيهم فقيل له غرّبْهم e فقال انظروا موضعا احبسهم فيه فنفضوا البلاد فوقعوا على جبال طبرستان فاخبروه بذلك فبعث بهم الى ذلك الجبل وخلّاهم فيه واخذ عليهم الباب وهو يومئذ لا ساكن فيه ثم تركهم حولا لا يسأل عنهم فلمّا كان بعد الحول وجّه اليهم من يقف على خبرهم فاشرف رسوله عليهم فكلّمهم فاذا هم احياء فسائلهم ما الذى تريدون فقالوا طَبَرْها طَبَرْها اى نريد فؤوسا نقطع بها الشجر فاخبر كسرى بذلك فامر بالبعثة اليهم فقطعوا الشجر وبنوا ثم اعاد الرسول من قابل فلمّا اشرف الرسول عليهم فسألهم عن حالهم فقالوا زَنانْ زَنانْ اى نريد نساء فاخبر بذلك كسرى فامر بمَن f فى حبوسه من النساء فبُعثت g اليهم فتناسلوا فعرّب الناس هذه الكلمة فقالوا طبرستان وانما هى طَبَرْزنان اى الفؤوس والنساء ✿

ومدينة طبرستان آمُل وبها منزل الولاة وهى اكبر مدنها ثم مَمْطير h وبينهما ٦ فراسخ ثم تُرُنْجة i مدينة صغيرة وهى من ممطير على ٦ فراسخ ثم سارِيَة ثم طَميش وهى من سارية على ١٦ فرسخا وهى على حدود جُرْجان هذا آخر طبرستان من ناحية خراسان ومن ناحية

---

a) B البِبِر, I s. p. Apud Jâc. III, ٥٠٢, 16 desideratur. b) Codd. ins. فانهم. c) B اشمق, I اشنُق, S اشمع. d) B et Jâc. l. 21 male جيوشه; Kazw. I, ٢٧٠ حبسه. e) Codd. عذبهم. f) Codd. من; Jâc. بحمل من. g) Codd. فبعث. h) Jâc. ٥٠٣ paen. مامطير ut solent scribere. i) Cf. Jâc. in v.; editor h. l. recepit ويمة, sed in lect. codd. (V, 297) latet ترنجة. Idem nomen (sub forme ترنجى) latere videtur in برجى ut edidi apud Ist., Ibn H. et Mok. (v. in indice).

الديلم على ٥ فراسخ *من آمُل a مدينة تسمّى نائل واذا جزتَ نائل فشالُوس b وهى من ثغر الديلم c هذه من مدن السهل فاما مدن الجبل فمدينة يقال لها الكَلار d وهى ايضا ثغر ثم تليها مدينة يقال لها سعيداباذ صغيرة الّا ان فيها منبر ثم الرُّويان وهى اكبر مدن الجبل وفى الجبل من ناحية خراسان مدينة يقال لها اللّارز e والشِرِّز f ودِهِسْتان فاذا جزتَ اللارز وقعت فى جبال وَنْداذ هُرْمُز g فاذا جزت *هذه الجبال h وقعت فى جبال شَرْوِين وهى من ملكة ابن قارن ثم الدَّيْلَم ثم جيلان ۞

وقال البَلاذرىّ كور طبرستان ثمان i كور ساريَة وآمُل ومن رساتيق آمل أُرَم k خواسْت الاعلى أُرَم خواست الاسفل والمِهْرَوان والاصْبَهْبذان l ونامية m وطَميش *وبين سارية وشَلَنْبَة n على طريق الجبال ٣٠ فرسخا وعامّتها من جرجان وبعضها من طبرستان وبين سارية ونامية وطميش ٢٠ فرسخا وبين سارية والمِهْرَوان ١٠ فراسخ o وبين سارية والبحر ٣ فراسخ وبين آمُل وسارية ١٣ فرسخا وبين آمل والرُّويان ١٢ فرسخا وبين آمل وشالوس وهى الى ناحية جيلان p ٢٠ فرسخا وبين جيلان والرويان ١٢ فرسخا ومن مدن الرُّويان شالوس واللّارز q والشِرِّز r ووَنْداشورج s

---

a) Addidi e Jâc. ٥٠٤, 1. b) B فشلوش. c) Jâc. الجبل l. الجيل. d) B الكُلار. e) B et S والـلازر, I وَلّازَر, mox B et S اللّازَر, I الّازر. Jâcût hoc loco pro eo habet تَمّار. f) Codd. s. p. g) B وَنْداذ, I et S sine voc. h) Addidi ex Jâc. i) Codd. ثمنية. k) Codd. hic et mox أُرِمى (voc. in B). l) I والاصبهتان, S والاصبهنان, Jâc. ٥٠٤, 10 والاصبهبذ, sed vid. in v. m) Codd. وبامنة hic et infra. Lectio non certa est. n) Jâc. male وسلينة. o) S haec om. p) Jâc. ٥٠٤, 13 الجبال. q) B et S واللازر, I والّازر. r) Codd. والشرب. s) Addidi copulam et voc.; I ونداشورح, S ونَداشورخ.

ثم جيلان وطول طبرستان من جرجان الى الرويان ٣٦ فرسخا وعرضها ٢٠ فرسخا، واوّل من دُفعت اليه السفوح شَرْوِين ...... *a* بَنْداذ هُرْمُزْد *b* وخرج بنداذ هرمزد الى الرشيد فى الامان فصيّره *c* اصْبَهْبَذ خراسان، والمسالح فيما بين اوّل طبرستان الى حدّ الديلم احدى *d* وثلثون مسلحة فى كلّ مسلحة ما بين المائتى الرجل الى الالف الرجل واوّل مدن طبرستان ممّا يلى جرجان طميش *e* وهى على حدّ جرجان وعليها درب عظيم ليس يقدر احد من اهل طبرستان ان يخرج منها الى جرجان الّا فى ذلك الوجه لان حائطا ممدود *f* من الجبل الى جوف البحر من جصّ وآجرّ وكان كسرى انوشروان بناه ليحول بين الترك والغارة على طبرستان وفى طميش خلق كثير من الناس ومسجد جامع ومنبر وقائد مرتّب فى *g* الفى رجل وبعدها فى السهل مدينة المِهْرَوان وفيها ايضا مسجد ومنبر وبعدها مدينة سارِيَة وفيها منبر ومسجد وخارج المدينة الف جريب ارض لبَنْداذ هُرْمُزْد على باب مدينة سارية ممّا كان اشتراها من الصوافى من جرير بن يزيد والى طبرستان وبعدها مدينة آمل وفيها مسجد ومنبر ودار الامارة وبها يعمل *h* الفُرُش الطبرىّ وفيها مجمع اكثر الناس وبعدها مَمْطِير فيها مسجد ومنبر وفيما بين آمل وممطير رساتيق كثيرة وقرى عامرة، وزعم *i* ان الرُّويان ليست من طبرستان وانها كورة مفردة برأسها وبلاد واسعة كثيرة الانهار والعيون والخيرات يحيط بها جبال عظيمة وممالك

a) Lacuna non indicata, cf. Jâc. III, ٢٨٣, 22 sqq. cum IV, ٩۴١, 13 sqq. *b*) B hic et mox هرمز (I هَوْمَزْد). B habet بُنْداذ ut quoque alibi. *c*) B et I فصيّروه. Deinde I اصبهذ. Cf. Tab. III, ٧٠٥ et *Aghânî*, XVII, ٧۴ (ubi male بندار pro بنداذ). *d*) Codd. احد. *e*) I et S hic et infra طميس. Cf. Jâc. III, ٥۴٧, 17 sqq. *f*) Codd. ممدودا. *g*) B على. *h*) I تعمل. *i*) Cf. Jâc. II, ٨٧٣, 10 sqq.

كثيرة وكانت فيما مضى من مملكة الديلم فصارت *a* لعمر بن العلاء صاحب الجَوْسَق بالرىّ بالأَزْدان *b* وبنى فيها مدينة ووضع منبرا وبين جبال الرُّويان والديلم رساتيق كثيرة يخرج من القرية ما بين الاربع مائة الى الف رجل ويخرج من جميعها اكثر من خمسين الف مقاتل وخراجها على ما وظّف الرشيد اربع مائة الف وخمسون الف درهم، وفى بلاد الرويان مدينة يقال لها كَجَّه *c* بها مستقرّ الوالى، وجبال الرويان متّصلة بجبال الرىّ وضياعها ويُدْخَل اليها مما يلى الرىّ، وبين مدينة الرىّ وشالوس ٨ فراسخ *d*، وعلى حدّ من حدود الديلم مدينة يقال لها شالوس فى نحر العدوّ *e* وفيها منبر ومسجد *f* وبازائها مقابل كَجَّه مدينة يقال لها الكبيرة وفيها ايضا منبر ومن مدينة شالوس الى مدينة مُحْدَثة فى بلاد الديلم فيها مسجد ومنبر ۴ فراسخ وسفوح هذا الجبل متّصلة بالبحر فيها *g* المستأمنة الذين استأمنوا الى عمر بن العلاء *h* وفيها قوم لهم ديانة قد بنوا المساجد وتزوّج اليهم اهل شالوس ووراء هؤلاء قوم من الديلم لم يعطوا طاعة قطّ وقراهم وجبالهم متّصلة بجبال ارمينية والباب والابواب ثم القرية التى يجتمع فيها الولاة ومنها يغزون الديلم يقال لها مُزْن *i*، وكان المازيار ابن قارن لمّا فرغ من قتل *k* عمومته واكابر ولد بنداسفجان *l* وقوّادهم لم يمكنه قتل ولد شَرْوين بن شهريار لكثرة مالهم ورجالهم ولان مستقرّ شروين من جبال طبرستان مما يلى بلاد قُومس وكان بين جبال

---

a) Addidi conj.; Jâcût (l. عمر) فافتتحها عمرو. *b*) Cf. supra p. ٢٧٢ l. 18. *c*) B et I hic et infra كُجَّه, S كجّه. Jâc. l.l. كَچّه, in v. ut rec. *d*) Cf. Jâc. III, ٢٣٧, 15 sqq. *e*) Codd. بحر. *f*) B مسجد ومنبر. *g*) Codd. فيه. *h*) Codd. الممكاه sic. *i*) B مزر, I et S مرن. Cf. Jâc. IV, ٥٢١, 8 sqq. Apud Tabarî III, ١٢٧٤, 16 et ١٢٩٩, 6 perperam edidi مرو. *k*) S قبل. *l*) Qui degebant in Mozn (v. Jâc). Nomen apud Tabarî III, ١٢٧۴, 1 et ١٢٦٥, 4 male, ut vid., edidi وندااسنجان.

شروين وجبال بنداذ هرمز وبنداسفجان دروب ومضايق ممتنعة وفى تلك الدروب تسلك القوافل للتجارات الى خارج طبرستان فاظهر مازيار لولد شَرْوين البرّ والاكرام والميل واذا قدم القادم منهم عليه وصله وبرّه وكساه فانسوا به وسكنوا اليه ثمّ انه اظهر انه يريد الغزو غزو الديلم وفتحها ووضع المنابر وبنى المساجد a فى مدنها ووضع بِغِريم b منبرا ومكث على ذلك نحوا من سنة وكتب الى عامل خراسان يسأله ان يبعث اليه بالفى بعير تحمل c السلاح والميرة لغزو الديلم فلم يشكّوا انه يريد الديلم وكتب الى ولد شروين يسألهم ان يخرجوا معه وامر باخراج منبر الى أُرَم d ودعا بفقيه من سارية e وامر الناس ان يجتمعوا فاجتمعوا وحضر ولد شروين فخطبهم الفقيه فلمّا فرغ من الخطبة امره بالانصراف الى سارية وامر من حضر من ولد شروين وغيرهم ان يحضروا منزله فحضروا مستبشرين فلمّا صاروا الى منزله وحضر طعامه امر باخذ سلاحهم وقتلهم جميعا وترك الخروج الى الديلم وكتب الى صاحب جرجان انه قد استغنى من الخروج نحو الديلم ثمّ وجّه بعد هذا الوقت بالسُرّى f قائدا فى عشرين الف رجل ودفع اليهم المرور والمعاول وامر القائد ان يسير حتى ينتهى الى الديلم وقال اما ان تخرجوا الى طاعتى او تدفعوا الىّ رهائنكم والّا قتلتكم وقلعت منازلكم فاعطوه الطاعة ودفعوا اليه الرهائن ثمّ امر اولئك المستأمنة ان يخرج منهم عشرة آلاف رجل فيخربوا مدينة الرياسة g ففعلوا ذلك وهؤلاء المستأمنة فى رستاق عظيم يقال له مُزْن h والى هذا الموضع كان

---

a) Codd. المساجد (I et S وبنا). b) B بِغَرْيَم. Cf. Ist. ٢٠٥ ult. c) B يحمل اليه. d) Codd. أَزَم; cf. Ist. ٢٠٦, 2. e) Codd. السارية, ut B quoque infra. f) Idem esse videtur quem Tab. appellat الدرى (B et S sine voc., I بالسُرَى). g) ? B الرباشة, I الرباننه, S الرباشيه. h) B et I مَرن, S id. sine voc.

انتهى عمر بن العلاء ومنه كانت تغزو ولاةُ طبرستان الديلم وهم يتّصلون بالديلم وقزوين والباب والابواب وبلاد بابك وهؤلاء المستأمنة ان راوا للمسلمين قوّة كانوا معهم وان راوا للعدوّ قوّة كانوا معهم وبعد هذا الموضع جبل يتّصل بقزوين وبلادِ بابك يكون نحوا من عشرين فرسخا الى حيث انتهى الولاة وعرفاء الديلم وما وراء ذلك لم يوصل اليه فيخبر عنه ۞

وكانت *a* طبرستان فى الحصانة والمنعة على ما هى عليه وكانت ملوك فارس تولّيها رجلا ويسمّونه الاصْبَهْبَذ فلم يزالوا على ذلك حتى جاء الاسلام وافتتحت الممالك *b* المتّصلة بطبرستان فكان صاحب طبرستان يصالح على الشىء اليسير فيُقْبَل منه لصعوبة المسلك اليها وخشونتها حتى *c* ولّى عثمان بن عفّان سعيد بن العاص بن اميّة الكوفة سنة ٢٩ فكتب مَرْزُبان طوس اليه والى عبد الله بن عامر بن كُرَيز وهو على البصرة يدعوهما الى خراسان على ان يملّكه *d* عليها ايّهما غلب وظفر فسبق ابن عامر وخرج سعيد فغزا طبرستان ومعه فى غزاته الحسن والحسين ابناء *e* علىّ بن ابى طالب عمّ ففتح سعيد من طبرستان طميش ونامية *f* وصالح ملك جرجان على مائتى الف درهم بغليّة *g* وافية فكان يؤدّيها الى *h* غزاة المسلمين وافتتح ايضا من طبرستان الرُّويان ودُنْباوَنْد واعطاه اهل الجبال مالا، ثم ولى معاوية فولّى طبرستان مَصْقَلَة ابن هُبَيرة بن شَبَل *i* فتوغّل بمن معه فى بلاد طبرستان فلمّا جاوز المضايق اخذها العدوّ عليهم ودهدهوا الصخور على رءوسهم فهلكوا اجمعين وهلك مصقلة فضرب الناس به المثل فقالوا حتى يرجع مصقلة

---

a) Cf. Jâc. III, ٥٠٤, 18 sqq. *b*) B e. I الملك, Jâc. المدن. *c*) Ad sqq. cf. Belâdh. ٣٣٤. *d*) Codd. يملك; vid. Bel. et Jâc. *e*) S اولاد الحسن والحسين. *f*) Codd. وبامنه ut solent. *g*) B et I تعليه, S بعليه. *h*) Codd. فى. *i*) B شِبْل, ceteri sine voc.

من طبرستان، ثم ان عبيد الله بن زياد بن ابى سفيان ولّى محمّد ابن الاشعث الكندىّ طبرستان فصالحهم وعقد لهم عقدا ثم امهلوه حتى دخل وأُخذ عليه المضيق وقُتل ابنه ابو بكر وفضخوه a ثم نجا فكان المسلمون يغزون ذلك الثغر وهم حذرون من التوغّل فى b ارض العدوّ، ثم ولى يزيد بن المهلّب خراسان وسار يريد c طبرستان فاستجاش اصْبَهْبَذ الديلم وقاتله يزيد ثم انه صالحه على اربعة آلاف الف درهم وسبع مائة الف درهم مثاقيل فى كلّ سنة واربع مائة وقر زعفران وان يخرجوا اربع مائة رجل على رأس كلّ رجل ترس وجام d فضّة ونمرقة حرير، وفتح يزيد الرُّويان ودنباوند على مال وثياب وآنية، ولم يزل اهل طبرستان يؤدّون الصلح مرّة ويمتنعون e اخرى حتى كانت ايّام مروان بن محمّد فغدروا ونقضوا حتى استخلف ابو العبّاس امير المؤمنين فوجّه اليهم عامله f فصالحوه ثم انهم غدروا ايضا ونقضوا وقتلوا المسلمين فى خلافة المنصور فوجّه اليهم *خازم بن خزيمة g التميمىّ وروْح ابن حاتم المهلّبىّ ومعهما مَرْزُوق ابو الخَصيب فسألهما مرزوق حين طال عليهما الامر وصعب ان يضرباه ويحلقا رأسه ولحيته ففعلا ذلك وتخلّص الى الاصبهبذ وقال ان هذين الرجلين استغشّانى وفعلا بى ما ترى فان قبلتَ انقطاعى اليك وانزلتنى المنزلة التى استحقّه منك دللتُك على عورات العرب فكساه واعطاه واظهر الثقة به والمشاورة له فكان يريه انه له ناصح فلمّا اطّلع على اموره وعوراته كتب الى h خازم وروح بما احتاجا الى معرفته واحتال للباب حتى فتحه فدخل المسلمون المدينة وفتحوها، وكان عمر بن العَلاء جزّارا من اهل الرىّ فجمع جمعا

---

a) Codd. وفضحوه ut quoque apud Thaâlibi *Latâif*, ٤٧, 8. *b*) B على et pro ارض codd. امر. *c*) B يزيد. Belâdh. ٣٣٨, 2 يزيد الى. *d*) B وجام, I et S ولجام. *e*) B add. مرة. *f*) B عاملهم. *g*) Codd. خزيمة بن خازم. *h*) B ins. ابن.

وقاتل a وابلى بلاء جميلا فاوفده جَهْوَر b بن مَرّار العِجْلىُّ على المنصور فقوّده وجيّشه c وجعل له مرتبة ثم انه ولى ضبرسنان فاستشهد فى خلافة المهدىّ وافتتح موسى بن حفص بن عمر بن العلاء ومازيار بن قارن جبال شروين من طبرستان وهى امنع جبال واصعبها فى خلافة المأمون ثم ان المأمون ولّى مازيار اعمال طبرستان ودنباوند وسمّاه محمّدا وجعل له مرتبة الاصبهبذ فلم يزل عليها واليا حتى مات المأمون واستخلف المعتصم بالله فاقرّه المعتصم على عمله ثم انه كفر وغدر بعد ستّ سنين *من خلافة المعتصم d فكتب الى عبد الله بن طاهر بن الحسين بن مصعب عامله على خراسان والرىّ وقومس وجرجان يأمره بمحاربته فوجّه عبد الله *الحسن بن الحسين e فى رجال خراسان ووجّه المعتصم محمّد بن ابراهيم بن مصعب وضمّ اليه من جند الحضرة فلمّا توافت الجنود فى بلاده حاربته f فأُسر بغير عهد ولا عقد وحُمل الى سُرَّ من راى فى سنة ٢٢٥ فضُرب بالسياط بين يدى المعتصم ضربا مبرّحا فمات وصُلب بسرّ من راى مع بابك على الغيضة g التى بحضرة مجلس الشُّرَط، وافتُتحت طبرستان فتولّاها عبد الله بن طاهر وطاهر ابن عبد الله بعده ✿

وكان قبل ذلك *حتى ان h صارت الخلافة الى ابى جعفر المنصور بالله كان صاحب طبرستان اذا احسّ من عامل خراسان فى وقته بضعف لم يعطه الطاعة فلمّا ولى المنصور الخلافة وقتل ابا مسلم وفعل تلك الافعال هابه اصبهبذ طبرستان فكتب اليه ووجّه اليه رسولا واعطاه الطاعة وبعث اليه بالالطاف ثم ان الاصبهبذ استطال ايّام المنصور فامر

---

a) Belâdh. add. سنفاذ, Jâc. الديلم (l.l. et III, ٢٨٤, 2). b) Codd. om. (S lac.). Pro مرار codd. مروان. c) Sic codd.; Belâdh. وحصنه, Jâc. om. d) Addidi. e) Codd. الحسين بن الحسن. f)? Codd. حاربه. g) Belâdh. et Jâc. العقبة. h) Codd. فى وقته quae verba infra inserui. Emendatio mea arbitraria est. Pro صارت B صار.

رسوله بالانصراف من باب المنصور وامسك ان يبعث اليه بشىء[a] فلمّا خالف عبد الجبّار بن عبد الرحمان على المنصور وجّه[b] اليه ابا عَوْن القائد ومعه ابو الخصيب فلمّا أُسر عبد الجبّار بخراسان كتب المنصور الى ابى الخصيب بولايته قومس وجرجان وطبرستان وامره ان يدخل من[c] طريق جرجان ويدخل ابو عَوْن من طريق قومس وتواعدا لدخول البلد من الوجهين وكان الاصبهبذ فى مدينة يقال لها الاصْبَهْبُذان بينها وبين البحر[d] ميلان فبلغه خبر دخول الجيش فهرب الى الجبل الى موضع يقال له الطَّاق وكان هذا الموضع خزانة لملوك فارس وكان اوّل من اتّخذ هذا الموضع خزانة مَنُوشِهْر[e] وهو نقب[f] فى موضع الجبل كان يقوم بحفظها[g] رجلان معهما زادهما ومعهما سلّم من حبل يُدْلونه من رأس الجبل الى من يريدون اصعاده اليهم والّا فليس اليها طريق بتّةً فصارت بعد ذلك الى المازيار فاخذ ما فيها، وذكر سليمان بن عبد الله ان الى جانب هذا الطاق شبيها[h] بدكّان وانه ان صار اليه انسان فيلطخه بعَذِرَة[i] ارتفعت سحابات عجيبة[k] ومطرت عليه حتى تغسله وتنظّفه وان ذلك مشهور فى ذلك البلد يعرفه اهل الصقع لا يبقى عليه شىء من الاقذار فى صيف ولا شتاء، فلمّا هرب الاصبهبذ الى الطاق وجّه ابو الخصيب فى اثره قوّادا وجيشا ونزل سارية فوضع بها منبرا وبآمل منبرا وبنى لهما[l] مسجدين ووضع على اهل البلد الخراج والجزية فلمّا تمكّن فى البلد هرب الاصبهبذ الى الديلم وعاش بعد هربه سنةً ثمّ مات وكانت ولاية ابى الخصيب طبرستان سنة وستّة اشهر ثمّ وليها ابو العبّاس الطوسىّ ثمّ ابن

---

a) B شيئا. *b*) Codd. ووجه. *c*) Codd. فى; Jâc. III, ٤٩٠, 6 ut rec. *d*) B البحرين. Deinde codd. ميلين (Jâc. اقل من ميلين). *e*) B منوجهر. *f*) I تقب sic. *g*) I بحفظه sed etiam in sqq. fem. occurrit. *h*) Codd. شبيه. Cf. quoque Bêrûnî ٢٤٩, 3 sqq. *i*) B et S بعذره. *k*) I ut Jâc. عظيمة. *l*) Jâc. ب pro ل habet (٤٩١, 12).

خزيمة سنتين ثمّ ولى رَوْح بن حاتم بن ماهويه سنتين وستّة اشهر ثمّ خالد بن برمك خمس سنين وعمل بها العجائب وظفر بخزائن ملوك فارس فى الطاق وبنات المَصْمُغان *a* وولى عمر بن العلاء اربعة سنين ثمّ ولى سعيد بن دَعْلَج سنتين ثمّ ولى عمر بن العلاء ثانية *b* سنتين ثمّ ولى *c* تميم بن سنان ثلث سنين ثمّ وليها خلق كثير الواحد بعد الآخر سنة وسنتين اقلّ واكثر *d* حتى وليها طاهر بن الحسين وابنه عبد الله بن طاهر ثمّ طاهر بن عبد الله ثمّ محمّد ابن طاهر وكان خليفته عليها سليمان بن عبد الله بن طاهر *e* فخرج عليه الحسن بن زيد العلوىّ فى سنة ٢٥٠ *f* فاخرجه عنها وغلب على البلد الى ان مات سنة ٢٧١ وقام مكانه *g* اخوه محمّد بن زيد".

وذكر ابو يزيد بن ابى غياث *h* قال رايت فى النوم *i* سنة ٢٤٨ وانا بمدينة الرىّ وقد بِتْنا على فكر من الاختلاف بين القائلين بالسيف وبين اصحاب الامامة فقال قائل منا فى اليقظة قد قال امير المؤمنين الخير بالسيف والخير فى السيف والخير مع السيف فاجابه مجيب والدين بالسيف وقد امر الله جلّ وعزّ نبيّه ان يقيم الدين بالسيف ثمّ تفرّقنا فلمّا كان من الليل واخذت مضجعى من النوم رايت فى منامى كأن قائلا يقول

هٰذا ابنُ زَيْدٍ اتاكم ثائرٌ حَرِدٌ   يُقيمُ بالسيف دينا *k* واهِىَ العُمُدِ
يَثورُ بالشَّرقِ فى شَعْبانَ مُنْتَصِبًا *l*   سيفَ النبىّ صَفِيِّ الواحدِ الصَّمَدِ
فَيَفْتَتِحُ السَّهْلَ والاجبالَ مُنْقَحِمًا   مِنَ الكَلَارِ الى جُرْجانَ بالجَلَدِ
وآمُلًا ثمّ شالُوسًا *m* وغيرهما   بين الجزائرِ من رُويانَ فالبَلَدِ *n*

---

a) Codd. ut solent المصمغان. Cf. Tabarî III, ١٣٧ et ١٤٠.

b) Anno 163. *c*) I وليها. *d*) S او اكثر. *e*) Haec apud Jâc. ٥٠٩ paen. sq. confusa sunt. Cf. Tab. III, ١٥٢٤. *f*) B et I خمس ومائتين. *g*) B مقامه. *h*) I s. p., B عتاب. *i*) I المنام. *k*) B دنيا. *l*) S منتصبا. *m*) I سالوشا. *n*) B والبلد sic.

وَيَصْرِفُ الخَيْلَ عنها بعد ثالثةٍ   من السنين الى الزَّوْراءِ a بالعَمَدْ
فيَهْدِمُ السُّورَ منها ثم يَنْهَبُها   ويَقْصُدُ الثَّغْرَ من قَزْوِينَ بالحَرَدِ
ويَمْلِكُ القُطْرَ من خُرْسانَ ساكِنُه b   ما لاح فى الجَوِّ نَجْمٌ آخِرَ الأَبَدِ

قال c وورد محمّد بن رُسْتم الكَلَارىّ d ومحمّد بن شَهْرِيار الرُّويانىّ من آل مَعْدان الرىّ سنة ٢٥٠ وكانا يَرَيان السيف فطلبا بها رجلا من العلويّة شيخا يقيمونه بطبرستان ليدفعوا جور سليمان بن عبد الله فلم يزالوا يطلبون ويفتّشون حتى وقعت خيرتهم على الحسن بن زيد فبايعوه فى شهر رمضان من هذه السنة وخرجوا يوم الاثنين لسبع بقين من شهر رمضان سنة ٢٥٠ فخُطب للحسن يوم الفطر بالكَلَار والرُّويان ولم يبلغ مدّته الاضحى حتى اخرج سليمان عنها لسوء سيرته وتراخى آل طاهر بخراسان فلمّا حضرته الوفاة جعل الامر لاخيه محمّد بن زيد فلم يزل عليها حتى دخل سنة ٢٨٤ وكان المعتضد بالله كتب الى عمرو بن الليث الصفّار وامره بمواقعة رافع لما بلغه من ميل رافع الى محمّد بن زيد وانكاره قتل المعتمد e وجلوس المعتضد فى الخلافة فصار الى خراسان واعمل الحيلة فى رافع واوقع به فانهزم f فأُخذ قريبا من خوارزم فقُتل وحُمل رأسه الى مدينة السلام وصفت خراسان للصفّار فلمّا كان فى سنة ٢٨٥ كتب المعتضد الى الصفّار يأمره ان يطلب اسماعيل بن احمد وانه قد ولّاه عمله وكتب الى اسماعيل بمثل ذلك فسار الصفّار نحو اسماعيل بجيشه فالتقوا بناحية نَسَا وبِيوَرْد وقُتل فيما بينهما g مقتلة عظيمة وانصرف كلّ واحد منهما الى بلاده

a) I الزونا. Forte intelligitur سارية. b) B جَرْشَآ وساكنه, I خرشا وساكنه, S خرشاء ساكنه, sed pro ء ab altera manu و facta est. Conj. edidi: خرسان est pro خراسان; cf. Jâc. II, ۴۰۹, 19, ubi sic pro خراسان reponendum est. c) B وقال, I قالوا. d) B الكُلارى, infra الكُلار. e) Locus notabilis. f) Codd. c. و. Deinde I واخذ. g) Codd. بينهم.

حتى اذا دخلت سنة ٢٨٧ سار اسماعيل نحو الصفّار والصفّار فى مائة الف بمدينة بلخ فحاصره فخرج اليه الصفّار فلمّا التقيا تفرّقت خيل الصفّار وأُخذ اسيرا مع جماعة من وجوه قوّاده وحُمل الى مدينة سمرقند ثم بُعث به الى بغداذ واتّصل الخبر بمحمّد بن زيد فطمع فى جرجان وسار نحوها ونزل عليها فوجّه اليه اسماعيل محمّدَ بن هارون فواقعه على باب مدينة جرجان فاهزمه واصيب اصحابه ووُجد محمّد بن زيد قتيلا وأُسر ابنه زيد وذلك يوم الجمعة لخمس خلون من شوّال سنة ٢٨٧ وانهزم اصحابه حتى وافوا طبرستان فلمّا اجتمعوا بها توامروا فاتّفقوا على ان يجعلوا الامر للمهدىّ بن زيد بن محمّد وهو يومئذ صبىٌّ لم يدرك وذلك فى يوم الجمعة ونادى فى الناس ان يجتمعوا للبيعة وكان فى قوّاده رجل يعرف بالزرّاد وكان قد طابقهم على ما اجمعوا عليه فلمّا قربوا من باب المسجد نشر الزرّاد اعلاما سودا ووضع فى اصحاب محمّد بن زيد السيف فقتل منهم مقتلة عظيمة وخُطب للمعتضد بالله على منابر طبرستان سنة ٢٨٧ فكان *a* بين اوّل ولايتهم الى ان خرجت عنهم ثمان وثلثون سنة ✿

قالوا ومن عجائب طبرستان *b* دويبّة سوداء برّاقة تظهر ايّام العِنَب فقط قدرها دون الخنصر طولا ذات الف قائمة وهى قوائم قصار نابتة على بطنها فاذا تحرّكت فكانها امواج تضطرب، وبها دويبّة فى عظم الثعلب له شعر كشعر الدَّلَق له جناحان لاصقان كاجنحة الخشاشيف *c* وله انياب ويطعم الثمار، وقد حُمل الى المتوكّل *d* من خراسان ثعلب *e* يطير بجناحين له وكنّوا بطبرستان *f* ✿

a) S c. و. *b*) Cf. Mokadd. ٣٦٨, 2 sqq. *c*) S formam usitatiorem الخفافيش habet. *d*) I ins. بالله et h. l. habet بغلة.

e) B بَغْلةٌ, I بغله, S بغله. Deinde I تطير. *f*) I. e. dicebatur Chorâsân pro Tabaristân. Kazwînî II, ٢٤٣ de hac bestia agit sub خراسان.

ووجّه ابو الدوانيق[a] خالدَ بن برمك الى طبرستان لمحاربة الاصبهبذ وكانت الاكاسرة ايّام هربهم من العراق الى مَرْو اودعوا[b] هذا الجبل نفيس اموالهم لصعوبته فوُجد فى خزائنهم من الجواهر والنبجان والمناطق والسيوف المكلّلة بالدرّ والياقوت والزمرّد ما لا قيمة له فكان اهل طبرستان بعد هذا الفتح يصوّرون على تراسهم خالدَ بن برمك والمجانيق التى كان يرميهم بها، فاما الاصبهبذ فشرب السمّ ومات[c] واما المَصْمُغان فخرج ونساؤه واتوا خالدا وجلس بين يديه على التراب فرقّ له واجلسه على البساط وبعث به الى المنصور مع بنات المصمغان وامّهن[d] بنت الاصبهبذ فصارت واحدة الى المهدىّ فولدت له اسماعيل[e] بن محمّد واخرى صارت الى العبّاس بن محمّد بن علىّ اخى ابى الدوانيق فولدت له ابراهيم بن العبّاس وكانت شَكْلَة امُّ ابراهيم فى ذلك السبى فصارت الى عبد الصمد بن علىّ ثم صارت الى المهدىّ فولدت له ابراهيم وبنى خالد بطبرستان المنصورة واتّخذ بها سوقا ✿

القول فى خراسان

قال دَغْفَل[f] خرج خراسان وهَيْطَل ابنا عالم بن سام بن نوح لمّا تبلبلت الالسن فى يوم واحد فنزلوا بلادهم التى هى تسمّى[g] بهم الى اليوم فاما هيطل فولده من وراء نهر بلخ وتسمّى تلك البلاد الهياطلة وبقى خراسان من هذا الجانب، وقال[h] شريك بن عبد الله خراسان كنانة الله اذا غضب على قوم رماهم من كنانته، وقال الشّعْبىّ كانى بهذا العلم وقد تحوّل[i] الى خراسان، وقال ابو محمّد بن مسلم بن

---

a) I. e. المنصور. b) B ودّعوا. S habet هذا الجبل نفيس اموالهم. c) B ins. بها. d) Codd. وامهم. e) Tab. III, ١٣٧, 10, ١٤٠, 9 منصور. f) B دِغفل, I et S sine voc. Cf. Jâc. II, ٤٠٩, 11 sqq. g) S s. p.; B et I مسمّى. h) Jâc. ٤١٠, 11 sq. i) B يحوّل.

قُتَيبةَ اهل خراسان اهل دعوة *a* وانصار الدولة ولم يزالوا فى اكثر ملك العجم لَقاحًا وهم قتلوا فيروز بن يزدجرد بن بهرام ملك فارس وقتلوا كسرى بن قباذ بن هرمز واهل خراسان انتزعوا الملك من بنى اميّة من اكبر ملوكهم سنّا واشدّهم حُنْكة *b* واحزمهم رايا واكرمهم عُدّةً وعديدا واعقلهم كاتبا ووزيرا وسلّموه الى ابى العبّاس وقد كان محمّد بن علىّ ابن عبد الله قال لدعاته حين اراد توجيههم الى الامصار اما الكوفة وسوادها فشيعة علىّ وولده واما البصرة وسوادها فعثمانيّة تدين بالكفّ تقول كن عبد الله المقتول ولا تكن عبد الله القاتل واما الجزيرة فحروريّة مارقة واعراب كاعلاج ومسلمون فى اخلاق النصارى واما اهل الشام فليس يعرفون الّا آل ابى سفيان وطاعة بنى مروان وعداوة راسخة وجهل متراكم واما مكّة والمدينة فقد غلب عليهما ابو بكر وعمر ولكن عليكم باهل خراسان فان هناك العَدَد الكثير والجَلَد الظاهر وهناك صدور سليمة وقلوب فارغة لم يتقسّمها الاهواء ولم يتوزّعها الدَّغَل *c* وهم جند لهم ابدان واجسام ومناكب *وكواهل وهامات *d* ولُحَى وشوارب واصوات هائلة ولغات فخمة تخرج من اجواف منكرة وبعدُ فانى اتفاءل *e* الى المشرق والى مطلع سراج الدنيا ومصباح الخلق، وقال قَحْطَبَة ابن شبيب قال محمّد بن علىّ بن عبد الله يأبَى الله جلّ وعزّ ان يكون شيعتَنا الّا اهلُ خراسان لا نُنْصَرُ الّا بهم ولا يُنْصَرون الّا بنا انه يخرج من خراسان سبعون الف سيف مشهور قلوبهم كزُبَر الحديد اسماؤُهم الكنى وانسابهم القرى يطيلون *f* شعورهم كالغيلان يَطْوون ملك بنى اميّة طيًّا ويزفّون الملك الينا زفًّا، وانشدَ لعِصَابة الجَرْجَرَائىّ *g*

---

a) Jâc. الدعوة.   *b*) I حيلة. Pro احزمهم Jâc. ٤١١, 11 male آخرهم.   *c*) Jâc. ٤١٢, 20 تتوزعها النحل et sic Mokadd. ٣٩٤, 3.   *d*) Sic recte Mokadd. et Jâc.; codd. وكفّ اهل هامات. Deinde I ولِحَاءِ, S ولحا.   *e*) Mok. انتقل.   *f*) Codd. يهيلون et كالغزلان pro كالغيلان. Vid. Jâc. ٤١٣, 8 sq.   *g*) Jâc. male الجرجانى, vid. ipsum II, ٥٥, 5.

الدارُ دارانِ ايوانٌ وغُمْدانُ   والمُلْكُ ملكانِ ساسانٌ وقَحْطانُ
والناسُ *a* فارسٌ والاقْليمُ بابِلُ وآلُ   اسلامُ مكّةُ والدنيا خُراسانُ
والجانبانِ العَتيدانِ *b* ٱلّذا خُشِبَاءٍ *c*   منها بُخارا وبَلْخُ الشاهِ وآرّانُ *d*
قد ميَّزَ النّاسَ افواجا ورتّبهم   فمَرْزُبانٌ وبَطْرِيقٌ ودِهْقانُ

وخراسان *e* طيّبة الهواء عذبة الماء صحيحة التربة عذبة الثمرة واعلها فى احكام الصنعة وتمام الخلقة وطول القامة وحسن الوجوه وفراهية المركب من البراذين والشهاريّ والابل والحمير وجودة السلاح والدروع والثياب كانها قطعة من بلاد الصين فى احكام الصناعات وهم اهل تجارة وحِكَم *f* وعلم وفقه وجيرانهم التُّرْك اشدُّ العدوّ بأسا واغلظهم اكفارا واصبرهم على البؤس واقلّهم تنعّما فاهل خراسان جُنّة للمسلمين دون الترك وهم يثخنون فيهم القتل والاسر وقد جاء فى الحديث تارِكوا الترك ما تاركوكم *g* ' ويروى *h* عن بُرَيْدة قال قال رسول الله صلّعم يا بريدة انه *i* ستُبْعَث بعدى بعوث فاذا بُعِثتَ فكن فى بعث المشرق ثم كن فى بعث خراسان ثم كن فى بعث ارض يقال لها مَرْوُ فاذا اتيتَها فانزلْ مدينتَها فانه بناها ذو القرنين وصلّى فيها عُزَيْر *k* انهارها تجرى عليها بالبركة على كلّ نهر *l* منها مَلَكٌ شاهر سيفه يدفع عن اهلها السوء الى يوم القيامة ' فقدمها بريدة ومات بها ۞

وقد جهد الطاعن على اهل خراسان ان يدّعى *m* عليهم البخل ويشنّع *n*

---

a) Mas'ûdî I, 359 والارض. *b*) Jâc. et Mas. العلندان. Deinde codd. الذى ut Jâc. *c*) Jâc. et Mas. خشنا, forte melius. *d*) Sub اران in B et S subscribitur جنزة. Mas. الشاهداران, quod editor Jâc. recipere jubet, sed lectio اران non male quadrat ad versum seq. quem solus Mas. habet. *e*) Cf. Mokadd. ٢٩٤, 8 sqq. *f*) I وحُكم, S وحكَم. *g*) Cf. Jâc. I, ٨٣٨, 21. *h*) Cf. Jâc. IV, ٥٠٧, 13 sqq. *i*) Codd. انك. Deinde B سيبعث. *k*) B غزيرة, I et S غزير. *l*) Jâc. نقب. *m*) B يُدْعَى, I et S sine voc.; cf. Jâc. ٥٠٨, 3 sqq. et II, ٤١٤, 5 sqq. *n*) S وشنع.

بمثل قول ثُمَامة ان الديك بكلّ بلد لاقطٌ الّا بمرو فانه يسلب الدجاج ما فى مناقيرها من الحبّ وهذا كَذب ظاهر للعيبان a وما ديكة b مرو الّا كالديوك فى جميع الارض ولاهل خراسان اجواد مبرزون وانجاد مشهورون لا يجارون ولا يُبْلغ شأوُهم منهم البرامكة لا نعلم ان احدا قرب من السلطان قربهم ولا اعطى عطاءهم ولا صنع صنيعهم واعتقد بيوت الاموال فى خزائن الخلفاء مثل عاقدهم ومن المشهور عنهم انه لم يكن لخالد بن برمك اخ الّا بنى له دارا على قدر كفايته ثم وقف على اولاد الاخوان ما يعيشهم ابدا ولم يكن لاحد من اخوانه ولد الّا من جارية وهبها له، ومثل القحاطبة وعلىّ بن هشام وعبد الله ابن طاهر وخُبّر عنه انه فرّق فى مقام واحد الف الف دينار وهذا يكبُر ان يُمْلَك فضلا على ان يُوهَب، وهذا عبد الله بن المبارك فى سخائه وزهده، فاما اهل فارس فكانوا فى سالف الدهر اعظم الامم مُلْكا واكثرهم اموالا واشدّهم شوكة وكانت العرب تدعوهم الاحرار لانهم كانوا يَسْبُون ولا يُسْبَون ويَستخدمون ولا يُستخدمون ثم اتى الله عزّ وجلّ بالاسلام فكانوا كنار اخمدت c وكرماد اشتدّت به الريح فمُزّقوا كلّ مُمَزّق فلم يبق فى الاسلام منهم شريف يُذْكر الّا ان يكون عبد الله بن المقفّع والفضل بن سهل واهل خراسان دخلوا فى الاسلام رغبة وطوعا، وقالوا الدنيا كلّها اربعة وعشرون الف فرسخ منها السودان اثنا عشر الف فرسخ والروم ثلثة آلاف فرسخ وفارس ثلثة آلاف فرسخ وارض العرب الف فرسخ فاهل خراسان من فارس وان كانت اوسع منها، وفى الحديث ان رجلا قال لعلىّ بن ابى طالب رضه غلبتنا عليك هذه الحمراء يعنى العجم فقال علىّ سمعتُ رسول الله صلعم يقول ليضربنّكم d على الدين عودا كما ضربتموه عليه بدءًا فاذا نحن طلبنا

---

a) Jâc. العيبان. b) I ديك. c) S خمدت. d) Mokadd. ٢٩٤, 13 لينصركم (S لنضربنكم).

مصداق ذلك فى العجم وجدناه فى اهل خراسان لانهم الذين ضاربوا بالسيوف العرب غضبا لدين الله وانكارا لسيرة بنى اميّة حتى نقلوا الملك من الشام الى العراق، وروى زيد بن ابى زياد عن ابراهيم بن علقمة عن عبد الله بن مسعود ان النبىّ صلعم قال ان اهل بيتى يلقون بعدى بلاءً وتطريدا حتى يأتى قوم من قبل المشرق معهم رايات سود يسألون الحقّ فلا يُعْطَونه فيقاتلون فيُنْصرون فيُعْطَون a ما سألوا فلا يقبلونه حتى يدفعوها b الى رجل من اهل بيتى فيملؤها قسطا كما ملئوها جورا فمن ادرك ذلك منكم ....c،

وروى عن النبىّ عم انه لمّا بعث d عبد الله بن حذافة السهمىّ ......e كتب فيه كتابا بدأ فيه بنفسه فلمّا قرأه كسرى غضب ومزّقه وبعث اليه بتراب فقال النبىّ عم f مزّق كتابى اما انه سيمزّق بامّته وبعث الىّ بتراب اما انكم ستملكون ارضه فكيف يكون البقيّة لمن اعلمنا الرسولُ عم انهم سيمزّقون لا جرم انهم قد خَملوا g ودُرسوا ومُزّقوا وفى بعض القول كفاية قال h الشاعر

كفانىَ بُغْضًا i ان اجرَّ عداوةً   بقولٍ ارى فى غيره متوسّعا

وذكر علىّ بن محمّد المدائنىّ ان اوّل فتوح خراسان الطَّبَسَيْن وهما بابا خراسان فتحهما k عبد الله بن بُدَيل بن ورقاء ☆

ومن الرىّ *الى دامَغان ٨٠ فرسخا ومن دامغان الى نيسابور مثل ذلك فكان من الرىّ l الى نيسابور ١٦٠ فرسخا ولنيسابور قهندز وهى احدى m كور خراسان ولها من المدن زام n وباخَرْز وجُوَيْن وبَيْهق

---

a) Codd. فيعطوا. *b*) Codd. يدفعونها. *c*) Lacuna in codd. *d*) Codd. ins. خنيس بن; cf. Ibn Hisch. ٩٧١. Khonais erat frater Abdollae. *e*) Lacuna non indicata. *f*) I et S صلعم.

g) Codd. حُملوا. *h*) B وقال. *i*) B بعضا. *k*) Codd. فتحها. Cf. de his Belâdh. ۴۰۳. *l*) I et S haec om. Itinerarium abbreviatum est apud Jâc. IV, ٨٥٧, 20 sqq. *m*) Codd. احد. *n*) Codd. رام.

ولها اثنا عشر رستاقا فى كلّ رستاق مائة وستّون قرية، ومن نيسابور الى سَرَخْس ٤٠ فرسخا ومن سرخس الى مَرْو مدينة خراسان ٣٠ فرسخا وتسمَّى مرو الشاهِجان لانها كانت للملك خاصّة والشاه الملك والجان النفس فقيل تلك مزج[a] الروح، وسمّيت مَرْو الرُّوذ لانه[b] لم يكن[c] بها بناء فبعث اليها كسرى ناسا من اهل السواد فبنوها وسكنوها، قال ولمّا غلب اردشير على ملك النَّبْط فراى جمالهم وعقولهم قال ما اخوفنى إنْ حدث بى حدثٌ ان يعود الملك الى هؤلاء ففرض لهم فرضا وبعث منهم بعوثا واغزاهم خراسان فاهل مرو من النبط وفرّقهم فى البلاد الّا من ليست عليهم منه مُؤونة من اهل الذمّة ۞ *وعن قتادة فى قوله تعالى[d] لِتُنْذِرَ أُمَّ ٱلْقُرَى وَمَنْ حَوْلَهَا قال امّ القرى بالحجاز مكّة وبخراسان مرو ۞ ولمّا[e] ملك طَهُومَرْت[f] بنى قهندز مرو وبنى مدينة بابل ومدينة ابرايين[g] وهى بارض قوم موسى وبنى مدينة بالهند يقال لها أَفْرَق[h] فى رأس جبل ويقال ان قهندز مرو لمّا بناه طهومرت بناه بالف رجل واقام لهم سوقا فيها الطعام والشراب فكان اذا امسى الرجل أُعْطِىَ درهما فاشترى به طعامه وجميع ما يحتاج اليه فيعود الدرهم اليه فلمّا فرغ من البناء قدّروا وحسبوا فاذا قد خرج فيه الف درهم، وكان بمرو بيت يقال له كَىْ مَرْزُبَان عجيب البناء يزعم اهل مرو انه كان طلسما لهم فخرب ۞

ووفد على بعض الخلفاء رجل من اهل خراسان معه عقل وادب ومعرفة باهلها فقال له اخبرنى مَن اصدق اهل خراسان قال اهل بخارا قال فمن اوسعهم بذلا للخبز والملح قال اهل الجُوزَجان قال فمن احسنهم

---

a) ? B مُزِجَ, I id. sine voc., S ut rec. *b*) I لانها. *c*) B يمكن. *d*) Addidi ex Mokadd. ٣٩٨ ult. Est Kor. 6 vs. 92. *e*) Cf. Jâc. IV, ٥٠٨, 7 sqq. et Mokadd. ٢٩٩, 1 sqq. *f*) Codd. hic et infra طهرمرت, Jâc. طهمورث. *g*) B ايرايين, I ابرانين. *h*) Jâc. اوق.

ضيافة قال اهل سمرقند قال فمن اسوأهم طاعة واذهبهم بنفسه قال اهل خوارزم قال فمن احسنهم فطنة وابعدهم غورا قال اهل مرو الروذ قال فمن اصحُّهم عقولا قال اهل طوس *ان رضى اهل[a] نَسَا قال فمن اكثرهم جدلا وشغبا قال اهل سرخس قال فمن اضعفهم رايا وتدبيرا قال اهل نيسابور قال فمن اقلّهم غيرة قال اهل هراة قال فمن اجهلهم بالخالق قال اهل بُوشَنْج قال فمن ارماهم قال اهل جُرْجانيّة خوارزم قال فمن ادقُّهم نظرا قال اهل مرو وانشد[b]

مَيَاسِيرُ مَرْوَ مَن يُجَوِّدْ[c] لضَيْفه   بكَرْشٍ فقد أَمْسَى نظيرًا لحاتِمِ
ومن رشّ[d] بابَ الدار منهم بغُرْفَةٍ   فقد كَمُلَتْ فيه خصالُ المكارِمِ
يُسَمُّون بَطْنَ الشاة طاؤوسَ عُرْسِهم[e]   وعند طَبِيخ اللّحْمِ ضَرْبُ الجماجِمِ
فلا قدّس[f] الرَّحْمٰنُ ارضا وبَلْدَةً   طواويسُهم فيها بطونُ البهائم

وكان المأمون يقول استوى الشريف والوضيع من اهل مرو فى ثلثة اشياء البِطّيخ البارَنْك[g] والماء البارد *يعنى ماء البخّ[h] والقطن الليّن، وبمرو الزّريق[i] والماجان نهران عجيبان[k] ومنهما يسقون الضياع والرساتيق، ويروى عن ابراهيم بن شمّاس قال قدمت على عبد الله بن المبارك قدمةً من سمرقند الى مرو فاخذ بيدى فاخرجنى فاطاف[l] بى حول سور مدينة مرو فقال يا ابراهيم مَن بنى هذه المدينة قلتُ لا ادرى يا ابا عبد الرحمان قال فمدينة مثل هذه لا يُعْرف[m] بانيها وسفيان الثَّوْرىُّ مات وليس له كفنٌ اسمُه حىٌّ الى يوم القيامة، وروى

---

a) I اهل رضى واهل (pro اهل (موسى) الرضى (اهل ?)   *b*) Cf. Jâc. IV, ٥٠٨, 14 sqq.   *c*) B يجور; voc. apposui secutus Fleischerum ad Jâc. l.l.   *d*) Jâc. رس et بقرعة pro بغرفة.   *e*) I عرشهم.   *f*) B et I قدر.   *g*) Codd. البازبل, Jâc. النارنك et, quod vitium typogr. esse videtur, الطِّبِّيخ. Vid. Gloss.   *h*) Jâc. لكثرة الثلج بها.   *i*) I et S hic et infra الزريف.   *k*) Codd. نهرين عجيبين.   *l*) B واخرجنى وطاف.   *m*) B تعرف, S بعرف.

ابو حفص عمر بن مُدْرِك قال كنت عند ابى اسحاق الطالقانىّ a يوما بمرو على الرُّزَيق فى مسجد الجامع فقال ابو اسحاق كنّا عند ابن المبارك وأَنْهارَ القهندز فتناثرت منه جماجم فتصدّعت جمجمة وتناثر b اسنانها فوُزن سنّان c منها فكان فى كلّ سنّ منهما منوان d باربعة ارطال فأُتى e بهما ابن المبارك فاخذ سنّا منهما فجعل يرطله بيده ثم انشأ يقول

أُتِيتُ بسِنَّيْنِ قد رُمِيَا f ... من الحِصْنِ لمّا أَثاروا الدفينا
على وَزْنِ مَنْوَيْن احداهما g ... يَنُوءُ به الكَفُّ ثِقْلا رَزينا h
ثلثون أُخْرَى على قَدْرِها ... تبارَكْتَ يا احسنَ الخالقينا
فما ذا يقومُ i لافواهها ... وما كان يَمْلَأُ تلك البُطُونا
اذا ما تذَكَّرْتُ أَجْسامَهم ... تصاغرتِ النفسُ حتى تهونا k
وكُلٌّ على ذاك لاقى الرَّدَى ... وبادُوا جميعا فهم خامِدُونا l

وقال البَلَاذُرىّ m خراسان اربعة ارباع فالربع الاوّل اِيرانشهر وهى نيسابور وقُهِسْتان والطَّبَسَيْن وهراة وبُوشَنْج وباذَغيس وطُوس واسمها طابَران، والربع الثانى مرو الشاهجان وسرخس ونَسَا وباوَرْد ومرو الروذ وطالقان وخوارزم وزَمّ وآمُل وهما على نهر بلخ وبخارا، والربع الثالث فهو فى غربىّ النهر وبينه n وبين النهر ٨ فراسخ الفارِياب والجُوزجان وطُخارِسْتان o العليا وهى الطالَقان والخُتَّل p وهى وَخْش والقُواذيان q

---

a) Forte est idem ابراهيم بن شماس qui apud Jâc. الطالقانى appellatur. *b*) S c. ف. *c*) Codd. سنين. *d*) Codd. منها منوين. *e*) B c. و. *f*) Codd. رُمّيا. *g*) B et S احديهما. *h*) Codd. رمينا. *i*) B بقوم, I لقوم. Deinde fort. leg. بافواهها. *k*) B et I يهونا, S بهونا. *l*) S خامدينا. *m*) Cf. Jâc. II, ٤٠٩, 20 sqq. *n*) Legi cum Jâc. ٣١٥, 1; B et I وبينهما, S وبينها. *o*) Addidi copulam. *p*) Codd. والجبل (S والحبل). *q*) Codd. والفواريان (I والعواريان, S وانعواريان).

وخُسْت *a* وأَنْدَرابَة والباميّان وبَغْلان ووالِج *b* وهى مدينة مزاحم ابن بِسْطام *c* ورستاق بَنْك *d* وبَذَخْشان وهى مدخل الناس الى التُبَّت ومن أَنْدَرابَة مدخل الناس الى كابُل والتِرمِذ وهى فى شرقىّ بلخ والصَّغَانيان وزَمّ *e* وطخارستان السفلى وخُلْم وسِمِنْجان *f*، والربع الرابع ما وراء النهر بخارا والشاش والطُّرارْبَنْد *g* والسُّغْد * وهو كِسّ *h* ونَسَف والروبستان *i* وأُسْرُوشَنَة وسَنَام *k* قلعة المُقَنَّع وفرغانة *l* والشم *m* وسمرقند وأَبارْكَت *n* وبَناكَت *o* والتُرْك ❁

وبسَمَرْقَنْد اربعة ابواب باب كسّ *p* وباب الصين وباب أُسْرُوشَنَة وباب الحديد وبين سمرقند واسروشنة نيّف وعشرون فرسخا، وخُجَنْدَة منيامنة *q* عن اسروشنة الى ناحية الجبل والباميّان الى ناحية كابُل ❁

ومن مرو طريقان احدهما الى الشاش والآخر الى بلخ وطخارستان فمن مرو الى مدينة بلخ ١٣٦ فرسخا وهى ٢٢ منزلا وبَلْخ بناها ذو القرنين وبها النُّوبَهار *r* وهو من بناء البرامكة وكانت البرامكة اهل شرف على وجه الدهر ببلخ قبل ملوك الطوائف وكان دينهم عبادة الاوثان فوُصف *s* لهم مكّة وحال الكعبة بها وما كانت قريش والعرب تدين به

---

a) B وخشب, I et S وحسب. *b*) Addidi cop. (B والج). Aliae formae nominis sunt وروالبيز , ولوالج, vid. Istakhrî ٢٧٥. *c*) Cf. Jakûbî ٦٨; pater hujus بسطام بن سورة بن مساور appellatur Ibn Khord. p. 52. *d*) B et I بيل ut Jâc., S ببل. Vid. Ist. ٢٧٧*e* et Mok. ٢٩٠*r*. *e*) Supra jam habuimus et Jâc. om. *f*) B وسَمَنْجان, I et S وسمجان. *g*) B والطاوربند, I والطاورنيد, S والطاورنند. *h*) Addidi ex Jâc. *i*) Sic habet Jâc.; B والروسنان, S والروسمان. In I hoc et 6 voces seqq. desiderantur. Quae vera sit lectio ignoro. *k*) Addidi copulam. *l*) Addidi cop.; S فررغانه. *m*) Sic B; S والشمر; Jâc. non habet. Forte est ortum ex dittographia nominis sequentis. *n*) Cop. deëst; B البراكت, I البراكث, S البراكث. Jâc. hoc et sqq. om. *o*) Cop. deëst; I et S بناكث. *p*) Codd. كسر. *q*) S مسامنه. *r*) Cf. Jâc. IV, ٨١٧, 20 sqq. *s*) Jâc. فوصفت.

فاتّخذوا عليه بيتا يقال له النَّوْبَهار ببلخ وتفسيره a الجديد فكانت العجم تعظّم ذلك البيت وتحجّ اليه وتُهْدى اليه وتلبسه الحرير وتنصب الاعلام على القبّة واسمها عندهم الأَشْبَت b وكانت القبّة مائة ذراع فى مثلها بأَرْوقة مستديرة حولها وكان حول البيت ثلثمائة وستّون مقصورة يسكنها خُدّامه وقُوّامه على كلّ خادم خدمةُ يوم فلا يعود الى خدمته الى الحول فسمّوا سادنها الاكبر بَرْمَكًا اى انه باب مكة ووالى مكّة فصار كلّ من ولى منهم ذلك يسمّى بَرْمَكًا وكانت ملوك الصين وكابل شاه تدين بذلك الدين فكانوا اذا حجّوا سجدوا للصنم الاكبر فصيّروا للبرمك c ما حول النوبهار من الارضين وسبع مائة سبب ماء ورِزْداقا بطخارستان يقال له زُوان ثمانية فراسخ فى اربعة فراسخ واهل ذلك الرزداق عبيد كلّهم d فلم يزل يليها برمك *بعد برمك e الى ان فُتحت خراسان ايّام عثمان بن عفّان وقد صارت السدانة الى برمك ابى f برمك ابى خالد فوُجّه برمك الى عثمان فى الرهائن فورد المدينة ورغب فى الاسلام فاسلم وسمّى عبد الله ورجع الى ولده وصارت البَرْمَكَةُ فى بعض ولده فكتب بعض الملوك الى برمك يُعْظِم ما اتى من الاسلام ويدعوه الى الرجوع فى دين آبائه فكتب اليه برمك انى انما دخلت فيه اختيارا وعلمًا بفضله عن غير رهبة ولا رغبة ولا ارجع الى دين بادى العوار منهتّك الاستار g فغضب الملك وزحف الى برمك بجمع كثيف فكتب اليه برمك قد عرفتَ حبّى للسلامة وانى انْ استنجدت عليك الملوك انجدونى فانصرف والّا صرتُ الى لقائك فانصرف عنه ووادعه ثم لم يزل ذلك الملك واسمه نازِك h

---

a) Jâc. ٨١٨, 2 ins. البهار. *b*) Sic codd. (voc. in B). Jâc. (٨١٨, 7) الاستن, cum var. l.l. الاست, الاسبت et الاسبلت. *c*) B et S البرمك, I لبرمك. *d*) Videtur legendum لهم; cf. Jâc. ٨١٨, 16. *e*) I et S om. *f*) Codd. بن. *g*) B منهتك الاسرار (Jac. ٨١٩, 2 مهتك). *h*) B بازل, I بازل, S بارل. Vulgo scribitur نيزك.

طَرْخان يغتَرّ a برمك ويطلبه حتى بيّته وقتله وعشرة بنين له فلم يبق لهم برمك سوى برمك ابى خالد فحملته امّه وهربت به وكان صغيرا الى بلاد قَشْمير b فنشأ برمك وتعلّم النجوم والطبّ وانواع الحكمة وبقى على شركه واصابهم وباء فتشاءموا بمفارقة دينهم فكتبوا الى برمك فقدم عليهم فاجلسوه فى موضع ابيه فتولّى امر النوبهار فسُمّى برمكا وتزوّج ابنة ملك c الصغانيان فولدت له الحسن وبه كان يكنّى وخالدا وعمرًا وامّ خالد وسليمانُ بن برمك من امرأة غيرها من اهل بخارا وكان صاحب بخارا اهدى الى برمك جارية فولدت له كال بن برمك وامّ القاسم وبننا اخرى، ولهم اخبار كثيرة وانما اردنا هذا الخبر بعينه بسبب النوبهار ✿

وببلخ جَيْحُون وهو نهرها العظيم وبينه وبين بلخ ١٢ فرسخا والتِرْمذ على النهر وبُخارا وجبالها وعيونها وانهارها من الجانب المتقاصى فى الشمال وكلّ d وادٍ يجىء من ناحية الشرق ومن ناحية الدبور يصبّ فى هذا النهر وهو يمرّ حتى يشقّ خوارزم فيصير الى البحر الخراسانى حتى يدخل الصين e ومن بلخ الى جيحون ١٢ فرسخا وذات اليمين على الشطّ كورة خُتَّل f ونهر الصِرْغام g وذات اليسار مَرْو وخوارزم واسمها بيل h وهى جانبان يشقّها جيحون ويعبر نهر بلخ الى الترمذ والنهر يضرب سورها ومدينتها على حَجْر طريق الصغانيان ومن الترمذ الى الراشْت i ٦٠ فرسخا والراشت اقصى خراسان من ذلك الوجه وهى

a) Jâc. استغرّ. b) Codd. اسمير. c) Deëst. d) B فكل. Deinde codd. واحد. e) Sic. f) B جَلم, I et S خِلم. De خُلْم quaestio esse nequit. Secutus sum Ibn Khord. p. 51 ult. g) Codd. الصوغام. Ibn Khord. ut rec. Forte cf. Jâc. III, ٤٦٦, 18 ضرغام‌روذ. h) I et S نيل ut Ibn Khord. (cujus textus leviter corruptus est), B نير. Legi posset بير (= فير = فيل), cf. Sachau, *Zur Gesch. und Chronol. von Khwârizm* I, 24. i) Codd. الراسب, Ibn Khord. الراست. Cf. Jâc. II, ٧٣٣, 18 sqq.

بين جبلين وكان منها مدخل الترك للغارة فعلّق *a* الفضل بن يحيى ابن خالد بن برمك هناك بابا، ومن بلخ الى طخارستان العليا ٢٨ فرسخا ❁

قال وفيما بين خراسان وارض الهند نمل مثل الكلاب السَّلُوقيّة وارضهم ارض الذهب فيجيء الناس لاخذ الذهب فاذا خافوا ان يدركهم النمل طرحوا لهم اللحم فيشتغلون به ويخرجون من الذهب ما امكنهم ويبادرون هربا منهم ❁

واما الطريق من مرو الى الشاش فمن مرو الى آمُل ٣٦ فرسخا فمن *b* مرو الى كُشْماهَن ثم الى الدِيوَان *c* ثم الى المَنْصَف ثم الى الأَحْساء *d* ثم الى بئر عثمان ثم الى آمل ومن آمل الى شطّ نهر بلخ فرسخ ومن آمل الى بخارا ١٧ *e* فرسخا، ولبخارا قهندز ولها من المدن كَرْمِينِيَة *f* وطَوَاوِيس وفَرَبْر *g* ووَرْدَانة وبَيْكَنْد مدينة *h* النُجّار، ومن بخارا الى سمرقند ٣٧ *i* فرسخا ولسمرقند قهندز ولها من المدن الدَّبُوسيّة وأَرْبَنْجَن *k* وكُشان *l* وكِسّ ونَسَف وخُجَنْدَة وهي مدينة طيّبة كثيرة الخير وانشدني رجل من اهلها *m*

ولم ار بَلْدَةً بازاء شَرْقٍ ولا غَرْبٍ بأَنْزَهَ من خُجَنْدَهْ
هي الغَرّاء تُعْجِبُ *n* مَن رآها وهي بالفارسيّة دِلْ بَبَرْدَهْ *o*

وقالوا *p* سَمَرْقَنْد بناها الاسكندر واستدارة حائطها اثنا عشر فرسخا ولها اثنا عشر بابا من الباب الى الباب فرسخ وعلى اعلى الحائط آزاج

---

a) I et Ibn Khord. فغلق, Jâc. فعل. *b*) Codd. ومن. *c*) Cf. Jâc. in v.; Ibn Khord. in cod. الديواب, Kodâma ut rec. *d*) I الاحشا. *e*) Ibn Khord. 19, Kodâma 22½. *f*) B et S كرمينة, I كرمنيه. *g*) Codd. وقرين (S وقردن), cod. Ibn Khord. وفرين. *h*) Codd. ومدينة. *i*) B 39. *k*) B وارنجر, I et S وازنجر. *l*) Apud alios كشانى et كشانية. *m*) Vid. Jâc. II, ٤٠٤, 11 sqq.

n) Codd. يعجب. *o*) B voc. بَبُرْدَهْ, I et S sine voc. Jâc. habet مزنده. *p*) Cf. Jâc. III, ١٣٤, 13 sqq.

وابراج للحرب *a* والابواب الاثنا عشر من خشب *b* مصراعان وفى اقصاه *c* بابان آخران وبين البابين منزل للبوّاب *d* فاذا جزتَ المزارع صرتَ الى الربض وفيه بنيان *وربضها والساقية على *e* ستّة الاف جريب والحائط محاط على رساتيقها وباغاتها وبساتينها والابواب الاثنا عشر عليها ثمّ تدخل المدينة وهى على خمسة آلاف جريب ولها اربعة ابواب قد سمّيناها فى هذا الباب ثمّ تدخل المدينة الداخلة ومساحتها *f* الفان وخمس مائة جريب ومسجد جامعها فى هذه المدينة وفيها القهندز وفيها *g* مسكن السلطان وفى المدينة ماء يجرى واما داخل الحائط الكبير ففيه اودية وانهار وعلى القهندز باب حديد فى اوّلها وباب حديد فى آخرها، وخرّبها شَمِر *h* بن افريقيس *i* فسمّيت شمركَنْد وبناها بعده تُبّع *k* الاقرن ابن ابن شمر وردّها الى افضل ما كانت ووغل فى ارض الصين فقتل ملكها وبنى مدينة تُبّت واسكن بها جيشا من اصحابه فهم *l* اليوم بها ولهم فروسيّة وجلد واعطاه *m* ملوك الارض الطاعة فانشأ يقول ابياتا .... *n*

وقال الاصمعىّ *o* مكتوب على باب سمرقند بالحميريّة بين هذه المدينة وبين صنعاء الف فرسخ وبين بغداذ وافريقية الف فرسخ وبين سجستان والبحر *p* مائتا فرسخ ✿

---

a) B hic inserit ومن سمرقند الى اوزكند الخ quae infra suo loco dabo. *b*) Jâc. حديد. Deinde codd. مصراعين. *c*) Scil. الباب. *d*) S البواب; Jâc. للنواب. Deinde I et S اذا. *e*) Jâc. وفى ربضها من المزارع et عشرة pro ستة. *f*) Jâc. ١٣٤, 18 وساحتها. *g*) Jâc. وفيه. Deinde I منزل. *h*) B voc. شِمْر, I et S sine voc. *i*) Codd. افريقين. *k*) Codd. add. بن. Cf. Jâc. ١٣٤, 7 et Mas'ûdî III, 154, 174. *l*) I c. و. *m*) I واعطاهم. *n*) Versiculi desiderantur (in S lac.). Forte Diʿbili versus supplendi sunt, quos laudat Jâc. I, ٨١٨, 19 sq., III, ١٣٤, 4 sq. *o*) Jâc. ١٣٦, 11. Cf. quoque Ist. ٣١٨, 8. *p*) S والبحرة.

وبلاد السُّغْد كَرْمانية ودَبُوسِى *a* وسَمَرْقَنْد وسُرُوشَنَة وشاش ونخْشَب أُسْتُورَكَث *b* أَنُوذَكَث *c* سام سرك *d* بِنْكَث *e* نُوكَث *f* نوشكث *g* نُونْكَث *h* تُكَث *i* وَسِيج *k* بُرْنَمَذ *l* ☆

وقالوا ليس فى الارض مدينة انزه ولا اطيب ولا احسن مستشرفا من سمرقند وقد شبّهها الحُصَين *m* بن المُنْذِر الرَّقَاشىّ فقال كانها السماء للخُضْرة وقصورها الكواكب للاشراف ونهرها المجرّة للاعتراض وسورها الشمس للاطباق ☆

ومن سمرقند الى زامين *n* ١٧ فرسخا وزامين مفرق طريقين الى الشاش والترك والى فرغانة فمن زامين الى الشاش ٢٥ فرسخا ومن الشاش الى الفَنْجَهِير *o* معدن الفضّة ٧ فراسخ والى باب الحديد ميلان ومن الشاش الى بارْجاخ *p* ٤٠ فرسخا وبارجاخ تلّ عظيم *q* حوله الف عين تجرى *r* الى المشرق تسمّى بَرْكُوب *s* اى الماء المقلوب صيده

a) Pro دبوسية. B وبوسى, S et I id. s. p. In seqq. multas urbes male in Sogdiana positas esse, vix necesse est ut moneam. *b*) B اسبرركث, I اسيرركث, S استرركب. *c*) Ex conj., B et S ابواب كث, I id. s. p. *d*) Vid. Ist. ٣٤٥, 5, Mokadd. ٢٦٥, 4. *e*) S s. p. *f*) B et I بوكث, S دوكث. *g*) Cf. Mokadd. ٢٦٣, 4 et ann. *s*. B بوشكث, I بوسكث, S s. p. *h*) B بونكث, I بويكث, S دونكث. *i*) B نكث (quae lectio forte bona est; cf. Ist. ٣٣١*k*, Mokadd. ٢٦٥*h*), I بكث, S s. p. *k*) B et S s. p., I وسبخ. *l*) Codd. سرعد. Vulgo بورنمذ s. فورنمذ. *m*) Codd. الحصين. *n*) Codd. رامين. Reponendum est apud Jâc. III, ١٣٦, 13 pro رامبثن. *o*) Ibn Khord. p. 48, Kodâma et Mokadd. ٣٤٢, 4 nomen non habent. *p*) B بارجاج, I يارجاج sed mox ut B, S بان جاج. *q*) Ex solo I, sed habet Kod.; Ibn Khord. (sec. cod.) جبل ويقال تل. *r*) Ibn Khord. تجرى, Kod. تجتمع فى نهر واحد يجرى. Deinde Jâc. من المشرق الى المغرب. *s*) B ut recepi, I بركوت, S دركوب. Explicationes Fleischeri (e Turc. بوكمك) et Barbier de Meynard (ex Turc. ابيورمق) rejecit Cl. Wüstenfeld Jâc. V, 53. Ex Kodâma patet nomen esse fluvii et revera legendum

تدارج سود، ومن الشاش الى اسبيجاب ٢٢ فرسخا ومن اسبيجاب الى موضع ملك كَيْماك مسيرة ٨٠ يوما يُحْمَلُ فيها الطعام، والطريق من زامين الى فرغانة منها الى سَبَاط *a* فرسخان ثم *b* الى سُرُوشَنَة ٧ فراسخ فمن سمرقند الى سروشنة ٢٦ *c* ومن سَبَاط الى عَلُوك *d* ٦ فراسخ ثم *e* الى خُجَنْدَة ٤ فراسخ فمن *f* سمرقند الى فرغانة ٥٣ فرسخا *ومن سمرقند الى أُوزْكَنْد ١٢٠ فرسخا وبقرب اوزكند مدينة أُوش على مسيرة ٧ فراسخ وهى التى ينصرف لخماره بها *g*، ومن نُوشَجَان *h* الاعلى الى مدينة خاقان التَّغَزْغَز مسيرة ٣ اشهر فى قرى كبار وخصب ✿

وجميع *i* خراج كور خراسان وما ضُمَّ الى عبد الله بن طاهر من الكور والاعمال *اربع مائة *k* واربعون الف الف وثمان مائة الف وسبعة *l* واربعون الف درهم ومن الدوابّ ثلث عشرة *m* دابّة ومن الغنم الفا

---

esse ماء مقلوب nam, addit, جريته من اسفل الى فوق. Scribit Kod. in cod. Cl. Schefer: بركوان ,بركوات ,ركواب, Ibn Khord. in cod. اسركوت. (Apud Mokadd. ٣٤١ ann. *g* deleantur verba »Quod hic addit etc.”).

a) Sic pro سابا quoque cod. Ibn Khord. p. 49. *b*) Deëst, sed in S alieno loco pro منها legitur. *c*) S ٢٨, sed supra فراسخ ٧ habet, non ٩ ut Ibn Khord. *d*) Pro hac statione Ist. et Mok. habent شاوكث. *e*) Addidi. *f*) Codd. ومن. *g*) Haec ex solo B, qui vero non hic sed in media descriptione Samarkandi habet (v. supra p. ٣٢٦ ann. *a*). Quomodo لخماره sit legendum efficere nequeo. Fieri potest, ut verba وهى الخ pertineant ad ازاج وابراج للحرب supra l.l. *h*) B بوسجان, I et S نوشجان. Scripsi sec. Jâc. IV, ٨٢٣, 14 sqq. Apud Mokadd. edidi برسخان sec. codd. et Ibn Khord. (Kodâma نوسحان et برسحان). *i*) Codd. وجمع (sed I antea ut rec.). Vid. Ibn Khord. p. 40 l. 6, ubi cod. فجميع. Deinde addidi خراج ex Ibn Khord. *k*) Ibn Khord. اربعة et sic Mokadd. ٣٤٠, 9. Quod noster habet falsissimum est. *l*) Ibn Khord. وستة. Pro واربعون, I وخمسون, S وسبعين. *m*) Nihil desideratur, nec lacuna est in cod. Ibn Khord. Cf. ib. p. 38 l. ult.

شاة ومن السبى الفا رأس واثنان وعشرون *a* ومن المرور *b* وصفائح الحديد الف *c* وثلثمائة قطعة نِصْفَيْن ٭

واجناس الاتراك *d* التَّغَزْغَز وبلادهم اوسع بلاد الترك وحدّهم الصين والتُّبَّت والخَرْلُخ والغُزّ والبَجَناك والتركش *e* وأَرْكُش *f* وخِفْجاخ *g* وخِرْخِيز فجميع مدائن الترك ستّ عشرة مدينة والتغزغز *h* عرب الترك ٭ وقالوا لا تضع الشاة بالترك اقلّ *i* من اربعة واذا اكثرت فخمسة او ستّة شبه *k* الكلبة فاما الاثنان والثلثة فلا تضع *l* الّا فى الفرد وهى كبار جدّا ولها الايا عظام تجرّها بالارض، وفى بلادهم السمّور الكثير والفَنَك وهم رماة للحدق *m* وفى بلادهم يقع الختوّ *n* الجيّد وهو قرن يكون فى جبهة دابّة هناك، والغالب على الاتراك مذهب الزنادقة، ومن عجائب الترك حصاة يستمطرون بها ما شاءوا من مطر وثلج وهذا عندهم مشهور لا ينكره احد من الاتراك وهو عند ملك التغزغز خاصّة ليس عند احد من ملوك الاتراك غيره ويقال انهم اخذوها فى بلاد مطلع *o* الشمس عن أَطْبٍ *p* كانت هناك تستتر بها *q* من الشمس لئلّا تحرقها، وحكى اسماعيل بن احمد انهم لمّا حاربوه فعلوا مثله وانه رجع

a) Ibn Khord. الف راس واثنا عشر راسا, sed lectionem الفا confirmat p. 39 l. 1. *b*) Sic quoque cod. Ibn Khord., non القدور; p. 39 l. 17 lectio cod. non perspicua est. *c*) Deest in codd. cum و seq. (S ثمانمائة). *d*) Cf. Ibn Khord. p. 50 et Jâc. I, ٨٣٩, 1 sqq. *e*) B والبركس, Jâc. والبذكش, Jakûbî ٧٩, 3 تركس (editor male proposuit legere خركس). *f*) Voc. in cod. Ibn Khord. (ubi vero وازكش, Jâc. واذكس). *g*) B وخَفْجاج, I et S sine voc.; Jâc. وخفشاق, Ibn Khord. وخفاش (cod. وحُفَاس). *h*) B c. ف. *i*) B et I بساقل. Cf. Jâc. ٨٣٨, 21 sqq. *k*) B بشبه. *l*) B اتّضع. *m*) Codd. الحذق. *n*) B لحبق, I لحنق. *o*) I et S بمطلع. Cf. Jâc. I, ٨٤١, 5 sqq., ubi locus Ibno 'l-Fakîhi totus exstat. *p*) B اطبّ. Apud Jâc. وحوش. *q*) Codd. به.

عليهم بالبَرْد فقتلهم عن آخرهم وان اسماعيل تضرّع *الى الله*a* وبكى ودعا الله فرجعوا عن آخرهم وظفر بهم اسماعيل ☆ قال*b* افلاطون لا يُعرف فى الترك الوفاء ولا فى الروم السخاء ولا فى الخزر الحياء ولا فى الزنج الغمُّ ولا فى الصقلب الشجاعة ولا فى السند العفّة*c* ☆

وما سقط من باب طبرستان اسم مدينة*d* جرجان شهْرِسْتان*e* وتصير منها الى مدينة أَسْتَراباذ ١٤ فرسخا ومن استراباذ الى طميس ٧ فراسخ ومن طميس الى نامية*f* ٦ فراسخ ومن نامية الى لمراسك*g* ٨ فراسخ وحدّ جرجان من حدّ طبرستان الى رباط حَفْص وبينهما ٩*h* فراسخ ثم الى مدينة جرجان ٧ فراسخ ☆

تمّ الاختصار*i*

والحمد لله ربّ العالمين *وصلواته على نبيّه محمّد وآله اجمعين*k*

---

a) Ex solo S. *b*) I وقال. Haec et sqq. usque ad العفة in S desunt, in B ponuntur ante وحكى اسمعيل. *c*) I المنقصة sic. Hic in S sequitur والحمد لله et explicit codex. I addit رب العالمين, B insuper ..... والصلوة على محمد. *d*) Addidi. *e*) Codd. سهاستان. Vid. Mokadd. ٣٥٤, 5 etc. *f*) Codd. بامنه ut supra p. ٣٠٣*m*. *g*) B السنواسك, I البواسف. Cf. Ist. ٢٠٧*a*, ٢١٦*h*. Pro ثمنية I habet عشر. *h*) I ستة. Vera lectio videtur esse سبعة. *i*) B add. من كتاب البلدان. *k*) B والصلوة على محمد واله اجمعين وسلم دائما كثيرا, sed S idem quod I praemissis verbis صورة ما وجد على النسخة المنقول منها. Deinde in S sequitur كتبه على بن جعفر بن احمد الشيزرى بدرويمن (sic) فى المحرم سنة ٤١٣ quae pertinent ad النسخة المنقول منها. In I sequitur كتبه حسين بن عبد الرحمن بن عبد الغنى فى العشر الاوسط من شهر جمادى الاولى سنة ٧٢٥.

فهرست اسماء الاماكن والامم

فهرست اسماء الرجال والقبائل